水氮高效利用理论与调控技术

杨启良　刘小刚　王卫华　刘艳伟　等　著

中国农业科学技术出版社

图书在版编目（CIP）数据

小桐子水氮高效利用理论与调控技术 / 杨启良等著 . —北京：中国农业科学技术出版社，2017.1

ISBN 978-7-5116-2804-6

Ⅰ . ①小… Ⅱ . ①杨… Ⅲ . ①农田—土壤氮素—肥水管理 Ⅳ . ① S153.6

中国版本图书馆 CIP 数据核字（2016）第 253568 号

责任编辑 范 潇
责任校对 马广洋

出 版 者 中国农业科学技术出版社
北京市中关村南大街 12 号 邮编：100081
电 话 （010）82106625（编辑室）（010）82109702（发行部）
（010）82109709（读者服务部）
传 真 （010）82106625
网 址 http：//www.castp.cn
经 销 者 各地新华书店
印 刷 者 北京富泰印刷有限责任公司
开 本 787mm × 1 092mm 1 /16
印 张 18
字 数 420 千字
版 次 2017 年 1 月第 1 版 2017 年 1 月第 1 次印刷
定 价 68.00 元

前 言

植物液体燃料作为一种可再生和对环境友好的新型能源，正受到世界各国的重视。中国政府出于粮食安全考虑，自2007年开始将发展重点列有林业生物柴油在内的“非粮”生物液体燃料。开发、利用生物质能是我国目前应对能源危机和环境恶化两大难题的必然选择。能源植物在生物质能源开发利用中起重要的作用，在众多能源树种中，小桐子是目前研究最多、被认为最具发展潜力的原料树种，被公认为最有可能成为未来替代石化能源的生物质能源原料。国家发展和改革委员会颁布的《可再生能源发展“十一五”规划》提出，到2010年，可再生能源在能源消费中的比重达到10%，其中生物质能源作为重要的研究课题，受到国内外众多学者的高度关注。为了将云南省打造成为中国生物柴油大省，云南省政府计划在“十一五”期间种植小桐子1 000万亩以上，将生物柴油产业作为云南省的优先发展主题。在科技部的支持下，云南省科技厅组织省内的云南神宇新能源公司、昆明理工大学、云南大学、西南林学院、云南省农业科学院、云南省林业科学院、中国科学院昆明植物研究所、中国科学院西双版纳植物园等8家科研单位和高校，联合申报国家科技支撑计划重大项目——“小桐子生物柴油产业化关键技术研究与示范”，于2007年获批立项。2007年1月23日，中国首辆使用膏桐（小桐子）生物柴油的汽车在云南试用成功，2011年10月28日，中国首次以小桐子精炼油作为航空生物燃料用于客机试飞取得成功。为了减少航空温室气体排放和保障航空能源安全，同时带动并支持中国航空生物燃料产业的发展和升级，从“十二五”规划开始，中国民航将逐步加大航空生物燃料方面的投入和工作力度。因此，小桐子生物质能源产业将有广阔的发展前景。加之，利用小桐子的提取物可以加工生物医药、农药、生物肥料、日常用品和工业用品等，还可以用于植被恢复和水土保持等方面。由于小桐子具有较强的抗环境胁迫能力，人们常认为小桐子能在极其贫瘠的土壤中较快生长并能取得较高的产量，这是误解。专家认为，“小桐子生物柴油产业发展超前了，但研发滞后”。通过科研，大规模提高小桐子的产量是亟待解决的问题。

小桐子（*Jatropha curcas* L.）属于大戟科麻疯树属，为多年生、落叶、茎秆多汁的灌木树种，其果实平均含油率高达40%以上，可提炼生物柴油，号称“生物柴油树”，广泛分布于亚洲、非洲和美洲的热带、亚热带及干热河谷地区。在中国集中分布于西南地区的云南、四川和贵州及东南地区的台湾、福建、广东、广西和海南等地。小桐子可以生长在其他作物难以生长的岩石、沙地和盐碱地等区域，主要用于废弃土壤的复垦和干旱半干旱土壤的植被恢复及重金属污染土壤的修复。然而，日益严重的干旱、水资源短缺和土壤肥力低下是制约季节性旱区小桐子产量提升的主要瓶颈。如何高效利用有限的土壤水肥资源，进一步提高我国小桐子相关产品的生产能力，确保农业和环境的可持续发展是目前我国农业面临的重大挑战。

作物水肥高效利用理论与调控技术，就是将灌溉与施肥技术有机结合的一项现代农业新技术。它实现了对作物的精准灌溉和施肥，将节水、节肥、节药等技术环节系统设计与管理，实现作物对水肥的协同管理和同步高效利用。自 20 世纪 90 年代开始，许多发达国家如美国、以色列、欧洲等国投入较多资金，研发作物灌溉和施肥技术，并广泛应用于大农场模式的作物水肥管理，不仅节水节肥增效显著，而且氮肥、磷肥用量分别下降了大约 30% 和 50%，曾经一度十分严重的地下水硝酸盐污染也有所缓解。

相对于国外技术水平，中国发展水肥高效利用技术，起步于 20 世纪 90 年代。到目前为止，也形成了较多具有自主产权的技术和产品，但自动化程度高的智能灌溉施肥设备多以进口为主，缺乏高水平的自动化控制灌溉施肥设备，特别是与灌溉施肥相配套的设备品种规格少，标准不规范，形式单一，技术含量低。大型过滤器和大容积施肥罐等装置尚属空缺。水肥高效利用与调控技术的研发尚未得到足够重视。还缺乏与灌溉施肥设备相适应的不同作物水分养分管理技术，包括不同作物灌溉施肥制度、可溶性肥料研发技术、作物养分诊断技术以及配套的作物水分养分监测、土壤、作物水分信息传递反馈控制技术等。

农业在追求作物最高产量、最佳品质和最低生产成本的同时，也要保持可持续发展。实现这个目标的前提是要有一个最优且平衡的水肥供应，为了构建生态文明建设，水土资源的保护也是需要考虑的另一个重要方面。在季节性干旱的气候条件下，有时甚至在湿润的气候条件下，最佳的供水状况取决于灌溉方式。在大部分情况下，供水是通过明渠、漫灌和沟灌来实现的。这些方法的水分利用率是相当低的，一般有 1/3~1/2 的带有营养元素的灌溉水不能被作物利用。而在加压灌溉系统中，水分利用率可达 70%~95%，这种灌溉系统可以很好地控制水肥的供应并大大降低水分的损失。

为探讨我国南方季节性旱区主要能源树种小桐子，对水肥资源高效利用机制与节水节肥模式，加速先进水肥高效利用技术的示范与推广，促进科技与生产紧密结合。“十二五”期间，在国家自然科学基金项目“限量灌溉和施氮对小桐子产量和品质效应研究（51009073）”和国家自然科学基金项目中青年 - 面上连续资助项目，“亏缺灌溉时小桐子对盐胁迫环境的响应与水氮高效利用机制研究”（51379004）及“高原旱区农业节水理论与新技术”团队项目的资助下，对我国南方季节性旱区小桐子水氮高效利用理论与调控技术进行了研究。

笔者的研究针对不考虑农业生产对环境带来的不利影响，只考虑农田生产力和作物单产潜力提高而导致农业面源污染、地下水污染等一系列环境问题，迫切需要在保持作物持续稳定生产的同时，提高水氮的利用效率，减少土壤环境和地下水污染，实现节水节氮增效的目的。这需要在考虑小桐子水氮高效利用的土壤和生理过程及其调控的基础上，研究不同水氮供应下小桐子水分—氮肥—生物量—经济产量的转化过程，探明不同水氮供应下小桐子水分氮肥高效利用的理论与调控技术，揭示有利于小桐子健康生长的水氮互作机制与定向调控途径；研究灌水量对小桐子生长、耗水特性和水分利用效率的影响，提出小桐子水分高效利用的最佳灌溉制度；研究灌溉模式对小桐子生长、耗水特性和水分利用效率的影响，筛选适宜于季节性旱区小桐子水分高效利用的最优灌溉方式；研究小桐子生长、耗水特性和水分利用效率与保水剂和水氮的关系，探明保水剂的用量与施用方式及水氮对小桐子水分高效利用的影响机制，提出最佳的保水剂用量、施用方式和水氮用量；研究小桐子生长、产量、品质和水分利用效率的水氮耦合效应，提出小桐子水氮高效利用的水氮联合调控理论和技术体系与产品，在此基础上构建小桐子优质高产栽培的水管理分析决策支持系统，突破与创新小桐子水氮联合调控技术，实现小桐子优质高效增产。

小桐子水氮高效利用技术研究，以实施精确控制为手段，以充分利用现代高新技术对传统农田灌溉施肥技术进行改造为特点，达到以实现作物优质高效生产的同时显著提高小桐子水氮利用效率。2011—2015 年，本课题组先后开展了“季节性旱区小桐子水分、氮肥高效利用的土壤和生理过程与调控技术”“灌溉模式对小桐子生长、耗水特性和水分利用效率的影响”“小桐子生长、耗水特性和水分利用效率对保水剂和水肥的响应、灌溉制度与施肥技术试验”“小桐子生长、产量、品质和水分利用效率的水氮耦合效应”“肥液氮素浓度在线检测装置设计与试验”“小桐子环境参数 Zigbee 无线传感器网络监测系统研究”“小桐子优质高产栽培的水管理分析决策支持系统的构建与实现”等 10 多项校内外定位科学试验，积累了宝贵的科学试验数据。上述试验数据为研究小桐子水氮高效利用理论与调控技术奠定了基础。此项研究建立了大田与设施小桐子灌水与施氮的耦合效应以及小桐子生长、生理、产量和品质与水氮高效利用之间的定量关系，提出了适合干热河谷区基于小桐子的生长动态、干物质累积、耗水特性和提质高产机理、最佳灌水和施氮指标及耦合模式和提高水氮利用效率的技术手段和调控模式，为小桐子生长水氮提质提供技术支撑。此项研究成果在生产上已得到大面积推广应用，取得了重要的经济、社会和生态效益。该项成果在《*Agricultural Water Management*》《*Biomass and Bioenergy*》《*Procedia Engineering*》《农业工程学报》《应用生态学报》《排灌机械工程学报》《干旱地区农业研究》《干旱区资源与环境》等国内外刊物上发表论文 20 余篇，有关论文在学术界有一定的影响。

本书由昆明理工大学杨启良、刘小刚、王卫华、刘艳伟著。全书由杨启良主编、统稿。

小桐子水氮高效利用理论与调控技术的研究，是一项十分复杂的系统工程，笔者的研究成果有限，对某些问题的认识也较肤浅，有待进一步探索和深化。书中不足之处，恳请同行专家批评指正。

在小桐子水氮高效利用理论与调控技术研究过程中，得到了西北农林科技大学张富仓教授，广西大学李伏生教授、昆明理工大学杨具瑞教授等对本课题的指导和大力支持，感谢昆明理工大学现代农业工程学院领导和教师的帮助。感谢在本书编写过程中，得到了众多同仁和专家的热情帮助和技术指导。

杨启良

2016 年 8 月 26 日于昆明

著者名单

第一章　杨启良　王卫华

第二章　杨启良　刘艳伟　孙英杰　刘柯楠　张　京
　　　　刘小刚　袁理春　杨具瑞

第三章　杨启良　孙英杰　荣　烨　齐亚峰　刘艳伟
　　　　刘小刚　张　京　王卫华

第四章　杨启良　刘小刚　荣　烨　刘艳伟　王卫华

第五章　杨启良　李　婕　王明克　周　兵　李伏生
　　　　张富仓　贾维兵　徐　曼

第六章　李云青　李加念　杨启良　雷龙海　武振中

第七章　张　京　杨启良　戈振扬　齐亚峰　周　兵

第八章　谢淑伟　杨启良

目 录

第一章 概述……………………………………………………………………………… 1
　第一节 研究目的与意义……………………………………………………………… 1
　第二节 小桐子水氮高效利用技术研究的总体思路 ……………………………… 4
　第三节 小桐子水肥高效利用技术与调控模式……………………………………10
　参考文献………………………………………………………………………………15

第二章 灌水量对小桐子生长、耗水特性和水分利用效率的影响………………… 17
　第一节 国内外研究进展………………………………………………………………17
　第二节 研究内容与方法………………………………………………………………27
　第三节 灌水量对小桐子形态特征和水分利用的影响………………………………30
　第四节 不同灌水处理对小桐子生长及蒸散耗水特性的影响………………………34
　第五节 限量灌溉对小桐子生长和水分利用的影响…………………………………38
　第六节 基于水分胁迫的小桐子根系三维可视化模拟………………………………40
　第七节 讨 论…………………………………………………………………………43
　第八节 小 结…………………………………………………………………………45
　参考文献………………………………………………………………………………46

第三章 灌溉模式对小桐子生长调控与水分利用的影响…………………………… 54
　第一节 国内外研究进展………………………………………………………………54
　第二节 研究内容与方法………………………………………………………………58
　第三节 不同水量交替灌溉对小桐子生长调控与水分利用的影响…………………60
　第四节 调亏灌溉对小桐子幼树形态特征与水分利用的影响………………………64
　第五节 讨 论…………………………………………………………………………67
　第六节 小 结…………………………………………………………………………70
　参考文献………………………………………………………………………………71

第四章 小桐子生长、耗水特性和水分利用效率对保水剂和水肥的响应………… 75
　第一节 国内外研究进展………………………………………………………………75
　第二节 研究内容与方法………………………………………………………………81
　第三节 灌水周期和保水剂施用方式对小桐子生长与水分利用的影响……………84

第四节 水肥和保水剂处理对小桐子生长与水分利用的影响……88
第五节 讨 论……91
第六节 小 结……93
参考文献……93

第五章 小桐子生长、产量、品质和水分利用效率的水氮耦合效应……98
第一节 国内外研究进展……98
第二节 试验概况与研究方法……108
第三节 灌水频率和施氮对小桐子生长和水分利用的影响……115
第四节 亏缺灌溉和施氮对小桐子根区土壤硝态氮分布及利用的影响……120
第五节 调亏灌溉和氮处理对小桐子生长及水分利用的影响……125
第六节 水氮耦合对小桐子生长和灌溉水利用效率的影响……130
第七节 水氮一体灌溉模式对小桐子生长及水氮利用的影响……135
第八节 限量灌溉和施氮对小桐子产量及品质的影响……140
第九节 讨 论……144
第十节 小 结……150
参考文献……151

第六章 肥液氮素浓度在线检测装置设计与试验……162
第一节 国内外研究背景……162
第二节 相关理论基础……167
第三节 检测装置设计……179
第四节 试验与结果分析……183
第五节 小 结……192
参考文献……193

第七章 小桐子环境参数 Zigbee 无线传感器网络监测系统研究……197
第一节 国内外研究进展……197
第二节 系统硬件的设计与实现……205
第三节 Zigbee 无线传感器网络执行策略……217
第四节 基于 WSN 的系统软件开发与应用……225
第五节 系统性能试验及结果分析……233
第六节 小 结……240
参考文献……241

第八章　小桐子优质高产栽培的水管理分析决策支持系统构建与实现……………………… 247
第一节　国内外研究背景………………………………………………………………… 247
第二节　技术简介和数据库理论基础…………………………………………………… 252
第三节　小桐子水管理决策系统的系统分析及总体设计……………………………… 258
第四节　系统开发环境和数据库设计…………………………………………………… 260
第五节　设计介绍系统功能模块………………………………………………………… 262
第六节　小　结…………………………………………………………………………… 272
参考文献…………………………………………………………………………………… 273

第一章 概 述

第一节 研究目的与意义

小桐子又名麻风树、膏桐、黑皂树、木花生、油芦子、老胖果、假花生、臭油桐、桐油树、油桐等，是大科麻疯树属的多年生落叶灌木或小乔木，树高2.0~5.0m，树体中有着乳白状的液汁，树皮很平滑；枝条是苍灰色且没有毛；果实呈椭圆形或球形，长度2.5~3.0cm，果皮黄色或青绿色，种仁是椭圆状，长度1.5~2.0cm，呈黑色；开花期在5—10月。小桐子起源于中美洲北部，目前，小桐子已广泛分布于世界各国。小桐子传入中国已经有200多年的历史，分布于云南、四川、贵州、广东、广西壮族自治区（以下简称广西）、海南、中国台湾等省区，其中云南种植面积最大，四川次之。开发初期，小桐子因其植株各组成部分及种子均含有多种活性成分而引起人们的高度关注，可以用其作为原料加工农药和医药制品。特别是利用其种子加工的生物柴油其性能优于国内零号柴油，达到欧洲二号排放标准。还可以利用小桐子的种子油加工肥皂、染料等日用品；种子提取油后的副产品可加工有机肥，利用其树叶可饲养家蚕；作为行道树可用来美化、绿化环境。利用其大多数根系生长在20~45cm的土层，且沿水平方向生长的特点，通过庞大的根系可以固土护坡和保持水土；利用抗环境胁迫能力强的特点，用于干热河谷区、石漠化区、盐碱区和重金属污染土壤区的植被恢复和环境治理。此外，小桐子具有喜光，喜暖热气候和花期耐热耐旱，抗病虫害能力较强，还有一定的抗寒能力，能忍耐 −5℃的短暂低温。因此，小桐子是一种多功能树种，具有广阔的应用前景和推广应用价值。

（1）药用价值：小桐子的种子和种子油可作为泻药、催吐剂，也用于治疗皮肤病。小桐子油稀释后可作为慢性风湿病的涂抹剂；树体内的乳白色液体可用于治疗湿疹、疥疮和金钱癣；服用根皮煎剂对治疗麻疯及风湿症有很好的效果，外用可治无名疮毒；树体内的乳白色液体有杀菌和封闭人体伤口作用，也可治疗黄蜂及蜜蜂叮咬、牙龈炎、创伤、痔疮和疣等；叶、树皮和根具有止咳、散瘀、消肿、杀虫止痒、止血止痛等功效，主治创伤出血、关节挫伤、跌打损伤、骨折疼痛、湿疹、疥癣、麻疯、癞头疮、下肢溃疡、脚癣等；近年来研究还发现，小桐子还具有显著的抗病毒、肿瘤、艾滋病（AIDS）、真菌活性、微生物、利什曼原虫、寄生虫等功效，还可用于防治血吸虫病、糖尿病、终止妊娠和杀灭钉螺等。据国外资料报道，小桐子也可用于治疗坐骨神经痛、全身性水肿、胸膜炎、破伤风、黄热病、胃痛、烧伤、脱发、腹水、麻醉、利尿、淋病、梅毒等。

（2）工业价值：随着石油资源的逐渐枯竭，国内外将目光转向燃料乙醇、甲醇、植物油等可再生液体燃料的开发利用。小桐子号称“生物柴油”树，小桐子种子含油率介于38%~41%，种仁含油达49%~62%，其含油率均超过油菜和大豆等大众油料作物，是一种理想的生物质液体燃料。研究发现，这种“生物柴油”适用于各种发动机，其一氧化碳排放量、硫含量、凝固点、颗粒值、闪点等关键指标均优于国内零号柴油。与传统柴油相比，具有可再生、清洁、高效、加工成本低廉等优势。随着加工工艺的改进，其新型燃料可以达到欧洲二号的排放标准。此外，小桐子油可用做润滑油、制皂添加剂，生产油漆、染料、化妆品、防腐剂等，亦可用于照明、工业锅炉燃料等。因此，小桐子油在工业领域具有广阔的应用前景。

（3）农业价值：近年来，国内外众多研究者将目光转向高效绿色环保型植物源新农药的开发利用。而小桐子的种子、叶、茎和根均含有多种生物活性成分。小桐子体内富含乳白色液体汁，对血吸虫、软体动物等具有较好的灭杀效果，对抑制西瓜花叶病毒活性有明显功效；其种子油及种子油乙醇提取物对萝卜蚜有显著触杀功效，其石油醚提取物可抑制柠檬凤蝶三龄幼虫的进食；因小桐子叶汁具有一定的毒性，可作植物杀虫剂或消毒剂。可见，小桐子对生物病虫害防治具有广阔的开发潜力。加之，小桐子种子榨油后的油枯可加工有机肥，中国科学院昆明植物研究所的研究发现，油枯中有机质91.67%，全钾12.45%，速效钾5.48mg/g，全氮3.046%，水解氮0.45mg/g，全磷2.5%，速效磷0.81mg/g，酸碱度为7.01，可作为富钾有机肥的原料。其次，小桐子种子富含蛋白质和氨基酸，特别是种仁榨油后其油枯中的氨基酸总量高达47%以上，其含量与植物性蛋白饲料相当，且高于大多数植物性饲料，特别是价格比豆饼粉更低，因此可作为畜禽饲料的原料。除此之外，小桐子的树叶也可用来饲养家蚕。可见，小桐子的各器官、体内乳白色液体、榨油后的油枯、种子油提取物等在农业中具有广泛的应用前景。

（4）环境价值：小桐子具有较强的抗环境胁迫能力，且水肥供应适宜时能较快生长，有较大的生物量，树高达2~7m，冠幅达2~3m。① 可用于降雨量较少，蒸发量较大，水热矛盾突出地区（如干热河谷区）的植被恢复，根据笔者在金沙江干热河谷元谋段进行的两年大田试验发现，四年生的小桐子树，行株距为2m × 3m，与自然降水条件相比，适宜的水氮处理使得小桐子的产量大幅提高，品质明显改善，田间可形成郁闭的空间，这样大大降低了土壤表面的蒸发量，第三年未进行水氮处理，小桐子生长依然旺盛。② 三年生小桐子树可以在中度以上的盐碱土壤中生长，因此可用于盐碱区的植被恢复和治理。③ 由于小桐子能积累较大的生物量，尤其是根系和叶片生物量较大，其可用于重金属污染土壤的修复，根据笔者进行的大田试验，小桐子大树具有极高的抗铅胁迫能力，因此可用于铅锌矿区污染土壤修复和植被恢复。④ 研究发现，三年生以上的小桐子树的根系在地表以下25~45cm的区域沿着水平方向生长，因此还可以利用小桐子庞大的根系进行固土护坡，防治水土流失。⑤ 由于小桐子具有较强的抗干旱胁迫能力，可以在岩石缝隙生长，因此可利用其改善石漠化地区的生态环境。⑥ 可以利用小桐子美化、绿化环境，作为植物墙和行道树植物。

干旱缺水是一个世界性问题，我国西南地区水资源总量丰富，但有效的可利用水资源极其有限，季节性干旱特征明显，特别是干热河谷区的水热矛盾尤其突出。我国水资源总量为2.8万亿 m^3，低于巴西、俄罗斯和加拿大，与美国和印度尼西亚相当，但人均和亩均水资源量仅约为世界平均水平的1/4和1/2，而且水土资源不相匹配。长江流域以南地区，耕地占全国耕地的35%，而水资源已占全国水资源总量的81%。目前全国正常年份农业缺水约300亿 m^3。农业是用水大户，其用水量约占全国用水总量的70%，在西南地区则占到64.3%，其中云南省占76.6%，干热河谷区占90%以上。为了应对日趋严重的缺水形势，解决问题的关键是构建节水型社会和发展节水农业。

在我国，缺水和农业用水效率低下并存。据农业部门测算，我国农业天然降水利用率为40%左右，而美国等发达国家达到60%~70%。据水利部统计，目前我国农田灌溉水利用系数为0.53左右，美国已经达到0.75。我国1m3水的农业产出只有0.83kg，比世界平均水平低30%，但我国的节水潜力巨大。我国化肥的生产量和消费量均占世界的1/3，氮肥表观年消费量达3 950多万t。目前，随着持续大量的氮肥投入，我国农田氮肥的当年利用率逐步降低，已低于30%，但氮肥的残留效应不断增加氮肥流失不仅造成资源的极大浪费，而且造成严重的农业面源污染和水体富营养化。我国当季氮肥利用率不足30%，世界氮肥利用率平均50%，我国当季磷肥利用率15%~25%，世界的利用率平均42%，我国钾肥利用率30%~50%，世界的利用率平均50%~70%。综上所述，我国的肥料利用率提升空间的潜力巨大。造成我国水氮利用效率较低的主要原因一是大水漫灌，在我国农田大水漫灌现象普遍存在，大水漫灌不仅造成了水分损失，还会产生肥料淋失，导致农业面源污染和地下水污染加重。二是氮肥超量施用，据调查发现，全国已有17个省氮肥平均施用量超过国际公认的上限每公顷225kg，过量施氮不仅浪费氮肥资源，而且导致土壤板结和通气效果变差，影响作物生长发育，进而造成作物产量和品质下降，同时也出现因苗纤细而易倒伏，贪青晚熟，病虫害增多等突出问题。

干旱缺水不仅限制我国经济社会的可持续发展，而且造成了土壤荒漠化、沙漠化、石漠化、沙尘暴等一系列生态环境问题，危及人类生存。随着人口的增长、工业化和城市化进程加快，工业用水和城镇生活用水挤占农业用水，进一步加剧了我国水资源供需之间的矛盾。同时，大水漫灌和过量施化肥现象普遍存在，作物水肥利用率低下、水土环境恶化等突出问题限制了我国农业的可持续发展。目前，世界各国均十分重视农业节水减排技术与装备研发及应用。然而一切先进的农业节水减排技术要真正达到目的，都必须充分考虑土壤—作物系统的水肥互作效应关系，实现水分—养分—作物关系的最优协调。国内外研究表明，科学合理灌溉施肥和最大限度提高作物对水肥的利用效率是提高农田水肥利用效率的基本途径，也是季节性旱区改善作物根区微环境，减轻农田面源污染和地下水污染，提高作物产量和品质的重要举措。唯有此，才有可能进一步大幅度减少农田水肥用量，取得新的突破（Behera，2009）。

水肥是农业生产中的两大决定因素，作物对肥料的吸收、传输和利用均依赖于土壤水分，土壤水分状况在很大程度上决定着肥料的合理用量。近年来研究发现，在季节性旱区和限量灌溉条件下，土壤水分促进肥效更好的发挥作用，土壤肥力是开发水分系统生产能的激活剂，两者互相促进，互为制约，存在明显的互作效应关系。土壤水分亏缺不但影响土壤营养物质的迁移转化与吸收利用，而且还影响水分在植物体内的传输与营养代谢，过量的灌溉不仅会淋洗根区土壤的有效养分，而且还会降低根区土壤的透气效果、微生物的活性和根系的活力，进而影响根系对养分的吸收和利用。近年来的研究也表明，在雨养农业区，施肥通过补偿缺水条件下作物生长受限时的不良反应和调节改善植物的生理功能，达到提高作物水分利用效率的目的。在灌溉农业区，实施非充分灌溉技术，不但能有效地提高作物水氮的利用效率，而且生长会表现出明显的补偿效应，产品品质也会得到明显的改善。在水资源日益短缺的今天，如何最大限度地提高水分和氮肥利用效率，以有限的水分和氮肥供应获得最大经济效益，是当前我国西南季节性旱区农业可持续发展中迫切需要研究的关键问题。

第二节　小桐子水氮高效利用技术研究的总体思路

小桐子水氮高效利用理论与调控技术研究的总体思路即对过去只考虑农田生产力和作物单产潜力提高，忽视农业生产对环境带来的不利影响转变为在保持作物持续稳定生产的同时，减少农田面源污染和地下水污染，提高农田和作物水氮的利用效率，实现节水节氮增效的目的。这需要我们以小桐子为研究对象，充分考虑小桐子水氮高效利用的土壤和生理过程及其调控的基础上，研究不同水氮供应条件下小桐子水分和氮肥—生物量—经济产量的转化关系，探明不同水氮供应条件下小桐子水氮高效利用的土壤与生长和生理过程的调控机制，揭示有利于小桐子健康生长的水氮互作机制与定向调控途径；研究季节性干旱农田小桐子水氮联合高效利用的灌水与施肥方式、节水灌溉制度，构建小桐子节水高产的灌溉施氮技术指标体系和推广应用模式；研究设施小桐子水氮一体化灌溉技术与装备；提出农田水氮高效利用的水氮联合调控理论和技术体系与产品，突破与创新小桐子水氮联合调控技术，实现小桐子优质增产和增效。

通过“以水调氮”、“以氮促水”的水氮互作效应机制来提高小桐子水氮利用效率，是我国生态农业可持续发展的迫切需要。以研究小桐子与根区土壤水氮之间的互作效应关系为核心，以求减少奢侈生长消耗的水氮量而提高水氮利用效率为研究主线，通过点与面相结合、室内与室外大田相结合、定位试验与现场示范相结合，理论研究与技术开发应用相结合，系统探索小桐子水氮高效利用理论与调控技术。

一、小桐子水氮高效利用技术的研究现状

近年来，国内外专家、学者主要针对小桐子的生长和光合生理及其环境因子（土壤干旱、养分、温度和盐分）的生理生态适应性方面进行了较多的研究（栗宏林等，2010；Maes WH et al，2009；黄红英等，2009；毛俊娟等，2007；李清飞等，2009；张明生等，2006；Kumar GP et al，2007；陈健妙等，2009）。同时也对不同产地的小桐子产量和果实的化学成分进行了大量的报道（李化等，2006；罗长维等，2008；Gubitz GM et al，1999；

Carvalho CR et al，2008）。影响作物对生长及生理生态指标、产量和品质的土壤和环境因素很多，如温度、水分、养分等，其中水分和养分起关键作用，水肥一体灌溉模式是节水农业发展的必然趋势。

1. 土壤水分对小桐子生长、生理生态指标、产量和品质的影响

水分是植物体的重要组成部分，它几乎参与了植物所有的生理生化过程。Riyadh（2002）的研究发现，小桐子（又名麻疯树）在较高的气候环境条件下，既能在降雨量为200mm 左右的范围内存活，依靠减小气孔开度和大多数叶片的遮荫来减少蒸腾失水，Heller（1996）的研究发现，小桐子能在降雨量为 1 380mm 左右的范围内较快生长。种植密度为 1 600~2 200 株 / 公顷时，其产量能达到 794Kg/ 公顷，单株产量为 318g/ 株。光合作用是植物生长的生理基础，可以作为判断植物生长势和抗逆性强弱的指标。在国内，姚史飞（2009）等人采用停止灌水后以 5 d 为时间间隔进行干旱胁迫处理，研究了干旱胁迫对小桐子幼苗光合特性及生长的影响，结果表明：在轻度和中度干旱胁迫下小桐子幼苗光合能力下降的主要原因是气孔限制，而重度干旱胁迫下光合能力下降的主要原因是非气孔限制。同时，在轻度和中度干旱条件下，小桐子幼苗以降低光合生长和蒸腾耗水、提高水分利用效率来适应环境、维持生命，但长势变弱，而严重干旱时小桐子幼苗的生长受到土壤水分的严重限制。毛俊娟（2008）等人采用停止浇水后分别在第 1，3，6，9 d 测定生理指标，研究了干旱胁迫下外源钙对小桐子相关生理指标的影响，结果表明：外源钙能提高小桐子幼苗的抗旱性，增强干旱胁迫下的渗透调节作用，保护细胞质膜的结构，调节干旱胁迫导致的生理反应。窦新永（2008）等人采用营养液培养 7 d 后，用分别含有 0（对照）、5%、10%、15%、20% 和 25% PEG26000 的 Hoagland 营养液培养幼苗，研究了小桐子幼苗的光合气体交换和叶绿素荧光参数对干旱胁迫的响应，结果表明：在较低浓度 PEG(≤15%) 处理下，随 PEG 浓度的增加，小桐子叶片净光合速率（Pn）和气孔导度 (Gs) 下降，水分利用效率 (WUE) 则逐渐升高，他认为在高浓度 PEG 处理下，Pn 的下降则是由非气孔和气孔因素的共同限制作用造成的。在国外，Abdrabbo（2009）等人采用不同的水分梯度 50%、75%、100% 和 125% 的 ETp 处理下，研究发现，ETp 为 100% 的处理产量和品质最好，但不同水分胁迫处理对脂肪酸并没有显著影响。Maes（2009）等人采用停止充分浇水后，在第 62d 时按照充分灌水量的 40% 处理直到 114d，研究发现，小桐子较强的抗旱性与茎干较小的木质部密度密切相关。

2. 土壤养分对小桐子生长、生理生态指标、产量和品质的影响

养分胁迫是影响抑制植物生长和产量降低的重要制约因素之一。近年来，我国西南及其他地区积极发展小桐子产业，随着幼林相继进入初产期，对土壤养分需求增大，如何合理施肥，协调营养生长与生殖生长的关系，具有现实意义。刘朔（2009a）等人采用不同种类的 N、P、K 处理下对小桐子的生长和结实状况进行了研究，结果表明：N、P、K 混合施肥能显著促进小桐子的地径、冠幅和树高的生长；单施 N 肥也能明显促进主干地径生长，但单施 P、K 肥对地径生长影响不大；N 肥和 P 肥混合施用能显著促进小桐子幼树冠幅生长，单施 N 肥、P 肥或 K 肥对小桐子冠幅生长促进作用不明显。刘朔（2009b）单施 N 肥对小桐子增产作用不明显，但单施P肥或K肥对促进小桐子增产具有明显的作用，在氮、钾一定时，施磷肥量超过一定水平，对小桐子产果量影响不大，施肥处理对出仁率和出油率影响不明显。

3. 小桐子生长、产量和品质的水肥互作效应

在西南地区，小桐子的初花期为3月—4月，盛花期为4月—5月，进入雨季后小桐子花蕾数量减少，直至10月底，花期基本结束。小桐子初花期正值高温干旱季节，又是果实生长发育高峰。小桐子果实发育的特点是前期缓慢生长，中期快速生长，果实迅速膨大，后期生长以种子重量的迅速增加为主。因此，根据不同生长发育阶段保持均衡的水肥供应。生育前期水肥供应过量会导致营养生长过旺，造成果实生长养分不足，引起大量落果。果实膨大期是影响产量的关键时期，应保证充足的水分供应，干旱胁迫不利于植株对营养的吸收和转化，影响植株正常生长和开花结实。由此可见，小桐子生长周期内适宜的水肥供应对确保单位面积上的产量提高和品质改善均具有重要的作用。

目前，水肥一体化技术在中国正处于发展阶段，理论研究与示范和推广应用不断深入。由过去只注重土壤水分影响下的节水提质和增产增效的试验研究，逐渐发展到水肥一体化条件下作物生长、生理、产量和品质的水肥互作效应研究、水分和养分在土壤中的运移和分布规律等方面的研究；由过去只注重灌溉技术与方法、节水灌溉制度转变为灌溉与施肥的运筹机制。随着水肥一体化技术与装备的不断改进，其技术水平不断提高。目前，我国水肥一体化技术与装备的管理水平低下，水肥一体化技术推广与应用面积较小，理论研究与技术应用研究的相关成果较少，深度较浅，水肥一体化技术领域的相关产品的质量与国外同类产品相比存在较大差距。这需要我们以智能化和信息化为引领，多学科交叉融合创新为突破口，依据作物健康生长和提质增效为目标，进一步挖掘作物需水需肥信息的实时在线和自动监测技术，研发出适宜不同作物和生长条件的智能型自动灌溉控制系统，提出不同作物的精准灌溉和施肥制度，开发出具有自主知识产权的水肥一体化技术与装备。

二、小桐子水氮高效利用技术研究内容

针对我国旱区农田水肥利用率低的问题，以我国八大生态脆弱区——干热河谷区生长的小桐子为对象，以同步提高水氮利用效率及其最优调控技术为目标，挖掘小桐子节水节氮潜力，提高土壤水氮生产潜力，实现增产优质和高效。主要研究不同水氮供应下小桐子水分和氮肥—生物量—经济产量的转化过程以及生理调控技术；研究不同灌溉方式下小桐子水氮高效利用技术与模式，提出适宜的不同水量交替灌溉技术与调控模式，考虑生长又考虑生理要求的调亏灌溉与施肥模式；研究小桐子保水保肥技术与保水剂施用方式，构建生态脆弱区保水保肥技术指标体系；研究小桐子水氮一体化施用技术与肥液氮素检测设备，并开发新产品；研究小桐子环境参数Zigbee无线传感器网络监测系统和优质高产栽培的水管理分析决策支持系统，构建考虑环境要素和基于水氮运筹机制的优质高产和高效的用水管理分析决策支持系统。综合考虑小桐子的两大特点（抗旱能力强、生物量较大）、两大机制（生长生理调节、水氮高效利用）、三大影响因素（灌溉制度、土壤、大气）、四大灌溉方式（限量灌

溉、亏缺灌溉、调亏灌溉、不同水量交替灌溉），解决两大问题（水肥利用效率低下、产量较低和品质较差），整体提高小桐子水氮利用效率，实现小桐子增产优质高效。具体研究内容如下：

1. 小桐子水氮高效利用的土壤和生理过程及其调控

研究建立土壤水分、氮素迁移和转化与高效利用模式。研究不同水分、氮素胁迫条件下小桐子水分养分吸收与利用特征、生长和生理生态特性、同化物合成转化、运输与分配、以及产量和品质构成等的变化规律、根冠和胡伯尔值等形态特征关系，提出不同水氮条件下小桐子水氮高效利用的策略与调控机制。

2. 不同灌溉方式下小桐子水氮高效利用技术与模式

研究小桐子调亏灌溉的水氮高效调控技术，建立调亏灌溉条件下小桐子水氮高效利用模式，提出既考虑生长又考虑生理要求的调亏灌溉与施肥模式；研发与不同水量交替灌溉相适应的水氮高效利用技术，提出适宜的不同水量交替灌溉技术与调控模式。

3. 小桐子保水保肥技术与保水剂施用方式研究

研究小桐子对土壤水分、施肥与保水剂的响应规律，探讨其各阶段需水需肥量、最适宜生长量与水氮需求的关系、获得土壤水分、施肥与保水剂之间的最佳组合；通过土壤应用不同量的保水剂后，分析保水剂对土壤水分和硝态氮、铵态氮的保持、转化和利用的长期动态效应，以及对小桐子的生长和水分利用的时空有效性，建立相应的效应关系。结合保水剂不同施用方法（环施、半环施和混施），分析保水剂适宜的应用方法，揭示保水剂对土壤水分和氮素保持、转化和小桐子利用的机理和时空有效性，以及对小桐子生长效应的生理调控机制；建立保水剂对水分和氮肥保持、转化和小桐子利用的效应理论体系，提出土壤水分、施肥与保水剂之间的最佳组合模式。

4. 小桐子水氮一体化施用技术与肥液氮素检测设备

研究小桐子栽培时最佳水氮供应的影响因素，研究土壤—植物系统水分、肥液氮素的检测与诊断指标，获得有利于提高小桐子苗木质量和提高水氮利用效率的灌溉施氮制度，提出基于小桐子生长的水肥量化管理指标，建立不同水氮配比条件下小桐子水氮一体灌溉模式和相配套的栽培技术，提出灌溉施氮系统运行参数优化设计方案。开发基于离子选择电极设计了肥液氮素浓度检测装置，并对离子选择电极、信号调理电路、温度传感器、微处理器等组成部件等检测装置性能进行了测试与分析。

5. 小桐子环境参数监测系统及优质高产栽培的水管理分析决策支持系统的构建

针对传统温室环境参数监测系统布线繁杂、成本较高、监测灵活性差以及一般无线传感器网络能耗较高等问题，设计了一种基于 WSN 的温室环境参数监测系统，实现了生长环境参数的实时采集、传输、存储和浏览功能，基于小桐子验证并分析了 CC2530 芯片的无线传感器网络模块的传输特性和能量消耗特征。根据小桐子生长的外部环境条件、土壤水资源含量等信息，通过作物系数法计算出具体的需水量；并依据作物土壤墒情的决策模型，开发了用水管理决策系统软件。

三、小桐子水肥高效利用技术研究的框架与体系

小桐子水氮高效利用技术研究以实施精确控制为手段，综合考虑小桐子生长－生理－产量－品质与水氮耦合的效应关系，提出生长效应的生理调控机制和水氮提质增产增效的最优水氮耦合模式，达到显著提高小桐子水氮利用效率的目的。研究采用室内外试验与理论分析、计算模拟相结合，技术开发和设备研制并重的方法，重点研究不同水肥供应下小桐子水氮高效利用的土壤和生理过程与调控技术，研究不同灌溉方式下小桐子水氮高效利用技术与模式，提出适宜的不同水量交替灌溉技术与调控模式，考虑生长又考虑生理要求的调亏灌溉与施肥模式；研究小桐子保水保肥技术与保水剂施用方式，构建生态脆弱区保水保肥技术指标体系；研究小桐子水氮一体化施用技术与肥液氮素检测设备，并开发新产品；研究小桐子环境参数 Zigbee 无线传感器网络监测系统和优质高产栽培的水管理分析决策支持系统，构建考虑环境要素和基于水氮运筹机制的优质高产和高效的用水管理分析决策支持系统。采用的研究方法和技术路线如图 1–1 所示：

总体实施方案如下：

1. 小桐子水氮高效利用的土壤和生理过程与调控

以小桐子为研究对象，在金沙江流域干热河谷区元谋段和滇中地区昆明理工大学现代农业工程学院智能控制温室中研究水肥配比和管理条件下，土壤水分运动和氮肥耦合运移及转化的动态规律，分析土壤水氮交互作用对小桐子水氮利用效率的影响，摸清土壤水氮迁移、分布、转化与高效利用的互作效应关系，构建小桐子根区水氮高效利用的分布式调控模式。通过田间或盆栽试验，观测在不同水氮供应下小桐子水氮吸收—生物量—经济产量的转化机制、生长、生理生态、干物质形成、转化、分配、产量构成、品质和根冠比及胡伯尔值等的变化，阐明小桐子高效用水用氮的生理过程和生长效应的生理调节机制。提出不同水肥条件下小桐子增产提质和高效的水氮运筹机制。

2. 不同灌溉方式下小桐子水氮高效利用技术与模式

分析调亏灌溉条件下小桐子不同生长阶段的水分亏缺、氮肥用量的水氮耦合效应。建立调亏灌溉条件下不同水氮配比条件下土壤水氮耦合迁移、根系吸氮能力与补偿效应、水氮利用效率及其与根区土壤水氮循环和转化之间的定量关系；计算水氮耦合利用效率和节水节氮效应，建立综合考虑小桐子水分—氮肥—产量的生产函数；提出水氮高效利用时的最佳土壤水分调亏指标、供水参数及相应的水氮供应模式和调亏灌溉技术操作规程。

开展不同水量交替灌溉、施氮方式以及施氮量下小桐子水氮调控试验，研究开发与不同水量交替灌溉相适应的水氮高效利用技术，提出适宜的不同水量交替灌溉与施肥模式。

3. 小桐子水氮一体化施用技术与肥液氮素检测设备

研究水氮同步供应条件下小桐子生长、生理和水分利用效率对水氮供应参数的响应，分析水氮吸收与灌溉水和土壤溶液中养分浓度的关系，探索小桐子在不同生长环境下最佳的水氮供应的影响因素，提出小桐子的灌溉施氮制度和水氮管理指标以及最佳水分、氮素管理技术。在此基础上，研发不同肥液氮素浓度下灌溉施氮的优化系统、控制系统和检测装置，验

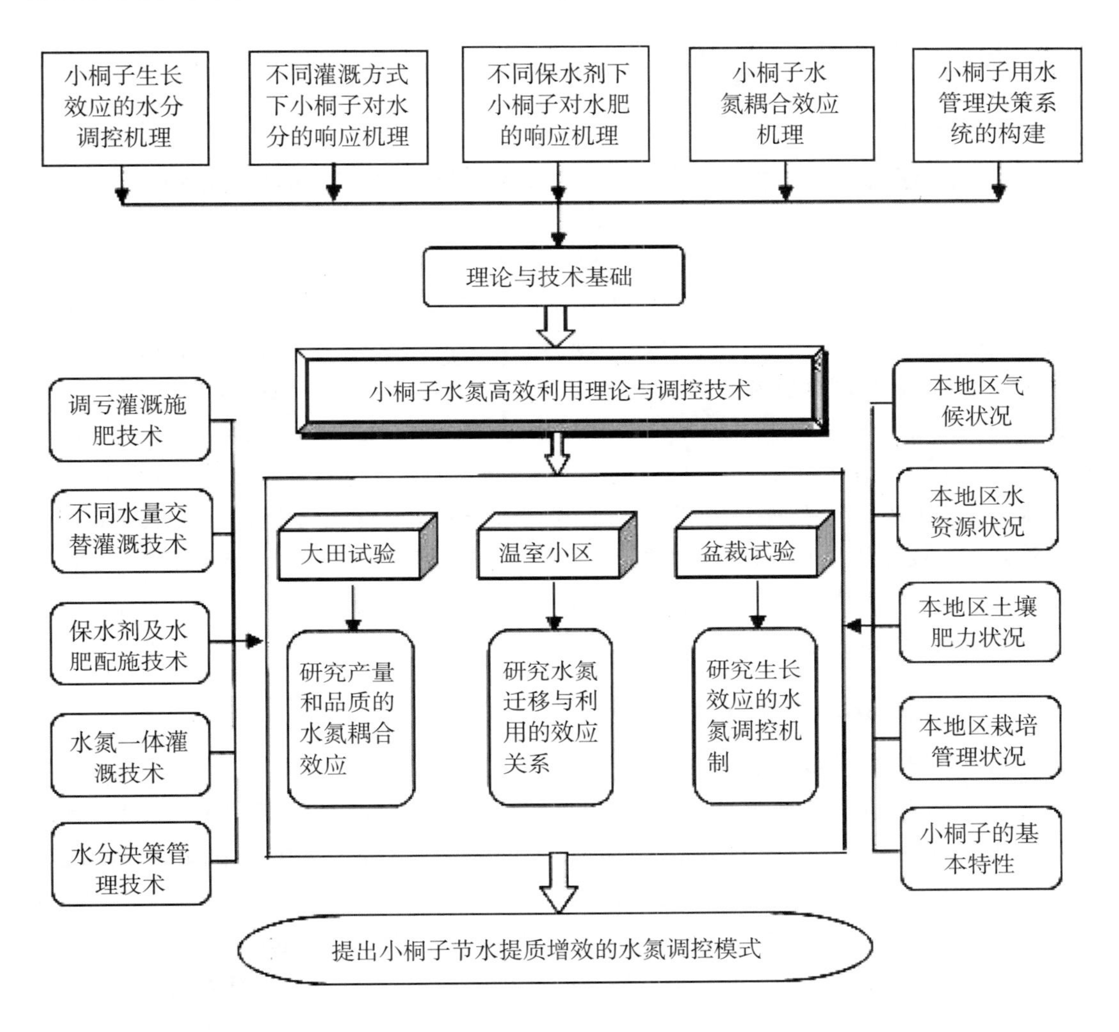

图 1-1　小桐子水氮高效利用理论与调控技术的总体框架

证肥液氮素检测设备的可靠性。

4. 小桐子环境参数监测系统及优质高产栽培的水管理分析决策支持系统

小桐子环境参数监测系统的开发，其主要目的在于便捷、连续并且准确地对影响温室内小桐子生长的环境因素进行实时的监测。针对传统温室环境参数监测往往存在系统布线复杂、监测效率较低、扩展空间较小以及成本较高等问题，为解决这些问题设计开发了温室环境参数无线传感器网络监测系统，根据温室环境监测的需求结合了 CC2530 芯片，搭建了系统的硬件结构，并研究了系统软件功能的实现方式以及能耗、传输和休眠等策略，实现了低成本、低功耗、扩展性良好且具有较高稳定性的监测系统。根据小桐子生长的外部环境条件、土壤水分含量，灌溉制度等信息，通过作物系数法计算出成龄小桐子树的需水量；并依据作物土壤墒情的决策模型，开发了用水管理决策系统软件。

第三节　小桐子水肥高效利用技术与调控模式

针对我国南方季节性旱区农业水资源短缺，农业生产中的水肥利用效率偏低的现实问题，采用先进的节水灌溉技术，以金沙江流域干热河谷区生长的生物质原料树种——小桐子为试验材料，以限量灌溉条件下的根区水氮迁移动态和高效利用机制为主线，研究限量灌溉条件下不同水氮处理对小桐子根区土壤水分、氮素的迁移动态、蒸散耗水规律、冠层形态特征、水肥利用效率、根冠关系、胡伯尔值、生理生态特性等的影响，在系统研究的基础上探讨了小桐子水氮高效利用机理，同时提出了适宜的小桐子水氮高效利用技术与调控模式，针对水氮一体化技术使用的特点，设计开发了肥液氮素浓度在线检测装置，针对传统农业监测方法缺点，设计开发了小桐子环境参数 Zigbee 无线传感器网络监测系统和优质高产栽培的水管理分析决策支持系统。对农业生产中作物水氮高效利用与科学管理，提供可操作性较强的灌水和施氮的最优管理模式。

一、限量灌溉与施氮技术

（一）不同水量交替灌溉技术与模式

为研究不同水量交替灌溉对小桐子生长调控与水分利用的影响。采用 4 种水分处理模式：灌水定额分别为 T1 处理：10mm；T2 处理：20mm；T3 处理：30mm；T4 处理：10mm 和 30mm，均不断地对 2 种灌水定额进行轮回交替。结果表明：（1）T1 处理能在灌水定额为 10mm，灌水周期为 7 d 的环境下存活，表现出极强的抗干旱胁迫能力，其原因不仅是通过停止生长和叶片脱落适应干旱环境，而且最主要的原因是通过木质部有类似海绵状的物质能储存较多的乳白色的液体而继续存活。（2）在节水 21.6% 前提下，与 T3 处理相比，T4 处理的平均外皮层厚度显著增加了 24%，叶片、叶柄、主干、冠层和整株的单位干物质质量的贮存水能力分别显著增加 28.3%、28.8%、13.7%、17% 和 12.3%，平均蒸散量和蒸腾量分别显著降低 36.8% 和 20.4%，而根系和总干物质质量分别增加 21.3% 和 1.3%，因此，总水分利用效率显著提高 30.2%。可见，采用灌水定额为 10mm 和 30mm 交替灌溉的 T4 处理增强了贮存水调节能力，提高了小桐子的根系和总干物质质量，而降低了蒸腾量和蒸散量，从而使得水分利用效率显著提高。

（二）调亏灌溉技术与模式

在盆栽条件下，研究调亏灌溉对小桐子幼树形态特征与水分利用的影响。设置 2 种调亏水平：重度亏缺 W1（田间持水量的 25%~45%）和轻度亏缺 W2（田间持水量的 45%~65%），3 种亏水处理时间：D1（亏水 120d）、D2（亏水 90d）和 D3（亏水 60d），CK 为常规灌溉（田间持水量的 65%~85%），共产生 7 个处理，分别为 W1D1、W1D2、W1D3、W2D1、W2D2、W2D3、CK。结果表明，亏水度对小桐子幼树的株高、茎粗、壮苗指数、叶面积、基茎截面积、干物质质量和水分利用效率的影响趋势表现为：轻度调亏处理 > 重度调亏处理；对根冠比和胡伯尔值的影响趋势表现为：重度调亏处理 > 轻度调亏处理。亏水时间对小桐子幼树的株高、茎粗、壮苗指数、叶面积、基茎截面积、干物质质量和水分利用效率的影响趋势表现为：60d>90d>120d；对根冠比和胡伯尔值的影响趋势均表现为：120d>90d>60d。与正常灌水相比，轻度调亏 60d 的处理节约灌溉用水 11.2%，其叶干重和叶柄干重显著下降，根系、茎秆和总干重下降并不明显，而粗高比和根冠比显著提高，因此，灌溉水利用效率和壮苗指数分别显著增加 7.8% 和 8.1.%。可见，苗后期轻度亏水不仅具有明显的壮苗作用，而且促进水分利用效率显著增大。

采用盆栽试验，研究了阶段水分亏缺（亏水 + 不亏水 WLWH、不亏水 + 亏水 WHWL、亏水 + 亏水 WLWL、不亏水 + 不亏水 WHWH）和不同施氮量（NZ：0g/kg、NL：0.2g/kg、NH：0.4g/kg）对小桐子生长、生理指标和灌溉水利用效率的影响。结果表明，WLWH 的生长和灌溉水利用效率均显著高于 WHWL。作物的灌溉水利用效率随施氮量的增加而呈现先增加后减小的趋势，在 NL 水平下达到最大值。与高水高氮的 NHWHWH 处理相比，中水低氮 NLWLWH 处理节约灌溉水 27%，节约氮肥使用量 50%，小桐子株高减少 31%、总干物质量减少 35%，灌溉水利用效率减少 13%，但茎粗增加 13%，根冠比增加 20%。可见小桐子在处理第一阶段（40~90d）幼树期，对水分的需求量较小，适度的亏缺灌溉可提高灌溉水利用效率；小桐子在处理第二阶段（90~140d）处于旺长期，对水分的需求量较大，增加灌水量可大幅度促进小桐子生长及其干物质量的积累。全生育期实施亏缺灌溉，可提高小桐子自身适应外界环境能力，抗干旱胁迫能力也逐渐增强但 WLWL 水平下的小桐子生长缓慢。经综合分析，认为 NLWLWH 处理可作为干旱地区条件下的小桐子灌溉和施氮制度。

（三）保水保肥技术与模式

为探明灌水周期和保水剂施用方式对小桐子幼树生长与水分利用的影响。通过盆栽试验，研究了 3 种灌水周期（5d、10d、15d）和 3 种保水剂施加方式（环施、半环施、穴施）对小桐子幼树生长和水分利用效率的影响。结果表明：（1）本试验条件下，在灌溉量相等时，保水剂施加方式对小桐子生长和水分利用的影响表现为：环施 > 半环施 > 穴施；灌水周期对小桐子生长和水分利用效率的影响表现为：10d>5d>15d。保水剂环施灌水周期为 10d 的处理能有效降低蒸散量，提高土壤含水率，使小桐子幼树干物质累积更多，可见最适合小桐子幼树生长的组合为灌水周期 10d 与保水剂环施（D10S 环）。（2）在保水剂均为环施且灌溉量相等的情况下，与 5d 和 15d 的灌溉周期相比，灌溉周期为 10d 的处理土壤蒸散量显著降低 4.08% 和 4.10%，根区土壤含水率分别显著增加 5.86% 和 13.32%，株高增加 10.63% 和 22.70%，总干物质累积量分别显著增加 12.89% 和 51.83%，因此 D10S 环处理的小桐子幼树灌溉水利用效率和总水分利用效率分别显著增加 17.21% 和 19.91%、51.81% 和 58.28%。

为探明保水剂与水肥处理对小桐子幼树生长与水分利用的影响。通过盆栽试验，研究了 2 种灌水水平：重度水分亏缺 W1，40%ET；轻度水分亏缺 W2，80%ET；2 种施氮水平 N1：0.25g/kg 风干土；N2：0.5g/kg 风干土和 2 种保水剂水平：S1 为 0；S2 为 2g/kg 风干土其对小桐子幼树生长和水分利用效率的影响。结果表明：（1）在N2S2条件下，与W2处理相比，W1处理的小桐子总干物质质量减少7.2%，而总水分利用效率显著增加43.2%；W2S2条件下，与N1处理相比，N2处理的小桐子总干物质质量和总水分利用效率分别显著增加14.4%和10.5%，可见，有利于小桐子幼树生长的保水剂与水肥的最优组合为S2W2N2；（2）采用施加保水剂处理的小桐子具有显著提高根系、冠层和整株的干物质质量的作用。在N2水平下，与S1W2相比，S2W1处理在节水达35.1%情况下，株高增长29.0%，蒸散量减少了45.3%，而根系、冠层和总干物质质量分别显著增加14.5%、21.8%和20.3%，因此水分利用效率显著提高98.6%。可见施加保水剂可以降低蒸散量，使土壤水分损失减少，并与氮肥形成耦合作用，增加干物质质量的累积，从而使水分利用效率显著提高。

（四）水氮高效利用技术与模式

为研究亏缺灌溉和施氮对小桐子幼树根区土壤硝态氮分布及水分利用的影响。采用4种供水水平：W1为100%ET（ET为蒸散量）；W2为80% W1；W3为60% W1；W4为40% W1和3种施氮水平：N0为0；N1为0.4 g；N2为0.8 g。结果表明：在W1、W2和W3处理中表土层5cm处的土壤硝态氮质量分数均低于表土层10和15cm处，而W4处理中表土层5cm处的土壤硝态氮质量分数均高于表土层10和15cm处；W2处理的平均土壤硝态氮质量分数均低于W1、W3和W4处理。与W1N2相比，节约灌溉量达10.7%时，W2N2处理的平均土壤含水率和硝态氮质量分数及蒸散量分别显著降低22.8%、12.1%和9.6%。而茎粗/株高和壮苗指数分别显著增加24.7%和27.6%，根系、冠层和总干物质质量分别显著增加22.3%、18.3%和19.2%，因此，W2N2处理的灌溉水利用效率和总水分利用效率分别显著增加36.6%和35.0%。可见，在节约灌溉用水的同时，采用W2N2处理提高了小桐子的干物质质量、茎粗/株高和根冠比，而降低了土壤硝态氮质量分数和蒸散量，从而使得壮苗指数和水分利用效率显著提高。

在不同灌水频率下研究施氮对小桐子幼树生长和水分利用的影响，此项研究采用3种灌水频率：4d为W1，8d为W2和12d为W3以及2种施氮水平：不施氮和施氮0.3g/kg风干土。结果表明：（1）当灌水频率为12d时，小桐子通过脱落叶片减小叶面积和生物量，降低木质部基内径使得蒸腾量大大减小，而增加了Huber value值使得根系向冠层传输水分的效率提高，因此提高了抗干旱胁迫能力。（2）与灌水频率为4d相比，12d处理节水达21%，但增加灌溉水利用效率和总水分利用效率分别达9.7%和13.1%。同时，与W1处理相比，W3处理增加胡伯尔值达38.1%，因此增加了小桐子根系向叶片供水的效率。与无氮处理相比，施氮处理显著增加总干物质质量、小桐子整体贮水量、总蒸散量，灌溉水利用效率和总水分利用效率分别达13.4%~38.1%、8.5%~17.7%、14.9%~17.5%、16.4%~30.7%和17.7%~21.9%。因此，灌水频率为12d和施氮处理是有利于小桐子生长和水分利用效率提高的最佳组合。

金沙江流域干热河谷区进行的小桐子大田试验：采用4个水分梯度（W3、W2、W1和W0）分别为：2011年灌溉量为600mm、400mm、200mm、0mm；2012年灌溉量为400mm、

266.7mm、133.3mm、0mm 以及 4 个氮肥处理：N0（0g/ 株）、N1（75g/ 株）、N2（150g/ 株）、N3（300g/ 株）研究大田小桐子产量和品质的变化规律。获得如下主要结论：

（1）小桐子果实的长度、宽度及百粒重均随灌水量和施氮量的增大呈先增加后减少的趋势。2011 年，小桐子的果实产量及果仁产量均随灌水量和施氮量的增大呈先增加后减少的趋势，但 2012 年，小桐子的果实产量及果仁产量均随灌水量的增大而增大，总体而言，W2N2 处理与 W3N1 处理下小桐子果实及果仁产量最高，较其他处理增加 24%~170.45% 和 47.3%~209.2%。

（2）小桐子的水分利用效率随灌水量或施氮量的增加先增加后降低，与 W3N3 相比，W2N2 的水分利用效率显著增加 111.2%，可见限量灌溉和施氮具有保持土壤水分的作用，不仅节约灌溉用水和氮肥，而且还能促进小桐子灌溉水利用效率明显提高。

（3）在适度的限量灌溉条件下，适宜的氮营养既能保证小桐子果实的产量，又能保证其品质不受影响。水分与氮营养过多、过少都会降低小桐子果仁品质，含油量降低。综合考虑节水节肥和高产优质，建议干热河谷地区小桐子的限量灌溉和施氮模式为 W2N2 处理。

二、小桐子水氮一体化技术与肥液氮素检测装置

（一）小桐子水氮一体化技术与模式

为了研究水氮一体灌溉模式对小桐子生长及水氮利用的影响，采用 4 种供水水平：T1 为 100% ET（ET 为蒸散量）；T2 为 80%ET；T3 为 60%ET；T4 为 40%ET 以及 3 种施氮水平 N1 为 0g/kg；N2 为 0.4g/kg；N3 为 0.8g/kg，每次浇水时将氮肥溶于水中随灌溉水浇入盆内土壤中。结果表明：与 T1 相比，T2、T3 和 T4 均降低了小桐子的株高、茎粗和总干物质质量，根区土壤硝态氮质量分数差值表现为 T2>T3>T1>T4。与未施氮处理相比，施氮处理均显著增加小桐子的株高、茎粗及干物质质量，N2 水平下氮素利用效率最高。与高水高氮的 T1N3 相比，T2N2 处理节水 20%，节约氮肥用量 50%，其株高、茎粗和总干物质质量分别增加 49.03%、18.94% 和 49.03%，灌溉水利用效率和植株氮素吸收总量分别显著提高 82.34% 和 90.75%，平均土壤硝态氮质量分数差值提高 47.95%。因此，有利于小桐子生长和水氮高效利用的最优水氮一体灌溉模式是 T2N2 处理。

（二）肥液氮素浓度在线检测装置设计与试验

为实现肥液自动混合过程中氮素浓度的实时检测，设计了一个检测装置，该装置主要由硝酸根离子选择电极、电极信号调理电路、温度传感器、数据采集以及显示电路组成。在 10^{-6}~10^{-1} mol/L 范围内配制了一系列标准浓度的 NO_3^- 溶液，对该检测装置进行了性能测试试验：（1）以标准毫伏计 PHS-3CT 作为对比，测试了装置对电极响应电势的测量准确性，其相对误差最大为 5.2%；（2）在 5~45℃范围内，分析了离子选择电极的温度变异性，结果表明电极响应电势随着待测溶液温度升高而呈线性变化，在此基础上采用最小二乘法的逐步拟合方法建立了温度参数模型，并对模型进行了验证，其测量误差最大为 9.2%；（3）采用固定干扰法分析了 Cl^-、SO_4^{2-}、$H_2PO_4^-$ 和 HPO_4^{2-} 等 4 种干扰离子对装置测量结果的影响，结果表明 Cl^- 引起的干扰最大，电极对 Cl^- 的敏感性是 NO_3^- 的 0.2%，因而肥液中少量的干

扰离子对测量结果的影响不大。因此，该装置可满足工程上自动混肥过程中氮素浓度检测的应用要求。

三、小桐子环境参数监测系统及优质高产栽培的水管理分析决策支持系统

（一）小桐子环境参数 Zigbee 无线传感器网络监测系统

试验结果表明：利用无线传感器网络技术对温室环境参数进行监测，简化了传统有线温室环境监测系统的测量方式，也使整个系统的监测区域更加灵活且扩展能力得到加强。该系统的无线传感器网节点在距地表 1.5m 时的有效传输距离为 60m，单个节点使用 2 节 5 号充电电池，在不更换电池的情况下能够持续进行温室环境参数数据采集工作 45d，且系统具有较高的稳定性与实用性。该系统能较为精确的对作物土壤含水量、温室环境相对湿度和空气温度进行监测，且测量的最大误差分别为 4.8%、-1.8% 和 -1.1%，能满足一般温室环境参数监测系统的需求。通过试验及实际运行的结果表明，该温室环境参数 Zigbee 无线传感器网络监测系统具有精度较高、能耗小、鲁棒性好、成本低、扩展灵活以及安装便捷等优点，且能够实现温室环境参数的实时、准确以及无线监测功能。

（二）小桐子优质高产栽培的水管理分析决策支持系统

针对金沙江干热河谷区水热矛盾的突出问题，小桐子优质高产栽培时对水分的客观需求，开发了小桐子用水管理决策系统软件。系统根据自身所获取的外部环境条件、土壤水资源含量等信息，通过作物系数法计算出具体的需水量；并依据作物土壤墒情的决策模型，编制包括具体时间与最佳水量的灌溉计划，该系统不仅具有数据录入、查询、编辑、统计、分析、输出等信息处理功能，而且能够根据所获取到的实际信息为管理者以及具体用户灌溉方案以及水资源配比的确定提供信息与技术支持，编制出具体的操作方案。结果表明：（A）能够完成数据的输入、查询、统计以及修改等功能，也能够对数据进行初步的管理。（B）系统就作物系数方面有两种选择，不仅可以直接输入 KC 值，还可通过 FAO（分段单值平均法）获得相应的系数值；而后结合具体情况进行修正便能够得到 KC 值。（C）系统是以实际需要为基础，而采取选择彭曼修正（Modified Penman-Monteith）公式，进而能够求得 ET0 值，将其乘上 Kc 值，并能够得到农田蒸散量 ETc。（D）系统依据土壤墒情决策模型，对灌溉做出的预测；如相应的时间与定额等还不是太准确，存在一定的误差。

参考文献

陈健妙，郑青松，刘兆普，等 . 2009. 麻疯树（Jatropha curcas L.）幼苗生长和光合作用对盐胁迫的响应 [J]. 生态学报，29 (3): 1356-1365.

窦新永，吴国江，黄红英，等 . 2008. 麻疯树幼苗对干旱胁迫的响应 [J]. 应用生态学报，19 (7): 1 425-1 430.

黄红英，窦新永，孙蓓育，等 . 2009. 两种不同生态型麻疯树夏季光合特性的比较 [J]. 生态学

报 , 29 (6): 2 861–2 867.

李化 , 陈丽 , 唐琳 , 等 .2006. 西南部分地区麻疯树种子油的理化性质及脂肪酸组成分析 [J]. 应用与环境生物学报 , 12 (5): 643–646.

李清飞 , 仇荣亮 , 石宁 , 等 .2009. 矿山强酸性多金属污染土壤修复及麻疯树植物复垦条件研究 [J]. 环境科学学报 , 29 (8): 1 733–1 739

栗宏林 , 张志翔 , 张鑫 .2010. 小桐子不同产地种子性状及苗期生长差异研究 [J]. 干旱区资源与环境 , 24 (2): 204–208.

刘朔 a, 何朝均 , 何绍彬 , 等 . 2009. 不同施肥处理对麻疯树幼林生长的影响 [J]. 四川林业科技 ,30 (4): 53–56.

刘朔 b, 余波 , 何朝均 , 等 .2009. 不同施肥处理对膏桐幼林结实的影响 [J]. 西南林学院学报, 29 (3): 11–14.

罗长维, 李昆, 陈友, 等 .2008. 元江干热河谷麻疯树开花结实生物学特性 [J]. 东北林业大学学报 , 36 (5): 7–10.

毛俊娟 , 倪婷 , 王胜华 , 等 . 干 2008. 旱胁迫下外源钙对麻疯树相关生理指标的影响 [J]. 四川大学学报 (自然科学版),45 (3): 669–673

毛俊娟 , 王胜华 , 陈放 .2007. 不同温度和铝浓度对麻疯树生理指标的影响及外源钙的作用 [J]. 北京林业大学学报 , 29 (6): 201–205.

姚史飞 , 尹丽 , 胡庭兴 , 等 . 2009. 干旱胁迫对麻疯树幼苗光合特性及生长的影响 [J]. 四川农业大学学报 , 27 (4): 444–449.

张明生 , 张丽霞 , 吴树敬 , 等 . 2006. 三种胁迫预处理对麻疯树幼苗抗冷性的影响 [J]. 南京林业大学学报 (自然科学版), 30 (5): 60–62.

Abdrabbo A. Abou Kheira, Nahed M.M. Atta. 2009. Response of Jatropha curcas L. to water deficits: Yield, water use efficiency and oilseed characteristics [J]. biomass and bioenergy, 33: 1 343–1 350.

Behera, S.K. Panda R.K., 2009. Effect of fertilization and irrigation schedule on water and fertilizer solute transport for wheat crop in a sub–humid sub–tropical region, Agriculture, Ecosystems and Environment, 130: 141–155.

Carvalho CR, ClarindoWR, Praca MM, et al. 2008. Genome size, base composition and karyotype of Jatropha curcas L., an important biofuel plant[J]. Plant Science, 174: 613–617.

G. P. Kumar, S. K. Yadav, P. R. Thawale. 2007. Growth of Jatropha curcas L. on heavy metal contaminated soil amended with industrial wastes and Azotobacter—A greenhouse study[J]. Bioresource Technology, (3): 32–36.

Gubitz GM, Mittelbach M, Trabi M. 1999. Exploitation of the tropical oil seed plant Jatropha curcas L [J]. Bioresour Technol, 67 (1): 73–82.

Heller J. Physic nut. 1996. Jatropha curcas L. promoting the conservation and use of underutilized and neglected crops[C]. Rome: Institute of Plant Genetics and Crop Plant Research, Gaters–leben /

International Plant Genetic Remoras Institute.

Maes WH, Achten WMJ, Reubens B. 2009. Jatropha curcas L. saplings under different levels of drought stress[J]. J Arid Environ, 73: 877-84.

Riyadh M. 2002. The cultivation of Jatropha curcas in Egypt[C]. Undersecretary of State for Forestation, Ministry of Agriculture and Land Reclamation.

W.H. Maes, W.M.J. Achten, B. Reubens, et al. 2009. Plant - water relationships and growth strategies of Jatropha curcas L. seedlings under different levels of drought stress [J]. Journal of Arid Environments, 73: 877-884.

第二章　灌水量对小桐子生长、耗水特性和水分利用效率的影响

第一节　国内外研究进展

由于社会发展的不断加快，对能源的需求也快速上升，目前绝大多数能源来自石化资源，如石油、煤炭和天然气等。然而，有限的石化燃料储备已吸引了众多研究者将目光投向可再生能源原料来替代石化燃料生产（Koh 等，2011）。生物质能源作为一种可再生和对环境友好的新型能源，正受到了世界各国的重视（Wang 等，2005；Wu 等，2009）。自 2007 年开始，我国政府开始将林业生物柴油在内的生物液体燃料作为发展的重点（吴伟光等，2009）。这是我国政府在应对能源危机和环境恶化问题上的必然选择。而能源植物作为生物液体燃料的来源，也越来越受到国家的重视（Liu 等，2010），因世界生物能源作物的商业化而变得越来越受欢迎（Vicente 等，2004）。在众多的能源树种中，小桐子被公认为是最具发展潜力的能源树种（Fairless 等，2007）。小桐子（*Jatropha curcas* L.）属于大戟科麻疯树属，为多年生、落叶、茎秆多汁的灌木树种，广泛分布于亚洲、非洲和美洲的热带、亚热带及干热河谷地区（Takeda 等，1982）。在中国集中分布于云贵高原、四川省西南部的攀枝花西区以及东南地区的台湾、福建、广东、广西和海南等地（Heller 等，1996）。它可以生长在任何地方，甚至其他作物难以生存的岩石地区、沙壤和盐碱土壤中（Achten 等，2010；Valdes-Rodriguez 等，2011；Francis 等，2005）。也可以用于废弃土壤的复垦和干旱半干旱土壤的植被恢复及重金属污染土壤的修复（Kumar 等，2008）。而由于小桐子树的种仁的含油量高，最高能达到 60% 的含油量，是制备生物柴油的优良品种。同时小桐子树被专家们认可为目前最具有工业应用前景的能源植物（吴伟光等，2009）。另外小桐子种子、树皮、根、叶和汁液中含有多种生物药源成分，可以用来提取制作生物农药，所在药物开发等方面都具有广泛的应用潜力（Liu 等，2010）。

近年来，小桐子已开始人工种植，而土壤水分是影响小桐子生长和水分利用的最重要因素。研究发现，有利于小桐子干物质量累积的适宜的土壤水分范围为田间持水量的 80% 之间（Jiao 等，2010）。采用灌水定额为 10mm 和 30mm，交替灌溉处理增强了小桐子贮存水调节能力，提高了根系和总干物质质量，而降低了蒸腾量和蒸散量，从而使得水分利用效率显著提高（Yang 等，2012）。Kheira 等（2009）采用 50%、75%、100% 和 125% 的蒸散量处理，发现蒸散量为 100% 的处理其产量最高，但不同水分胁迫处理对脂肪酸并没有显著影响。在水分和氮肥共同作用下，目前，焦娟玉等（2011）人的研究发现在 80% 田间持水量

下增施氮肥会更有利于麻疯树光合作用进行，尹丽等（2012）研究发现田间持水量为 80% 和 60% 时，增施 N 肥能明显促进麻疯树幼苗渗透调节能力的提高。

水分是植物生长过程中最主要的限制因子，专家和学者在不同植被类型下耗水规律研究方面做了大量的工作（张小由等，2006；贾德彬等，2008；于成龙等，2006）。众多学者围绕不同的水分处理方法对小桐子生长、光合及其他生理特性等方面也进行了大量研究（焦娟玉等，2010；尹丽等，2010）。在国外，Kheira 等（2009）研究不同的水分梯度（蒸散量分别为 50%、75%、100% 和 125%）处理下小桐子的生长状况，发现蒸散量为 100% 的处理其产量最高、品质最好，但不同水分胁迫处理对脂肪酸并没有显著影响。Maes 等（2009）采用停止充分浇水后 62 d 时按照充分灌水量的 40% 处理直到 114 d，发现小桐子较强的抗旱性与茎干较小的木质部密度密切相关。以上研究主要围绕小桐子的生长、生理生态及产量和品质等，对小桐子生长、贮存水调节能力与水分利用方面的研究较少，为此，笔者在限量灌溉下对小桐子的生长、贮存水调节能力和水分利用效率进行深入研究，以期为小桐子的栽培和抗干性提供理论依据。国内外专家、学者主要针对不同产地的小桐子产量和果实的化学成分进行了大量的报道（李化等，2006；罗长维等，2008；Gubitz 等，1999；Carvalho 等，2008），研究表明，影响小桐子生长及生理生态指标、产量和品质的土壤和环境因素很多，如温度、水分、养分等，其中水分和养分起关键作用。焦娟玉等（2010）研究了土壤含水量对小桐子幼苗生长及其生理生化特征的影响，认为在天然土壤养分状况下，土壤含水率为田间持水率 30%~50% 时栽培，更有利于小桐子的生长。为了使得小桐子得到大面积的推广和栽培，有必要对小桐子在不同灌水处理的条件下，了解水分对小桐子生长及耗水特性的影响。

水分利用效率表征植物消耗单位水量生产出的同化量，是反映植物生长中能量转化效率的重要指标，壮苗指数是评价苗木质量好坏的重要指标之一。虽然过去对小桐子的抗旱能力及小桐子生长、光合特性、产量和品质进行较多的研究，但对小桐子壮苗指数或水分利用效率提高的最佳灌水量的研究还较少。此外，到目前为止对小桐子较强的抗旱性还不能很好地理解，它是否与胡伯尔值有关？因此，本研究目标是调查不同灌水量下小桐子的生长、干物质累积、壮苗指数、胡伯尔值和水分利用效率的变化规律，从中找出有利于壮苗或水分利用效率提高的最佳灌水量，这一研究将为干热河谷区小桐子幼树壮苗的培育及进行合理的水分管理提供参考。总之，对小桐子树生长和蒸散耗水特性方面进行研究，探索小桐子的最佳灌水量，实现节水理论与技术的突破，提高能源植物小桐子水分利用效率，促进节水增效，无疑具有重要的理论与现实意义。

一、虚拟植物技术国内外研究进展

虚拟植物技术是 20 世纪 80 年代以来，随着计算机技术和计算机图形学而发展起来的新的研究领域，现已成为农业科学研究的热点领域之一。植物根系作为植物与外界进行物质与能量交换的重要器官，由于其生长环境的复杂性和不可见性，很难对其进行直接的观察，通过构建植物根系三维显示模型，并利用计算机进行可视化表达有助于进一步了解根系的形态、功能和结构（郭焱等，2001；邓旭阳等，2004；Diggle 等，2009；Soethe 等，2007）。

近年来，国内外学者围绕大田作物小麦、玉米、大豆及其果树等植物根系的可视化模拟方面已做了大量研究（钟南等，2008；赵春江等，2007；Danjon 等，2008；张吴平等，2006；Pagès 等，1989）。在国内，众多学者围绕不同的水分处理方法对小桐子生长、光合及其他生理特性和抗旱性等方面进行了大量研究（姚史飞等，2009；毛俊娟等，2008；窦新永等，2006）。在国外，Kheira 等（2009）采用不同的水分梯度 50%、75%、100% 和 125% 的 ETp（蒸散量）处理下，研究发现，ETp 为 100% 的处理其产量和品质最好，但不同水分胁迫处理对脂肪酸并没有显著影响。W.H. Maes 等（2009）采用停止充分浇水后在第 62d 时按照充分灌水量的 40% 处理直到 114d，研究发现，小桐子较强的抗旱性与茎干较小的木质部密度密切相关。以上研究基本都是以水为媒介对小桐子地上部分进行的研究，但对不同水分胁迫下小桐子根系三维形态结构重建与可视化模拟方面的研究报道较少。

因此，本研究通过对不同水分胁迫因子下小桐子根系形态结构特征的观测分析，提取小桐子根系形态特征参数，并基于其拓扑结构，并通过几何模型的建模技术与计算机可视化技术，建立一个能描述小桐子根系形态—分布及生长变化的模拟模型，以期为小桐子根系对水肥的吸收利用及其抗干旱胁迫的能力提供理论依据。

二、蒸散量的国内外研究现状

植物蒸散量表征田间土壤水分以水汽形式进入大气的量的大小，包括土壤蒸发量和植物蒸腾量，是 SPAC 系统中水分运动和循环最为重要的过程。由于蒸散与土壤水分运动、植物水分传输和蒸腾、大气间水汽和热量平衡等有着相互的关联。其研究一直受到水利、土壤、气象、农学、水文等学家的高度关注。可见，蒸散量的模拟与计算对推动农业节水的快速发展及水资源的高效利用等方面有着重要的意义。本研究从农田蒸散耗水量测量方法的最新进展出发，综述了农田蒸散耗水量的主要影响因素，并对其进行了较为系统的分析和总结，其目的是研究小桐子的水分高效利用提供参考。

对于植物蒸散模型的研究虽然经历了两百年的历史，发展经历了从缓慢到迅速的过程，20 世纪以来出现了大量的植物蒸散模型，特别是随着计算机技术的快速发展以及对于植物蒸散模拟研究的不断深入，产生了很多重要的成果。首个蒸发计算公式是由道尔顿提出来的，他为蒸散模型的建立做出了开创性的贡献，并且明确了蒸发计算的物理意义（Fairless 等，2010）。后来波文、桑切斯特和霍尔兹曼分别运用应用能量平衡方程的理论和空气动力学创立了计算蒸散量的波文比—能力方程和计算蒸发量的空气动力学方程（Liu 等，2010）。1984 年彭曼和桑切斯特几乎同时提出了“蒸发力”的定义，而彭曼则提出了计算蒸发量的著名的彭曼公式（Shuttleworth 等，1976）。在 20 世纪中叶，Swinbank 等许多学者提出用涡度相关法计算蒸散量，并根据气候预测和水量平衡法计算区域蒸散量（Shuttleworth 等，1979）。20 世纪 60 年代，蒙蒂斯在彭曼前人研究的基础上，加入了表面的阻力从而提出了彭曼—蒙蒂斯公式（P–M 公式），此公式对于非饱和下垫面蒸散量的计算提供一种新的思路；更有许多学者参与了土壤 – 植物 – 大气连续体中能量和物质交换的过程模拟，运用此模拟来计算蒸散量，可以克服传统公式计算的一些缺陷，由于模拟过程中参数的估计与获取是困难的，因此，没有得到广泛的应用（Shuttleworth 等，1976）。但这些成果的取得对蒸散模拟的较快发展也起到积极的促进作用。Hillel 等人在 20 世纪 70 年代末从土壤水分和土壤物理运动规律来计算蒸散量，对蒸散的发展开辟了一个新的分支。近年来逐渐发展的遥感技术，越来越多地运用于计算面蒸发量，虽然该技术在计算蒸发量上存在很多问题，但是由于方便于面蒸发量的计算，其应用前景非常广阔，发展也很迅速（Reginato 等，1976）。

近年来，我国学者在研究蒸散量上也有新的进展。1985 年陈志雄建立了在不考虑作物本身水分条件下的植物蒸散量的估算模型（卢振民等，1988）。1987 年卢振民（1998）依据作物需水量与蒸腾量之间的关系建立了作物蒸腾相关模型。而且于 1989 建立了大田蒸散估算模型；同时在其论文里提到，蒸散量与蒸腾量的差值即为作物棵蒸发量。这样通过计算，就可以区分开蒸发量与蒸腾量。康绍忠（1995）依据黄土高原一些站点观测的数据，并在水量平衡方程的基础上建立了农田实际蒸散估算模型。并于 1995 年建立了蒸腾蒸发分摊模型，在其模型中对叶面蒸腾和棵间蒸发分别建立了比例方程（康绍忠等，1995）。孙景生（1995）依据 SPAC 理论，依靠田间数值建立了作物棵间蒸发和作物蒸腾估算模型。由于蒸散模型涉及的内容广阔，问题比较复杂，又在国内起步较晚。仍然有很多不足之处，需要进一步加以探讨。2010 年到 2012 年有众多学者利用 MODIS 遥感数据来估算地表蒸散的研究，获得了良好的效果（孙亮等，2009；付刚等，2010；徐永明，2012）。

三、国内外蒸散测定方法

目前，蒸散耗水量的测定方法有两类，分别为直接测量法和间接测量法。直接测量法有涡度相关法、气孔计法等方法；间接测量法有遥感法、经验公式等方法。这些方法中较常见的有遥感法、微气象学法、植物生理学法和 SPAC 综合模拟法等（额冬梅等，2008；司建华等，2005）。

（一）直接测量法

1. 水量平衡法

此法是在某一时段内一定的区域土壤得到的水分量和植物消耗掉的水分量以及流失的水分量的平衡，间接用来测定总蒸散量。其水量平衡方程为：

$$E=P-R\pm\Delta W \tag{2-1}$$

式中：E—陆面蒸发量；P—降雨量；R—径流量；ΔW—蓄水变量。对于多年平均情况 $\Delta W\approx 0$，则：

$$E=P-R \tag{2-2}$$

此法测量的空间区域范围很大，但是要求花费的时间很长，通常至少要 1 个星期。此方法虽然不受气象限制，但分量测量中一些参数测量要求很高，如有效降水量、地下水补给量、土壤水腾发量等参数难以确定并且此法要求测量周期长，难以测定日蒸散量。

2. 蒸渗仪法

该方法是将蒸渗仪埋于土壤中，依靠土壤水分运动的模拟来测定蒸散量（雷志栋等，

1988）。其又分为大型蒸渗仪法和微型蒸渗仪法。此方法适用于农田蒸散的研究，但是对于林木蒸散的研究则有诸多条件的限制。并且大型蒸渗仪由于价格很昂贵、操作麻烦等原因得不到广泛的应用。而微型蒸渗仪由于制作成本低、易于操作而应用相对来说比较广泛，但由于蒸渗仪容器内的土壤要经常更换，加之，容器边界的负面效应，导致蒸散量的测量精度较差，因此，需要不断地研究和改进。

3. 水分运动通量法

该方法是从土壤水分运动以及土壤物理特性的角度来研究植物的蒸散量的；其法又可细分为零通量法和定位通量法两种。零通量法的测定是有条件的。在地下水位非常高的条件下或者频繁降造成零通量面处于不稳定的状态时则不能使用，所以采用定位通量法进行测定比较常见。当然也有学者如雷志栋（1988）等提出将这两种方法结合测定的方法，这种方法得到的计算值和测定值比较接近。

4. 植物生理学法

植物生理学法，是依靠测定植物局部或整体的蒸腾量，进而辅助植株与水分的一种方法；该方法主要有风室法、快速称重法、气孔计法、同位素示踪法、热脉冲法等（魏天兴等，1999）。对于单棵植株和一些复杂地形的条件下，用此法则有很大的优势。此方法在我国是用来测定蒸散量的常用方法。其中快速称重法，由于操作简单、仪器便宜，在对单株植株尤其是盆栽实验蒸散量的测量上的研究，得到广泛的应用，我国近年来有重多学者应用此方法对植株进行研究（司建华，2007；张岩等，2007；牛丽丽等；2007）。对于测定单体植株效果良好，但对于测量区域尺度作物的蒸散量则非常困难。

5. 涡度相关法

涡度相关法是一种通过测算下垫面潜热和显热的湍流脉动值，进而计算植物蒸散量的方法（孟平等；2005）。其计算公式如下：

$$H = \rho_a C_p \overline{w'T'} \tag{2-3}$$

$$\lambda \cdot ET = \lambda \rho_a \overline{w'q'} \tag{2-4}$$

式中：H—感热通量；$\lambda \cdot ET$—潜热通量；λ—水汽化潜热；C_P—空气的定压比热；ρ_a—空气密度；T'—垂直温度，q'—湿度脉动值，w'—风速。

此方法的理论完善并且测量的精度也很高。但需要的仪器比较昂贵，技术更加复杂，同时，刘昌明（1997）的研究表明，由于超声波脉冲探头受到支架气流干扰会造成严重的观测误差。涡度相关法是一种直接测定蒸散量的方法，对蒸散的影响机制和物理过程的研究起不到解释作用，在对蒸散量的常规计算中得不到应用（牛丽丽等；2007），并且由于技术复杂，在林木蒸散量的应用也较少。

（二）间接测量法

1. 波文比－能量平衡法

波文比－能量平衡法又称能量平衡法，该方法计算简单，同时对于大气因素的要求较少，并且精度较高，常常可以作为蒸散计算方法的判别标准。其公式有以下：

$$R_n-G=H+\lambda \cdot ET \tag{2-5}$$

式中：G—土壤热通量；R_n—太阳净辐射；H—感热通量；λ—水汽化潜热，ET—植物蒸发蒸腾量，$\lambda \cdot ET$—潜热通量。

波文比定义为

$$\beta = \frac{H}{\lambda \cdot ET} \tag{2-6}$$

综合式（2-4）和式（2-5）可得：

$$\lambda \cdot ET = \frac{R_n - G}{1+\beta} \tag{2-7}$$

式（2-6）可以得出波文比－能量平衡法估算公式，其重点在于波文比参数 β 如何确定。

根据经验公式，感热通量、潜热通量可分别表示为：

$$H = -\rho_a C_p k_h \frac{\partial T}{\partial z} \tag{2-8}$$

$$\lambda \cdot ET = \frac{\rho_a C_p}{\gamma} k_v \frac{\partial e}{\partial z} \tag{2-9}$$

式中：ρ_a—空气密度；C_p—空气定压比热；k_h—感热交换系数；k_v—潜热交换系数；γ—湿度计常数。

根据雷诺相似原理，假定感热和潜热的交换系数相等，即 $k_h=k_v$，合并式（2-5）、式（2-7）和式（2-8）可得：

$$\beta = \gamma \frac{\partial T / \partial z}{\partial e / \partial z} = \gamma \frac{\Delta T}{\Delta e} \tag{2-10}$$

通过波文比系统测量得到 R_n，G，ΔT 和 Δe 后，就就可以算出该区域的潜热通量和植物蒸发蒸腾量。

可是波文比－能量平衡法对于下垫面的要求较高（王颖等；2007）。只有在开放的、均匀的下垫面的情况下，才能确保较高的精度。此外，由于仪器要求安装的高度不低，并且要有足够的风浪区长度，风浪区长度尽量在仪器传感器安装高度的 100 倍以上，因此，在计算周围环境是沙漠的农田、周围环境干燥但农田比较潮湿、还有森林植被和农林系统的蒸散量的时候，利用波文比法，会有很大的误差（周小蓉等；2004）。

2. 能量平衡—空气动力学综合法

能量平衡—空气动力学综合法是利用彭曼公式和彭曼修正公式对蒸散量计算的一种方法。该方法结合了能量平衡原理与空气动力学原理（Shuttleworth 等，1976）。其计算公式如下：

$$ET_0 = \left[\frac{\Delta}{\Delta+\gamma}(R_n - G) + 6.43 \frac{\gamma}{\Delta+\gamma}(1+0.537\mu_2)(e_s - e_a) \right] \Big/ \lambda \tag{2-11}$$

式中：R_n—净辐射，$MJ/(m^2 \cdot d)$；G—土壤热通量，$MJ/(m^2 \cdot d)$；e_a，e_s—气温为 T 时

的水汽压和饱和水汽压，kp_a；μ_2—高度2m处的风速，m/s；λ—水的汽化潜热，MJ/kg。

Monteith（1965）在彭曼公式的基础上提出冠层蒸散计算模式，即为P-M公式。该公式充分地考虑了大气物理特性和植物的生理特性，解释了植物蒸散变化的过程以及影响机制（郭玉川；2007）。这为非饱和下垫面蒸散的研究开辟新的道路，从而得到广泛的应用。

因为P-M公式是将植物的冠层和所在土壤算作一层，故也称为“大叶”模式或一层模型（Shuttleworth等，1976和1979；Reginatinato等，1985）。计算公式如下：

$$ET_0=\frac{0.408\Delta(R_n-G)+\gamma\frac{900}{T+273}\mu_2(e_s-e_a)}{\Delta+\gamma(1+0.34u_2)} \tag{2-12}$$

由于一层模型适用的条件只能是完全覆盖地面和植被低矮，并且对植物蒸腾和土壤蒸发不能分开计算，故后来国外众多学者对P-M公式定义和局限性进行了探讨，并在前人研究的基础上提出了二层模型，即为S-W模型（Sellers等，1986；Shuttleworth等，1990；Kustas等，1990；Nichols等，1992）。此后，有很多研究者对二层模型进行深入研究。并对S-W模型进行适当修正。

其中FAO-24 Penman法是在Penman公式的一个修正式，它添加了风函数，与Penman法相同，具体计算公式如下：

$$ET_0=\left[\frac{\Delta}{\Delta+\gamma}(R_n-G)+6.43\frac{\gamma}{\Delta+\gamma}(1+0.862\mu_2)(e_s-e_a)\right]\Big/\lambda \tag{2-13}$$

3. 空气动力学法

空气动力学法是在20世纪30年代末由Thornthwaise和Holzman提出的。该方法通过地面边界层梯度扩散理论得出，近地面温度、风速和水汽压等物理属性的垂直梯度，受到来自大气传导性的限制，因此由温度、湿度和风速的梯度及其轮廓线方程，可以得到潜热和热通量的值（Kim等，1998）。而据陈发祖（1991）在1990年的研究中表明，空气动力学对于下垫面粗糙和大气的稳定度有着严格的要求，实际工作中很难得以推广应用。

4. 红外遥感法

红外遥感法是利用遥感技术来测量蒸散量的一种方法。此方法由20世纪70年代开始运用到计算农田的蒸散量上。它随着遥感技术的发展而发展，它是通过植物的红外信息、光谱特性和相关的气象数据来计算出蒸散量的。1973年Brown和Rosenbeg（1971）在计算农田蒸散量的方法中提出了红外遥感技术，其做法是先用遥感技术测量作物表面的温度，然后结合湍流规律和下湍面的能量平衡来计算蒸散量。后来有很多学者对其方法进行改进，使其优点突出，克服了水量平衡法和微气象学法中分别由于在时间测量周期长和因下垫面物理特性和几何结构的水平非均匀性的缺点，使其应用的前景非常广阔（谢贤群，1988；张仁华，1991）。近年来我国在利用遥感法测量蒸散量的方面的研究也有很多，也出了很多成果（何演波等；2006）。也有学者基于SEBS模型，利用MODIS遥感数据，反演出地表参数，再结合气象数据，估算蒸散量大小（杨永民等，2008；拉巴等，2012；阳园燕等；2004）。

5. 基于 SPAC 理论的综合模拟法

土壤—植物—大气连续体（Soil-Plant-Atmosphere Continum，简称 SPAC）是水经过土壤进入植物根系，通过细胞传输，进入植物茎，由植物木质部到达植物叶片，再由叶片气孔扩散到大气中，最后参与大气的湍流交换的一个统一的、动态互反馈的连续系统（何演波等；2006）。此方法克服了水量平衡法、微气象学法、遥感学法、植物生理学法等方法只侧重于各自学科的缺点，将土壤、大气、植物生理等因素考虑进来，避免了学科间的差异性和局限性。特别是近年来计算机应用技术的迅速发展和普及，使得计算机逐渐成为 SPAC 理论研究的模拟工具，并且取得了良好的效果，国外已在用计算机模拟蒸散方面都取得了一些成果（Bormann 等，1996；Flerching 等，1996；Grusev 等，1997；Kowailik 等，1997；Scott 等，1997；Yamanaka 等，1998）。而在国内，一些学者将计算机模拟主要应用于大田实验领域，取得了一些成果，其中康绍忠（1992）等人对于 SPAC 水分传输动态的计算机模拟得出的一些物理规律，准确地反映了 SPAC 水分传输的状况。虽然计算机模拟在大田实验得到应用，但对于林木的计算机蒸散量的模拟研究还较少。

四、蒸散及影响因子分析

农田的蒸散耗水特性与其环境因素密切相关，无论采用何种计算方法，环境因素均对其产生较大的影响。影响农田蒸散耗水的环境因素较多，本研究重点从土壤环境（水分、养分、盐分和温度）和大气环境（大气温度、湿度，太阳辐射和风速）因素入手，综述了环境因素对农田蒸散耗水的影响。

（一）土壤因素对蒸散耗水量的影响

在农田蒸散过程中，土壤因素对作物的影响是直接的。土壤内水分的多少，直接决定着作物的蒸腾量和土壤的蒸发量的多少。而除了水分对于蒸散量的影响，还有一些其他土壤因素对农田的蒸散耗水量也有影响，它们是土壤养分、土壤盐分和土壤温度等因素。

1. 土壤水分

土壤水分是影响和制约植物生长发育和生长量提高的关键因子，土壤水分条件的变化最直接的作用是对植物水分生理生态特性产生了一系列变化和影响。在不同的土壤水分条件下，植物的生长特性、自身水分状况和蒸腾耗水特性等都有自己的特点。个体植物间会有细小的差异和变化。

对于土壤水分含量与蒸腾速率的影响，近来有很多学者针对不同的植物进行了研究，并得出了一些基本的结论。其中李彦瑾等（2008）对于柠条锦鸡儿的研究表明，随着土壤含水量从田间持水量的 75% 降到 50%，再到 30%，其日平均蒸腾速率急剧降低；而吴琦（2005）对梭梭的研究也得出类似的结论，即蒸腾速率会随着土壤含水率的降低而降低；刘硕等（2006）年对山杏的研究得出，蒸腾速率与土壤含水量呈现三次曲线关系，随着土壤含水量的增加，植物的蒸腾速率会出现一个极值，而后随着土壤含水量的继续增大，蒸腾速率反而减小；朱艳艳等（2007）对于几种不同作物的研究，也得出类似的变化。

2. 土壤养分

土壤养分对于蒸散量的影响是间接的。一般来说，养分含量高的土壤，植物的蒸散量也会相应增大。其原因在于土壤养分的多少能够决定植物的生长速度，如果植物生长速度快，其在相同的条件下，蒸散量也会相应增大。对于土壤养分对于蒸散量的影响方面，国内的一些专家也对其进行了实验研究。其中韩建国（2003）对草坪的蒸散量的研究发现，对草坪施肥后，草坪的蒸散量增大，其中速效肥对草坪蒸散量的影响要比缓释肥的影响要大。其原因在于速效肥增大了草坪的生长速度和分布密度，而缓释肥对草坪的生长速度的影响要小得多。刘玉杰等（2003）在土壤养分对蒸散量的影响中也得出类似结论，并且针对不同肥料对于蒸散量的影响做了具体研究。其中 N 肥对蒸散量的影响相对于 P 肥要大一些。

3. 土壤盐分

国内外专家对于土壤盐分对植物蒸散量影响的研究不多，而对土壤物理特性的影响研究较多。一般说来，土壤盐分增多会诱导水分胁迫影响植物的生长，从而间接影响到植物的蒸散量。候振安等（2000）在盐渍条件下，苜蓿和羊草生长与营养状况一文中提到，随盐度水平的增加，苜蓿和羊草的蒸腾量降低。但是苜蓿和羊草由于植物种类的差异，羊草的累积蒸散量要比苜蓿减少的幅度小。尤其是高盐度的状况下，苜蓿的蒸散量减少得更快。

4. 土壤温度

土壤温度对植物蒸腾具有显著的影响，但它的影响随着作物的类型不同而各不相同（汪秀敏，2012）。司建华（2006）在对柽柳林地蒸散量的研究表明，土壤温度对极端干旱区柽柳林蒸散的速率影响不大，但土壤温度的变化则与蒸散速率的变化保持一致，其原因在于土壤温度的增加值是由于净辐射的变化和土壤热通量的变化造成的。

（二）大气因素对蒸散耗水量的影响

大气因素对于蒸散耗水量的影响也是显而易见的，其中大气温度和太阳净辐射对蒸散耗水量的影响相对于其他大气因素对蒸散耗水量的影响要大很多，在众多学者的研究中对于大气因素中大气温度、大气湿度和太阳净辐射研究较多。

1. 大气温度

大气温度是控制植物的蒸散量的重要因素之一。温度影响作物蒸腾。蒸腾速率一般是在低温下比较慢，随着温度的升高而加速。植物的蒸腾失水过多会使植物萎蔫。土壤水分在大气温度较低的时候蒸散量较少，随着温度的升高，蒸散量逐渐变大。但是植物的蒸散量与气温并不呈线性正比关系。大气温度有一个极限值，当大气温度超过这个极限值时，蒸散量反而减少。而相比于作物的蒸腾，土壤的蒸发却与气温的关系就不那么明显。单纯的气温变化对土壤水分蒸发的影响要比太阳净辐射强度和空气湿度要小。这是因为水分蒸发所需的能量来自太阳净辐射，而水蒸发的驱动力则来自于大气相对湿度的大小，这与温度的关系并不紧密（全艳嫦等；2012）。

2. 大气湿度

大气湿度通过决定空气与叶片之间的饱和水汽压差，影响到植物的蒸腾、气孔的张缩以致影响到水汽的进出（范爱武等；2004）。而饱和水汽压差反映了空气容纳水蒸气能力的大小，是影响蒸散量的重要因素之一（张继详等；2003）。Takagi 等（1998）的研究表明，蒸散量随着饱和水汽压差的增加而增加，但是超过一定阈值时，则随着饱和水汽压差的增加反而抑制了植物蒸腾，导致蒸散量的降低。

3. 太阳能净辐射

在生态系统中，无论水分是以蒸发还是以蒸腾的作用散逸，都需要吸热，而这些热量的主要来源就是太阳的净辐射。因此太阳能净辐射与蒸散量密切相关（Mahrt 等，2002）。Burba 等（1999）对草原湿地生态系统的研究结果表明太阳能净辐射和蒸散量成线性相关；即植物在生长期内，水温和气温随着太阳能净辐射的增加而升高，从而促进水分蒸发速率的增加。太阳能净辐射对蒸散量影响显著的根本原因就在于在强烈太阳能辐射的情况下，叶片温度的升高，增大了叶片水汽扩散梯度，促进植物的蒸腾作用，同时又促使气孔开放，气孔导度增加，内部阻力减小，蒸腾作用加强（王沙生等，1990）。如果植物进入枯萎期，蒸散绝大部分来自于土壤蒸发，而太阳能净辐射仍然是蒸散的决定因素，只是蒸散量比植物生长期明星减少（陈刚起等，1996）。

4. 风速

风速对于植物蒸散量的影响要比太阳能净辐射、大气温度和湿度对植物蒸散量的影响要小得多，一般认为风速能够促进土壤水分向空气扩散，从而增加水分的蒸发量，并且土壤中水分的蒸发量随着风速的增大的增大；如果增加风速，也会增大叶片蒸汽压梯度，从而促进了植物的水分蒸腾（Stuart 等，2002）。而贾志军等（2007）对沼泽湿地蒸散量研究表明，风速对蒸散量的影响不大，在一定程度上促进水分的蒸发，其原因在于白天由于空气对流将湿地内蒸发蒸腾的水输送到高空，同时补充湿度相对低的空气，导致蒸发蒸腾作用加强。他还表示，风速对蒸散的影响非常复杂，更受到其他因素的影响，但与大气温度、太阳能净辐射和大气饱和水汽压以及其他因素的影响相比，风速对蒸散的影响不那么明显。

经过一代代学者的不懈努力，对植物蒸散耗水的研究不断完善。在全球气候变化加剧、水资源极其缺乏的大背景下，粮食生产中的水资源问题也越来越受到国家的重视，而植物的蒸腾耗水作为生物圈与大气圈物质和能量交换过程的载体，对它进行深入研究便显得尤为重要。当然，对于蒸散耗水量的研究还需要更深入的研究：

（1）目前，作物理想耗水的作用机理并不很清楚。植物液流及水分传导与叶片蒸腾、光合和气孔之间的协同调节作用机制，木质部导管及气穴对不同环境因素的响应，“负压”“毛细管效应”“渗透调节”等学说并不能完全解释蒸腾作用，植物液流与叶片蒸腾之间，存在着水分吸收与消耗、水分运输与供应等方面的关系与反馈，关系错综复杂，如何通过作物生长生理协同调节实现作物理想耗水方面还需系统、深入的研究。

（2）植物蒸腾耗水特性的研究在不同尺度所运用的方法不同，即使是相同的研究方法，受气候、环境条件的不同，人为操作的误差等影响，得出植物蒸腾耗水的测定结果也不同。如何建立一套科学的植物蒸腾耗水研究和评价体系，将会更好地实现不同尺度植物蒸腾耗水的实时、动态和精准的管理，使研究结果更具有可比性和可靠性，这值得进一步的研究。

（3）植物对水分的吸收、运输、散失等各个环节是相互协调和相互制约的，因此影响植物蒸腾的内外因子也存在着一定程度的协调作用和补偿关系。而目前，对于各个因子间协调和补偿作用及相互作用的机理缺乏系统深入的研究。

（4）植物蒸散耗水量与环境因素有着密切的联系。而蒸散耗水量的测量方法却有很多，只有更好地遴选和改进蒸散耗水量的测量方法，才能准确地表述蒸散量和环境因素之间的关系，农田用水效率提高的多因素协同作用机制方面的研究将是未来农业高效用水研究的重点。

第二节　研究内容与方法

一、试验概况

（一）不同灌水量试验

试验于 2012 年 4—9 月在昆明理工大学现代农业工程学院温室内（E102° 8′，N25° 1′，海拔 1 862m）进行，试验期间并未进行温度控制，其 8:00—19:00 时的温度变化范围为 18~40℃，湿度变化范围为 30%~55%。供试土壤为燥红土（Rhodoxeral.fs），其有机质含量为 13.12g/kg、全氮 0.87g/kg、全磷 0.68g/kg、全钾 13.9g/kg，碱解氮含量 103.5mg/kg，速效磷含量 25.3mg/kg，速效钾含量为 128.2mg/kg，田间持水量（以重量计）为 23%。供试作物为 1 年生小桐子（*Jatropha curcas* L.）幼树，来自云南元谋干热河谷区。

试验设计 4 个灌水量，分别为 W1：472.49、W2：228.79、W3：154.18、W4：106.93mm，每个处理 6 次重复。每盆均按每 kg 风干土量计算，统一施用磷钾肥（0.3g P_2O_5/kg，0.19g K_2O）和氮肥 0.3g N/kg，氮肥用尿素（分析纯），磷钾肥用磷酸二氢钾（分析纯），按照田间持水量计算，于 5 月 28 日将肥料溶于水中随水浇入桶中保证肥料均匀分布于桶内土壤中。为减少由于温室内生长盆放置环境造成的系统误差，试验期间各处理间的试验盆每 2 周沿相同的方向依次轮流调换 1 次。

试验在塑料盆中（上底宽 30cm，下底宽 22.5cm，桶高 30cm）进行，每桶装 13kg 土壤，其装土容重为 1.2g/cm^3。盆表面铺 1cm 厚的蛭石阻止因灌水导致土壤板结，盆底均匀分布着直径为 1cm 的 3 个小孔，以提供良好的通气条件。试验于 4 月 19 日将小桐子幼树移入盆中，每盆栽 1 株，移栽后桶内统一浇水至田间持水量。经过 40d 缓苗后，从 270 盆中挑选长势均一幼树 24 盆于 6 月 7 日开始按不同灌水量处理，9 月 5 日灌水处理结束。试验期间管理措施均保持一致。

（二）不同灌水处理试验

1. 实验地点和实验材料

2011 年 3 月 11 日至 9 月，在昆明理工大学现代农业工程学院温室进行小桐子盆栽试验，温室地处 E102° 8′、N22° 1′。小桐子盆栽实验所用的小桐子幼苗来源于元谋县干热河谷地区，实验所用花盆的下底直径为 22.5cm，上底直径为 30cm，高 30cm，为了保证排水和通气，底部留有3个小孔，小孔直径为1cm。花盆中装有红壤土13kg，该红壤土为西南常见土壤，呈酸性，pH值为5.0~5.5，装土前将红壤土自然风干并过5mm筛，装土后土表面距桶上表面5cm。

2. 试验设计

小桐子幼苗在3月份移栽，到7月生长稳定后进行控水处理，本实验共分为5组灌水处理实验。5个灌水处理为W1：（0%~20%）θ_f，W2：（20%~40%）θ_f，W3：（40%~60%）θ_f，W4：（60%~80%）θ_f，W5：（80%~100%）θ_f，其中θ_f表示田间持水量。为了防止在灌水后造成土壤板结，在红壤土表面均匀铺大约1cm厚的蛭石。实验到9月份结束，平均每个星期浇1次水。浇水的同时，对花盆进行称重，并记录小桐子的株高和茎粗。

（三）限量灌溉试验

1. 试验区概况及材料

试验于2011年3—9月在昆明理工大学现代农业工程学院的温室进行。小桐子树苗为来自元谋干热河谷区的1年生幼树，3月12日将小桐子幼树移栽至上底宽30cm、下底宽22.5cm、高30cm的桶中，桶底均匀打有3个小孔以提供良好的通气条，每桶只栽1株，桶中装土13kg，装土前将其自然风干过2mm筛，其装土容重为1.2g /cm^3。土表面铺1cm厚的蛭石阻止灌水导致的土壤板结。经过86d的缓苗后，从180桶中挑选长势均匀的小桐子幼树进行不同水分胁迫处理。供试土壤为燥红壤土，其有机质含量为13.12g/kg，全氮0.87g/kg、全磷0.68g/kg、全钾13.9g /kg。

2. 试验设计

试验设4个水分胁迫梯度（W1：0.3θ_f；W2：0.5θ_f；W3：0.7θ_f；W4：0.9θ_f。θ_f为田间持水量），水分处理前灌水周期为10d，每次灌水定额均为1.5L，水分处理后灌水周期均为7d。灌溉定额：W1为27.9L，W2为35.1L，W3为42.3L，W4为49.5L。共灌水10次，灌水日期分别为6月30日、7月7日、7月14日、7月21日、7月28日、8月4日、8月11日、8月18日、8月25日、9月1日。氮肥用尿素（分析纯，N含量为0.3g/kg的风干土），磷肥用磷酸二氢钾（分析纯，P_2O_5含量为0.3g/kg的风干土），按照田间持水量计算，将氮磷肥溶于水中，随水浇入桶中保证肥料均匀分布于桶内土壤中。

（四）基于水分胁迫的小桐子根系三维可视化模拟试验

试验于2011年3—9月在昆明理工大学现代农业工程学院温室进行。试验材料来自于元谋干热河谷区的1年生的小桐子幼树，3月12日开始移栽，经过86d的缓苗后，从180盆（上底宽30cm，下底宽22.5cm，桶高30cm）中挑选长势均匀的小桐子幼树进行不同水分胁迫处理。试验设4个水分胁迫梯度，分别按照田间持水量的30%、50%、70%和90%，灌水周期为7d。桶中装红壤土13kg，装土前将其自然风干过2mm筛。装土后土表面距桶上表面5cm。

小桐子根系属于直根系，有明显的主根（main root）和侧根（lateral. root）。其根之间的形态、生理、发育各不相同。根系构型是指同一根系中不同类型的根在生长介质中的分布，包括平面几何构型和三维立体构型（钟南等，2006）。平面几何构型为同一根系中不同类型的根在同一平面上的分布包括鲱骨型、二分枝型和分枝鲱骨型 3 种（钟南等，2005），见图 2-1。三维立体构型是指根系中不同类型的根的空间造型和分布。平面构型是立体构型的基础。直根系的植物具有如下的形态特征和生长特点，主根只有 1 条，具有固定和支撑作用，主要进行地向延伸，在生长一定的长度后，会间隔性地分生出 1 条侧根，侧根生长与主根类似，又进行二级侧根的分生，依次形成错综复杂的地下根系网络。由小桐子根系可知，主根和侧根的分生能力较为一致，同类型每一级根的侧根发育基本以相似的比例（分根角度、长度、根粗等）分生（陆时万等，1991），这就为采用几何构造描述小桐子根系的拓扑信息与几何信息提供了理论基础。

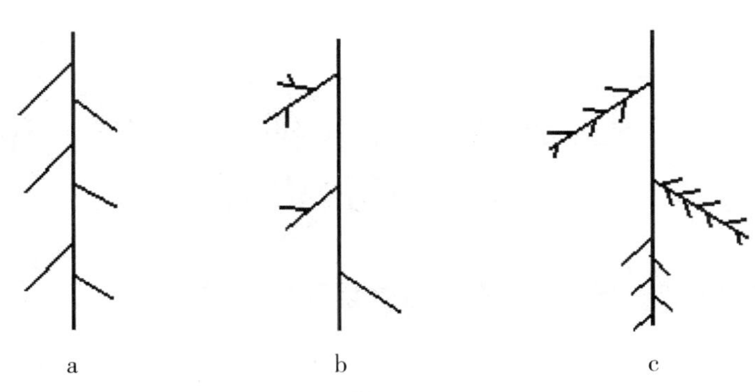

a：鲱骨型；b：二分枝型；c：分枝鲱骨型

图 2-1　根系的几种平面几何构型

二、测定项目

（1）株高、茎粗、壮苗指数：株高和茎粗的测量是每 7d 测量一次，共 8 次。用精度为 1mm 的直尺测量小桐子的株高，用精度为 0.01mm 的游标卡尺测量小桐子的茎粗，每次测定每个处理 6 次重复。壮苗指数 =（茎粗 / 株高 + 根干质量 / 地上部干质量）× 全株干质量。（黄淑华等，2012）

（2）蒸散量和蒸腾量的测定：采用称重法。一天蒸散量的测定是用精度为 0.01g 的电子秤每隔 3h 对花盆进行称重测定。而一周蒸散量的测定是一周时间内，每天在下午 18:00 时，对每个花盆进行称重。所有测定都记录好时间、天气、温度和数据。一天内蒸腾量的测定。在测定蒸腾量前，先用黑塑料袋蒙住盆表面，然后用胶带密封茎杆接触处，从而避免了盆表面土壤蒸发的发生，再连盆称重并记录数据。方法与蒸散量的测定相同。

（3）干物质质量：用烘干法，其具体方法为将干物质放入烘箱后，先保持 105℃杀青 30min，然后调温至 80℃烘干至恒重，用精度为 0.001g 的天平测定干物质质量。

（4）单位干物质质量贮存水：单位干物质质量的贮存水量 =（鲜质量 − 干质量）/ 干质量。

（5）叶面积：采用剪纸称重法进行叶面积的测量（冯冬霞等，2005）。其计算公式为：

植物总叶面积 = 单位叶片干重对应的叶面积 × 植株总叶片干重。用千分尺测定了基茎直径后，通过圆面积计算获得茎截面面积，通过茎截面面积除以总叶面积计算获得胡伯尔值（Sellin 等，2012），每次测定每个处理 6 次重复。

（6）蒸散量及水分利用效率：用称重法获取蒸散量；灌溉水利用效率 = 总干物质质量 / 灌溉量，总水分利用效率 = 总干物质质量 / 蒸散量。

三、数据分析及处理方法

采用 Microsoft Excel2003 软件处理数据和制图，用 SAS 统计软件的 ANOVA 和 Duncan（P=0.05）法对数据进行方差分析和多重比较。

第三节　灌水量对小桐子形态特征和水分利用的影响

一、灌水量对小桐子生长及干物质累积的影响

由表 2-1 知，灌水量对小桐子茎粗、株高、根干物质质量、冠层干物质质量和总干物质质量均有显著影响（$P<0.05$）。与 W1 处理相比，W2 处理的小桐子株高、根干物质质量、冠层干物质质量和总干物质质量分别降低 23.1%、7.9%、9.3% 和 9.0%；W3 处理的茎粗、株高、根干物质质量、冠层干物质质量和总干物质质量分别降低 14.8%、39.0%、12.2%、18.8% 和 17.4%；W4 处理的茎粗、株高、根干物质质量、冠层干物质质量和总干物质质量分别降低 25.5%、58.5%、66.8%、63.7% 和 64.3%。因此，小桐子的生长随着灌水量的降低而减缓，干物质质量的累积随着灌水量的降低而下降。

表 2-1　小桐子生长及干物质累积的影响

灌水量 (mm)	茎粗 (cm)	株高 (cm)	根干物质质量 (g)	冠层干物质质量 (g)	总干物质质量 (g)
W1	2.31 ± 0.08a	74.45 ± 1.49a	9.19 ± 0.12a	33.22 ± 0.38a	42.4 ± 0.46a
W2	2.2 ± 0.02a	57.28 ± 0.87b	8.46 ± 0.22b	30.14 ± 1.34b	38.6 ± 1.35b
W3	1.96 ± 0.04b	45.42 ± 0.72c	8.07 ± 0.08c	26.97 ± 0.34c	35.04 ± 0.41c
W4	1.72 ± 0.04c	30.88 ± 0.85d	3.05 ± 0.21d	12.07 ± 0.30d	15.12 ± 0.47d

注：各处理之间不同小写字母表示差异显著（$P<0.05$），W1：472.49、W2：228.79、W3：154.18和W4：106.93mm。图2-2同。

二、灌水量对小桐子根冠比、粗高比和壮苗指数的影响

由图 2-2 知，灌水量对小桐子粗高比和壮苗指数均有显著影响（$P<0.05$），对根冠比，W3 处理取得最大值 0.3，但与 W1 和 W2 处理间差异并不显著，虽然壮苗指数随着灌水量

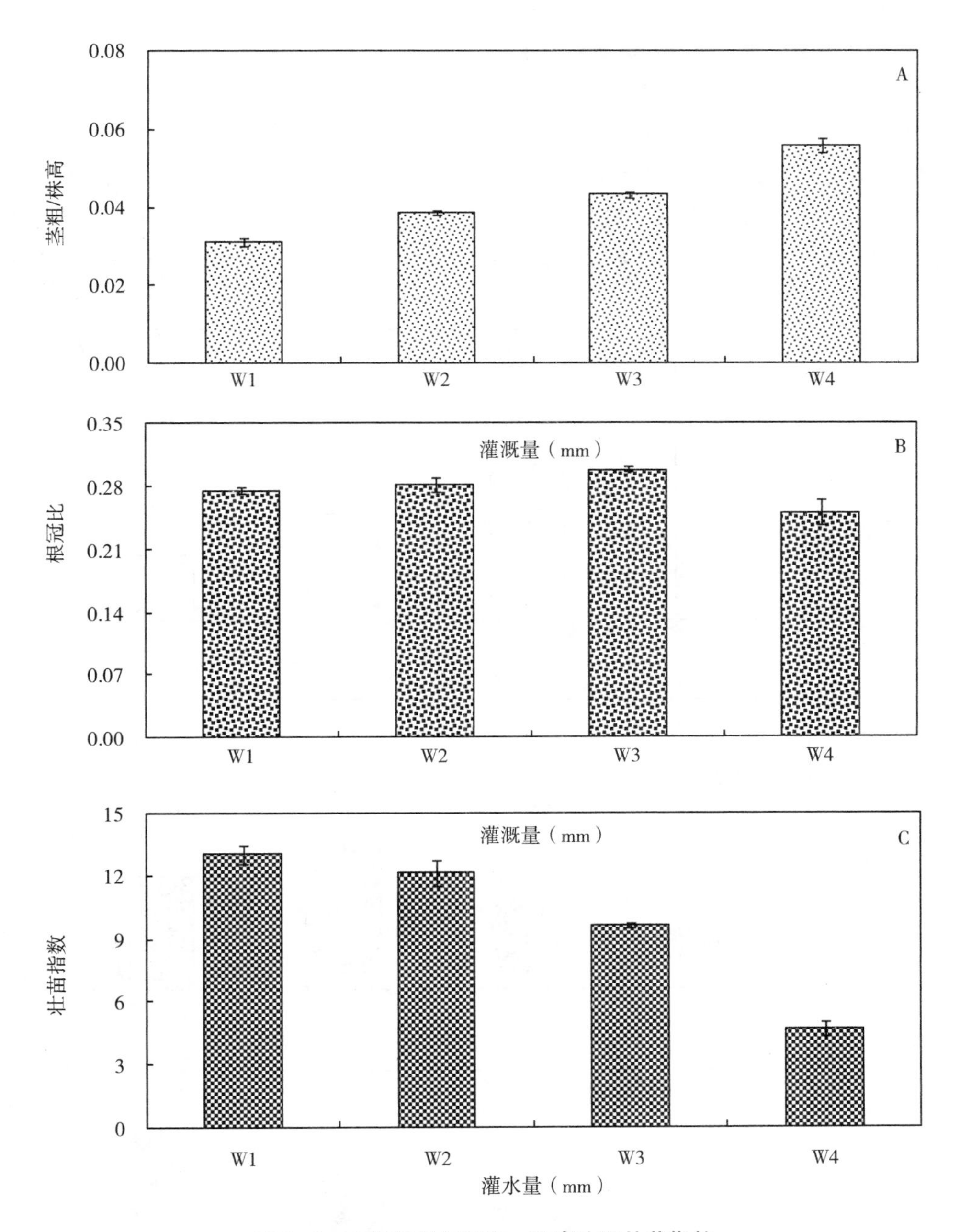

图 2-2　小桐子的根冠比、粗高比和壮苗指数

的降低而下降，但与 W1 处理相比，W2 处理的壮苗指数并没有显著下降。已有研究发现，充分供水反而不利于壮苗指数的提高，因此，本研究中有利于壮苗指数提高的灌水量为 W1 和 W2。与 W1 处理相比，W2 处理的小桐子粗高比和根冠比均增加，其中粗高比显著增加 23.9%，这样使得壮苗指数仅下降 6.9%，差异并不显著；W3 处理的小桐子粗高比和根冠比分别增加 39.6% 和 8.2%，而壮苗指数下降 25.8%；W4 处理的粗高比显著增加 80.0%，而根冠比和壮苗指数分别下降 8.0% 和 64.1%。

三、灌水量对小桐子叶面积、基茎截面面积和胡伯尔值的影响

胡伯尔值表示通过树木边材横截面面积向叶片供水的能力，较高的胡伯尔值为更好的向叶片供水和适应干旱环境提供了更为有利的条件（Sellin 等，2012）。图 2-3 为灌水量影响下小桐子叶面积、基茎截面面积和胡伯尔值的变化情况，由图 2-2 知，灌水量对小桐子叶

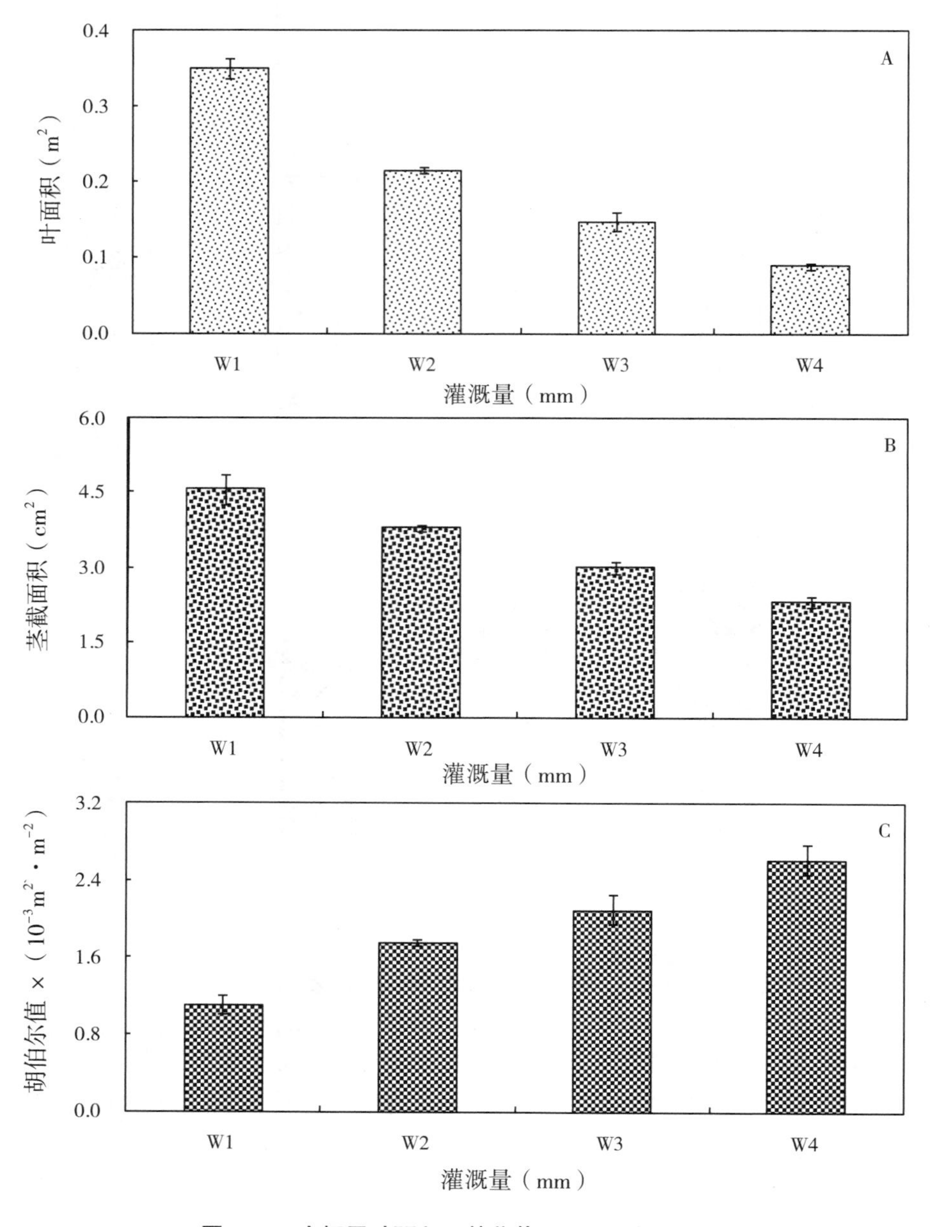

图 2-3 小桐子叶面积、基茎截面面积和胡伯尔值

面积、基茎截面面积和胡伯尔值均有显著影响（$P<0.05$），叶面积和基茎截面面积随着灌水量的降低而显著下降，但胡伯尔值显著增大。与 W1 处理相比，W2 处理的小桐子叶面积和基茎截面面积分别减小 38.6% 和 16.8%，由于叶面积下降值超过基茎截面面积，这样使得胡伯尔值反而增加 34.3%；W3 处理的叶面积和基茎截面面积分别减小 58.7% 和 33.8%，而胡伯尔值增加 59.9%；W4 处理的叶面积和基茎截面面积分别减小 74.6% 和 49.0%，而胡伯尔值增加 99.7%，这样会促进小桐子根系向叶片传输水分的能力增大。

四、灌水量对小桐子蒸散量和水分利用效率的影响

灌水量影响下小桐子蒸散量、灌溉水利用效率和总水分利用效率的变化如图 2-4 所示。由图 2-4 知，灌水量对小桐子蒸散量、灌溉水利用效率和总水分利用效率均有显著影响（$P<0.05$），蒸散量随着灌水量的降低而显著下降，但灌溉水利用效率和总水分利用效率

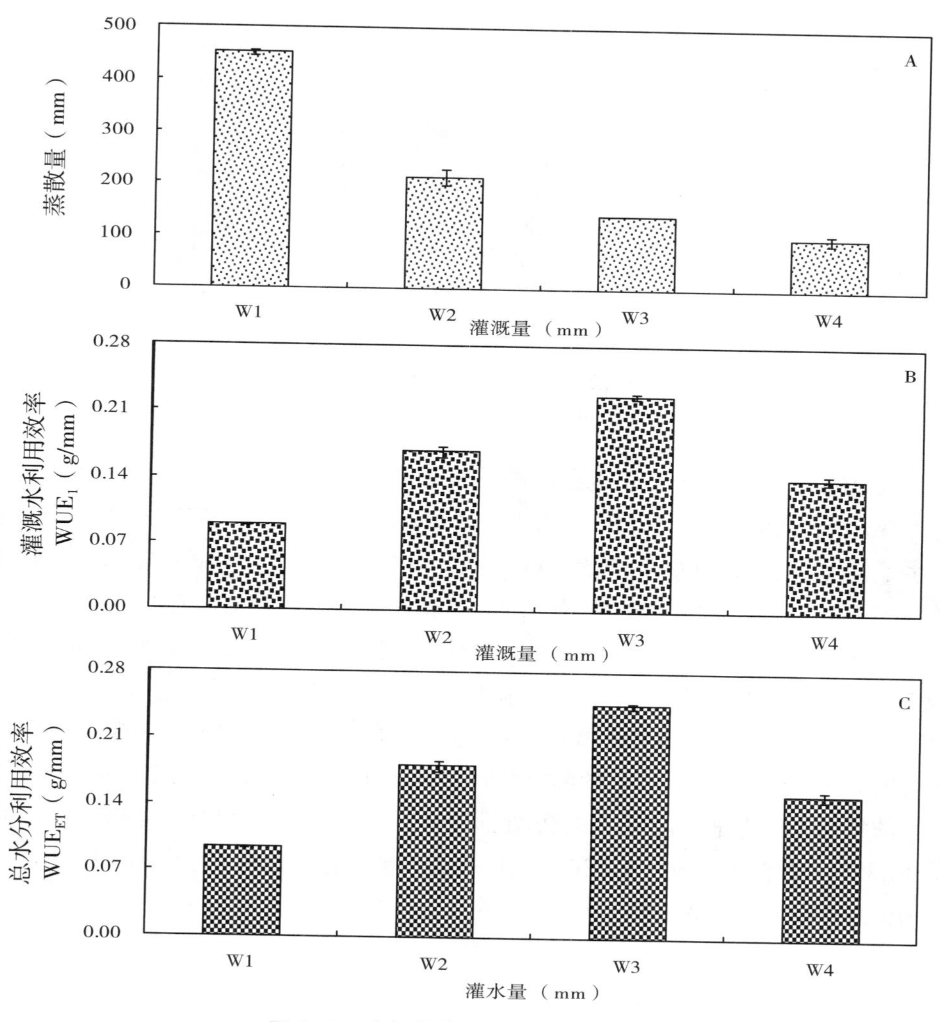

图 2-4 小桐子蒸散量和水分利用效率

先增大后减小。与 W1 处理相比，W2 、W3 和 W4 处理的小桐子蒸散量分别减小 52.9%、68.6% 和 78.0%，而灌溉水利用效率分别增加 88.0%、153.2% 和 57.6%，总水分利用效率分别增加 93.3%、163.2% 和 62.1%。

第四节　不同灌水处理对小桐子生长及蒸散耗水特性的影响

一、不同灌水处理对小桐子株高茎粗的影响

经过两个月的实验，小桐子的株高、茎粗有了明显的变化，这些变化如图 2–5 所示：

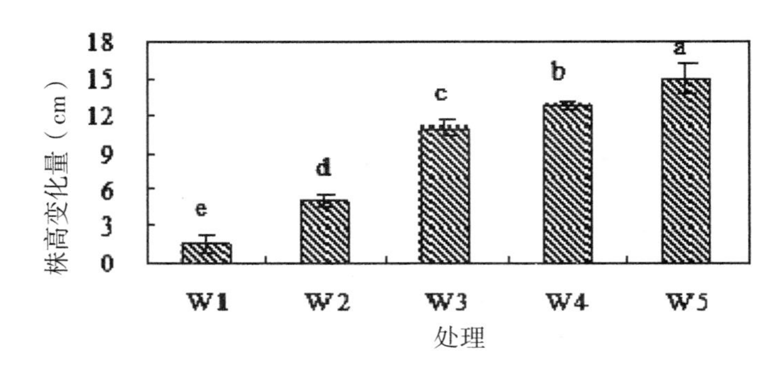

图 2–5　不同灌水处理对小桐子株高增量的影响

盆栽试验选择株高和茎粗相似的植株作为一组进行灌水处理，每周灌水一次，以田间持水量的 100% 进行灌溉。待生长稳定后再进行试验处理，试验处理之后，可以看到小桐子的株高发生了显著变化（$P<0.01$）。W5、W4、W3、W2 的增量分别增加了 50.56%、41.46%、38.37% 和 14.29%，而 W1 的增量只有 4.69%，株高几乎处于停滞状态。这说明在充足的水分供应下可以促进小桐子植株的生长。但是不同灌水对植株增量影响的大小不同，相比于 W4，W3 节约了 25% 的灌水，植株增量仅降低了 3.09%（$P<0.05$）。

不同灌水处理对小桐子茎粗的影响达到了极显著的水平（$P<0.01$）。茎粗随着灌水的增多而呈现明显的上升趋势。与株高的影响类似，W1 处理的茎粗增长量不到 1mm，几乎处于停止生长的状态。与处理 W1 相比，灌水处理的 W2、W3 、W4 和 W5 时小桐子的茎粗分别提高了 10.86%、28.72%、36.93% 和 40.34%。与 W5 相比，W4 节约了 20% 的耗水量，而茎粗的增值只减少了 3.41%（图 2–6）。

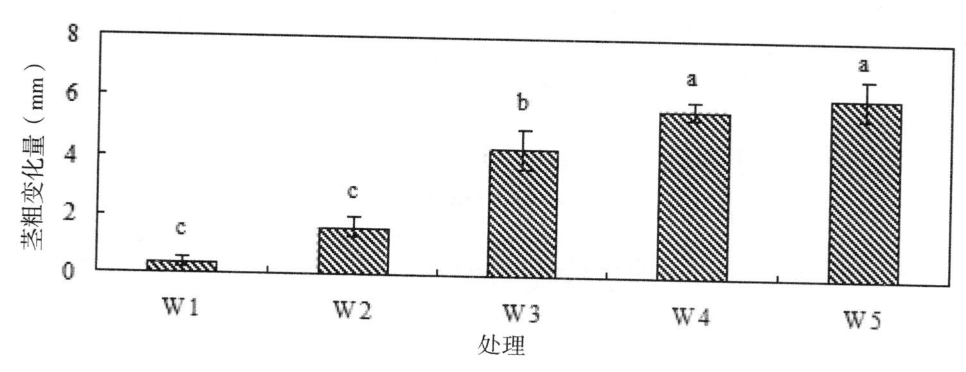

图 2-6　不同灌水处理对小桐子茎粗增量的影响

二、不同灌水处理对小桐子叶面积的影响

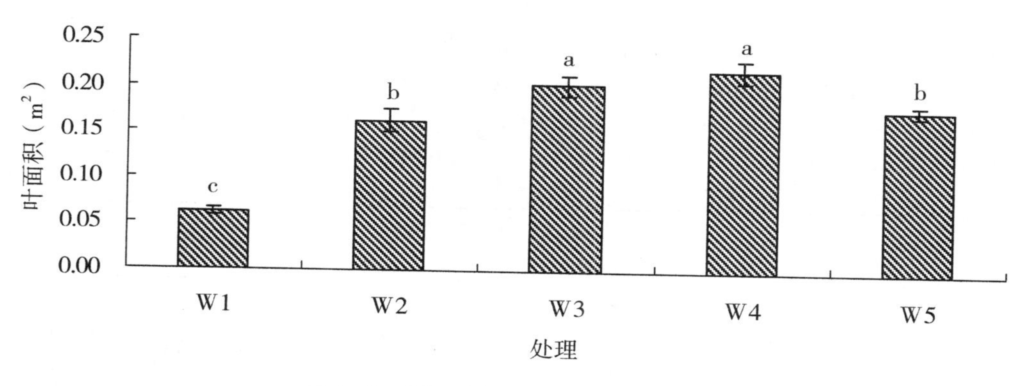

图 2-7　不同灌水处理对叶面积的影响

由图 2-7 可知不同灌水处理对小桐子叶面积的影响均达极显著水平（$P<0.01$）。不同灌水处理中 W4 的叶面积达到最大值，W5 反而比 W4 和 W3 低，这说明在不同灌水处理的条件下，叶面积随着灌水量的增多而增加，但增加到一定阈值，则随着灌水的增加而减少。与 W3 相比，W4 处理的叶面积和 W3 差距不明显（$P>0.01$）。W2 和 W5 叶面积的差距也不明显（$P>0.01$）。但 M2、M3、M4、M5 处理的叶面积却远远高于 M1（$P<0.05$）。

三、不同灌水处理对小桐子干物质质量的影响

表 2-2　不同灌水处理对小桐子单株总干物质质量的影响

处理	叶干重	根干重	茎干重	叶柄干重	总干重
W1	2.544 ± 0.597d	2.470 ± 0.219d	6.449 ± 0.942d	0.862 ± 0.368c	12.324 ± 1.059d
W2	6.084 ± 0.983c	4.199 ± 0.484c	9.468 ± 0.781c	1.436 ± 0.179b	21.187 ± 2.198c
W3	6.824 ± 1.828b	5.106 ± 0.804b	10.707 ± 1.171c	1.348 ± 0.435b	23.984 ± 3.993c
W4	7.198 ± 1.324b	4.539 ± 0.465c	12.687 ± 1.307b	1.932 ± 0.484a	26.732 ± 2.446b
W5	8.157 ± 0.748a	6.396 ± 0.185a	15.933 ± 1.278a	1.408 ± 0.110b	30.679 ± 0.605a

由表 2-2 可以，不同灌水处理对小桐子叶干重、根干重、茎干重和总干重的影响显著（$P<0.01$），总干物质量随灌水量的提高显著增大。与 W5 处理相比，W1、W2、W3 和 W4 处理的小桐子的叶干重、根干重、茎干重、总干重分别下降了 68.812%、25.420%、16.342%、11.757%；61.379%、34.348%、20.167%、29.023%；59.526%、40.576%、32.801%、20.373%；59.829%、30.941%、21.822%、12.865%。

四、不同灌水处理对小桐子蒸散量的影响

（一）一周蒸散量变化

见表 2-3、图 2-8、图 2-9 所示。

表 2-3　一周小桐子蒸散量

分组 日期	8-15	8-16	8-17	8-18	8-19	8-20
W1	0.020 ± 0.004d	0.013 ± 0.001d	0.041 ± 0.001c	0.053 ± 0.005d	0.013 ± 0.001e	0.008 ± 0.001d
W2	0.047 ± 0.008d	0.024 ± 0.009d	0.065 ± 0.008c	0.05 ± 0.003d	0.028 ± 0.002d	0.032 ± 0.001c
W3	0.093 ± 0.011c	0.143 ± 0.01c	0.201 ± 0.032b	0.101 ± 0.006c	0.058 ± 0.005c	0.05 ± 0.006c
W4	0.124 ± 0.007b	0.187 ± 0.001b	0.333 ± 0.01a	0.235 ± 0.011b	0.092 ± 0.001b	0.088 ± 0.005b
W5	0.158 ± 0.011a	0.238 ± 0.008a	0.376 ± 0.011a	0.365 ± 0.02a	0.191 ± 0.008a	0.183 ± 0.013a

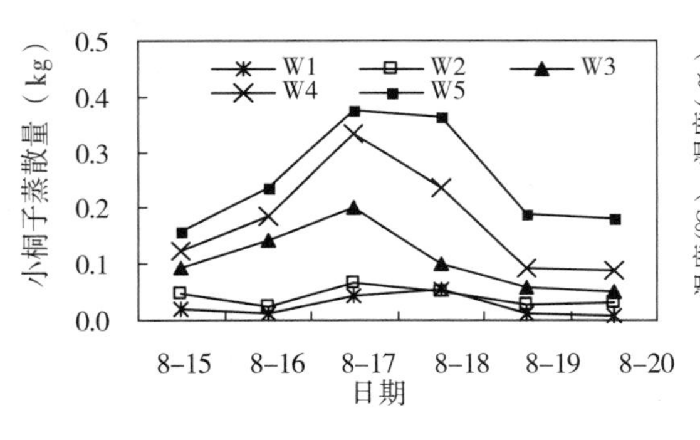

图 2-8　小桐子一周蒸散量的变化

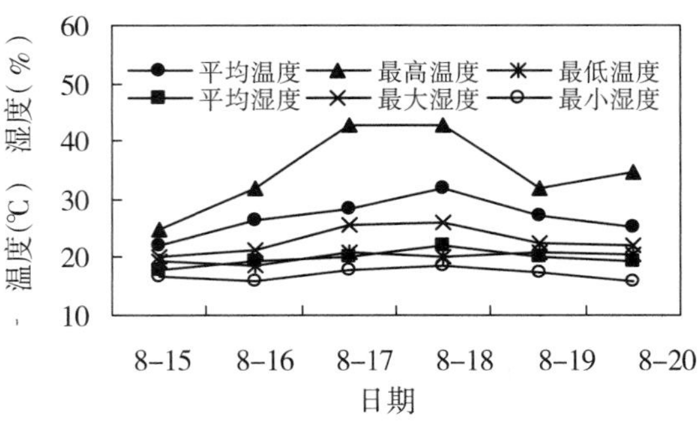

图 2-9　温湿度的变化

不同灌水处理对小桐子蒸散量的影响非常显著（$P<0.01$）。同时我们也看到温湿度对小桐子的影响：当温度达到最大的时候，小桐子的蒸散量也相应地达到最大。当温度降低，小桐子的蒸散量也随之降低。相比温度，湿度的曲线则平缓的很多。由于小桐子的蒸散作用，使得空气中的水分含量增多，也促进湿度的增大，但增大得不明显。由于湿度增大会影响小桐子叶片与空气之间的饱和水汽压差（范爱武等，2004），从而影响蒸腾、气孔张缩以致影响水汽的进出。所以湿度也是影响小桐子蒸散的一个因素（张继祥等，2003；Takagi 等，1998）。但是无论温度与湿度如何变化，对于水分含量极少的 W1 和 W2 来说，影响有限。相比于 W4 和 W5，W3 节约了 20%~25% 的水，但蒸散量却降低了 40%~45%，达到了很好

的节水效果。

（二）日蒸散量变化

见表 2–4。

表 2–4　小桐子 8 月 16 日蒸散量日变化

时间	7:00—10:00	10:00—13:00	13:00—16:00	16:00—19:00
W1	10.00 ± 1.04b	10.33 ± 1.37d	15.00 ± 1.00c	9.25 ± 0.92c
W2	15.00 ± 1.16b	19.33 ± 5.81c	25.66 ± 2.96c	16.20 ± 2.16b
W3	27.00 ± 2.00a	30.33 ± 3.18b	52.67 ± 3.48b	31.23 ± 1.26a
W4	30.67 ± 3.67a	32.67 ± 7.80b	64.33 ± 9.28a	33.23 ± 4.25a
W5	36.67 ± 6.02a	42.00 ± 8.02a	71.67 ± 6.01a	35.13 ± 3.48a

由上可知，不同灌水对小桐子蒸散量的影响有明显差距。小桐子的蒸腾量在 7：00—16：00 时段逐渐上升，到 13：00—16：00 时段各种处理的蒸散量达到最大值，而后逐渐下降。

五、不同灌水处理对小桐子日蒸腾量的影响

由表 2–5 可知，小桐子在 8:00—10:00 时段的蒸腾量，区分很不明显（$P>0.01$）。不同灌水对其的影响没有明显差距。但是到 10:00—18:00 时段，则有明显的变化，W4 和 W5 处理，小桐子的蒸腾量逐渐上升，直到 14:00—16:00 时达到最大后降低，但 W1 和 W2 处理，变化却没有相应的规律，相比于 W1，W2 处理并没有表现出优势，蒸腾量一周在 5~10g 徘徊，甚至在 16:00—18:00 时段的时候，蒸腾量为负，其原因是小桐子树在温度降低后，通过叶片从空气中吸收水分，使得整个盆重不减反增。

表 2–5　小桐子 9 月 11 日蒸腾量日变化

9 月 11 日	8：0—10：00	10：00—12：00	12：00—14：00	14：00—16：00	16：00—18：00
W1	10.75 ± 1.44a	2.50 ± 0.75c	11.25 ± 1.52c	2.50 ± 0.75d	−10.00 ± 1.05c
W2	7.75 ± 0.87a	3.25 ± 0.55c	10.00 ± 0.94c	5.75 ± 0.55d	−12.25 ± 2.76c
W3	12.75 ± 3.38a	11.00 ± 3.74b	34.00 ± 6.60b	33.25 ± 0.53c	10.25 ± 2.64b
W4	8.67 ± 1.20a	22.33 ± 2.33a	28.67 ± 1.45b	45.67 ± 5.67b	30.33 ± 2.73a
W5	11.00 ± 2.52a	27.33 ± 2.35a	42.67 ± 2.67a	54.67 ± 3.38a	36.00 ± 2.08a

六、不同灌水处理对小桐子单位干物质质量贮存水的影响

表 2–6　各器官单位干物质质量贮水能力

处理	叶片	根系	茎	叶柄	整株
W1	3.078 ± 0.179c	2.142 ± 0.169d	3.637 ± 0.247c	6.301 ± 2.159c	3.259 ± 0.059b
W2	3.551 ± 0.131b	3.787 ± 0.102c	4.913 ± 0.379a	10.409 ± 0.341b	4.657 ± 0.206a
W3	4.104 ± 0.425a	3.736 ± 0.297c	4.782 ± 0.339a	11.306 ± 0.885a	4.695 ± 0.183a
W4	3.900 ± 0.106a	6.277 ± 1.893a	4.165 ± 0.388b	10.332 ± 0.548b	4.785 ± 0.105a
W5	3.361 ± 0.081b	4.602 ± 0.188b	4.878 ± 0.036a	10.569 ± 0.312b	4.731 ± 0.071a

由表 2-6 可知，不同灌水处理对小桐子各器官的干物质质量贮存水能力的影响区别很大。与 W5 相比，W3 在茎和整株干物质质量贮存水的能力方面差距不大（P>0.01），在叶片和叶柄干物质贮存水的能力上却分别提高了 18.11% 和 6.52%，有效地提高了水分利用效率。

第五节 限量灌溉对小桐子生长和水分利用的影响

一、限量灌溉对小桐子叶面积和根冠比的影响

不同水分处理对小桐子叶面积和根冠比的影响显著（图 2-10）。在 W2 处理较 W4 处理节水 29.09% 前提下，与 W4 处理相比，W2 处理的平均叶面积下降了 25.8%，而根冠比增大了 6.1%。

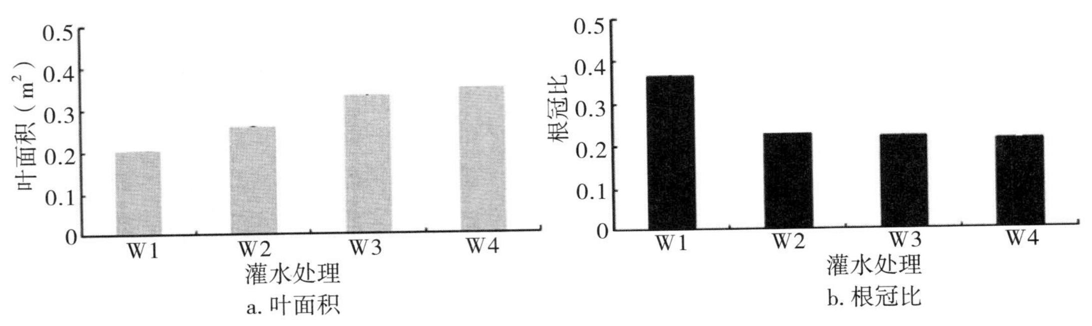

图 2-10 限量灌溉对小桐子叶面积和根冠比的影响

二、限量灌溉对小桐子各器官干物质质量的影响

不同水分处理对小桐子幼树干物质质量的影响均显著（表 2-7）。从各个器官干物质质量的分配可以看出，冠层干质量 > 带侧枝主干干质量 > 叶干质量 > 根干质量 > 叶柄干质量。在 W2 处理较 W4 处理节水 29.09% 前提下，与 W4 处理相比，W2 处理的平均根干质量、冠层干质量、带侧枝主干干质量、叶干质量、叶柄干质量分别降低了 11.4%、17.7%、9.1%、25.8%、29.1%。

表 2-7 限量灌溉对小桐子各器官的干物质质量的影响

灌水处理	根干质量 /g	带侧枝主秆干质量 /g	叶干质量 /g	叶柄干质量 /g	冠层干质量 /g
W1	6.53 ± 0.14	9.25 ± 0.03	6.76 ± 0.05	1.78 ± 0.02	17.79 ± 0.09
W2	6.96 ± 0.08	18.96 ± 0.16	8.62 ± 0.22	2.94 ± 0.10	30.52 ± 0.47
W3	8.08 ± 0.05	22.44 ± 0.68	11.09 ± 0.48	3.10 ± 0.57	36.64 ± 1.73
W4	7.86 ± 0.23	20.87 ± 0.08	11.63 ± 0.45	4.14 ± 0.03	36.63 ± 0.43

注：表中数据均为3 次测定结果的平均值。

三、限量灌溉对小桐子各器官贮水能力的影响

不同水分处理对小桐子幼树单位根干物质质量、叶干物质质量和总干物质质量的贮水能力的影响均显著，而对单位带侧枝主干干物质质量、叶柄干物质质量和冠层干物质质量的贮水能力的影响均不显著（表 2-8）。可以看出，各器官贮水能力叶柄 > 带侧枝主干 > 叶片 > 根系。在 W2 处理较 W4 处理节水 29.09% 前提下，与 W4 处理相比，W2 处理的平均单位根干物质质量、带侧枝主干干物质质量、叶干物质质量、冠层干物质质量、总干物质质量的贮水能力分别提高 15.4%、1.3%、7.4%、0.6%、1.8%，而单位叶柄干物质质量的贮水能力仅降低了 7.7%。

表 2-8　限量灌溉对小桐子各器官单位干物质质量贮水能力的影响

灌水处理	小桐子各器官的贮水能力（%）					
	根系	带侧枝主干	叶片	叶柄	冠层	全株
W1	3.03 ± 0.01	4.59 ± 0.14	3.36 ± 0.07	8.12 ± 0.16	4.48 ± 0.07	4.09 ± 0.06
W2	3.01 ± 0.06	4.63 ± 0.01	3.81 ± 0.04	7.41 ± 0.21	4.67 ± 0.02	4.36 ± 0.01
W3	3.35 ± 0.02	4.81 ± 0.14	3.73 ± 0.07	8.44 ± 0.24	4.79 ± 0.11	4.53 ± 0.09
W4	2.61 ± 0.17	4.57 ± 0.11	3.55 ± 0.07	8.03 ± 0.07	4.64 ± 0.05	4.28 ± 0.07

注：表中数据均为3 次测定结果的平均值。

四、限量灌溉对小桐子水分利用效率的影响

不同水分处理对小桐子灌溉水利用效率和总水分利用效率的影响显著（图 2-11）。在 W2 处理较 W4 处理节水 29.09% 前提下，与 W4 处理相比，W2 处理的平均灌溉水利用效率和总水分利用效率分别提高了 15.5% 和 14.9%。

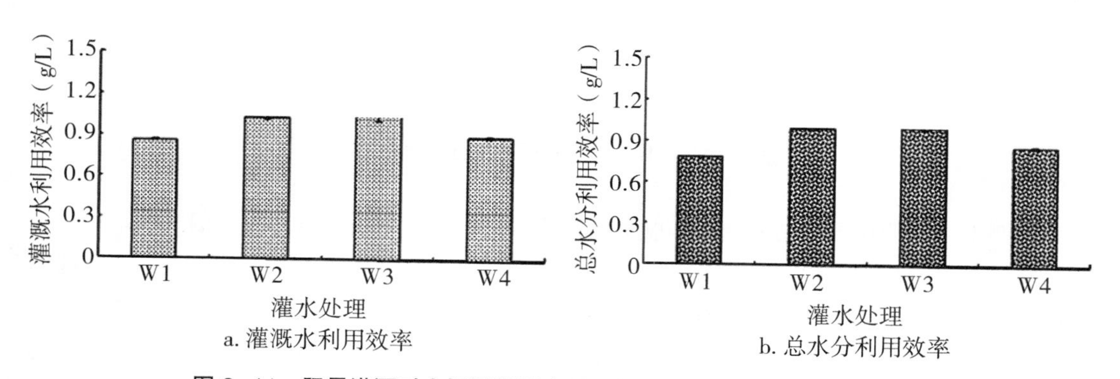

图 2-11　限量灌溉对小桐子灌溉水利用效率和总水分利用效率的影响

第六节　基于水分胁迫的小桐子根系三维可视化模拟

一、小桐子根系的三维立体模型

植物的根系是分枝结构，像一个倒向放置的轴向树（axial　tree），各级根的分枝之间具有一定的自相似性。它由根（tree root）、主干（main axis）和旁枝（1ateral segment）组成，各部分都带有标号，并且按照一定的顺序。一个轴向树从根起始节点到每个终止节点均形成路径，在该路径中至少有一条后继的节点称为内节点（internode）；终止边称为顶端（apex）；主干、旁枝依次为 0 级、1 级、2 级等，如图 2-12 所示。

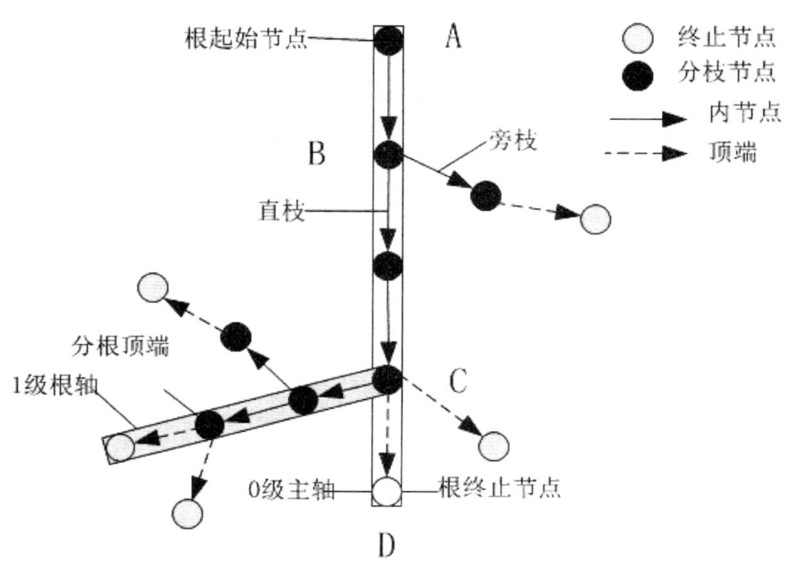

图 2-12　小桐子根系形态特征及其拓扑

依照上面的拓扑结构模型结合小桐子根系的形态特征和生长特点，将小桐子根系看成一组分枝轴，根轴由主根和无数个侧根组成，并且具有一定的分根等级。每一级根的形成都遵循同样的方式：一级分枝（一级侧根）连接在主根上，二级分枝（二级侧根）连接在一级分枝上，依次类推，一级级不断分根衍生。小桐子根系形态的发生与发展就是按照其自相似的根生长发育参数进行。因此，采用几何模型的方法描述小桐子根系的拓扑结构与几何信息较为理想。本研究根据小桐子根系的生长特点，定义了 3 种类型的根：主根、一级侧根、二级侧根。

基于上述形态特征和生长特点，本研究中对外界土壤等环境因素只考虑不同灌水量引起的根系构型变化。根据田间持水量，设定根系生长的水分胁迫因子分别为 0.3、0.5、0.7 与

0.9，模拟了不同水分胁迫对根系在土壤空间的生长状况的影响。

由于植物根系生长过程中会受到向地性和随机性等因素的影响，具有极大的不确定性和随机性。假设根系是在匀质土壤中生长，为了使模型更具真实性，在建立数学模型的过程中引入随机参数来体现植物根系的随机性。具体方法是：在绘制每一分根前，对分根的角度、长度等参数适当随机化，使分出的根条数目、分根间隔、分根角度在某一限定的范围内随机生成。

在绘制小桐子根系的三维立体图时，为使所模拟的根系具有较强真实感，通过引入计算机图形学的方法处理根系图像，基于 Visual. C++ 环境借助 OpenGL 三维图形库进行开发实现。把每一级根看作一个单根轴，假定实际根断面是圆截面，每个根轴被分成无数个段，每段看成一个圆台，圆台的长度越短，越接近实际根系。每个段中和围绕段的方向矢量旋转相同的间距可以得到一系列的小三角形，圆台的实现就用这些小三角形来逼近。为了逼真地展现根表面，还要对这些连接在一起的小三角形进行平滑处理，最后绘制出真实感较强的各级根轴。

二、小桐子根系的数据结构和算法实现

为了实现动态生长的效果，每一时间步长系统都会更新一次，同时每一根段在径向和轴向都有增长。每一时间步长产生的根增长量作为一个分开的根段，并将其拓扑几何信息储存。对于当前根系，通过长度增量作为根系生长参数的一个函数来计算完成长度增量操作算法，再动态分配内存存储新生长根段的拓扑几何信息，并增补到当前根的最后段。侧根的长度由根系生长函数来计算，侧根的生长方向受上级根生长方向、向地性和随机因子的影响而发生偏移（Lungley 等，1973）。

根系分根时，分根过程将产生新的根轴，根轴的增加需要树状结构节点的增加来储存相关的信息。如图 2-13 所示，根的分枝方向取决于轴向分枝角度 β 和径向分枝角度 α。在产生一个新的分根时，分根路线与指向上级根的指针、分根角度、分根类型、分根长度等参数被命名。算法的最初是将包含新节点内的指针初始化，即设置指针到父节点和初始化指针到子序列为空节点。将新根轴的信息被存储在数据区域，利用轴向分根角 β 和径向分根角

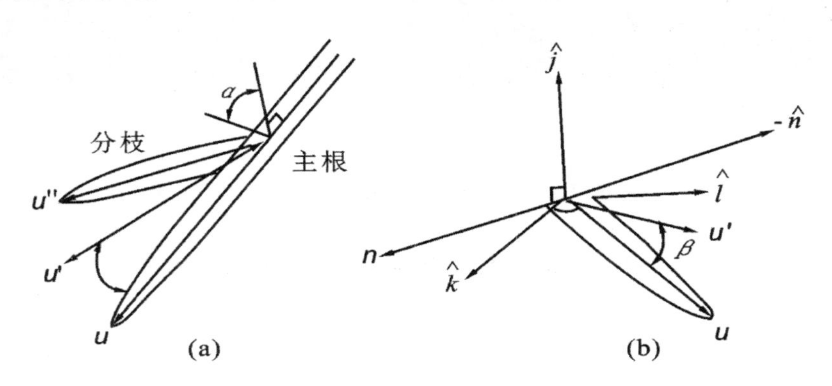

图 2-13　根轴的分枝方向

α 计算新根轴分枝方向，然后将这一方向安置在新节点的正确区域，最后新节点被放在父节点下子节点列中的适当位置。

总根长的计算公式为：

$$L=\sum_{roots}\left(\sum_{segments} l\right) \tag{2-14}$$

根系的体积计算公式为：

$$V=\sum_{roots}\left(\sum_{segments} 1/3\pi\left(r_1^2+r_2^2+r_1r_2\right)\right) \tag{2-15}$$

根系表面面积计算公式为：

$$S=\sum_{roots}\left(\sum_{segments}\left(r_1+r_2\right)\sqrt{\left(r_1-r_2\right)^2+l^2}\right) \tag{2-16}$$

三、不同水分处理下的小桐子根系模拟与仿真

为实现小桐子根系生长的实时控制，并将控制的参数实时地保存起来，以 VC++6. 0 为开发工具，通过递归的编程算法思想，建立了小桐子根系的计算机模拟系统。结果表明，该系统能够实时模拟小桐子根系的动态生长和分布过程。

模拟的最终目的是为观察根系动态生长过程中的形态分布特性、变化规律等信息。文中将不同的水分胁迫因子作为参数来研究水分胁迫对小桐子根系生长特性的影响。作为模拟结果的一个实例，图 2–14 给出了不同水分胁迫因子下模拟出的小桐子根系生长过程模型。模拟结果表明随着水分胁迫因子系数的逐渐增大，根系逐渐变粗、变长，但是当水分胁迫因子系数达到一定值后，如水分胁迫因子系数大于等于 0.7，根系基本无明显变化。

a

b

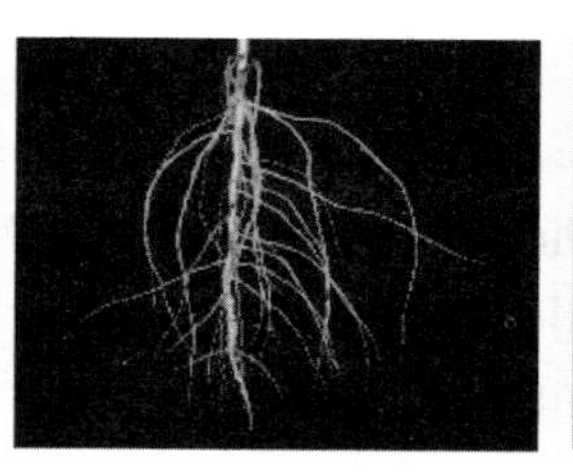

c

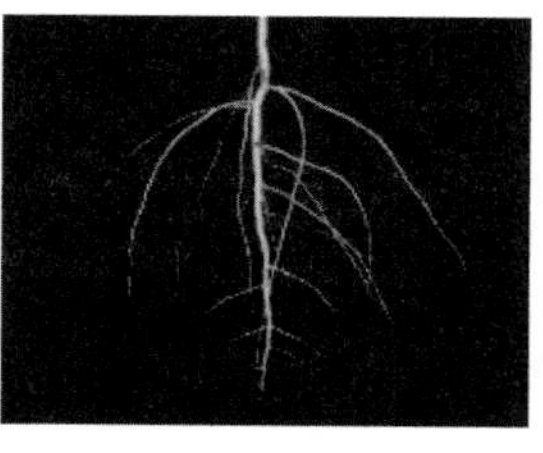

d

a. 水分胁迫因子等于 0.3；b. 水分胁迫因子等于 0.5；
c. 水分胁迫因子等于 0.7；d. 水分胁迫因子等于 0.9

图 2–14　不同水分处理下的小桐子根系模拟与仿真

第七节　讨　论

一、灌水量对小桐子形态特征和水分利用的影响

干旱胁迫会降低小桐子干物质的累积（Maes 等，2009）。受干旱胁迫影响，小桐子通过叶片功能早衰和叶片脱落来减缓生长（Sellin 等，2012），从而使干物质量大幅降低。有研究表明，有利于小桐子干物质累积的适宜土壤含水率为田间持水量的 80%（Matos 等，2012）。本研究发现，与高水处理 W1 相比，W3 的小桐子冠层、根系和总干物质量均降低。有研究发现，青椒根系干物质量随灌水量减小而下降（Kong 等，2009）。本研究中，与 W1 相比，W2、W3 和 W4 均减小小桐子叶面积和基茎截面面积，由于叶面积的降幅超过基茎截面面积，导致胡伯尔值显著增加，小桐子根系向叶片传输水分的效率增加（Sellin 等，2012）。

作物壮苗的培育是早熟和丰产的基础，壮苗指数是衡量苗木质量好坏的重要指标之一，而土壤水分是影响壮苗指数的重要因素（Huang 等，2012）。本研究表明，W1 与 W2 间壮苗指数差异不显著，其原因可能是虽然 W1 的小桐子总干物质量高于 W2，但 W1 的茎粗 / 株高和根干质量 / 地上部干质量均小于 W2，因此，W1 与 W2 间壮苗指数差异不显著。与 W1 和 W2 相比，W3 和 W4 的壮苗指数均显著降低。由于本试验每次灌水定额较小 W2 可能发生了轻度干旱胁迫。有研究表明，充分供水的壮苗指数反而小于轻度干旱胁迫处理（Yang 等，2013），因此，本研究中有利于壮苗指数提 高的最佳灌水量应在 228.79（W2）~472.49（W1）mm。研究表明，在适宜的土壤水分下，根系水分传导的提高促进根系对水分的吸收、利用与调控，使干物质向各个器官均衡分配，从而显著提高了苹果幼树根冠比和壮苗指数（Yang 等，2012）。

干旱胁迫增加作物水分利用效率，而灌水量较多或重度干旱胁迫会降低作物水分利用效率（Kang 等，2002；Wang 等，2010）。本研究中，与 W1 相比，W3 降低了小桐子幼树的蒸散量，增大了灌溉水利用效率和总水分利用效率。有研究发现，当小麦的土壤含水率下限由 65% θF（田间持水量）变化为 55% θF 时，耗水量下降 35%（Li 等，2005），本研究与其结论相似，由于 W3 使总蒸散量的降低远远超过总干物质质量，因此，小桐子水分利用效率显著提高。而 W1 灌水较多，土壤中始终保持较多的水分，蒸散量的增幅明显高于总干物质量。因此，小桐子水分利用效率显著下降。有研究发现，干旱胁迫会刺激小型西瓜根系较快生长（Zheng 等，2009），使其根系深扎，从而吸收更多水分，同时蒸散耗水量显著下降，由于蒸散量的降低值超过总干物质量，因此水分利用效率显著增大（Liu 等，2012）。本试验条件下，有利于小桐子水分利用效率提高的最佳灌水量为 154.18mm。

二、不同灌水处理对小桐子生长及蒸散耗水特性的影响

小桐子在不同灌水处理条件下的株高、茎粗、叶面积指数、贮存水、干物质累积及水分利用效率、蒸散量和蒸腾量有一定的变化。小桐子在重度水分胁迫下，株高和茎粗也有少量增加，但是其冠层下部叶片的数量由于脱落而大大减少，不利于小桐子的生长和植被恢复目标的实现，故不建议采取 W1 灌水处理。充分灌水的 W5 处理，叶面积指数减小，主要原因是，充分灌水的情况下，阻碍了根系的呼吸作用，减小了根系的活性，反而不利于根系吸水，从而减少了蒸腾量。总体来看，不同灌水处理对小桐子蒸散量的影响非常显著（$P<0.01$），重度水分胁迫时，空气湿度是蒸散量最主要的限制因子；灌水控制在 θ_f 的 40% 以上时，最高空气温度和最大空气湿度共同决定了蒸散量的大小。不同灌水处理下蒸腾量日变化没有明显的变化规律。重度水分胁迫下，气孔关闭，导致蒸腾速率下降。W1 和 W2 处理时，小桐子的蒸腾速率的日变化呈现“双峰型”，并且在 16:00—18:00 时间段的蒸腾量为负；W3、W4 和 W5 处理时，小桐子的蒸腾速率的日变化呈现“单峰型”。W3 处理的干物质质量由于比 W5 和 W4 处理的干物质质量小，更能够控制蒸散耗水量的大小，从而提高水分利用效率。故建议对小桐子实施有限的灌溉，一方面提高了水分利用效率，另一方面也能充分发挥小桐子的抗旱特性，从而实现科学用水。

本实验在设计中，灌水范围限定在（0~100%）田间持水率，从而避免了深层渗漏；蒸腾量测定中用黑塑料袋蒙住盆表面，然后用胶带密封茎秆接触处，从而避免了土壤表面的蒸发。因此，保证了蒸腾量观测时段灌溉用水全部被植物吸收和转化为蒸腾量，进而实现了不同灌水情况下蒸腾的比较和分析。

三、限量灌溉对小桐子生长和水分利用的影响

（一）限量灌溉对小桐子幼树生长及干物质质量的影响

小桐子因具有较高的抗环境胁迫能力而引起众多学者高度关注（Kumar 等，2008；Abrabbo 等，2009；李清飞等，2008）。植物通过关闭气孔或减小叶面积来避免或延迟水分胁迫。本试验表明，受重度水分胁迫影响的 W1 和 W2 处理冠层下部的叶面数减少。Achten 等（2010）的研究也表明，试验结束时所有处理冠层下部的叶片脱落。当灌溉水受限制时，绿色植物叶片的数量表征受胁迫的程度（Inman-Bamber 等，2004）。本研究表明，与 W4 处理相比，W2 处理节水 29.09%，但 W2 处理的小桐子平均叶面积降低了 25.8%。过去的研究也表明，与充分灌溉相比，水分胁迫的植物 4 片功能叶片的叶面积降低达 28%（Inman-Bamber 等，2005）。

本研究表明，与 W4 处理相比，W2 处理节水 29.09%，但 W2 处理的平均根系干物质质量、冠层干物质质量、带侧枝主秆干物质质量、叶片干物质质量、叶柄干物质质量分别降低了 11.4%、17.7%、9.1%、25.8%、29.1%。焦娟玉等（2010）的研究也表明，在 30% ~ 50% 的田间持水量范围内小桐子的生长更有优势。本研究结果与过去的研究结果一致，表明 W2 处理的冠层干物质质量减少量超过根系干物质质量，这样使得根冠比增大了 6.1%。

过去的研究结果也表明，与充分灌溉相比，水分胁迫处理的根冠比增大（Silva 等，2010）。

（二）限量灌溉对小桐子幼树贮水调节能力的影响

贮存水具有缓解水分亏缺、间接参与气孔调节整树水分传输的作用。植物的蒸腾耗水通常在夜间显著下降，植物通过根系吸收的土壤水分补偿白天的水分消耗。随着植物的长高，植物通过提高贮存水调节能力和水分传导能力来适应环境的变化。本研究结果表明，与 W4 处理相比，W2 处理节水 29.09%，但 W2 处理的平均单位根干物质质量、带侧枝主秆干物质质量、叶干物质质量、冠层干物质质量、总干物质质量的贮水能力分别提高 15.4%、1.3%、7.4%、0.6%、1.8%，而单位叶柄干物质质量的贮水能力仅降低了 7.7%。可见，受根区土壤水分的影响，小桐子的贮水调节能力发生明显的变化，W2 处理单位叶柄干物质质量的贮水能力下降与较高的气孔限制（Silva 等，2010）和叶肉质化程度（Scholz 等，2007）密切相关，而其他部位较高的贮水能力可能是木质部较小密度的作用结果（Maes 等，2009）。

（三）限量灌溉时小桐子幼树水分利用与贮存水的关系

植物水分利用效率的提高是生长调节、气孔调节和贮水调节共同作用的结果（Scholzf 等，2007；Verbeeck 等，2007；Maherali 等，2001）。小桐子是一种落叶的肉茎植物，它的叶片具有明显的抗干旱胁迫能力，同时也具有较高的水分利用效率（Maes 等，2009）。本研究发现，与 W4 处理相比，W2 处理节水 29.09%，但 W2 处理的平均灌溉水利用效率和总水分利用效率分别提高了 15.5% 和 14.9%。笔者认为 W2 处理较高的水分利用效率与叶面积的下降、根冠比增大和贮水调节能力的提高有关。Zhao 等（2006 和 2010）的研究发现，中等个体的树木具有较高的水分利用效率，贮存水对树木水力限制的补偿效应是水分利用效率提高的重要原因。

第八节　小　结

（1）在不同灌水处理对小桐子生长及蒸散耗水特性的影响中，小桐子在 W1（0%~20%）处理情况下，小桐子受水分胁迫最严重，株高和茎粗生长缓慢，总干物质重最低，水分利用效率最低；在 W2（20%~40%）下，小桐子生长正常，表明小桐子对重度水分胁迫有极强的适应能力。

（2）在不同灌水处理对小桐子生长及蒸散耗水特性的影响中，小桐子蒸散量的日变化与环境中气象因子关系密切。小桐子在受重度水分胁迫时，在温度逐渐降低后，通过叶片从空气中吸收水分。

（3）在不同灌水处理对小桐子生长及蒸散耗水特性的影响中，最佳灌水处理为 W3。灌水量过低，会导致土壤蒸发增大，水分利用效率低；灌水量过高会导致蒸散量增大，水分效率反而会降低。W3 灌水处理的小桐子长势良好，蒸散量较低，叶片和叶柄干物质贮存水的能力最大，水分利用效率最高，建议对小桐子实施适当的限制灌溉，能达到抗旱节水的双重效果，灌溉控制在（40%~60%）θ_f。

（4）在限量灌溉对小桐子生长和水分利用的影响中，W2 处理较 W4 处理节水 29.09% 前提下，与 W4 处理相比，W2 处理的平均叶面积、根干物质质量、冠层干物质质量、总干物质质量分别降低了 25.8%、11.4%、17.7%、15.8%，而根冠比增大了 6.1%，同时平均单位根干物质质量、带侧枝主秆干物质质量、叶干物质质量、冠层干物质质量、总干物质质量的贮水能力分别提高 15.4%、1.3%、7.4%、0.6%、1.8%，W2 处理的平均灌溉水利用效率和总水分利用效率分别提高了 15.5% 和 14.9%。

参考文献

陈发祖 .1991. 蒸发的阻抗模型讨论 [J]. 地理研究，10（2）：1–10.

陈刚起，吕宪国，杨青 .1996. 三江平原沼泽蒸发研究 [M]. 北京：科学出版社 : 5–11.

邓旭阳，周淑秋，郭新宇，等 . 2004. 玉米根系几何造型研究 [J]. 图学学报，25（4）: 62–66.

窦新永，吴国江，黄红英，等 . 2008. 麻疯树幼苗对干旱胁迫的响应 [J]. 应用生态学报，19（7）: 1 425–1 430.

额冬梅 . 2008. 岷江上游干旱河谷 5 种主要造林树种苗木耗水性研究 [D]. 成都：四川农业大学 .

范爱武，刘伟，王崇琦 . 2004. 环境因子对土壤水分蒸散的影响 [J]. 太阳能学报，25（1）: 1–5.

冯冬霞，施生锦 . 2005. 叶面积测定方法的研究效果初报 [J]. 中国农学通报，21（6）: 150–152.

付刚，沈振西，张宪洲 .2010. 基于 MODIS 影像的藏北高寒草甸的蒸散模拟 [J]. 草业学报，19（5）: 103–112.

郭焱，李保国 . 2001. 虚拟植物的研究进展 [J]. 科学通报，46（4）: 273–280.

郭玉川 .2007. 基于遥感的区域蒸散发在干旱区水资源利用中的应用 [D]. 乌鲁木齐：新疆农业大学 .

韩建国，孙强，刘帅 .2003. 速效肥与缓释肥对草坪蒸散量的影响 [J]. 中国草地，25（6）: 33–35.

何延波，王石立 .2006. SEBS 模型在黄淮海地区地表能量通量估算中的应用 [J]. 高原气象，25（6）: 1 092–1 100.

候振安，李品芳，龚元石 .2000. 盐渍条件下苜蓿和羊草生长与营养吸收的比较研究 [J]. 草业学报，9（4）: 68–73.

黄淑华，徐福利，王渭玲，等 . 2012. 丹参壮苗指数及其模拟模型 [J]. 应用生态学报，23（10）: 2 779–2 785.

贾德彬，刘艳伟，张永平，等 . 2008. 内蒙古河套灌区春小麦高效用水灌溉制度研究 [J]. 干旱区资源与环境，22（5）：174–177.
贾志军，宋长春 .2007. 三江平原典型沼泽湿地蒸散量研究 [J]. 气候与环境研究，12（4）：500–502.
焦娟玉，陈珂，尹春英 . 2010. 土壤含水量对麻疯树幼苗生长及其生理生化特征的影响 [J]. 生态学报，30（16）：4 460–4 466.
康绍忠，熊运章 .1990. 干旱缺水条件下麦田蒸散量的计算方法 [J]. 地理学报，45（4）：475–483.
康绍忠，张富仓，刘晓明 .1995. 作物叶面蒸腾与棵间蒸发分摊系数的计算方法 [J]. 水科学进展，6（4）：285–2891.
康绍忠，刘晓明，高新科 .1992. 土壤 – 植物 – 大气连续体水分传输的计算机模拟 [J]. 水利学报，（3）：11–12.
拉巴，除多，德吉央宗 .2012. 基于 SEBS 模型的藏北那曲蒸散量研究 [J]. 遥感技术与应用，27（6）：919–926.
雷志栋，杨诗秀，谢森传 .1988. 田间土壤水量平衡与定位通量法的应用 [J] 水利学报，（5）：1–71.
李化，陈丽，唐琳，等 . 2006. 西南部分地区麻疯树种子油的理化性质及脂肪酸组成分析 [J]. 应用与环境生物学报，12（5）：643–646.
李清飞，仇荣亮，石宁，等 . 2009. 矿山强酸性多金属污染土壤修复及麻疯树植物复垦条件研究 [J]. 环境科学学报，29（8）：1 733–1 739.
李彦瑾，赵忠，孙德祥 .2008. 干旱胁迫下柠条锦鸡儿的水分生理特征 [J]. 西北林学院学报，23（3）：1–4.
刘昌明 .1997. 土壤 – 作物 – 大气系统水分运动实验研究 [M]. 北京：气象出版社 .
刘硕，贺康宁 .2006. 不同土壤水分条件下山杏的蒸腾特性与影响因子 [J]. 中国水土保持科学，4（6）：66–70.
刘玉杰，韩建国，杨燕 .2003. 施肥对草地早熟禾草质量、剪草量及蒸散量的影响 [J]. 中国草地，25（4）：50–55.
卢振民 .1988. 估算田间水分蒸腾的新模式 [J]. 水利学报，（5）：43–45.
陆时万，徐祥生 . 1991. 植物学 [M]. 北京：高等教育出版社 .
罗长维，李昆，陈友，等 . 2008. 元江干热河谷麻疯树开花结实生物学特性 [J]. 东北林业大学学报，36（5）：7–10.
毛俊娟，倪婷，王胜华，等 . 2008. 干旱胁迫下外源钙对麻疯树相关生理指标的影响 [J]. 四川大学学报：自然科学版，45（3）：669–673.
孟平 .2005. 苹果蒸腾耗水特征及水分胁迫诊断预报模型研究 [D]. 中南林学院，7–8.
牛丽丽，张学培，曹奇光 . 2007. 植物蒸腾耗水研究 [J]. 水土保持研究，14（2）：158–160.
全艳嫦，苏德荣，徐玉芹 .2012. 不同灌溉水平下气象因子对草地早熟禾蒸散量的影响 [J]. 安徽农业科学，（16）：9 027–9 029，9 032.

司建华，冯起，席海洋.2006. 极端干旱区柽柳林地蒸散量及能量平衡分析 [J]. 干旱区地理，29（4）：517-522.

司建华，冯起，张小由.2005. 植物蒸散耗水量测定方法研究进展 [J]. 水科学进展，16（3）：450-549.

司建华.2007. 极端干旱区荒漠河岸林胡杨耗水特性研究 [D]. 北京：中国科学院.

孙景生，康绍忠，熊运章.1995. 夏玉米田蒸散的计算 [J]. 中国农业气象，169（5）：3-5.

孙亮，孙睿，杨世琦.2009. 利用 MODIS 数据计算地表蒸散 [J]. 农业工程学报，25（2）：23-27.

汪秀敏.2012. 农田蒸散量的测定与计算方法研究 [D]. 南京：南京信息工程大学.

王沙生，高荣孚，吴贯明.1990. 植物生理学 [M]. 北京：中国林业出版社，202-203.

王颖.2007. 林木蒸腾耗水研究综述 [J]. 河北林果研究.22（1）：40-41.

魏天兴，朱金兆，张学培.1999. 林分蒸散耗水量测定方法述评 [J]. 北京林业大学学报，21（3）：85-90.

吴琦，张希明.2005. 水分条件对梭梭气体交换特性的影响 [J]. 干旱区研究，22（1）：79-84.

吴伟光，黄季焜，邓祥征.2009. 中国生物柴油原料树种麻疯树种植土地潜力分析 [J]. 中国科学.D 辑：地球科学，39（12）：1672-1680.

谢贤群.1988. 一个改进的测定农田蒸发的能量平衡——空气动力学阻抗模式 [J]. 气象学报，46（1）.13-15.

徐永明，赵巧华，巴雅尔.2012. 基于 MODIS 数据的博斯腾湖流域地表蒸散时空变化 [J]. 地理科学，32（11）：1 354-1 357.

阳园燕，郭安红，安顺清.2004. 土壤 - 植物 - 大气连续体（SPAC）系统中植物根系吸水模型研究进展 [J]. 气象科技.32（5）：316-317.

杨启良，孙英杰，戈振扬.2012. 不同水量交替灌溉对小桐子生长调控与水分利用的影响 [J]. 农业工程学报，28（18）：121-126.

杨永民，冯兆东，周剑.2008. 基于 SEBS 模型的黑河流域蒸散发 [J]. 兰州大学学报，44（5）：1-6.

姚史飞，尹丽，胡庭兴，等.2009. 干旱胁迫对麻疯树幼苗光合特性及生长的影响 [J]. 四川农业大学学报，27（4）：444-449.

尹丽，胡庭兴，刘永安，等.2010. 干旱胁迫对不同施氮水平麻疯树幼苗光合特性及生长的影响 [J]. 应用生态学报，21（3）：569-576.

于成龙.2004. 水分胁迫对几种造林树种抗旱性及水分利用的影响 [D]. 哈尔滨：东北林业大学.

于金丹，王勇.2012. 不同灌水条件对小叶女贞蒸散特性和生长的影响 [J]. 水土保持通报，32（3）：51-54.

张继祥，魏钦平，于强，等.2003. 植物光合作用与群体蒸散模拟研究进展 [J]. 山东农业大学学报自然科学版，34（4）：613-618.

张仁华 .1991. 利用作物冠层表面温度的空间变率推算作物的供水状况 [A].// 中国科学院禹城综合试验站年报 [C]. 北京：北京气象出版社，40–45.

张吴平，郭焱，李保国 . 2006. 小麦苗期根系三维生长动态模型的建立与应用 [J]. 中国农业科学，39（11）：2 261–2 269.

张吴平，李保国 . 2006. 棉花根系生长发育的虚拟研究 [J]. 系统仿真学报，18（s1）：283–286.

张小由，康尔泗，司建华，等 . 2006. 额济纳绿洲中柽柳耗水规律的研究 [J]. 干旱区资源与环境，20（03）：159–162.

张岩 .2007. 杨树林地土壤水分动态及蒸腾耗水规律的研究 [D]. 北京：中国农业大学 .

赵春江，王功明，郭新宇，等 . 2007. 基于交互式骨架模型的玉米根系三维可视化研究 [J]. 农业工程学报，23（9）：1–6.

钟南，罗锡文，秦琴 . 2008. 基于生长函数的大豆根系生长的三维可视化模拟 [J]. 农业工程学报，24（7）：151–154.

钟南，罗锡文，秦琴 . 2006. 基于微分 L 系统理论的植物根系生长模拟的算法 [J]. 系统仿真学报，18（s2）：138–139.

钟南 . 2005. 植物根系生长的三维可视化模拟 [J]. 华中农业大学学报，24（5）：516–518.

周小蓉 .2004. 小型自动称重式蒸散仪的研制 [D]. 北京：中国农业大学 .

朱艳艳，贺康宁，唐道锋 .2007. 青海大通几种主要灌溉适宜土壤水分条件研究 [J]. 干旱地区农业研究，25（4）：119–123.

Achten W M J，Maes W H，Aerts R，et al. 2010. Jatropha：From global hype to local opportunity[J]. *Journal of Arid Environments*，74（1）：164–165.

Achten W M J，Maes W H，Reubens B，et al. 2010. Biomass production and allocation in Jatropha curcas，L. seedlings under different levels of drought stress[J]. *Biomass & Bioenergy*，34（5）：667–676.

Bormann H. 1996. Effects of data availability on estimation of evapotranspiration[J]. *Physics and Chemistry of the Earth*，21（3）：171–175.

Brown K W，Rosenberg N J. 1971. Turbulent transport and energy balance as affected by a windbreak in an irrigated sugar beet field[J]. *Argon Journal*，63：351–355.

Burba G G，Verma S B，Kim J A. 1999. Comparative study of surface energy Fluxes of three communities（Pragmites australis，Scirpus acutus，and open water）in a praire wetland ecosystem[M].*Wetlands*：19（2）：451–457.

Carvalho C R，Clarindo W R，Praça M M，et al. 2008. Genome size，base composition and karyotype of Jatropha curcas，L. an important biofuel plant[J]. *Plant Science*，174（6）：613–617.

Danjon F，Reubens B. 2007. Assessing and analyzing 3D architecture of woody root systems，a review of methods and applications in tree and soil stability，resource acquisition and allocation[J]. *Plant & Soil*，303（1）：1–34.

Diggle A J. 1988. ROOTMAP—a model in three-dimensional coordinates of the growth and structure of fibrous root systems[J]. *Plant & Soil*, 105（2）: 169-178.

Fairless D. 2007. Biofuel : the little shrub that could-maybe[J]. *Nature*, 449 : 652-655.

Flerching G W. 1996. Modeling evapotranspiration and surface budgets across a water shed[J]. *Water Resources Research*, 32（8）: 2 539-2 548.

Francis G, Edinger R, Becker K. 2005. A concept for simultaneous wasteland reclamation, fuel production, and socio - economic development in degraded areas in India : Need, potential and perspectives of Jatropha plantations[J]. *Natural Resources Forum*, 82（29）: 12-24.

G.M. G ü bitz, M. Mittelbach, M. Trabi, et al. 1999. Exploitation of the tropical oil seed plant Jatropha curcas L.[J]. *Bioresource Technology*, 67（1）: 73-82.

Grusev Y M. 1997. Modelling annual dynamics of soil water storage of ragro and natural eco systems of the steppe and of rest-steppe zones on a local scale[J]. *Agri. For. Meteorol*, 85（3/4）: 171-191.

Heller J. 1996. Physic nut. Jatropha curcas L. Promoting the conservation and use of underutilized and neglected crops. 1. [monograph on the Internet]. Rome : International. Plant Genetic Resources Institute [cited 2011 Nov 23] [C].

Inman-Bamber N G, Smith D M. 2005. Water relations in sugarcane and response to water deficits[J]. *Field Crops Research*, 92（2-3）: 185-202.

Inman-Bamber N G. 2004. Sugarcane water stress criteria for irrigation and drying off[J]. *Field Crops Research*, 89（1）: 107-122.

Jiao J Y, Yin C Y. 2011. Effects of soil water and nitrogen supply on the photosynthetic characteristics of Jatropha curcas seedlings[J]. *Chinese Journal of Plant Ecology*, 35（1）: 91-99.

Jiao J, Ke C, Yin C, et al. 2010. Effects of soil moisture content on growth, physiological and biochemical characteristics of Jatropha curcas L.[J]. *Acta Ecologica Sinica*, 30（16）: 4 460-4 466.

Kang S-Z（康绍忠）, Cai H-J（蔡焕杰）. 2002. Theory and Practice of the Controlled Alternate Partial R oot Zone Irrigation and R egulated Deficit Irrigation. Beijing : *China Agriculture Press*,（in Chinese）

Kheira A A A, Atta N M M. 2009. Response of Jatropha curcas, L. to water deficits : Yield, water use efficiency and oilseed characteristics[J]. *Biomass & Bioenergy*, 33（10）: 1 343-1 350.

Kim C P. 1998. Impact of soil heterogeneity in a mixed-layer model of the planetary boundary layer[J]. *Hydro logicasl Sciences Journal*, 43（4）: 633-658.

Koh M Y, Ghazi T I M. 2011. A review of biodiesel production from Jatropha curcas L. oil[J]. *Renewable & Sustainable Energy Reviews*, 15（15）: 2240-2251.

Kong Q-H（孔清华）, Li G-Y（李光永）, Wang Y-H（王永红）, et al. 2009. Effects of nitrogen application and irrigation cycle on bell pepper root distribution and yield under subsurface drip irrigation[J]. *Transactions of the Chinese Society of Agricultural Engineering*（农业工程学报），25（13）：38–42（in Chinese）

Kowailik P. 1997. Diurnal water relations of beech（Fug us Sylvationca L）trees in the mountains of Italy[J]. *Agri. For. Meteorol*，84（1/2）：11–23.

Kumar A，Sharma S. 2008. An evaluation of multipurpose oil seed crop for industrial uses（Jatropha curcas L.）：A review[J]. *Industrial Crops & Products*，28（1）：1–10.

Kumar G P，Yadav S K，Thawale P R，et al. 2008. Growth of Jatropha curcas，on heavy metal contaminated soil amended with industrial wastes and Azotobacter，–A greenhouse study[J]. *Bioresource Technology*，99（6）：2 078–2 082.

Kustas W P. 1990. Estimation of evapo transpiration with a one layer and two layer model of heat transfer over partial canopy cover[J].*App Meteorol*，29：704–715.

Li Z–J（李志军），Zhang F–C（张富仓），Kang S–Z（康绍忠）. 2005. Impacts of the controlled roots–divided alternative irrigation on water and nutrient use of winter wheat[J]. *Transactions of the Chinese Society of Agricultural Engineering*（农业工程学报），21（8）：17–21（in Chinese）.

Liu S（刘水），Li F–S（李伏生），Wei X–H（韦翔华），et al. 2012. Effects of alternate partial root–zone irrigation on maize water use and soil microbial biomass carbon[J]. *Transactions of the Chinese Society of Agricultural Engineering*（农业工程学报），28（8）：71–77（in Chinese）

Liu Zenghui，Shao Hongbo. 2010. Comments：Main developments and trends of international energy plants[J]. *Renewable and Sustainable Energy Reviews*，14：530–534.

Lungley D R. 1973. The growth of root systems –A numerical computer simulation model[J]. Plant & Soil，38（1）：145–159.

Maes W H，Achten W M J，Reubens B，et al. 2013. Plant – water relationships and growth strategies of Jatropha curcas，L. seedlings under different levels of drought stress[J]. *Journal of Arid Environments*，73（10）：877–884.

Maherali H，Delucia E H. 2001. Influence of climate–driven shifts in biomass allocation on water transport and storage in ponderosa pine[J]. *Oecologia*，129（4）：481–491.

Mahrt D V. 2002. Relationship of area–averaged carbon dioxide and water vapour fluxes to atmospheric variables[J]. *Agricultural and Forest Meteorology*，112（3）：195–202.

Matos F S，de Oliveria L R，de Freitas R G，et al. 2012. Physiological characterization of leaf senescence of Jatropha curcas L[J]. *Biomass and Bioenergy*，45：57–64.

Monteith J E. 1965. Evapotat ion and environment[J]. Symp Soc Expl Biol，19：205–234.

Nichols W D. 1992. Energy budgets and resistances to energy transport in sparsely vegetated rangland[J]. *Agri. For. Meteorol*，60：221–247.

Pagès L，Jordan M O，Picard D. 1989. A simulation model of the three–dimensional architecture of the maize root system[J]. *Plant & Soil*，119（1）：147–154.

Reginato R J，Jackson R D，Pinter J R. 1985. Evapotranspiration calculated from remote mul–

ti-spectral and ground station meteorological data[J]. *Rem Sens Environ*, 18 : 75-891.

Scholz F G, Bucci S J, Goldstein G, et al. 2007. Biophysical properties and functional significance of stem water storage tissues in Neotropical savanna trees[M]// Desultory notes on the government and people of China, and on the Chinese language : W.H. Allen and Co. : 236-248.

Scott R. 1997. Timescales of land surface evapotranspiration response[J]. *J. of Climate*, 10 (4): 559-566.

Sellers P J. 1986. A simple biosphere (SiB) fo ruse with in general circulation models[J]. *Journal A tmospheric Science*, 43 : 501-531.

Sellin A, Õunapuu E, Kaurilind E, et al. 2012. Size-dependent variability of leaf and shoot hydraulic conductance in silver birch[J]. *Trees*, 26 (3): 821-831.

Shuttleworth W J, Gurney R J. 1990. The theoretical relationship between foliage temperature and canopy resistance in sparse crops[J].*Q.J.R.Meteorol. Soc*, 116 : 794-519.

Shuttleworth W J. 1976. A one-dimensional theo retical description of the vegetation-atmo sphere interaction[J]. *Boundarylayer-Meteorol*, 10 : 273-302.

Shuttleworth W J. 1979. Below-canopy fluxes in a simp lified one-dimensional theoretical description of the vegetation-atmo sphere interaction[J]. *Boundary-layer Meteoro1*, 17 : 315-331.

Silva E N, Ferreira-Silva S L, Fontenele A D V, et al. 2010. Photosynthetic changes and protective mechanisms against oxidative damage subjected to isolated and combined drought and heat stresses in Jatropha curcas plants[J]. *Journal of Plant Physiology*, 167 (14): 1 157-1 164.

Soethe N, Lehmann J, Engels C. 2007. Root tapering between branching points should be included in fractal root system analysis[J]. *Ecological Modelling*, 207 (2): 363-366.

Stuart Chapin Ⅲ, Pamela A, Harold A M. 2002. Principles of Terrestrial Ecosystem Ecology[M]. New York : Springer-Verlag Inc, 75-76.

Takagi K, Tsuboya T, Takahashi H. 1998. Diurnal hystereses of stomatal and bulk surface conductances in relation to vapor pressure deficit in a cool-temperature wetland[J]. *Agricultural & Forest Meteorology*, 91 (98): 177-191.

Takagi K, Tsuboya T, Takahashi H. 1998. Diurnal hysteresis of stomatal and bulk surface conductance in relation to vapour pressure deficit in a cool-temperate wetland[J].*Agricultrual and Forest Meteorology*, 91 : 177-191.

Takeda Y. 1982. Development study on Jatropha curcas (sabu dum) oil as a substitute for diesel engine oil in Thailand.[J]. *Journal of the Agricultural Association of China*, 66 (120): 1-8.

Valdes-Rodriguez O A, Sánchez-Sánchez O, Pérez-Vázquez A, et al. 2011. Soil texture effects on the development of Jatropha, seedlings - Mexican variety 'piñón manso' [J]. *Biomass & Bioenergy*, 35 (8): 3 529-3 536.

Verbeeck H, Steppe K, Nadezhdina N, et al. 2007. Stored water use and transpiration in Scots pine : a modeling analysis with ANAFORE.[J]. *Tree Physiology*, 27 (12): 1671-85.

Vicente G，Mart Nez M，Aracil J. 2004. Integrated biodiesel production：a comparison of different homogeneous catalysts systems[J]. *Bioresource Technology*，92（3）：297–305.

Wang F（王峰），Du T–S（杜太生），Qiu R – J（邱让建），et al. 2010. Effects of deficit irrigation on yield and water use efficiency of tomato in solar greenhouse[J]. *Transactions of the Chinese Society of Agricultural Engineering*（农业工程学报），26（9）：46–52（in Chinese）.

Wang T. 2005. A SURVEY OF THE WOODY PLANT RESOURCES FOR BIOMASS FUEL OIL IN CHINA[J]. *Science & Technology Review*，23（0505）：12–14.

Wu W G，Huang J K，Deng X Z. 2010. Potential land for plantation of Jatropha curcas as feedstocks for biodiesel in China[J]. *Science China Earth Science*，53（1）：120–127.

Yamanaka T. Evapotranspiration beneath the soil surface：some observational evidence and numerical experiments[J]. *Hydro logical Process*，1998，12（13/14）：2 193–2 203.

Yang Q，Sun Y，Qi Y，et al. 2012. Effects of alternated different irrigation amount modes on growth regulation and water use of Jatropha curcas L.[J]. *Nongye Gongcheng Xuebao/transactions of the Chinese Society of Agricultural Engineering*，28（18）：121–126.

Yang Q–L（杨启良），Zhang F–C（张富仓），Liu X–G（刘小刚），et al. 2012. Effects of controlled alternate partial root zone drip irrigation on apple seedling morphological characteristics and root hydraulic conductivity[J]. *Chinese Journal of Applied Ecology*（应用生态学报），23（5）：1 233–1 239（in Chinese）.

Yang Q–L（杨启良），Zhou B（周兵），Liu X–G（刘小刚）. 2013. Effect of deficit irrigation and nitrogen fertilizer application on soil nitrate–nitrogen distribution in rootzone and water use of Jatropha curcas L[J]. Transactions of the *Chinese Society of Agricultural Engineering*（农业工程学报），29（4）：142–150.

Yin L，Liu Y A，Xie C Y，et al. 2012. Effects of drought stress and nitrogen fertilization rate on the accumulation of osmolytes in Jatropha curcas seedlings[J]. *Chinese Journal of Applied Ecology*，23（3）：632–638.

Zhao P. 2010. Compensation of tree water storage for hydraulic limitation：Research progress[J]. Chinese *Journal of Applied Ecology*，21（6）：1 565–1 572.

ZHAO Ping，RAO XingQuan，MA Ling，等. 2006. The variations of sap flux density and whole–tree transpiration across individuals of Acacia mangium 马占相思（Acacia mangium）树干液流密度和整树蒸腾的个体差异 [J]. 生态学报，（12）：4 050–4 058.

Zheng J（郑健），Cai H–J（蔡焕杰），Chen X–M（陈新明），et al. 2009. Effect of regulated deficit irrigation on water use efficiency and fruit quality of mini–watermelon in greenhouse[J]. *Journal of Nuclear Agricultural Sciences*（核农学报），23（1）：159–164.

第三章 灌溉模式对小桐子生长调控与水分利用的影响

第一节 国内外研究进展

我国水资源短缺危机日趋严峻，农业用水缺乏状况也在威胁着我国农业的进一步发展。虽然我国水资源总量相对丰富，但是人均拥有量较少，仅为世界平均水平的28%，是世界上仅有的13个最缺水国家之一。由于对水资源的开发利用不够合理，使得我国水资源总量和人均水资源占有量均呈现减少的趋势。而我国人口却呈现增加的趋势，预计到2030年左右，我国人均水资源量将逼近国际公认的1 700 m^3的严重缺水警戒线，届时我国将成为用水紧张的国家，由水资源短缺造成的一系列问题与社会发展需求之间的矛盾将愈加明显（钱正英等，2000）。此外，我国水土资源南北分布极不平衡，长江流域及其以南地区占据了我国耕地总面积的38%，但是其水资源占有量与土地资源占有量不平衡，水资源占有量达80%之多；而淮河流域及其以北地区的耕地面积占据我国耕地总面积的62%，水资源占有量却不足水资源总量的20%，难以满足农业用水的需求。我国西南地区虽然存在较为丰富的水能资源，具有较大的利用潜力，但其多蕴藏于山脉之间，难以被开发利用。此外，社会发展的需求使得工业用水总量增加，从而大大降低了农业用水在总用水量中的比例，这也对农业用水造成了巨大威胁，目前，我国农业灌溉缺水量达300×10^8 m^3（翟虎渠等，2011），预计到2030年我国农业灌溉缺水量将达600×10^8 m^3，供需矛盾不断拉大，这毋庸置疑会对我国农业可持续发展带来非常不利的影响。在农业用水资源来源本就缺乏的情况下，我国农民在使用水资源的过程中还存在十分普遍的浪费现象。一方面，由于我国农业用水水价偏低，农民缺乏科学的灌水知识，节水意识淡薄，普遍认为浇水越多对作物生长越好，因此造成大量水资源的无效损失。另一方面，在灌溉措施上存在很大问题，目前我国农村仍多采用大水漫灌的田间灌溉方式，这种方式管理粗放，灌水需求量大，但均匀性较差，损失严重，导致田间水分利用效率低下。此外，我国农业基础设施薄弱，很多输水渠道缺乏防渗措施，造成大部分农业用水在运输过程中就已经损失严重。总体而言，我国农业用水效率十分低下，平均利用率只有30%~40%，相对于发达国家的农业用水效率达70%~90%存在很大差距。灌溉水资源消耗多但粮食产量却不高，我国每立方水的粮食平均生产能力只有0.87kg左右，相对于发达国家2kg以上的平均水平，我国农业产量的提高存在很大空间与潜力，农业节水效率也有待进一步提高。

一、分根区交替灌溉的研究现状

由于全球水资源紧缺已严重影响着农业经济社会的可持续发展，为了缓解水资源短缺对农业生产的影响，国内外众多学者寻求节水效果更加明显的灌水技术和灌溉模式，比如调亏灌溉、限量灌溉和非充分灌溉等，康绍忠（1997）首次提出了一种新的节水灌溉理论——控制性交替灌溉。关于交替灌溉目前国内已经做了较多研究，并取得了一定的成果。所谓控制性交替灌溉，就是控制植物垂直或水平方向上的区域干燥与湿润状况交替出现，即本次灌水使得该区域湿润，则下次令其干燥，或本次灌水干燥的区域，则下次充分灌水使其湿润，如此交替循环出现，这样就可以使植物根系一直处于湿润—干燥—湿润的循环状态中，让根系在一定程度上经受干旱缺水的锻炼，受到干旱胁迫的根系就会把植物体内缺乏水分、受到水分胁迫的信号传递至叶气孔，从而达到气孔的最大开放程度，这样并不会造成植物光合作用的降低，且不影响光合产物的积累。处于干燥期的区域还可以减小无效棵间蒸发造成的水分浪费，降低灌溉定额，同时可以提高水分和养分利用效率。

目前，我国研究较多的分根区交替灌溉、隔沟交替灌溉均属于控制性交替灌溉的一种，即令根系的一半分别处于干燥—湿润—干燥的交替循环中。梁宗锁等（1997）对玉米进行初步探究，采用盆栽试验采取控制性分根区交替灌溉对玉米进行处理，研究发现对 1/2 根区采取交替灌溉的方式比均匀灌溉减少用水量 34.4%~36.8% 的同时，生物量却只减少了 6%~12%，同时可以在不明显改变光合速率的前提下显著降低蒸腾速率，大幅度提高水分利用效率，该研究初步验证了采取控制性分根区交替灌溉具有一定的可行性，接着，各位专家又做了深入的研究。梁宗锁等（2000）通过两年大田试验，分别采取隔沟交替灌溉、常规灌溉与固定沟内灌溉等方式，研究发现隔沟交替灌溉在节水 33.3% 以上的情况下并不会引起玉米产量的下降，隔沟交替灌溉能够刺激根系发育次级根系，从而显著增加根系密度，并使得玉米根系在土壤中均匀分布，同时保证作物上部冠层的生长，通过增粗茎秆的方法来增强其面临风、雨、涝等恶劣环境下的抗倒伏能力；同时发现在不影响光合速率的前提下显著降低蒸腾速率，因此，引起其水分利用效率大大提高，隔沟交替灌溉具有广泛的推广意义。王振昌等（2009）采取隔沟交替灌溉与常规灌溉两种方式对棉花进行为期 2 年的处理，发现棉花籽粒产量与水分利用效率均高于相同灌水量的常规灌溉。但是降水量不集中的第一年试验期内，采取隔沟交替灌溉的棉花纤维品质优于常规灌溉，而降水集中于铃期的第二年，隔沟交替灌溉处理的棉花品质并没有表现出优质性。可能原因是第一年降雨不集中使得交替灌溉表现出更强烈的旱后补偿效应，从而促进根系生长及对土壤水分和养分的吸收，促进植物体内碳水化合物的生成，以及植物纤维的生长，最终使得棉花的品质得以提高。而第二年降雨集中使得隔沟交替灌溉未能表现出补偿效应，从而灌溉时棉花根系未能充分吸收土壤水分与养分，使得隔沟交替灌溉与常规灌溉的棉花品质并无显著性差异。由此可见，隔沟交替灌溉更适用于降水较少的干旱半干旱地区，只有在降水较少的情况下才能表现出隔沟交替灌溉的旱后补偿效应与优越性。有研究（Wang 等，2008）发现隔沟交替灌溉能够保持土壤良好的通气状况与水分条件，采取隔沟交替灌溉的作物根系土壤中微生物也表现出较高的活性，从而促进了作物较好的生长。Wang（2012）对玉米采取分根区交替灌溉的研究发现，分根区交替灌溉能促进玉米根部的生长，增大根冠比，刺激土壤有机氮的矿化程度，从而可以促进玉米叶片 N 的积累，研究还认为分根区交替灌溉的方式能够提高土壤矿质氮的有效性，由此看来，分根区交替灌溉的方式对提高水分与氮素的利用效率均有很大促进作用。

在国外，也有部分学者对控制性交替灌溉进行了研究。Skinner（1999）研究发现，当采用隔沟交替灌溉时，在试验条件允许的情况下未灌溉沟一侧的根系能够得到足够的发育，且在未灌溉的沟内施肥并不会影响 N 的有效性和根系对 N 的吸收，同时可以有效减少 NO_3^- 的浸出，氮肥利用效率得以提高。Slatni（2011）研究发现隔沟交替灌溉可以增加水分侧向渗透，有效减少水分的深层渗透，从而减少水分的浪费，隔沟交替灌溉比常规灌溉节水 28%，比固定几条沟内灌溉节水 34%，同时可以提高作物产量，在当地具有很强的实施意义。此外，Achten 等（2010）报道不同国家 18 个产地的麻疯树种仁的含油率在 51.3%~61.2%，而且其油质与零号柴油接近，是一种很有应用前景的能源植物。目前对麻疯树生态适应性的研究较多集中在盐分及干旱胁迫（Silva 等，2010）等方面，在国内，众多学者围绕不同的水分处理方法对小桐子生长、光合及其他生理特性等方面进行了大量研究（Dou 等，2008；Achten 等，2010）。在国外，Abdrabb 等（2009）采用不同的水分梯度如 50%、75%、100% 和 125% 的蒸散量处理下，研究发现，蒸散量为 100% 的处理其产量和品质最好，但不同水分胁迫处理对脂肪酸没有显著影响。Maes 等（2009）采用停止充分浇水后在 62d 时按照充分灌水量的 40% 处理直到 114d 后作物仍然存活，研究发现，小桐子较强的抗旱性与茎秆较小的木质部密度密切相关。

在中国西南地区，小桐子生物柴油原料林生产基地建设迅速扩大，但严重滞后的栽培技术成为制约小桐子产业较快发展的最大障碍。如何在保水性差、贫瘠的边际性非粮生土地上高效种植小桐子使其产生更多的社会、经济和生态效益，已备受国内外众多学者的关注（Dou 等，2008；邓欣等，2010）。前人对小桐子抗旱性的研究主要表现在采用水分亏缺灌溉，表现出小桐子具有很强的耐旱能力，对灌水方式的研究报道较为少见。杨启良（2012）通过采用 10mm 和 30mm 两种灌溉定额交替对小桐子幼树进行灌溉处理，结果表明不同水量交替灌溉的灌水方式与恒定 20mm 的灌溉定额相比，虽然灌水总量相同，却可以明显提高小桐子的总干物质量，同时降低小桐子生长过程中的蒸腾量与蒸散量，有效提高水分利用效率。不同水量交替灌溉在干旱复水后具有生长补偿效应，可以明显提高植株各器官的储水能力，与恒定 30mm 的灌水处理相比，不仅能够节水达 21.6%，还可以提高其干物质质量和水分利用效率。国内外对采用分根区交替灌溉或者隔沟交替灌溉的灌水方式研究较多（Wang 等，2008 和 2012；Skinner 等，1999；Slatni 等，2011），交替灌溉采取两侧进行轮流浇水，一方面可以减少棵间蒸发，另一方面可以变深层渗漏为侧向渗漏，进而提高灌溉水资源被植物吸收利用的效率。交替灌溉使作物根系经历干湿交替锻炼，进行促控结合，从而使得作物的光合同化产物在各器官之间进行最优分配，在节水的同时可以有效减少上部冠层冗余生长，提高作物产量的同时进一步改善作物品质。不同水量交替灌溉是让作物经历灌水量较少的一次灌溉后受到干旱胁迫的刺激，下次充分灌水时则可以刺激作物根系对水分的吸收，从而达到提高水分利用效率的目的，与控制性交替灌溉原理一致。可以看出，采取不同水量进行交替灌溉是一种比较适合于我国干旱半干旱地区进行节水灌溉的方式。

近年来，关于控制性交替灌溉国内外已经进行了较多的研究，但是关于不同水量交替灌溉的研究仍较少。杨启良（2012）采用不同水量对小桐子进行交替灌溉处理，研究发现在节水 21.6% 的情况下，采取不同水量交替灌溉的模式还可以显著提高水分利用效率，促进作物的生长。不同水量交替灌溉属于控制性灌溉，植物在经历干旱锻炼后下次浇灌会更加充分地吸收水资源，由此看来，不同水量交替灌溉具有一定的可行性，有待进一步深入研究。

二、调亏灌溉的研究现状

水分在植物体内含量为 70%~90%，并主导着植物新陈代谢，水分亏缺会减缓植物体代谢的速率，抑制植物的生长，导致叶片脱落，作物提前衰亡。水资源是人民赖以生存的基础自然资源，是一个国家国民经济和社会发展的决定性因素，也是生态环境的衡量指标。我国是人均水资源比较匮乏的国家，存在着农业用水效率低下，水体污染十分严重，时空分布不均，供需矛盾突出，水旱灾害极其频繁，水土资源不匹配等问题，严重制约着我国国民经济和社会的发展，引起国家和社会的高度关注（姜文来等，2001；贾绍凤等，2004；宋新山等，2001）。我国要实现可持续发展战略，就需要优先处理好水资源有效利用的问题。

调亏灌溉（Regulated Deficit Irrigation，ADI）由澳大利亚学者 D. J. Chalmers 和 I. B. Wilson 于 20 世纪 70 年代提出。他们在研究中发现果树因水分胁迫产生萎蔫时，叶片的光合作用和有机物向果实的运输过程依然保持通畅，基于此现象提出亏缺灌溉一说。调亏灌溉的原理是在作物生长阶段主动施加有益水分胁迫，调节各个组织器官之间的产物分配比例，从而提高有效产量而降低部分营养器官的生长量及有机合成物的总量，以达到节水增产的目的（马福生等，2005）。自提出调亏灌溉以来，学者们做了许多研究。Ebel R C 等（1995）分阶段采用 50%ET、25%ET 的调亏处理，在苹果树上作了有关调亏灌溉的研究，结果表明调亏灌溉处理的苹果果实更小，淀粉含量更低，酸的累积降低，但是乙烯含量增加，在果实颜色影响不大的情况下，硬度大大提升。程福厚等（2002）对鸭梨生长的不同时期进行调亏处理，研究调亏灌溉对果实生长和品质的影响，结果表明前期控水处理没有抑制果实生长和最终果实大小，并且鸭梨果实的产量、单果重、果实品质和贮藏性有提升趋势。李光永等（2001）在桃树的生长缓慢期采用蒸发量的 20% 作为调亏度研究亏水处理对生长和产量的影响，结果表明与充分灌溉相比较，调亏处理在节约用水 32% 的前提下，果实产量并未受到影响，而枝条生长被有效抑制。调亏灌溉不仅对果树的栽培具有很重要的影响，在其他作物上也有体现。康绍忠等（1998）对玉米进行大田试验，研究不同亏水处理对对光合速率、气孔导度，蒸腾速率、根冠比、产量与耗水量以及水分利用效率等因素的影响，结果表明，产量和水分利用效率在苗期采取田间持水量的 50%~60% 和拔节期采取田间持水量的 60%~70% 时达到最佳。孟兆江等（2003）采用盆栽试验，研究了调亏灌溉对冬小麦生长和水分利用效率的影响，结果表明适时适度的水分调亏对光合速率的影响不明显，但显著抑制蒸腾速率，复水后在超补偿效应的影响下叶片等营养器官生长减少，而果实质量累积增加。最适宜冬小麦的调亏时段为三叶期—返青期，调亏度为田间持水量的40%~60%，在此调亏处理下，冬小麦节约用水12.80%~18.55%的同时增产0.88%~8.25%，水分利用效率也显著提高15.96%~32.98%。国内外众多学者的结果均表明调亏灌溉是一种有效的节水增产方法，在水资源形势日益严峻的情形下，在农林业中推广和应用调亏灌溉具有很强的价值和意义。

杨启良等（2012）采用灌水定额为10mm和30mm交替灌溉的处理，研究发现复水效应使小桐子贮存水调节能力提高，根系和总干物质质量增加，并且水分利用效率显著提高。尹丽（2012）等采用盆栽控水方法研究得出最适合小桐子生长的土壤水分为田间持水量的60%~80%。现有研究围绕小桐子的生长、生理生态、产量及品质和调亏灌溉对多种作物的作用效果等方面进行了许多研究，但尚未见到调亏灌溉对小桐子幼树形态特征和水分利用影响的报道，本文目标是研究不同调亏度和调亏时期对小桐子生长发育、干物质累积、壮苗指数、胡伯尔值及水分利用的影响，找出有利于小桐子壮苗和提高水分利用的最佳调亏度和调亏日数组合，以期为调亏灌溉在小桐子幼树上的应用提供科学依据。

第二节　研究内容与方法

一、试验概况

（一）不同水量交替灌溉试验

试验于2011年3—9月在昆明理工大学现代农业工程学院温室进行，温室地处E102° 8′、N25° 1′。一年生小桐子幼树来自于元谋干热河谷区，4月12日将小桐子幼树移栽至上底宽30cm、下底宽22.5cm、桶高30cm的大花盆中，盆底均匀分布着直径为1cm的3个小孔以提供良好的通气条件，每盆只栽1株，桶中装土13 kg，装土前将其自然风干过5mm筛，其装土体积质量为1.2g/cm^3，移栽后浇水至田间持水量。土表面铺1cm厚的蛭石阻止因灌水导致土壤板结。供试土壤为燥红壤土，其有机质质量分数为13.12g/kg、全氮0.87g/kg、全磷0.68g/kg、全钾13.9g/kg。

经过90 d的缓苗后，从180盆中挑选长势均匀的小桐子幼树进行不同的水分处理。试验设4个水分处理模式，每个处理3次重复，每次灌水定额分别为：T1处理，10mm；T2处理，20mm；T3处理，30mm；T4处理：10mm和30mm（即不断地对2种灌水定额进行轮回交替控制）。灌水周期均为7 d，灌溉定额从T1至T4分别为240、340、440、340mm，共灌水处理10次，灌水处理如表3-1所述。氮肥用尿素分析纯（纯N，0.3g/kg风干土），磷肥用磷酸二氢钾分析纯（P_2O_5，0.3g/kg风干土），按照田间持水量计算，将氮磷肥溶于水中随水浇入桶中保证肥料均匀分布于桶内土壤中。为减少由于温室内生长盆放置环境造成的系统误差，试验期间每2周沿相同的方向转动1次，试验灌水处理共63d。其他管理措施均保持一致。

表 3-1 2011 年小桐子水分试验期灌水定额（mm）

处理	灌水月日									
	07-11	07-18	07-25	08-01	08-08	08-15	08-22	08-29	09-05	09-12
T1	10	10	10	10	10	10	10	10	10	10
T2	20	20	20	20	20	20	20	20	20	20
T3	30	30	30	30	30	30	30	30	30	30
T4	10	30	10	30	10	30	10	30	10	30

（二）调亏灌溉试验

试验于 2012 年 5—9 月在昆明理工大学现代农业工程学院温室（坐标 E102° 8′、N25° 1′）完成。供试小桐子幼树来自于云南元谋干热河谷区，4 月 3 日将小桐子幼树移栽至上口宽 30cm、下口宽 22.5cm、高 30cm 的大花盆中，盆中装风干并过 5mm 筛的土 15.5 kg，每盆栽 1 株小桐子幼树，移栽后灌水至田间持水量。供试土壤为燥红壤土，体积质量为 1.2g/cm^3，其有机质组分为 13.12g/kg、全氮、全磷、全钾含量分别为 0.87g/kg、0.68g/kg、13.9g/kg。

经过 30 d 的缓苗后，挑选长势均匀的小桐子幼树于 5 月 4 日进行不同的水分调亏处理。试验共设 2 种调亏水平：重度亏缺 W1（田间持水量的 25%~45%）和轻度亏缺 W2（田间持水量的 45%~65%），3 种亏缺时期水平：D1（全时期调亏共 120d）、D2（6 月 3 日起调亏共 90d）和 D3（7 月 3 号起调亏共 60d），CK 为常规灌溉（田间持水量的 65%~85%），设计共 W1D1、W1D2、W1D3、W2D1、W2D2、W2D3、CK7 个处理（表 3-2），每个处理 3 次重复，共 21 盆。各处理在处于调亏期之外时均按常规灌溉，灌水采用称重法，在土壤水分含量低于相应处理的田间持水量下限时补至上限。试验期间每 2 周将花盆沿相同的方向转动 1 次并将所有花盆调换位置以减少温室边界效应造成的系统误差，试验灌水处理共 120 d。其他管理措施均保持一致。

表 3-2 试验处理

处理	亏水度	亏水开始时间	亏水结束时间	亏水处理天数
W1D1	25%~45% θ_f	2012-5-4	2012-9-1	120d
W1D2	25%~45% θ_f	2012-6-3	2012-9-1	90d
W1D3	25%~45% θ_f	2012-7-3	2012-9-1	60d
W2D1	45%~65% θ_f	2012-5-4	2012-9-1	120d
W2D2	45%~65% θ_f	2012-6-3	2012-9-1	90d
W2D3	45%~65% θ_f	2012-7-3	2012-9-1	60d
CK	65%~85% θ_f	全时期不亏水		0d

二、测定项目

（1）干物质质量及株高：各器官生物量获取后，保持 105℃杀青 30 min 后调温至 80℃在烘箱中烘至恒质量。用天平测定干物质质量。株高采用直尺测量，从缓苗结束后，每隔 7 d 测定一次，共测定 7 次。

壮苗指数：壮苗指数 =（茎粗 / 株高 + 根干质量 / 地上部干质量）× 全株干质量（杨启良等，2012）。

（2）蒸散量及单株蒸腾量测定：用称重法测定蒸散量和单株蒸腾量，测定单株蒸腾量前用黑色塑料袋和胶带将其盆表面和茎秆处封闭，以免土壤蒸发发生。

（3）叶面积：方法一，叶面积用剪纸称重法测定（冯冬霞等，2005），植株总叶面积 = 单位叶干质量对应的叶面积 × 植株总叶干质量。

方法二，相似比法测定，植株总叶面积 = 单位叶干质量对应的叶面积 × 植株总叶干质量。

依据游标卡尺测定的基茎直径，通过圆面积计算获得茎截面面积，胡伯尔值 = 茎截面面积 / 总叶面积（Sellin 等，2012）。

（4）单位干物质质量贮存水计算：

单位干物质质量的贮存水量 =（鲜质量 − 干质量）/ 干质量。

（5）水分利用效率计算：总水分利用效率 = 总干物质质量 / 蒸散量。

三、统计分析

采用 Microsoft Excel2003 软件处理数据，采用 Origin8.5 软件作图，用 SAS 统计软件的 ANOVA 和 Duncan（P=0.05）法对数据进行方差分析和多重比较。

第三节　不同水量交替灌溉对小桐子生长调控与水分利用的影响

一、不同水量交替灌溉对小桐子的株高和叶面积的影响

由图 3-1 可知，T2、T3 和 T4 处理下小桐子的株高（图 3-1a）和叶面积（图 3-1b）显著高于 T1 处理（P<0.05）。

二、不同水量交替灌溉对小桐子贮存水调节能力的影响

由表 3-3 可知，不同水分处理对小桐子各器官贮存水能力的影响均有所不同。灌水量相同时，与 T2 处理相比，T4 处理平均叶片、叶柄、冠层和整株的单位干物质质量的贮存水能力分别显著增加 46.7%、48.6%、23.9% 和 18.3%（P<0.05）。与 T3 处理相比，T4 处理节水达 21.6% 时，T4 处理的叶片、主干、冠层和整株单位干物质质量的贮存水能力分别显著增加 28.3%、13.7%、17.0% 和 12.3%（P<0.05）。

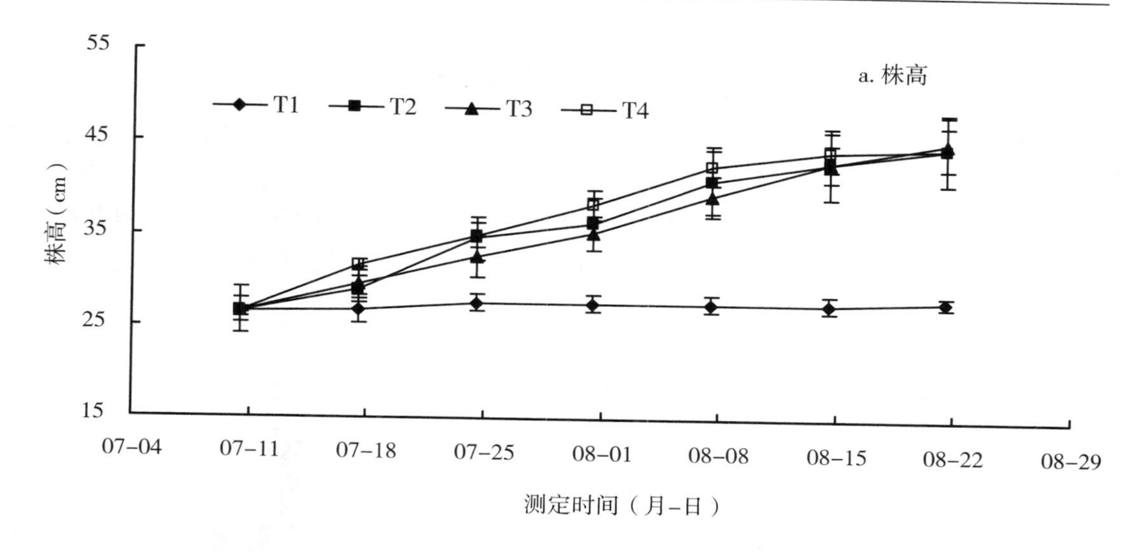

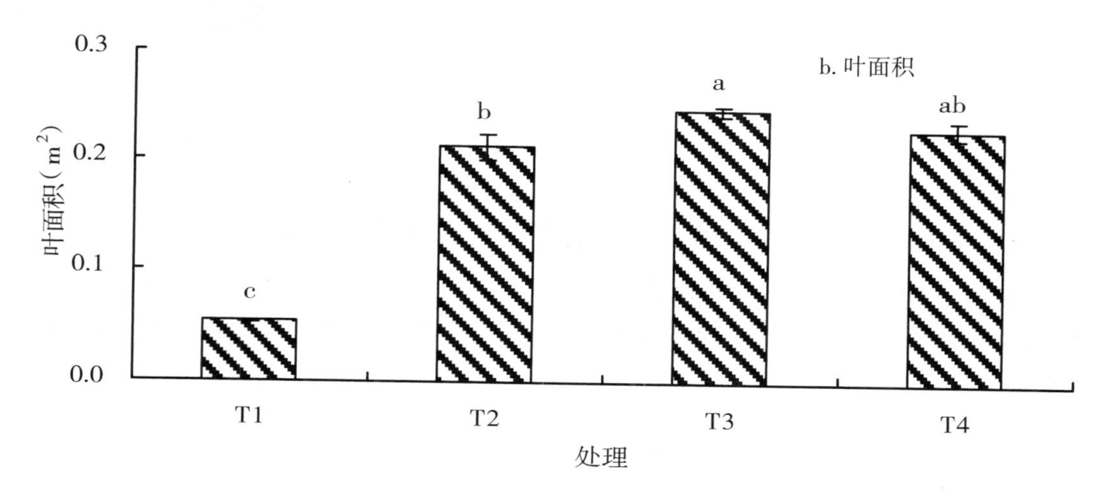

图 3–1　不同水量交替灌溉对小桐子的株高和叶面积的影响

表 3–3　不同水量交替灌溉对小桐子贮存水调节能力的影响

水分处理	各器官单位干物质质量的贮存水能力						
	叶片	叶柄	新生枝条	主杆	冠层	根系	整株
T1	0.08 ± 0.02 d	0.95 ± 0.08 c	7.41 ± 0.32 a	5.69 ± 0.21 a	3.87 ± 0.15 a	3.10 ± 0.04 a	3.68 ± 0.11 ab
T2	1.98 ± 0.13 c	4.21 ± 0.54 b	4.41 ± 0.27 b	3.71 ± 0.15 b	3.24 ± 0.14 b	3.12 ± 0.24 a	3.22 ± 0.16 c
T3	2.26 ± 0.03 b	4.86 ± 0.32 b	4.89 ± 0.08 b	3.37 ± 0.24 c	3.43 ± 0.09 b	3.18 ± 0.12 a	3.39 ± 0.09 bc
T4	2.90 ± 0.08 a	6.26 ± 0.20 a	4.80 ± 0.16 b	3.83 ± 0.05 b	4.01 ± 0.06 a	2.94 ± 0.03 a	3.81 ± 0.05 a

注：表中数据均为3次测定结果的平均值，同列不同字母表示差异显著（$P<0.05$），下同。

三、不同水量交替灌溉对小桐子的木质部结构的影响

由图 3-2 可知，T2、T3 和 T4 处理下小桐子的内径显著的高于 T1 处理（$P<0.05$），而不同水分处理对小桐子的外皮层厚度（除内径以外厚度）的影响均达显著水平（$P<0.05$）。灌水量相同时，与 T2 处理相比，外皮层厚度显著增加 40.0%（$P<0.05$）。与 T3 处理相比，T4 处理节水达 21.6% 时，T4 处理的小桐子外皮层厚度显著增加 24.0%（$P<0.05$）。

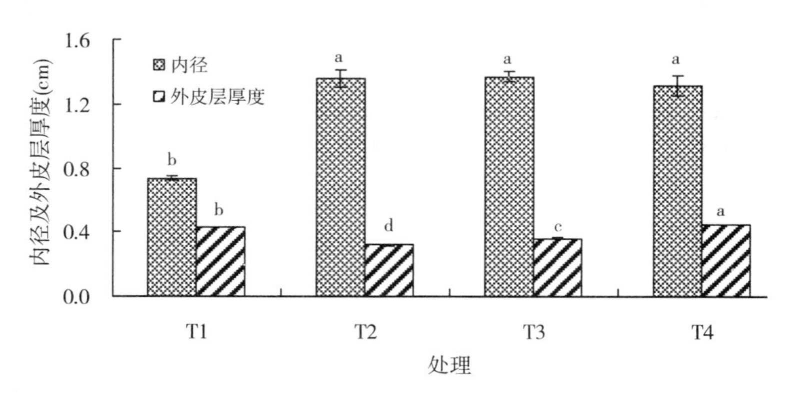

图 3-2　不同水量交替灌溉对小桐子木质部结构的影响

四、不同水量交替灌溉对小桐子的蒸散耗水特性的影响

由图 3-3 知，不同水分处理对小桐子蒸腾量（图 3-3a）和蒸散量日变化（图 3-3b）的影响均有所不同，T2、T3 和 T4 处理下小桐子的蒸腾量和蒸散量日变化均显著地高于 T1 处理（$P<0.05$），除 9 月 10 日外，T2、T3 和 T4 之间均有显著性差异（$P<0.05$）。蒸散量日变化表现为，在 10:00 时前，小桐子的蒸散量日变化并不明显，在 13:00—16:00 时间段，T3 处理取得蒸散量最大值 134 g，在 10:00—19:00 时间段，曲线呈明显单峰型。

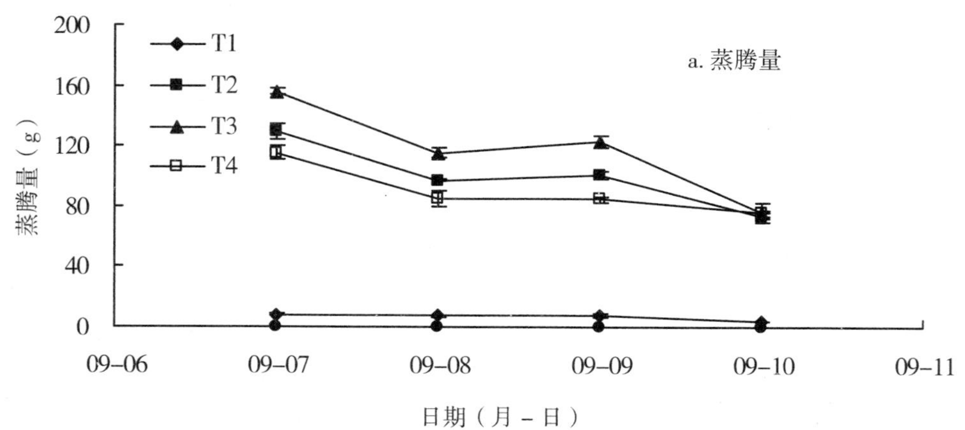

图 3-3　不同水量交替灌溉对小桐子蒸腾量和蒸散量日变化的影响（1）

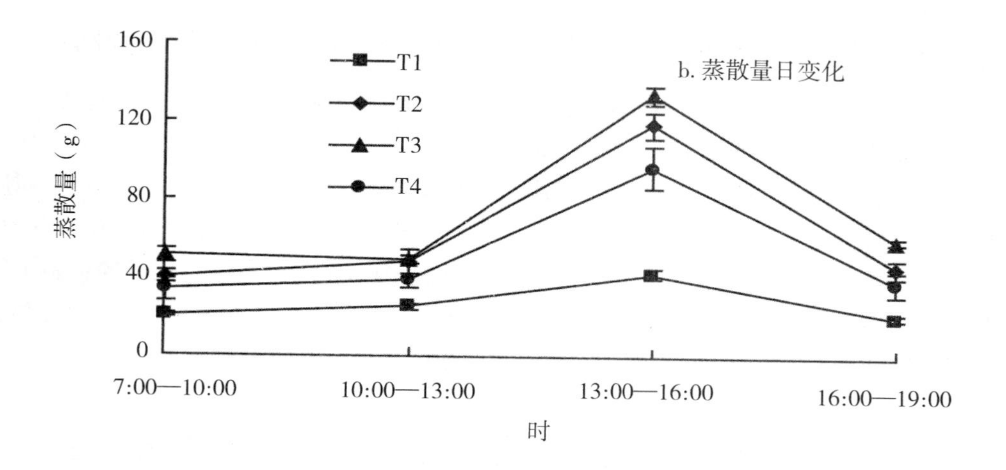

图 3-3　不同水量交替灌溉对小桐子蒸腾量和蒸散量日变化的影响（2）

由图 3-3 知，灌水量相同时，与 T2 处理相比，T4 处理的平均日蒸散量显著降低 20%（$P<0.05$），灌水后第二天（09—07）、第三天（09—08）和第四天（09—09）的蒸腾量分别显著降低 10.6%、11.4% 和 14.1%（$P<0.05$）；7:00—10:00、10:00—13:00、13:00—16:00、16:00—19:00 时的蒸散量分别显著降低 16.7%、20.0%、18.5% 和 16.8%（$P<0.05$）。与 T3 处理相比，T4 处理节水达 21.6% 时，T4 处理的小桐子平均蒸腾量和日蒸散量分别显著降低 25.7% 和 29.6%（$P<0.05$），灌水后第二天（09—07）、第三天（09—08）和第四天（09—09）的蒸腾量分别显著降低 27.4%、17.9% 和 23.4%（$P<0.05$）；7:00—10:00、10:00—13:00、13:00—16:00、16:00—19:00 时的蒸散量分别显著降低 34.6%、21.2%、27.9% 和 36.3%（$P<0.05$）。

由表 3-4 知，总体来看，灌水后蒸散量随着时间的推移而逐渐减小。在一个灌水周期内，不同水分处理对小桐子蒸散量的影响均有所不同，T2、T3 和 T4 处理下小桐子的蒸散量动态变化均显著地高于 T1 处理（8 月 3 日例外）。灌水量相同时，与 T2 处理相比，T4 处理平均总蒸散量降低 11.9%，7 次中有 3 次差异达显著水平（$P<0.05$）。与 T3 处理相比，T4 处理节水达 21.6% 时，T4 处理的总蒸散量降低 36.8%，7 次中有 6 次差异达显著水平（$P<0.05$）。

表 3-4　不同水量交替灌溉对小桐子蒸散量动态的影响

水分处理	8 月 2 日至 8 日的蒸散量动态变化（g）							
	08-02	08-03	08-04	08-05	08-06	08-07	08-08	总量
T1	191 ± 4.0 d	194 ± 24.4 b	104 ± 11.9 c	81 ± 9.3 c	34 ± 1.7 c	72 ± 6.8 c	70 ± 2.2 d	747
T2	262 ± 6.4 c	318 ± 18.2 a	282 ± 31.5 ab	209 ± 7.9 b	73 ± 3.5 b	146 ± 10.9 b	102 ± 6.1 c	1394
T3	368 ± 5.8 a	250 ± 51.8 ab	360 ± 30.0 a	275 ± 9.6 a	93 ± 2.2 a	295 ± 11.6 a	300 ± 7.4 a	1942
T4	291 ± 1.7 b	179 ± 25.3 b	193 ± 41.5 bc	215 ± 13.9 b	61 ± 7.8 b	156 ± 12.6 b	133 ± 8.5 b	1228

五、不同水量交替灌溉对小桐子的干物质累积与水分利用效率的影响

由表 3-5 知，不同水分处理对小桐子干物质累积和水分利用效率的影响均有所不同，T2、T3 和 T4 处理下小桐子的冠层、根系和总干物质质量及总蒸散量和水分利用效率均显著地高于 T1 处理（$P<0.05$）。灌水量相同时，与 T2 处理相比，T4 处理平均冠层干物质质量、根系干物质质量、总干物质质量和水分利用效率分别显著增加 15.2%、14.6%、15.1% 和 15.7%（$P<0.05$）；与 T3 处理相比，T4 处理节水达 21.6% 时，由于小桐子的根系干物质质量显著增加 21.3%（$P<0.05$），总干物质质量有所增加，但其差异并不显著，而总蒸散量显著降低 21.6%（$P<0.05$），因此，T4 处理的水分利用效率显著增加 30.4%（$P<0.05$）。

表 3-5　不同水量交替灌溉对小桐子的干物质质量和水分利用效率的影响

水分处理	冠层干物质质量（g）	根系干物质质量（g）	总干物质质量（g）	总蒸散量（mm）	水分利用效率（g/kg）
T1	5.36 ± 0.10 c	1.74 ± 0.14 c	7.10 ± 0.12 c	211.37 ± 0.01 d	0.42 ± 0.01 c
T2	17.32 ± 1.09 b	4.12 ± 2.51 b	21.44 ± 1.48 b	298.39 ± 0.00 c	0.89 ± 0.06 b
T3	20.46 ± 0.65 a	3.89 ± 0.61 b	24.35 ± 0.85 a	385.44 ± 0.03 a	0.79 ± 0.03 b
T4	19.96 ± 0.36 a	4.72 ± 0.36 a	24.67 ± 0.31 a	298.40 ± 0.05 b	1.03 ± 0.01 a

第四节　调亏灌溉对小桐子幼树形态特征与水分利用的影响

一、调亏灌溉对小桐子幼树生长量的影响

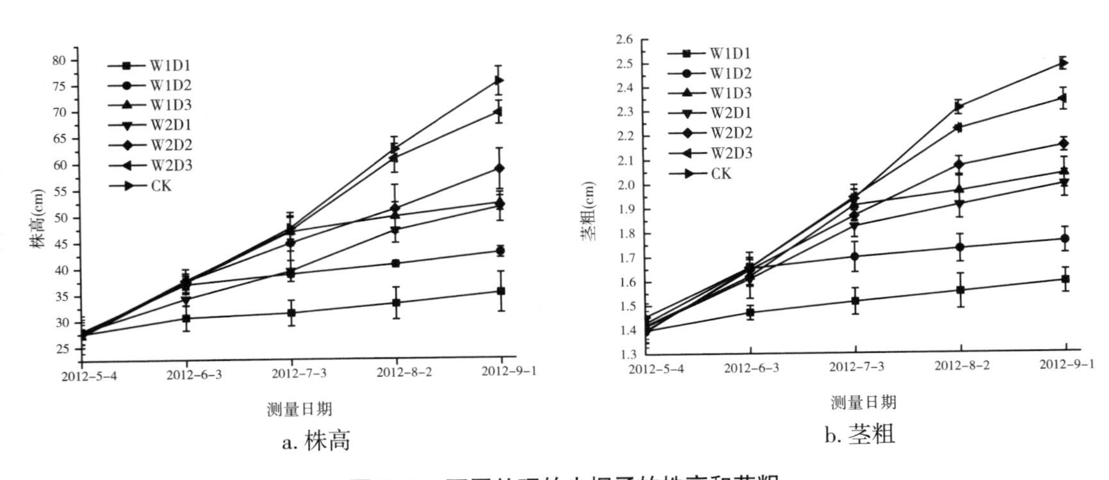

a. 株高　　b. 茎粗

图 3-4　不同处理的小桐子的株高和茎粗

小桐子幼树生长曲线如图 3-4 所示，调亏处理在处理前小桐子的生长状况与 CK 处理差异不大，在处理开始后株高和茎粗均显著小于 CK 处理。在各调亏处理之间，亏水度对株高和茎粗的影响均表现为：W2>W1，亏水阶段对株高和茎粗的影响均表现为：D3>D2>D1。由图 3-4 可知，在 W2 的情况下，试验开始时，各处理的株高和茎粗基本相同，试验开始 30d 之后，D1 处理的株高和茎粗均显著低于 D2 和 D3，而 D2 与 D3 之间差异并不显著，试验开始 60d 之后，D2 株高和茎粗均显著低于 D3，试验开始 60d 之后直至试验结束株高和茎粗仍维持 D3>D2>D1 的趋势。而也注意到与 CK 处理相比，W2D3 处理的株高和茎粗有一定减少，但是减少量并不多。

二、调亏灌溉对小桐子幼树粗高比、根冠比和壮苗指数的影响

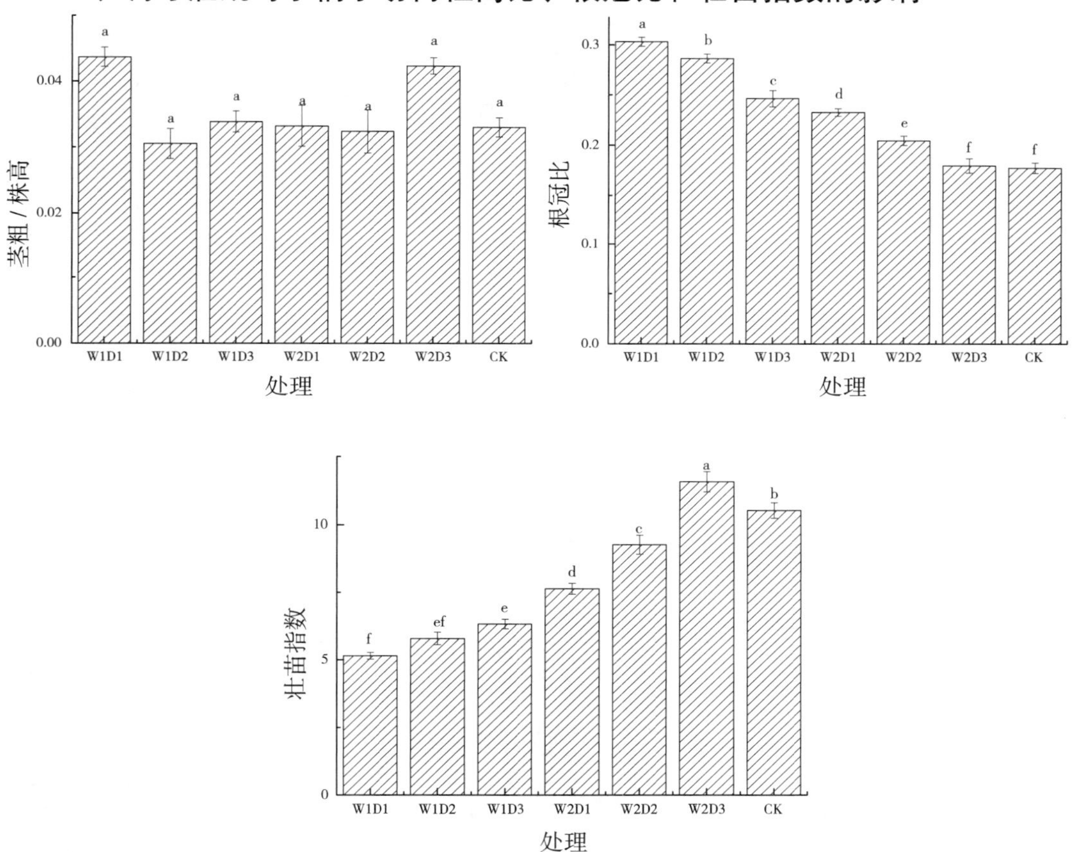

图 3-5　小桐子幼树的根冠比、粗高比和壮苗指数

试验结束时小桐子幼树的根冠比、粗高比和壮苗指数如图 3-5 所示。显著性分析表明，亏水度和亏水阶段及其交互作用对小桐子茎粗 / 株高的影响均不显著（$P>0.05$），但对小桐子根冠比和壮苗指数影响均达到显著水平（$P<0.05$）。数据分析表明，亏水度对根冠比的影响表现为 W1>W2，亏水阶段对根冠比的影响表现为：D1>D2>D3；亏水度对壮苗指数

的影响表现为 W2>W1，亏水阶段对壮苗指数的影响表现为：D3>D2>D1。数据分析表明，在 W2 条件下，与 D1 相比，D3 处理的根冠比显著减少，而壮苗指数显著增加 49.0%。比较 W2D3 和 CK 处理可知，W2D3 处理在节约 11.2% 灌溉量的情况下，壮苗指数显著增加 8.1%。

三、调亏灌溉对小桐子幼树叶面积、基茎截面面积和胡伯尔值的影响

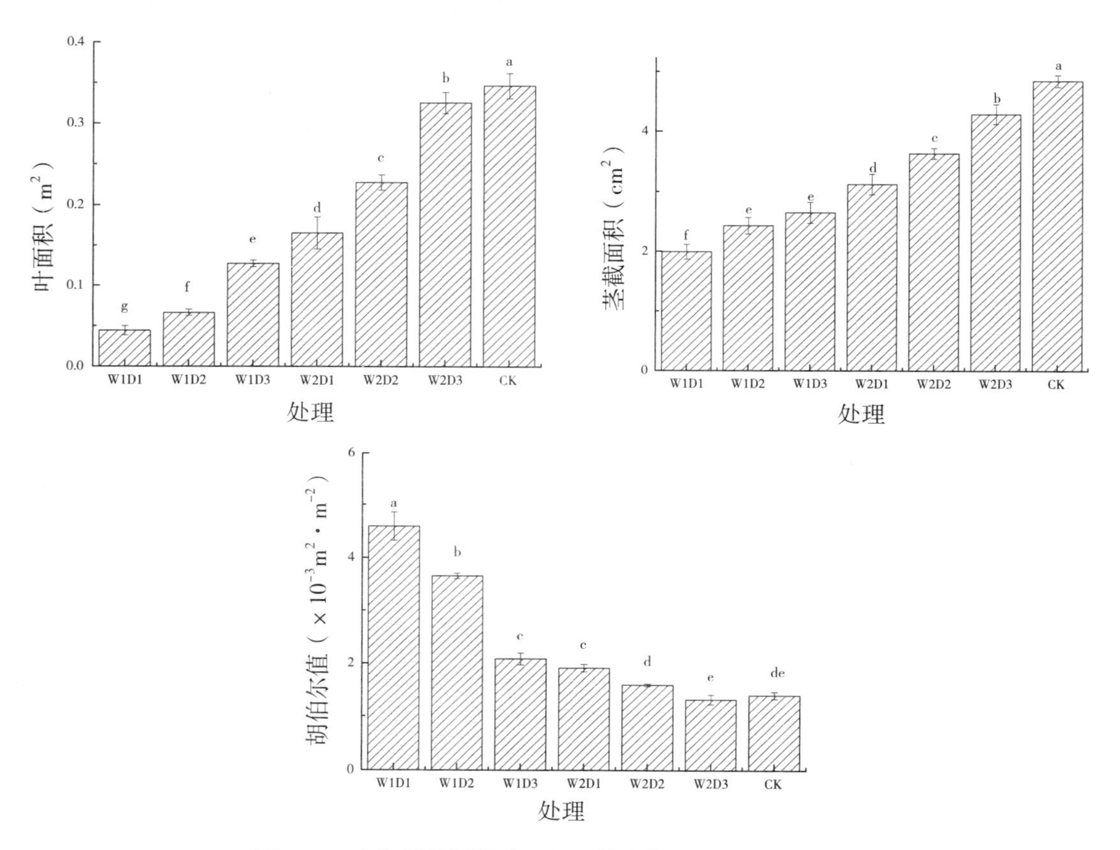

图 3-6 小桐子幼树的叶面积、基茎截面面积和胡伯尔值

试验结束时小桐子幼树的叶面积、基茎截面积和胡伯尔值如图 3-6 所示。显著性分析表明，亏水度和亏水阶段及其交互作用对小桐子叶面积、基茎截面积以及胡伯尔值影响均达到显著水平（$P<0.05$）。数据分析表明，亏水度对叶面积和基茎截面积的影响表现为 W2>W1，亏水阶段对叶面积和基茎截面积的影响表现为：D3>D2>D1，CK 处理获得最大的叶面积和基茎截面积；亏水度对胡伯尔值的影响表现为 W1>W2，亏水阶段对胡伯尔值的影响表现为：D1>D2>D3。在 W1 条件下，与 D3 相比，D1 的胡伯尔值显著增加 120.4%。比较 W2D3 和 CK 处理可发现，W2D3 的基茎截面积显著低于 CK 处理，同时叶面积和胡伯尔值也有小幅度下降。

四、调亏灌溉对小桐子幼树干物质质量及水分利用的影响

从表 3–6 可以看出，亏水度对小桐子幼树干物质质量的影响表现为：W2>W1，亏水阶段对小桐子幼树干物质质量的影响表现为：D3>D2>D1。W1 处理下小桐子幼树根、茎、叶、叶柄的干物质质量对比充分灌溉的 CK 处理均有大幅度下降，而 W2 处理下小桐子幼树各器官干物质质量与 CK 组的差距要小许多，其中 W2D3 处理更是在根、茎以及总干物质质量方面与 CK 处理基本持平。数据分析表明，与 CK 相比，W1 处理的小桐子干物质质量有大幅度的降低，而 W2 处理的小桐子干物质质量只有小幅度下降。随着灌水量的减少，小桐子冠层干物质质量的下降幅度大于根系下降幅度，也使得根冠比的增加。比较 W2D3 与 CK 处理可知，虽然 W2D3 从试验第 60d 开始进行调亏灌溉，但是根的干物质质量与 CK 处理差异并不大。

数据分析表明，在进行调亏的处理里，亏水度对水分利用效率的影响表现为：W2>W1，亏水阶段对水分利用效率的影响表现为：D3>D2>D1。在 W2 处理中，随着亏水天数的增加，水分利用效率显著降低，与 W2D3 相比，W2D1 处理的水分利用效率显著降低 46.7%。比较 W2D3 和 CK 处理可知，W2D3 在节约 11.2% 灌溉量的同时，水分利用效率显著增加 7.8%。

表 3–6　小桐子幼树干物质质量及水分利用效率

处理	根干重（g）	茎干重（g）	叶干重（g）	叶柄干重（g）	总干重（g）	灌水量（L）	水分利用效率（g/kg）
W1D1	3.43 ± 0.08f	9.61 ± 0.66e	1.47 ± 0.2g	0.24 ± 0.04e	14.76 ± 0.51f	14.33 ± 0.34f	1.03 ± 0.05d
W1D2	3.94 ± 0.19e	11.2 ± 0.68de	2.22 ± 0.13f	0.33 ± 0.04e	17.68 ± 0.94e	17.75 ± 0.96e	1 ± 0.1d
W1D3	4.36 ± 0.14d	12.72 ± 0.9d	4.24 ± 0.14e	0.73 ± 0.04d	22.05 ± 1.21d	21.35 ± 0.76d	1.03 ± 0.08d
W2D1	5.31 ± 0.19c	15.96 ± 0.62c	5.51 ± 0.66d	1.33 ± 0.11c	28.11 ± 0.86c	21.44 ± 0.19d	1.31 ± 0.05c
W2D2	6.52 ± 0.27b	22.11 ± 0.53b	7.58 ± 0.31c	2.13 ± 0.12b	38.34 ± 0.86b	22.92 ± 0.77c	1.67 ± 0.09b
W2D3	7.39 ± 0.34a	28.11 ± 0.29a	10.84 ± 0.44b	2.11 ± 0.11b	48.44 ± 0.61a	25.19 ± 0.47b	1.92 ± 0.04a
CK	7.54 ± 0.22a	28.14 ± 1.82a	11.54 ± 0.52a	2.73 ± 0.12a	49.94 ± 1.49a	28 ± 0.43a	1.78 ± 0.05b

注：不同字母代表差异显著（$P<0.05$）。

第五节　讨　论

一、不同水量交替灌溉时小桐子的生长调节

小桐子因具有较高的抗环境胁迫能力而引起众多学者的高度关注（Kumar A 等，2008；Yin Li 等，2010；Li Q F 等，2009）。当灌溉水受限时，绿色植物叶片的数量表征受胁迫的程度（Inman–Bamber N G 等，2004）。本试验表明，过高或过低的灌水量均不利于小桐子的生

长，受重度水分胁迫影响的T1处理下其冠层下部的叶片数因脱落而减少。Achten等的研究也表明，水分胁迫试验结束时所有处理冠层下部的叶片脱落（Achten等，2005）。过去的研究也表明，与充分灌溉相比，受水分胁迫的影响，植物4片功能叶片的叶面积降低达28%（Inman-BamberN G等，2005），但当植物经过一段时间的干旱，复水后植物生长具有明显的补偿效应（胡田田等，2005）。本研究表明，灌水量相同时，与T2处理相比，T4处理反复对10mm和30mm的灌水定额进行轮回，实现灌水量从低到高、从高到低的交替变化过程，具有刺激小桐子较快生长的作用，从而使得株高和叶面积增加（图3-1）。

二、不同水量交替灌溉时小桐子的贮存水调节及木质部结构

贮存水指贮存于植物体内的水分，贮存水能力越强，有助于提高植物抗干旱胁迫能力及不同环境的适应能力（ILoustou D等，1996），贮存水具有缓解水分亏缺间接参与气孔调节整树水分传输的作用。本研究表明，优化水量分配的T4处理具有提高小桐子冠层各组成部分的贮存水调节能力的作用。灌水量相同时，与T2处理相比，T4处理叶片、叶柄、冠层和整株的单位干物质质量的贮存水能力分别显著增加46.7%、48.6%、23.9%和18.3%。在节水21.6%前提下，与T3处理相比，T4处理的叶片、叶柄、主杆、冠层和整株的单位干物质质量的贮存水能力分别显著增加28.3%、28.8%、13.7%、17%和12.3%（表3-3）。与T3处理相比，T4处理内径降低4.0%，而外皮层厚度显著增加24.0%（图3-2）。由于T4处理内径的减小降低了植物体内水分的快速消耗，而外皮层厚度增加提高了贮存水调节能力。可见，受灌水处理的影响，小桐子的贮存水调节能力发生明显的变化，T4处理单位根系干物质质量的存水能力的下降可能与根系木质部较高的密度（Maes WH等，2009）有关，而其他部位较高的贮存水能力可能是木质部较小密度（Maes WH等，2009）和外皮层厚度增加的结果。

三、不同水量交替灌溉时小桐子的蒸散耗水特性、干物质累积及水分利用效率

小桐子是一种落叶的肉茎植物，它的叶片具有明显的抗干旱胁迫策略，同时也具有较高的水分利用效率（Loggini B等，1999）。本研究表明，优化水量分配的T4处理具有降低蒸腾量和蒸散量，提高水分利用效率的作用，而T3处理较高的灌水量导致奢侈的蒸散耗水发生，T1处理较低的灌水量因土壤表面水分的快速蒸发导致小桐子难以利用，因此较高或较低的灌水量均不利于小桐子水分利用效率的提高。灌水量相同时，与T2处理相比，T4处理平均冠层干物质质量、根系干物质质量、总干物质质量和水分利用效率分别显著增加15.2%、14.6%、15.1%和15.7%；在节水21.6%前提下，与T3处理相比，T4处理平均蒸腾量和蒸散量分别显著减少20.4%（图3-3a）和36.8%（表3-4），这是由于T4处理长时间处于干旱—复水的变化环境中，受干旱环境的影响使得脱落酸ABA的浓度增大，导致气孔开度大大减小，从而使得蒸腾量和总蒸散量均明显下降。Arturo等（Arturo Torrecillas等，1995）的研究表明，番茄经过一段时间干旱胁迫复水后生物量反而增大。本研究也表

明，小桐子经过一段时间干旱复水后具有补偿生长效应，干物质量减小甚微甚至有所提高，T4 处理的平均冠层干物质质量降低 2.4%，而根系和总干物质质量分别增加 21.3% 和 1.3%（表 3-5）。这与过去的研究结果一致（Marcelo F 等，2010）。焦娟玉等的研究结果也表明，在 30%~50% 的田间持水量范围内小桐子的生长更有优势。植物水分利用效率的提高是生长调节、气孔调节和贮存水调节共同作用的结果（Scholz F 等，2007；Verbeeck H 等，2007；Maherali H 等，2001）。本研究表明，与 T3 处理相比，由于 T4 处理总干物质质量有所增大，而总蒸散量显著下降，因此，T4 处理的水分利用效率显著增加 30.4%（表 3-5）。赵平等的研究发现，中等个体的树木具有较高的水分利用效率，贮存水对树木水力限制的补偿效应是引起水分利用效率提高的重要原因（Inman-BamberN G 等，2005）。

四、调亏灌溉对小桐子幼树生长量和胡伯尔值的影响

小桐子以其具有较强的抗干旱胁迫能力而引起众多学者的高度关注（Kumar A 等，2008）。在 W2（田间持水量的 45%~65%）的情况下，D1（亏水 120 d）、D2（亏水 90 d）和 D3（亏水 60 d）处理分别在试验开始 0d、30 d 和 60 d 时，株高和茎粗开始出现生长缓慢的趋势。这是由于经亏水处理后的小桐子幼树株高和茎粗生长明显受到抑制，其中高亏水度 W1（田间持水量的 25%~45%）比低亏水度 W2 对株高和茎粗的抑制更明显。这说明亏水处理会显著抑制小桐子的株高和茎粗生长，这与白伟等（2009）的研究结果一致。比较 W1D3 和 W2D1 处理的株高可知，在试验开始的前 60 d，W1D3 处理的株高要优于 W2D1 处理，而试验开始 90 d 之后，W2D1 处理的株高超过 W1D3 处理直至试验结束。这说明相比于轻度调亏处理（W2），重度调亏处理（W1）对小桐子幼树株高的影响更加快速且显著。本研究发现，与 CK 相比，W1 和 W2 处理叶面积和基茎截面面积均减小，并且减少量随着调亏的加重和时间加长而增加，但由于叶面积的降低幅度大于基茎截面面积，所以胡伯尔值显著增加（图 3-6），从而提高小桐子根系向冠层传输水分的效率（王艳哲等，2013），保证小桐子在干旱胁迫下的生存能力。

五、调亏灌溉对小桐子幼树粗高比、根冠比和壮苗指数的影响

根冠比反映了植物的生长状况以及周围环境对其根系和地上部分的影响（王艳哲等，2013）。之前研究表明，随着土壤水分的减少，辣椒根冠比呈先增加后减小的趋势（马甜等，2013）。这与我们的研究结果有所差异，本研究表明，调亏处理会增大小桐子根冠比，而重度调亏和更长的调亏日数会使小桐子幼树根冠比显著增大，说明水分胁迫下，小桐子会减少地上部分的生长，减少程度与受到的水分胁迫程度成正比。壮苗指数是衡量幼苗生长状况的指标，它与作物的品质有密切关系（黄淑华等，2013）。传统的研究认为，壮苗指数与灌水量有很大关系，在水分状况比较好的情况下会获得好的壮苗指数，这与我们的研究结果基本一致，在调亏处理中，虽然更多的灌水量使根冠比减小，但干物质质量的增加幅度比根冠比更大，所以得到更好的壮苗指数。已有研究表明，在土壤水分较适宜的情况下，根系水分传导的提高会促进根系对水分的吸收与利用，从而显著提高了壮苗指数（杨启良等，2012）。

但比较 W2D3 和 CK 处理可知，W2D3 处理灌水更少，但是获得了更高的壮苗指数，我们认为 W2D3 处理的灌水设计有利于干物质质量向各个器官分配，从而得到较大的根冠比，在总干物质质量相差不大的情况下，W2D3 处理获得更高的壮苗指数。前人研究也表明，与充分供水比较，轻度水分胁迫处理的小桐子幼树壮苗指数反而有提高（杨启良等，2013）。

六、调亏灌溉对小桐子幼树干物质质量及水分利用的影响

水分胁迫会使小桐子干物质质量累积减少（Maes MH 等，2008）。在受到水分胁迫时，小桐子通过叶片早衰和脱落来减缓生长（Sellin A 等，2012），使得干物质质量显著下降，这与本研究结果一致。数据分析表明，W1 的干物质质量下降幅度要明显大于 W2 处理，这说明重度调亏会严重影响小桐子幼树的生长。比较 W2D3 与 CK 处理可知，虽然 W2D3 从试验第 60 d 开始进行调亏灌溉，但是根的干物质质量与 CK 处理差异并不大，笔者认为小桐子幼树根系生长的重要阶段在前期，前期保持较好的土壤水分状况可使小桐子幼树的根系发育良好，有助于后期小桐子幼树生长。

小桐子是一种落叶的肉茎植物，之前研究表明其具有较高的水分利用效率（Loggini B 等，1999）。在 W2 处理中，随着亏水天数的增加，水分利用效率显著降低，这是因为亏水处理虽然降低了灌水量，但也影响了小桐子的生长发育，而干物质质量降低量多于灌水量，所以水分利用效率降低了。与 CK 相比，W2D3 处理在灌水量节约 11.2% 的情况下，水分利用效率显著提高了 7.8%。之前的研究也表明适当调亏有利于植株加强对有效水的利用从而提高水分利用效率（庄健元等，2013）。

第六节　小　结

（1）小桐子能在灌水定额为 10mm，灌水周期为 7 d 的环境下存活，表现出极强的抗干旱胁迫能力。

（2）采用灌水定额为 10 mm 和 30mm 交替灌溉处理的小桐子具有提高叶片、叶柄、冠层和整株的贮存水调节能力的作用。

（3）灌水定额为 10 mm 和 30mm 交替灌溉处理，经过一段时间干旱复水后具有补偿效应。与 30mm 处理相比，灌水定额为 10 mm 和 30mm 交替灌溉处理节水达 21.6%，但其根系和总干物质质量均增加；受水分胁迫影响，而叶面积减小使得总蒸散量显著下降，因此，灌水定额为 10 mm 和 30mm 交替灌溉处理的水分利用效率显著提高。

（4）亏水度对小桐子幼树的株高、茎粗、壮苗指数、叶面积、基茎截面积、干物质质量和水分利用效率的影响趋势表现为轻度调亏处理 > 重度调亏处理；对根冠比和胡伯尔值的影响趋势表现为重度调亏处理 > 轻度调亏处理。

（5）亏水时间对小桐子幼树的株高、茎粗、壮苗指数、叶面积、基茎截面积、干物质质量和水分利用效率的影响趋势表现为 60 d>90 d>120 d；对根冠比和胡伯尔值的影响趋势均

表现为 120 d>90 d>60 d。

（6）与正常灌水相比，轻度调亏 60 d 的处理节约灌溉用水 11.2%，其叶干重和叶柄干重显著下降，根系、茎秆和总干重下降并不明显，而粗高比和根冠比显著提高，因此，灌溉水利用效率和壮苗指数增加 7.8% 和 8.1%。可见，苗后期轻度亏水不仅具有明显的壮苗作用，而且水分利用效率显著增大。

（7）根据试验结果可以得出，小桐子自身具有较强的抗水分胁迫能力，可在干旱地区种植，若作为改善恶劣生态环境的先锋植物种植，可在种植前期保证较好的土壤水分，使小桐子的根系正常发育为之后的生长提供良好基础。

参考文献

白伟，孙占祥，刘晓晨，等 . 2009. 苗期调亏灌溉对大豆生长发育和产量的影响 [J]. 干旱地区农业研究，27（4）: 50–53.

程福厚，霍朝忠，张纪英，等 . 2002. 调亏灌溉对鸭梨果实的生长、产量及品质的影响 [J]. 干旱地区农业研究，18（4）: 72–76.

邓欣，方真，张帆，等 . 2010. 小桐子油超声波协同纳米催化剂制备生物柴油 [J]. 农业工程学报，26（2）: 285–289.

冯冬霞，施生锦 . 2005. 叶面积测定方法的研究效果初报 [J]. 中国农学通报，21（6）: 150–152.

胡田田，康绍忠 . 2005. 植物抗旱性中的补偿效应及其在农业节水中的应用 [J]. 生态学报，25（4）: 885–891.

黄淑华，徐福利，王渭玲，等 . 2012. 丹参壮苗指数及其模拟模型 [J]. 应用生态学报，23（10）: 2 779–2 785.

贾绍凤，何希吾，夏军 . 2004. 中国水资源安全问题及对策 [J]. 中国科学院院刊，19（5）: 347–351.

姜文来 . 2001. 中国 21 世纪水资源安全对策研究 [J]. 水科学进展，12（1）: 66–71.

焦娟玉，陈珂，尹春英 . 2010. 土壤含水量对麻疯树幼苗生长及其生理生化特征的影响 [J]. 生态学报，30（16）: 4 460–4 466.

康绍忠，史文娟，胡笑涛 . 1998. 调亏灌溉对玉米生理生态和水分利用效率的影响 [J]. 农业工程学报，4 : 82–87.

康绍忠，张建华，梁宗锁，等 . 1997. 控制性交替灌溉——一种新的农田节水调控思路 [J]. 干旱地区农业研究，15（1）: 1–6.

李光永，王小伟，黄兴法，等 . 2001. 充分灌与调亏滴灌条件下桃树滴灌的耗水量研究 [J]. 水利学报，（9）: 55–63.

李清飞，周小勇，仇荣亮，等 . 2010. 麻疯树复垦酸性矿山废弃地及其生长影响因子研究 [J].

土壤学报，47（1）：172-176.
李远发，梁葵华，王凌晖．2009. 麻疯树资源分布及其应用研究 [J]. 广西农业科学，40（3）：311-314.
梁宗锁，康绍忠，胡炜，等．1997. 控制性分根区交替灌水的节水效应 [J]. 农业工程学报，13（4）：63-68.
梁宗锁，康绍忠，石培泽，等．2000. 隔沟交替灌溉对玉米根系分布和产量的影响及其节水效益 [J]. 中国农业科学，33（6）：26-32.
罗福强，王子玉，梁昱，等．2010. 作为燃油的小桐子油的物化性质及黏温特性 [J]. 农业工程学报，26（5）：227-231.
马福生，康绍忠，王密侠．2005. 果树调亏灌溉技术的研究现状与展望 [J]. 干旱地区农业研究，23（4）：225-228.
马甜，郭睿，范兴科，等．2012. 苗期土壤水分控制对线辣椒生长和水分利用效率的影响 [J]. 灌溉排水学报，31（3）：119-121.
孟兆江，贾大林，刘安能，等．2003. 调亏灌溉对冬小麦生理机制及水分利用效率的影响 [J]. 农业工程学报，19（4）：66-68.
钱正英，张光斗．2000. 中国可持续发展水资源战略研究综合报告 [J]. 中国工程科学，2（8）：1-17.
宋新山，邓伟，闫百兴．2001. 我国可持续发展中的水资源问题及对策 [J]. 国土与自然资源研究，（1）：1-4.
王艳哲，刘秀位，孙宏勇，等．2013. 水氮调控对冬小麦根冠比和水分利用效率的影响研究 [J]. 中国生态农业学报，21（3）：282-289.
王振昌，杜太生，杨秀英，等．2009. 隔沟交替灌溉对棉花耗水、产量和品质的调控效应 [J]. 中国生态农业学报，17（1）：13-17.
杨启良，孙英杰，齐亚峰，等．2012. 不同水量交替灌溉对小桐子生长调控与水分利用的影响 [J]. 农业工程学报，28（18）：121-126.
杨启良，张富仓，刘小刚，等．2012. 控制性分根区交替滴灌对苹果幼树形态特征与根系水分传导的影响 [J]. 应用生态学报，23（5）：1 233-1 239.
杨启良，周兵，刘小刚，等．2013. 限量灌溉和施氮对小桐子根区水氮迁移与利用的影响 [J]. 农业工程学报，29（4）：142-150.
尹丽，刘永安，谢财永，等．2012. 干旱胁迫与施氮对麻疯树幼苗渗透调节物质积累的影响 [J]. 应用生态学报，23（3）：632-638.
翟虎渠．2011. 中国粮食安全国家战略研究 [M]. 北京：中国农业科学技术出版社：19-41.
赵平．2010. 树木储存水对水力限制的补偿研究进展 [J]. 应 用生态学报，21（6）：1565-1572.
庄健元，成自勇，韩辉生，等．2010. 麦草覆盖免耕栽培马铃薯调亏灌溉技术试验研究 [J]. 干旱地区农业研究，28（6）：7-11.

Loustou D, Berbigier P, Roumagnac P, et al. 1996. Transpiration of a 64-year-old maritime pine stand in Portugal. 1. Seasonal course of water flux through maritime pine[J]. *Oecologia*, 107（1）: 33-42.119（3）: 1091-1099.

Achten W M J, Maes W H, Aerts R, et al. 2010. Jatropha : from global. hype to local. opportunity[J]. *Journal of Arid Environments*, 74（1）: 164-165.

Achten WMJ, Maes WH, Reubens B, et al. 2010. Biomass production and allocation in Jatropha curcas L. Seedlings under different levels of drought stress[J]. *Biomass and Bioenergy*, 34（5）: 667-676.

Arturo Torrecillas, Cecile Guillaume, Juan J, et al. 1995. Water relations of two tomato species under water stress and recovery[J]. *Plant Science*, 105（1）: 169-176.

biomass and bioenergy, 2010, 34（8）: 1 207-1 215.

Dou X Y, Wu G J, Huang H Y, et al. 2008. Responses of Jatropha curcas L. seedlings to drought stress[J]. *Chinese Journal of Applied Ecology*, 19（7）: 1425-1430.

Inman-Bamber N G, Smith, D M. 2005. Water relations in sugarcane and response to water deficits[J]. *Field Crops Research*, 92 : 185-202.

Kheira A A A, Atta N M M. 2009. Response of Jatropha curcas, L. to water deficits : Yield, water use efficiency and oilseed characteristics[J]. *Biomass & Bioenergy*, 33（10）: 1343-1350.

Kumar A, Sharma S. 2008. An eval.uation of multipurpose oil seed crop for industrial. uses（Jatropha curcas L.）: A review[J]. *Industrial Crops and Products*, 28（1）: 1-8.

L. Díaz-Lópeza, V. Gimenob, I. Simónc, et al. 2012. Jatropha curcas seedlings show a water conservation strategy under drought conditions based on decreasing leaf growth and stomatal. conductance[J]. *Agricultural Water Management*, 105 : 48-56.

Li Q F, Qiu R L, Shi N, et al. 2009. Remediation of strongly acidicmine soils contaminated by multiple metals by plant reclamation with Jatropha curcas L. and addition of limestone[J]. *Acta Scientiae Circumstantiae*, 29（8）: 1 733-1 739.

Loggini B, Scartazza A, Brugnoli E, et al. 1999. Antioxidative defense system, pigment composition, and photosynthetic efficiency in two wheat cultivars subjected to drought[J]. *Plant Physiol*, 119（3）: 1 091-1 099.

Maes WH, Achten WMJ, Reubens B, et al. 2009. Plant-water relationships and growth strategies of Jatropha curcas L. seedlings under different levels of drought stress[J]. *Journal of Arid Environments*, 73（10）: 877-884.

Maherali H, DeLucia EH. 2001. Influence of climate driven shifts in biomass allocation on water transport and storage in ponderosa pine[J]. *Eecologia*, 129（4）: 481-491.

Robert C Ebel, Edwatd L Probsting and Tobert G Evans. 1995. Deficit irrigation to control vegetable growth in apple and monitoring fruit growth to Schedule irrigation [J].*Ort Science*, 30（6）: 1 229-1 232.

Scholz F, Bucci SJ, Goldstein G, et al. 2007. Biophysical properties and functional significance of stem storage water tissue in Neotropical savanna trees[J]. Plant, *Cell and Environment*, 30 (2): 236–248.

Sellin A 'Õunapuu E, Kaurilind E, et al. 2012. Size–dependent variability of leaf and shoot hydraulic conductance in silver birch[J]. *Trees*, 26 : 821–831.

Sellin A, unapuu E, Kaurilind E, et al. 2012. Size–dependent variability of leaf and shoot hydraulic conductance in silver birch[J]. *Trees*, 26 : 821–831.

Silva E N, Ribeiro R V, Ferreira–Silva S L, et al. 2010. Comparative effects of sal.inity and water stress on photosynthesis, water relations and growth of Jatropha curcas plants[J]. *Journal of Arid Environments*, 74 (10): 1 130–1 137.

Skinner R H, Hanson J D, Benjamin J G. 1999. Nitrogen uptake and partitioning under alternate–and every–furrow irrigation[J]. *Plant and Soil*, 210 (1): 11–20.

Slatni A, Zayani K, Zairi A, et al. 2011. Assessing alternate furrow strategies for potato at the Cherfech irrigation district of Tunisia[J]. *Biosystems engineering*, 108 (2): 154–163.

Verbeeck H, Steppe K, Nadezhdina N, et al. 2007. Stored water use and transpiration in Scots pine : A modeling analysis with analysis with ANAFORE[J]. *Tree Physiology*, 27 (12): 1 671–1 685.

W.H. Maes, W.M.J.Achten, B.Reubens. 2009. Plant – water relationships and growth strategies of Jatropha curcas L. seedlings under different levels of drought stress[J]. *Journal of Arid Environments*, 73 : 877–884.

Wang J F, Kang S Z, Li F S, et al. 2008. Effects of alternate partial root–zone irrigation on soil microorganism and maize growth[J]. *Plant Soil*, 302 (1–2): 45–52.

Wang Z C, Liu F L, Kang S Z, et al. 2012. Alternate partial root–zone drying irrigation improves nitrogen nutrition in maize (Zea mays L.) leaves[J]. *Environmental and Experimental Botany*, 75 : 36–40.

Yin Li, Hu Tingxing, Liu Yongan, et al. 2010. Effect of drought stress on photosynthetic characteristics and growth of Jatropha curcas seedlings under different nitrogen levels[J]. *Chinese Journal of Applied Ecology*, 21 (3): 569–576.

第四章 小桐子生长、耗水特性和水分利用效率对保水剂和水肥的响应

第一节 国内外研究进展

西南地区多属于喀斯特地貌，水土流失严重，生态环境脆弱，生产力低下，严重制约着当地人民的生活水平（吴沿友等，2011）。以小桐子为主要原料树种生产生物柴油具有可再生性和环境友好的特点，得到国内外众多青睐。但是我国是一个人口多耕地少的国家，生物柴油的发展要求不争粮、不争油、不争糖，所以在贫瘠的西南地区土地上利用小桐子的高适应性和环境改善能力，在获得生物柴油原料以及获取附加经济价值的同时，可充分利用其先锋植物的功能，改善生态环境，防治水土流失，增加当地老百姓收入。在西南地区，小桐子主要种植在干热河谷地区的山坡地，干旱和缺肥问题十分突出，而复杂的地形和气候使充分灌溉和施肥难以实现，如何在节约人力物力以及灌溉用水和肥料的前提下，保证作物产量不受影响或者影响最小，是目前该地区亟待解决的问题。众多专家学者在小桐子水肥管理上做了许多研究，但目前为止，还尚未见调亏灌溉以及保水剂施加在小桐子上的作用效果的报道。在小桐子幼树生长过程中，保水剂配合水肥能否起到保水保肥的作用，改善小桐子生长环境，使小桐子幼树生长状况更佳，在缺水少肥的山坡地等边际性土地获得更好的生长量。

一、水氮管理的研究现状

植物生长过程中，主要的生长影响因素有阳光、温度、水分、肥料和空气，其中需要最重要的因素是水分和肥料，在实际农业生产中，水分与肥料两个因素需人为严格把控，以实现作物最佳的生长和产量。

我国是一个传统的农业大国，在水氮管理方面我国专家和学者已经做了许多研究，研究内容包括有株高、茎粗、根冠比、壮苗指数、叶面积、光合指数、蒸腾速率、产量、质量以及水肥利用效率等，目前为止已经取得了大量成果。邢维芹（2001）以夏玉米为对象，采用不同时期不同水氮施用量的大田试验研究各组合对夏玉米产量和水分利用的影响，试验结论如下：交替灌溉模式对夏玉米的产量和水分利用效率有明显的提升。孟兆江等（1997）选取玉米为研究对象，采用不同的水、氮以及磷肥施用量研究水肥对生长的影响，结果表明，水肥交互对玉米生长的影响有临界效应，当氮和磷的含量低于一个固定的临界值时，植株的水分利用效率处于较低状态，且施肥量的变化对玉米产量没有显著影响，当氮磷含量高于临界值时，增加氮磷肥的施加量对玉米产量有着明显的促进作用。张洁瑕（2003）在对西芹的水

肥研究中得出水肥对西芹产量影响的规律为水 > 氮 > 磷。尹光华等（2006）研究不同的水、氮、磷及其交互作用对小麦光合作用的影响，结果得出施氮量的增加对提升叶片光合速率的作用最明显，水次之，磷的影响最小，各因素的交互作用中，以水氮交互影响最大，氮磷其次，水磷最小。张昌爱等（2006）在对大量试验数据进行分析的基础上建立数学模型，找出了最适合芹菜生长的水肥搭配组合。沈荣开等（2001）通过两年试验研究土壤水分与氮肥对夏玉米和冬小麦产量的影响，研究结果表明氮肥的增产效应受土壤含水率的影响，土壤含水率较低时，增施氮肥能起到明显的增产作用，但随着施氮量的增加肥料利用率却不断下降。

在国外，关于植物水氮利用的研究已经进行多年，并取得丰硕成果。Viets（1972）主张将水分与土壤养分结合来看待，因为水不仅是植物体的重要组成部分，还参与植物新陈代谢的每一个的环节，将水分与养分结合研究才能获得更精确的试验结果。Russell（1967）在研究中发现，在降水量低于 120mm 时，对发育期的春小麦施肥并不能起到任何作用；Shimshi（1970）的研究在印证这一结论的同时更进一步，在降水量低于 200mm 时，水分为影响植物生物量的最重要因素，当降水量介于 200~400mm 之间时，植物生物量主要由施氮量影响。Bhan（1970）研究不同时期施肥对植物水分利用的影响结果表明，在营养生长阶段的施肥会对植物生长出现抑制效应，其原因是施肥使植物营养生长加快，随之加剧的蒸腾作用消耗大量的土壤水分，导致植物生育后期土壤含水率偏低而产生抑制生长的效果。Benjamin 等（1997）研究不同的灌溉和施肥方式对玉米生长和氮肥利用的影响，结果表明，在降水充足的年份，施肥方式对肥料吸收率影响不显著，在干旱年份，如不使用灌水沟施加氮肥，则氮肥吸收率下降 50%。Jerry 等（2001）通过多年研究，试验数据显示：自然降水的水分利用率比人工灌溉低 50%，可采取人工介入的方式提高土壤的蓄水能力，具体方式有提高田间持水量、在土壤中残留豆类根系以增加土壤氮含量等。Hebbar 等（2004）采用番茄为对象，研究灌水和施肥模式对生长的和产量的影响，得出结论如下：滴灌方式能显著提升根系干物质量以其在土壤中的作用面积，促进根系对肥料的吸收，减少土壤中氮肥和钾元素的流失，得到最大的干物质质量和总叶面积，增加单株的果实量，平均达到 56.9 个 / 株，肥料的利用率也显著提高。

水氮管理探寻不仅限于传统的沟灌和种植模式，在作物的灌溉方式和培养模式方面，国内外也涌现出了许多研究。杨丽娟等（2000）通过大田试验，研究 3 种不同的灌溉方式对植物生长发育的影响，得出以下结论：与沟灌相比，渗灌和滴灌处理的作物根系生长更旺盛，对各种营养元素的吸收量也大大增加，肥料利用效率显著提高，良好的根系对植物整株的支持能力更强，更多的水分和营养有助于提高作物产量。庞云（2006）通过温室试验，探寻适合黄瓜无土栽培的水氮组合，试验结果表明肥料对黄瓜生长的影响大于水分；提高结果期的灌水量和施肥量可显著提高无土栽培黄瓜的产量。在国外，Cassel 等（2001）研究漫灌和滴灌两种灌水方式对甜菜水分和养分利用的影响，试验结果表明，与漫灌相比，滴灌方式促进甜菜产量和品质提高的同时增加水分利用效率和肥料利用效率，节水效果明显优于漫灌；随着滴灌灌水量的增加，水分利用效率呈现出下降趋势。Thomas 等（2000）采用地下滴灌，经过 3 年试验研究不同水肥组合对花椰菜水分和氮肥利用的影响，结果表明，土壤含水率和施氮量是影响氮肥利用率的主要因素，过高和过低的水分处理均造成氮肥利用率下降，最适合的水分处理为中水，而过高的施氮量导致氮肥利用率显著降低。

随着资源的短缺和科学技术的进步，新时代下现代农业要求在保证产量和品质的同时，尽可能节约灌溉用水和肥料，这将是农业发展的一个长期指导方向。研究的核心在于如何提高灌溉用水效率和肥料利用率，充分利用少量的资源达到较高的产出。

二、小桐子的研究现状

小桐子（*Jatropha carcas* L.）又名麻疯树、膏桐、臭油桐、黄肿树、假白榄、假花生、老胖果等，是一种喜阳的木本植物，属大戟科麻疯树属，形态为灌木或小乔木，高 2~5m，原产于美洲热带地区，现广泛分布于全球热带地区，喜爱温暖无霜的气候。在我国，小桐子主要分布在云南、四川、贵州、广西、广东和海南，其中以云南省的种植面积最大，并且还有大片规划种植面积，相应的育种、栽培、收获和炼油技术也较为领先。云南省的小桐子一般分布于干热河谷地带，干热河谷大多分布于热带或者亚热带地区，具有高温、低湿的特点，干热河谷内光热资源丰富，气候炎热，雨水较少，水土流失严重，生态环境十分脆弱，自然灾害较多。云南省的干热河谷地区山势较为平缓，但是植被稀少，森林面积的覆盖率不到 5%，放眼一望，都是裸露的红土。在这种高热、低湿的环境下生长，要求植物具有较强的环境适应能力，抗干旱胁迫能力较强。基于我国人口众多而耕地不足的国情，我们不能牺牲粮食、油料、糖类的种植面积来发展生物能源产业。由于生物质能源的发展不能占据已有耕地和林地的面积，故适合种植生物质能源树种的土地类型为边际性土地，小桐子依靠其抗逆性和适应性强的优点，能在干旱贫瘠的荒山、荒地、石漠化地区及干热河谷中生长，在实现经济价值的同时，还能改善这些地区的生态环境，有利于土壤沙漠化的防治。

小桐子是一种很有研究价值的多功能植物，其种子含油率达到 34%~38%，种仁含油率达到 40%~60%，小桐子籽油主要成分有油酸（C18：1）、亚油酸（C18：2）、棕榈酸（C16：0）、硬脂酸（C18：0）等，总脂肪酸比例高达 97%（Achten 等，2008）。吕微等（2011）以小桐子种仁为试验对象，研究最佳的提取油脂的方法和提取剂，结果表明，使用浸出法以石油醚为提取剂提取效果最好，对提取物的分析表明，小桐子中提取得到的油脂含有 6 种脂肪酸，不饱和脂肪酸占总油脂含量的 75.7%。目前，小桐子等木本油料基柴油吨价可降到 3 000 元以下。对以小桐子为原料提取的生物柴油进行研究表明，小桐子生物柴油的理化性质与石化柴油有一定的差异，但作为柴油机的燃料是可行的，温度达到 150℃时，小桐子油的黏度可达到石化柴油 20℃的水平，如需实际使用，可将小桐子油与石化柴油以 1：4 结合使用。刘芳等（2013）利用废弃鸡蛋壳为原料制备固体碱催化剂对小桐子种子制油进行催化，通过响应曲面法设计研究各处理及其交互对小桐子生物柴油制备的影响，得出煅烧温度 950℃、催化剂用量 9.0% 以及醇油比 13：1 为最佳的工艺条件，此条件下小桐子生物柴油的产率达到 92.89%。张家栋等（2013）分别采用 4 种塑料和 4 种橡胶与小桐子籽油生物柴油和 $0^{\#}$ 柴油混合液体接触，研究生物柴油的运输、存储和使用过程中对材料的相互作用及影响，结果表明生物柴油混合液体在与各种材料接触 28~56d 之后各方面指标仍满足国家要求，而且对 4 种塑料的厚度、质量影响很小，具有较强的稳定性。

作为一种生物柴油原料物种，小桐子是极具潜力的，另外，小桐子也是一种多功能植物，除了提炼生物柴油体现价值，其还具有许多副产品，能产生很高的附加利用价值。小桐子对恶劣生态环境的适应能力很强，庞静等（2013）对贵州省贞丰县鲁荣乡的里外、孔索、许妹、喜朝、沙坝 5 个地区的土壤理化性质以及该地区成年小桐子和油桐的光合、叶绿素荧光参数、干物质质量热值进行测量和分析，结果表明在磷和 HCO_3^- 含量较多的土壤上生长时，小桐子的抗胁迫能力显著高于油桐。仝大伟等（2013）采用不同 NaCl 浓度和胁迫时间研究盐胁迫对小桐子叶片的影响，结果表明小桐子在 NaCl 胁迫下会分泌碱溶性蛋白质。

李清飞等（2010）采用室内盆栽试验，取矿山污染的酸性土与不同量的有机肥混合对小桐子进行栽培试验，结果表明，小桐子具有极强的耐酸和耐高浓度金属特性，仅需增施 2.5% 的有机肥就能显著促进小桐子的生长，利用小桐子的耐酸和耐高浓度金属能力可对矿山多金属废弃地进行复垦，改良该区域的生态环境。同时，在生物医药方面，小桐子也极具研究价值，研究结果显示，小桐子提取物对抵抗病毒以及治疗肿瘤和 AIDS 具有显著功效（Torrance 等，1997；Wiedhopf 等，1973；Stirpe 等，1976）。此外，小桐子整株均含毒蛋白以及其他活性物质，可以用来制造病虫防治药物，最近研究结果显示，小桐子提取物制备的药剂能有效防治棉蚜、棉铃虫、萝卜蚜、桃蚜（Cacayorin 等，1993；Solsoloy 等，1995；李静等，2004），并能大量杀灭血吸虫及其宿主——钉螺（程忠跃等，2001）。

小桐子具有较强的抗干旱胁迫能力，能在较干旱环境中维持良好的生长状态，这一点得到了国内外专家学者的广泛关注，目前，有关小桐子水分方面的研究已经取得了许多成果。Díaz-Lópeza 等（2012）采用蒸散量的 100%、75%、50%、25%、0% 作为灌溉量的不同水分梯度处理，结果表明小桐子幼树在干旱胁迫下会降低气孔导度控制蒸腾量，同时适当减少地上部分的生物量。Abdrabb 等（2009）采用 50%、75%、100% 和 125% 的蒸散量作为灌溉量进行试验，分析结果得出以 100% 蒸散量灌溉的处理产量和品质最好，但在不同水分胁迫处理下，小桐子的脂肪酸没有显著变化。W.H. Maes 等（2009）采用田间持水量的 0%、40%、100% 作为不同水分梯度的处理，得出小桐子的肉质茎会维持自身在少量水分损失的平衡状态来抵御干旱胁迫。杨启良等（2012）采用灌水定额为 10mm 和 30 mm 交替灌溉的处理，研究发现复水效应使小桐子贮存水调节能力提高，根系和总干物质质量增加，并且水分利用效率显著提高。尹丽等（2012）采用盆栽控水方法研究干旱胁迫与施氮对小桐子幼树各器官干物质质量累积的影响，结果表明在施加氮肥时最适合小桐子生长的土壤水分为田间持水量的 60%~80%。

肥料是植物生长必不可少的元素，自然界土壤中的肥料往往供应大批量的种植。关于小桐子的施肥方式和用量，前人们也做了大量的研究。尹丽等（2011）采用盆栽法，研究不同施氮量（对照 0N/hm^2、低氮 96 kg N/hm^2、中氮 288 kg N/hm^2、高氮 480kg N/hm^2）对小桐子幼树生长和光合作用的影响，结果表明，最适合小桐子幼树生长和光合作用的施氮量为中氮处理（288 kg N/hm^2）。刘朔等（2009）采用随机区组实验，研究得出仅施用 N 肥会显著促进小桐子主干地径生长，而 N、P、K 混合施肥能明显提升地径、冠幅乘积和树高的生长。

谷勇等（2011）采用 N、P、K3 种肥料作用于小桐子的全组合大田实验，结果表明在干热河谷地区，N 肥是限制小桐子生长的主要因素，而 K 和 P 的需求量并不大。焦娟玉等（2011）通过盆栽试验研究 3 个土壤水分梯度（80%、50% 和 30% 的田间持水量）下，施氮与否对小桐子光合作用和生长的影响，得出以下结论：在氮含量较低的土壤中，小桐子更适宜在较低水分含量环境下生长，而如果施加氮肥，则需要较高的土壤水分含量维持小桐子的良好生长。苏利荣等（2013）采用大田试验，探讨小桐子成熟叶片的 10 种营养元素含量与施肥关系，研究结果如下：施肥量对 N、K、Ca、Mn、Fe、Zn、B 元素含量影响较大，对 P、Mg、Cu 影响较小。与此同时，苏利荣等（2013）也进行了施肥对小桐子幼树生长和产量影响的研究，结果表明施肥量的增加对小桐子的株高、茎粗、总新生枝条生长量、挂果数和千果重有提升作用，而随氮肥施加量的增长，果枝率、成果率和出仁率先增加后减少。果枝率和出仁率在施肥量为 0.4kg/ 株时达到最佳值，分别为 81.54% 和 64.18%；施肥量为 0.2kg/ 株时得到最佳成果率，其值为 95.82%。

虽然小桐子易于在恶劣环境下生存，但是作为一种经济作物，其产量仍需得到相应的保障，目前为止，由于西南地区土地较为贫瘠，该区域小桐子的长势普遍较差，产量偏低，要实现丰产稳产，就需要对小桐子采取更加完善的灌溉、施肥等管理措施（齐泮仑等，2013）。

三、保水剂的研究现状

土壤水分是影响植物生长发育和产量的关键因素，在不同的土壤水分情况下，植物体现出不同的生长特性、蒸腾速率以及水分利用策略。在农业生产中，土壤水分最大的损失在于蒸散，减少和控制土壤蒸散的水分是农业节水的一个新兴研究热点，也是实现农业用水效率提升的一个良好途径。

保水剂（Super Absorbent Polymer，SAP）是一种吸水能力特别强的新型高分子材料，可反复吸收和释放重量为自身数百倍的水分，并能将吸收的水分缓慢释放供作物利用（韩玉国等，2006；迟永刚等，2005）。保水剂种类繁多，根据不同的原料来源，可将保水剂分为聚合类、天然高分子改性类以及有机—无机复合类，其中有机—无机复合类保水剂具有原料价格低廉、易于获取，成本低，耐盐碱性能好，稳定性较强等优点（谢修银等，2013）。保水剂能改善土壤结构，促进土壤团粒的形成，具有较强的保水保肥功效（李秧秧等，2001）。同时还具有使用成本低、提高肥料利用率、增产增收等优点。在国外，由于众多地区水土流失严重，所以对保水剂的开发与应用十分重视，发达国家土壤聚合物市场上保水剂的占有率达到 95%。而欧洲的一些国家和地区在水土保持良好的情况下同样开发利用保水剂，以期控制土壤侵蚀。我国对保水剂的开发与研究起步较晚，但一直没有停止新的探索。目前为止，保水剂在我国农林种植、水土保持、土壤沙漠化防治等方面有着广泛的应用（董英等，2004；刘瑞风等，2005）。

近年来众多学者围绕保水剂保水保肥进行了大量的研究，结果表明，施加保水剂可减少土壤水分、养分流失，增强土壤保水性，提高作物的干物质积累，提高肥料利用率，显著提高水分利用效率（刘煜宇等，2005；高风文等，2005）。李倩等（2013）以夏波蒂品种马铃薯为对象，研究保水剂施用和秸秆覆盖对马铃薯生长发育和产量的影响，结果表明：施加保水剂和秸秆覆盖处理的土壤含水率高于对照组，并且马铃薯产量和商品薯率大大提升，说明施加保水剂和秸秆覆盖处理能显著降低干旱胁迫程度，并促进马铃薯的生长发育以及产量的提升。苟春林等（2006）研究保水剂在尿素、碳酸氢铵、硝酸铵、硫酸铵、氯化铵5种不同氮肥溶液中的吸水和保肥能力，结果表明，各种氮肥溶液显著抑制保水剂的吸水能力，但对保水剂的肥料吸持能力影响不大，在5种肥料中，尿素对保水剂吸水能力的影响最小，同时保水剂对尿素的吸持能力最强，故在施用保水剂时最适合的氮肥种类为尿素。李常亮等（2010）通过测定聚丙烯酰胺（PAM）、聚丙烯酸（WT）和聚丙烯酸钠（HM）3种保水剂在浓度为2‰、5‰ 、8‰的 NaCl、$MgCl_2$、$CaCl_2$、$FeCl_3$、尿素、硝酸钾、氯化铵等7种溶液中的吸水倍率研究保水剂与氮肥共存性。结果表明：保水剂能有效提高土壤的持水能力，但氮肥施入会降低保水剂保水能力，保水剂与氮肥共同施加时，施氮量不宜超过0.50gN/kg干土，保水剂量不宜超过6‰。官辛玲等（2008）采用 NH_4Cl 和 KNO_3 与6种保水剂互相作用的方式，研究土壤中氮肥与保水剂的互作效应，结果表明土壤保水剂对氮肥的吸附使其具备保肥功能，保水剂对溶液中的 NH_4^+ 与 NO_3^- 均有明显的吸附作用，作用大小是对 NH_4^+ 的吸附作用明显高于 NO_3^-，说明保水剂更易于吸附阳离子型的 NH_4^+。司东霞等（2013）以黄瓜幼苗为对象，研究保水剂与控释肥料对生长及氮素淋洗的影响，结果表明保水剂与控释肥料的施用能达到降低无机氮素养分淋失的效果，并可实现优化幼苗生长、节水育苗和带肥移栽的目的。

近年来，日益严重的能源危机和环境恶化已经成为人类发展现阶段急需解决的两大难题，在这种情况下，生物液体燃料作为一种可再生和环境友好型能源，受到了各国的重视，开发、利用生物质能源是应对能源危机和环境恶化的有效途径和必然选择（Wu 等，2009；王涛等，2005）。

小桐子（*Jatropha curcas* L.）又称麻疯树、膏桐等，属于大戟科麻疯树属，是生物液体燃料的一个代表树种，在我国的主要分布地区为华南、西南和台湾地区，是一种具有多种用途的树种。小桐子的果实具有高含油率的特点，可用于提取生物柴油（Kumar 等，2008；罗福强等，2010），同时，利用小桐子对恶劣生态环境的高适应性可修复矿山多金属废弃地（李清飞等，2010），此外小桐子还是重要的生物医药、生物饲料来源，应用前景十分广泛（李远发等，2009）。L. Díaz-Lópeza 等（2012）采用蒸散量的100%、75%、50%、25%、0%作为灌溉量的不同水分梯度处理，结果表明干旱胁迫下小桐子幼树会降低气孔导度来控制蒸腾量，同时适当减少地上部分的生物量以适应干旱环境。W.H. Maes 等（2009）采用田间持水量的0%、40%、100%作为不同水分梯度的处理，得出小桐子的肉质茎会维持自身在少量水分损失的平衡状态来抵御干旱胁迫。Abdrabb 等（2009）采用蒸散量的50%、75%、100%和125%为灌溉量的不同水分梯度处理，研究发现产量和品质最好的为蒸散量100%的处理，但不同水分胁迫处理对脂肪酸含量没有影响。在国内，杨启良等（2012）采用灌水定额为10mm和30mm交替灌溉的处理，研究发现小桐子的贮存水调节能力得到提高，根系和总干物质质量增加，而蒸腾量和蒸散量显著降低，使得水分利用效率显著提高。

在保水剂方面，近年保水剂的保水保肥功能得到了众多学者的大量研究，结果显示，保水剂的施加可有效减少土壤水分和养分的流失，增强土壤保水功能，提高作物的干物质质量的积累，使肥料利用率提高，并显著提高水分利用效率（刘煜宇，2005；高凤文等，2005；杜社妮等，2007）。张富仓等（1999）等研究表明在施加保水剂时，为了保持水分并减少土壤蒸发，应穴施或深施，避免保水剂洒在土壤表面。有研究表明土壤保水剂所吸收的水分至少有 90% 是可供植物使用的（黄占斌等，2002）。也有研究表明在各种氮肥溶液中保水剂吸水倍率会下降，其中以尿素对吸水性能影响最小（苟春林等，2006）。此外，保水剂与氮肥混合施入土壤能提高土壤的持水能力，但施入氮肥降低了保水剂的性能，推荐保水剂与氮肥混合使用时，施氮量不超过 0.50gN/kg 干土，保水剂用量不超过 6%（李常亮等，2010）。也有研究表明土壤保水剂对氮肥的吸附使其具备保肥功能，保水剂对溶液中的 NH_4 与 NO_3^- 均有明显的吸附作用，作用大小是对 NH_4^+ 的吸附作用明显高于 NO_3^-，说明保水剂更易于吸附阳离子型的 NH_4^+（官辛玲等，2008）。

以上研究围绕小桐子的生长、生理生态及产量和品质和保水剂在土壤中保水阻蒸发等方面做了较多研究，但目前为止，尚未见保水剂施用方式与灌水周期及灌水量耦合下在小桐子上的作用效果的报道。因此，本研究在保水剂施用方式与灌水周期及灌水量的共同作用下，探讨小桐子幼树的生长和水分利用的影响。此研究将为小桐子幼树的灌水周期、灌水量及保水剂施加方式的协同作用效果及为小保水剂管理提供理论依据。

第二节　研究内容与方法

一、试验概况

（一）灌水周期和保水剂施用试验

试验于 2012 年 4—8 月在昆明理工大学现代农业工程学院温室完成，温室处于 E102° 8′、N25° 1′。试验用小桐子幼树来自于云南元谋干热河谷区，4 月 28 日将小桐子幼树移栽至上口宽 30cm、下口宽 22.5cm、高 30cm 的大花盆中，盆中装风干并过 5mm 筛的土 15.5 kg，每盆栽 1 株小桐子幼树，移栽后灌水至田间持水量。供试土壤为燥红壤土，体积质量为 1.2g/cm^3，其有机质组分为 13.12g/kg、全氮、全磷、全钾含量分别为 0.87g/kg、0.68g/kg、13.9g/kg。保水剂为东营华业新材料有限公司生产的“沃特”牌农林保水剂。

经过 30 d 的缓苗后，从 270 盆中挑选长势均匀的小桐子幼树于 5 月 20 日进行不同的水分处理。试验设 3 个灌水周期（D5：5d；D10：10d；D15：15d），3 个保水剂施加方式（S 环：环施；S 半环：半环施；S 穴：穴施），完全设计共 9 个处理（表 4-1），每个处理 3 次重复，共 27 盆。保水剂施于土表以下 12cm，槽宽 5cm，保水剂施加之后用土覆盖。环施具体施加方式为：以小桐子茎为圆心，半径 10cm 环施；半环施：以小桐子茎为圆心，半径 10cm 半环形施；穴施：以小桐子植株为中点，取对称的两点挖穴施入保水剂，穴中心距植株 8cm，穴的直径为 10cm。每千克风干土的保水剂施加量为 2g。按照田间持水量计算，在施加保水剂之前，将氮磷肥溶于水中随水浇入桶中保证肥料均匀分布于桶内土壤中。试验采用分析纯尿素为氮肥，施加量为 4g/kg 风干土；分析纯磷酸二氢钾为磷钾肥，施加量为 0.3 g/kg 风干土。D5、D10 和 D15 处理的灌水周期分别为 5 d、10d 和 15d，为了保持相同的灌溉定额，每次灌水量分别为 1L、2L 和 3L，试验期间，每个处理的总灌水量均为 18L。试验期间每 2 周将花盆沿相同的方向转动 1 次并将所有花盆调换位置以减少温室边界效应造成的系统误差，试验灌水处理共 90 d。其他管理措施均保持一致。

表 4-1　试验处理

处理	灌水周期（d）	灌水定额次（L）	保水剂施用方式
D5S 环	5	1	环施
D5S 半环	5	1	半环施
D5S 穴	5	1	穴施
D10S 环	10	2	环施
D10S 半环	10	2	半环施
D10S 穴	10	2	穴施
D15S 环	15	3	环施
D15S 半环	15	3	半环施
D15S 穴	15	3	穴施

（二）水肥和保水剂试验

试验于 2012 年 5—9 月在昆明理工大学现代农业工程学院温室进行，温室位于 E102° 8′、N25° 1′。1 年生小桐子幼苗来自于元谋干热河谷区，5 月 20 日将小桐子幼树移栽至上口直径 30cm、下口直径 22.5cm、高 30cm 的大花盆中，盆底分布着 3 个直径为 1cm 的小孔以提供良好的通气，每盆栽 1 株，桶中装土 14.5kg，装土前将其自然风干过 5mm 筛，移栽后浇水至田间持水量。土表面铺 0.5cm 厚的珍珠岩阻止因灌水导致土壤板结。试验采用燥红壤土，其有机质质量分数为 13.12g/kg、全氮 0.87g/kg、全磷 0.68g/kg、全钾 13.9g/kg。保水剂为东营华业新材料有限公司生产的“沃特”牌农林保水剂。

经过缓苗后，从 270 株中挑选长势均匀的小桐子幼树进行处理，实验设计 3 个因素（水分、保水剂及氮肥）和 2 个水平，共产生 8 个处理，每个处理 3 次重复，共 24 盆。试验采用 2 个水分处理模式 W1（40%ET）和 W2（80%ET），2 个保水剂水平 S1（无）和 S2（2g/kg 风干土）；2 个施氮水平 N1（2.5g/kg 风干土）和 N2（5g/kg 风干土）（表 4-2）。灌水周期均为 10d，灌水月日分别为 6-10、6-20、6-30、7-10、7-20、7-30、8-9、8-19。试验灌水处理共 75d。保水剂施用方式为以小桐子植株为圆心，10cm 为半径环施，保水剂施于地表以下 12cm。氮肥用尿素分析纯，磷肥用磷酸二氢钾分析纯（P_2O_5，0.3g/kg 风干土），按照田间持水量计算，在施加保水剂之前，将氮磷肥溶于水中随水浇入桶中保证肥料均匀分布于桶内土壤中。

表 4-2　试验处理

处理	保水剂（g/kg）	灌水量（ET）（%）	氮肥施用量（g/kg）
S1W2N1	无	80	2.5
S1W2N2	无	80	5
S2W2N1	2g	80	2.5
S2W2N2	2g	80	5
S1W1N1	无	40	2.5
S1W1N2	无	40	5
S2W1N1	2	40	2.5
S2W1N2	2	40	5

二、测定项目

（1）株高及茎粗：株高采用直尺测量，测定周期 15d，共测定 6 次。茎粗采用游标卡尺测量，测定周期 15d，共测定 5 次。

（2）鲜物质质量和干物质质量：鲜物质和干物质质量均用天平测定。各器官鲜物质在烘箱中保持 105℃杀青 30 min 后调温至 80℃继续烘烤至恒质量，得出各器官干物质质量。

（3）蒸散量和蒸腾量：蒸腾量测量日期为灌水后第 7d，避开刚灌水之后几天的高蒸腾量，蒸散量测量日期为灌水后第 8d。用称重相减法测定蒸散量和蒸腾量，测定蒸腾量前用黑色塑料袋罩住盆口，并用胶带将其与盆周围和茎秆处封闭，使土壤蒸发水分密闭于塑料袋中。

（4）单位干物质质量贮存水：单位干物质质量的贮存水量 =（鲜质量 – 干质量）/ 干质量。

（5）水分利用效率：总水分利用效率 = 总干物质质量 / 蒸散量。

（6）土壤含水率：用采土样烘干法测定，在统一灌水前用土钻取地表以下 15cm 的土样，置于 105℃烘箱中烘至恒重后称重并计算土壤含水率。

三、统计分析

采用 Microsoft Excel2003 软件处理数据，采用 origin8.5 软件作图，用 SAS 统计软件的 ANOVA 和 Duncan（*P*=0.05）法对数据进行方差分析和多重比较。

第三节　灌水周期和保水剂施用方式对小桐子生长与水分利用的影响

一、灌水周期和保水剂施用方式对小桐子幼树生长量的影响

小桐子幼树形态特征如图 4-1 所示，显著性分析表明，灌溉周期和保水剂施加方式及其交互作用对小桐子幼树茎粗的影响不显著（$P>0.05$），但灌溉周期和保水剂施加方式对小桐子幼树株高的影响均达到极显著水平（$P<0.01$）。

数据分析表明，D10S 环处理的小桐子幼树株高生长状态优于其他处理。在相同灌水周期的情况下，S 环处理的小桐子幼树的平均株高比 S 半环和 S 穴处理分别显著增加 20.8% 和 31.9%，在相同保水剂施加方式的情况下，D10 处理的小桐子幼树的平均株高比 D5 和 D15 处理分别显著增加 10.7% 和 23.6%。与 D5S 环和 D15S 环相比，在保水剂均为环施且灌溉量相等的情况下，D10S 环处理的株高分别显著增加 10.63% 和 22.70%。

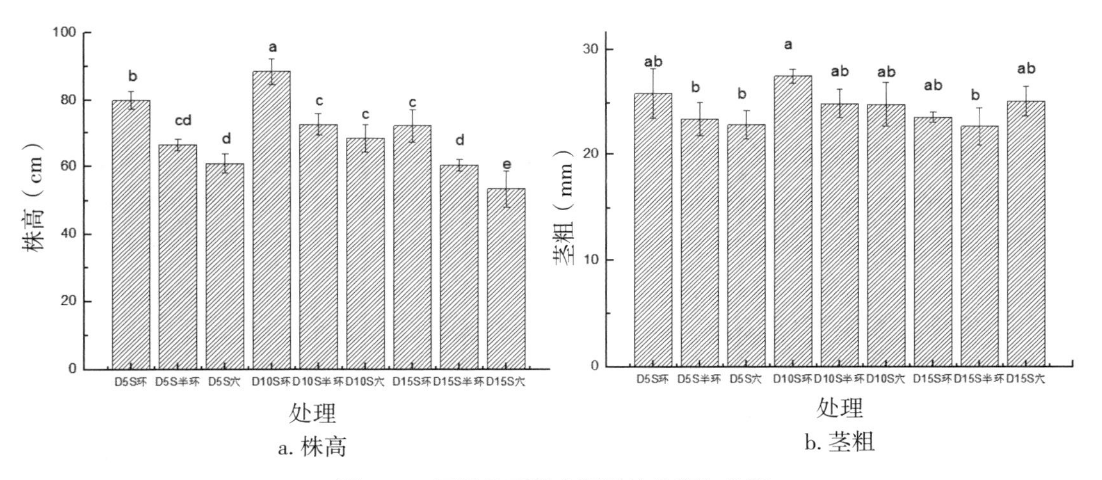

图 4-1　不同处理的小桐子的株高和茎粗

二、不同灌水周期和保水剂施用方式对小桐子根区土壤含水率的影响

6 月 23 日获得小桐子幼树的土壤含水率数据如图 4-2 所示，显著性分析表明，灌溉周期和保水剂施加方式及其交互作用对小桐子幼树根区土壤含水率的影响均达到极显著（$P<0.01$）。由图 4-2 可知，在相同灌水周期的情况下，与 S 半环和 S 穴处理相比，S 环处理的小桐子幼树平均根区土壤含水率分别显著提高 26.4% 和 41.5%。与 D5S 环和 D15S 环相比，在保水剂均为环施且灌溉量相等的情况下，D10S 环处理的根区土壤含水率分别显著增加 5.86% 和 13.32%。

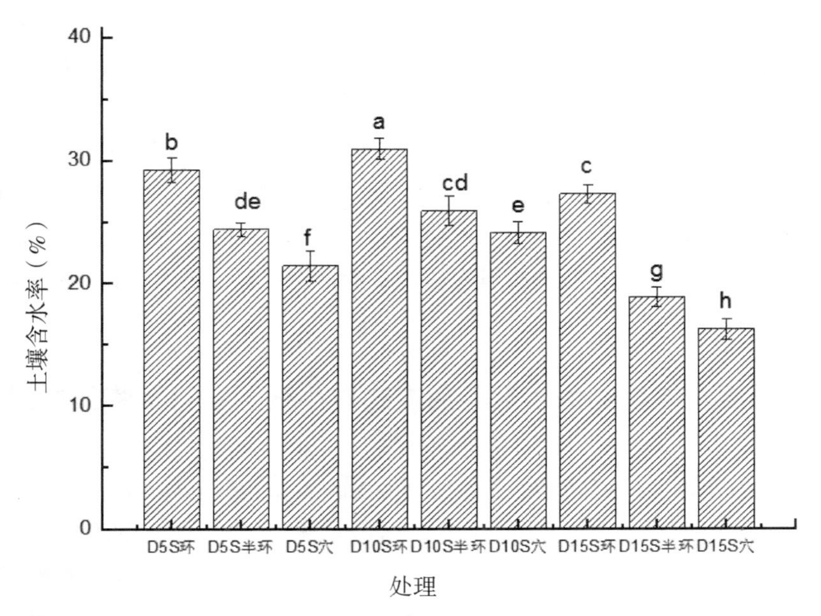

图 4-2　小桐子幼树根区土壤含水率

三、不同灌水周期和保水剂施用方式对小桐子的蒸腾量蒸散量的影响

小桐子幼树 7 月 22 日获得的蒸腾量数据和 7 月 23 日获得的蒸散量数据如图 4-3 所

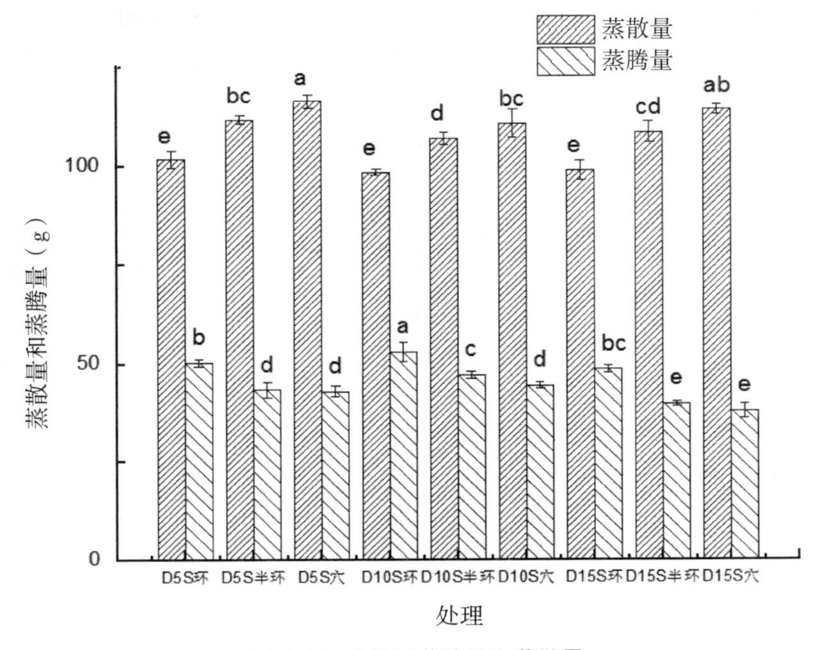

图 4-3　小桐子蒸腾量和蒸散量

示。显著性分析表明，灌溉周期和保水剂施加方式对小桐子蒸腾量和蒸散量影响均显著（$P<0.05$），而灌溉周期和保水剂施加方式交互对小桐子蒸腾量和蒸散量的影响并不显著（$P>0.05$）。

数据分析表明，保水剂施加方式相同时，不同灌水周期的小桐子蒸散量差异不大，但D10处理的小桐子蒸腾量显著高于D5和D15处理。灌水周期相同时，与S半环和S穴处理相比，S环处理的小桐子的平均蒸散量分别显著降低8.54%和12.34%，而平均蒸腾量又显著增加16.37%和20.94%。比较蒸腾量占蒸散量的比例可知，最大值在D10S环处理取得，其比值达到53.76%。

四、不同灌水周期和保水剂施用方式对小桐子幼树干物质质量及总蒸散量的影响

除交互作用对小桐子幼树叶片干物质质量的影响不显著外（$P>0.05$），灌水周期和施保水剂方式及其交互作用对小桐子幼树干物质质量及总蒸散量的影响均达显著水平（$P<0.05$）（表4-3）。数据分析表明，灌水周期相同时，与S半环相比，S环处理的小桐子根系、茎、叶片、叶柄和总干物质质量分别显著增加20.26%、30.97%、19.00%、41.77%和26.28%；而S穴处理的小桐子茎、叶片、叶柄和总干物质质量分别显著降低17.74%、10.11%、5.28%和9.53%。施加保水剂方式相同时，与D5和D15相比，D10处理平均根系、茎、叶片、叶柄和总干物质质量分别显著增加16.02%和15.85%、16.54%和41.93%、4.99%和12.17%、6.74%和25.25%、14.68%和29.98%。与D5S环和D15S环相比，在保水剂均为环施且灌溉量相等的情况下，D10S环处理的总干物质质量显著增加12.89%和51.83%。

数据分析表明，灌水周期相同时，与S半环和S穴相比，S环处理的平均总蒸散量分别显著减少5.22%和7.75%。保水剂施加方式相同时，灌水周期对总蒸散量的影响表现为D15>D5>D10。与D5S环和D15S环相比，在保水剂均为环施且灌溉量相等的情况下，D10S环处理的蒸散量分别显著降低4.08%和4.10%。

表4-3　小桐子幼树干物质质量及蒸散量

处理	根系干物质量（g）	茎干物质量（g）	叶片干物质量（g）	叶柄干物质量（g）	总干物质质量（g）	总蒸散量（mm）
D5S环	15.42 ± 0.94b	30.31 ± 1.59b	6.67 ± 0.4ab	1.51 ± 0.07b	53.91 ± 1.68b	210.57 ± 7.17d
D5S半环	11.71 ± 0.78d	22.85 ± 1.02c	5.98 ± 0.44cd	1.18 ± 0.12c	41.72 ± 1.4d	215.93 ± 4.95cd
D5S穴	11 ± 0.65d	16.68 ± 0.69e	5.43 ± 0.42de	1.07 ± 0.07cd	34.18 ± 0.59ef	222.67 ± 2.28bc
D10S环	17.35 ± 1.08a	34.47 ± 1.74a	7.22 ± 0.19a	1.83 ± 0.12a	60.87 ± 2.73a	201.97 ± 3.82e
D10S半环	14.17 ± 0.87bc	24.22 ± 1.77c	6.3 ± 0.11bc	1.11 ± 0.06c	45.8 ± 2.49c	212.72 ± 4d
D10S穴	13.88 ± 1.43bc	24.99 ± 2.45c	5.5 ± 0.28de	1.1 ± 0.03c	45.47 ± 3.56c	217.11 ± 8.62cd
D15S环	12.31 ± 0.38cd	19.73 ± 0.93d	6.84 ± 0.2ab	1.22 ± 0.02c	40.09 ± 0.85d	210.6 ± 3.25d
D15S半环	11.61 ± 0.59d	17.45 ± 1.68ed	5.14 ± 0.4ef	0.92 ± 0.12de	35.13 ± 2.63e	226.68 ± 3.72ab

续表

处理	根系干物质量（g）	茎干物质量（g）	叶片干物质量（g）	叶柄干物质量（g）	总干物质质量（g）	总蒸散量（mm）
D15S 穴	14.29 ± 1.03b	11.41 ± 2.11f	4.73 ± 0.51f	0.88 ± 0.12e	31.31 ± 0.96f	233.57 ± 5.24a
显著性检验（p 值）						
灌水周期	<0.000 1	<0.000 1	0.001 6	<0.000 1	<0.000 1	<0.000 1
保水剂施加方式	<0.000 1	<0.000 1	<0.000 1	<0.000 1	<0.000 1	<0.000 1
交互作用	0.000 3	0.001 3	0.165 2	0.005 6	0.000 8	0.035 1

五、不同灌水周期和保水剂施用方式对小桐子幼树水分利用的影响

小桐子幼树灌溉水利用效率和总水分利用效率的变化情况如图 4-4 所示。显著性分析

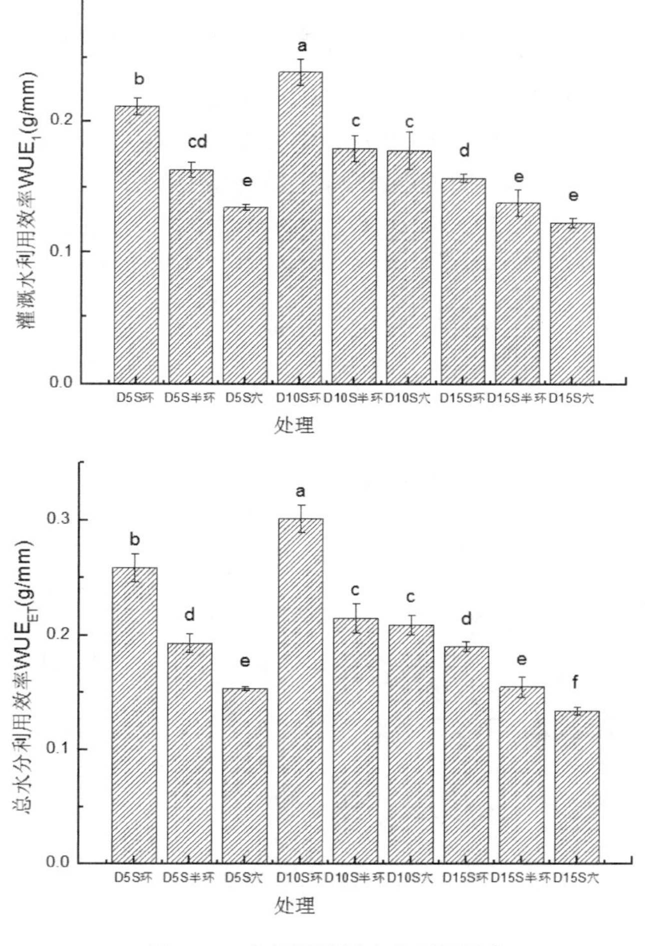

图 4-4　小桐子幼树水分利用效率

表明，灌水周期和保水剂施加方式及其交互作用均对小桐子灌溉水利用效率和总水分利用效率影响均极显著（$P<0.01$）。

数据分析表明，灌水周期相同时，与S穴和S半环相比，S环处理的平均灌溉水利用效率和总水分利用效率分别显著增加39.57%和10.53%、26.28%和33.18%。保水剂施加方式相同时，与D5相比，D10处理平均灌溉水利用效率和总水分利用效率分别显著增加17.21%和19.91%；而D15处理平均灌溉水利用效率和总水分利用效率分别显著减少17.93%和20.84%。与D5S环和D15S环相比，在灌溉量相等以及保水剂施加方式相同的情况下，D10S环处理的灌溉水利用效率和总水分利用效率分别显著增加17.21%和19.91%、51.81%和58.28%。

第四节　水肥和保水剂处理对小桐子生长与水分利用的影响

一、不同灌水、施氮及保水剂对小桐子的株高和茎粗的影响

小桐子幼树形态特征如图4–5所示，显著性分析表明，灌水量、施保水剂和施氮量及其交互作用对小桐子茎粗的影响不显著（$P>0.05$），但灌水量、施保水剂和施氮量以及灌水量和施保水剂的交互作用对小桐子株高的影响均达到极显著水平（$P<0.01$）。

数据分析表明，S2W2N2和S2W1N2处理的小桐子株高生长态势优于其他处理。在相同灌水量处理下，与S1处理相比，S2处理的小桐子平均株高显著增加45.7%。W2处理平均株高比W1处理显著增加11.4%。在N2情况下，与S1W2相比，S2W1处理节水35.1%，而株高显著增加29.0%。

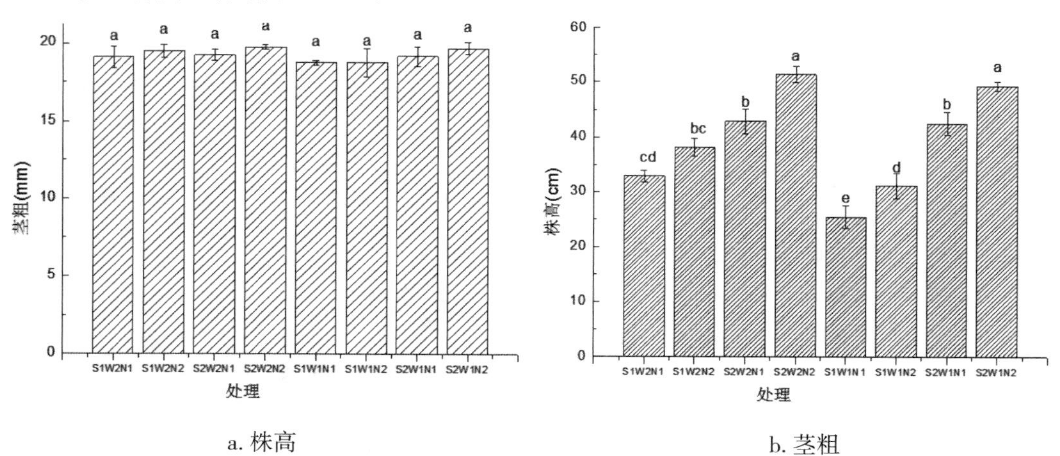

a. 株高　　b. 茎粗

图4–5　不同处理的小桐子的株高和茎粗

二、不同灌水、施氮及保水剂对小桐子的干物质质量的贮水能力的影响

由表 4–4 可知，S2W2N2 处理的根系贮存水能力显著高于 S1W2N1、S1W2N2、S2W2N1、S1W1N2 和 S2W1N1 处理；S1W1N1 的叶柄贮水能力显著高于 S1W2N1、S1W2N2、S2W2N2、S2W1N1 和 S2W1N2 处理。不同水分，保水剂和氮素处理对小桐子幼树茎、叶和整株的贮存水能力影响均不显著，这说明小桐子幼树的器官贮存水能力在不同因素处理下并未受很大影响。

表 4–4　不同处理的小桐子贮存水调节能力

处理	各器官单位干物质质量的贮存水能力				
	根系	茎	叶	叶柄	整株
S1W2N1	3.98 ± 0.08b	4.53 ± 0.15a	3.89 ± 1.76a	10.35 ± 1.18b	4.49 ± 0.09a
S1W2N2	4.37 ± 0.02b	4.61 ± 1.16a	3.48 ± 0.04a	10.35 ± 0.38b	4.62 ± 0.79a
S2W2N1	4.37 ± 0.08b	5.67 ± 0.27a	4.82 ± 0.43a	11.36 ± 1.21ab	4.89 ± 1.14a
S2W2N2	5.1 ± 0.17a	5.07 ± 0.15a	3.97 ± 0.42a	10.19 ± 0.37b	5.05 ± 0.04a
S1W1N1	4.68 ± 0.24ab	3.88 ± 0.48a	4.79 ± 0.28a	13.47 ± 0.57a	4.13 ± 1.54a
S1W1N2	4.12 ± 0.06b	4.2 ± 1.27a	5.01 ± 0.15a	11.49 ± 2.58ab	4.39 ± 0.93a
S2W1N1	4.13 ± 0.04b	3.48 ± 0.38a	4.47 ± 0.2a	10.53 ± 0.49b	3.98 ± 0.64a
S2W1N2	4.68 ± 0.17ab	5.31 ± 0.1a	4.56 ± 0.29a	10.22 ± 1.25b	5.19 ± 1.35a

三、不同灌水、施氮及保水剂对小桐子的蒸腾量蒸散量的影响

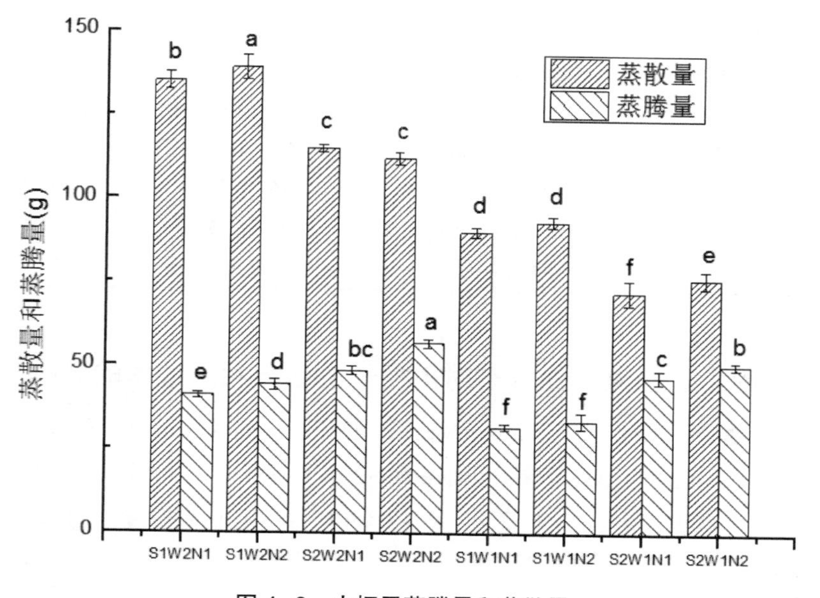

图 4–6　小桐子蒸腾量和蒸散量

由图 4-6 可知，在相同施氮和保水剂条件下，W1 处理的小桐子蒸散量显著低于 W2 处理。在相同水分和施氮条件下，S1 处理的小桐子蒸散量均高于 S2 处理。而在相同水分和施保水剂的条件下，N2 处理的小桐子蒸散量略高于 N1 处理。蒸腾量的大小与植物新陈代谢速度有直接关系，由图 4-6 可知，S2W2N2 处理的小桐子日蒸腾量最大。比较蒸腾量与蒸散量的比值可知，最大值在 S2W1N2 处理取得，其小桐子单位蒸散量中蒸腾量比例达到 66%。

四、不同灌水、施氮及保水剂对小桐子的干物质质量和蒸散量的影响

由表 4-5 可知，总干物质质量与灌水量、施氮量和保水剂用量成正相关，S2W2N2 处理取得最大的根系、冠层和总干物质质量。数据分析表明，在 S1N1 处理下，与 W1 相比，W2 处理的冠层以及总干物质质量分别显著增多 68.7% 和 63.3%。在 W1N2 条件下，与 S1 相比，S2 处理的根系、冠层以及总干物质质量分别显著增多 80.8%、121.8% 和 112.6%。在 S2W2 情况下，N2 处理比 N1 冠层和总干物质质量显著增多 14.5% 和 14.4%。施氮量为 N2 情况下，与 S1W2 处理相比，S2W1 处理节水达 35.1% 时，根系，冠层和总干物质质量分别显著增加 14.5%、21.8% 和 20.3%。W2 比 W1 处理的小桐子幼树平均总蒸散量显著增加 53.7%，而 S1 比 S2 处理的小桐子幼树平均总蒸散量显著增加 7.6%。可见，总蒸散量随灌水量的增大而增加，施加保水剂后蒸散量反而降低。

表 4-5　小桐子幼树干物质质量及蒸散量

处理	根系干物质量（g）	冠层干物质量（g）	总干物质质量（g）	总蒸散量（mm）
S1W2N1	5.66 ± 1.04bc	18.90 ± 0.41e	24.56 ± 1.04e	214.53 ± 2.11b
S1W2N2	6.46 ± 1.85ab	25.62 ± 0.60d	32.08 ± 2.42d	219.19 ± 1.12a
S2W2N1	7.14 ± 0.32ab	29.26 ± 0.40c	36.40 ± 0.70bc	198.17 ± 1.19d
S2W2N2	8.16 ± 0.51a	33.50 ± 0.63a	41.66 ± 0.21a	205.29 ± 0.48c
S1W1N1	3.84 ± 1.81c	11.20 ± 0.81g	15.04 ± 2.60g	142.73 ± 2.13e
S1W1N2	4.09 ± 0.37c	14.07 ± 0.65f	18.16 ± 0.34f	139.72 ± 3.05e
S2W1N1	6.70 ± 0.63ab	29.29 ± 0.79c	35.98 ± 1.33c	129.53 ± 2.98f
S2W1N2	7.39 ± 0.93ab	31.21 ± 1.03b	38.60 ± 0.44b	132.84 ± 0.70f

五、不同灌水、施氮及保水剂对小桐子的水分利用效率的影响

由图 4-7 可知，施加保水剂可大幅度提高小桐子幼树的总水分利用效率。灌水量和施氮相同时，W2N1、W2N2、W1N1 和 W1N2 和 S2 组合的处理的灌溉水利用效率分别显著高于与 S1 组合的处理的 55.9%、34.2%、155.7% 和 116.7%；总水分利用效率也分别显著提升 60.4%、38.7%、164.0% 和 123.6%。与高水分处理相比，添加保水剂后低水分处理反而使小桐子幼树取得更高的水分利用效率，在 S2 保水剂和相同施氮情况下，W1N1 处理和

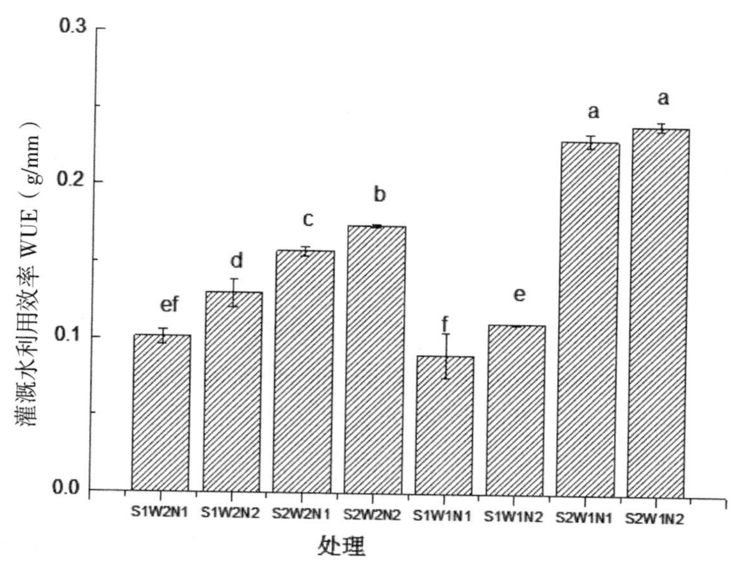

图 4-7 小桐子幼树水分利用效率

W1N2 灌溉水利用效率比 W2N1 和 W2N2 分别显著增加 46.2% 和 37.8%；总水分利用效率显著增加 51.2% 和 43.2%。施氮量为 N2 时，与 S1W2 处理相比，S2W1 处理节水达 35.1% 时，灌溉水利用效率和总水分利用效率分别显著提高 85.0% 和 98.6%。数据分析表明，增加施氮量有助于提高水分利用效率。在 S2W2 时，与 N1 相比，N2 处理的灌溉水利用效率和总水分利用效率分别显著增加 10.5% 和 10.5%。

第五节 讨 论

一、对生长的影响

小桐子因具有较强的抗干旱胁迫能力而受到众多关注（Kumar A 等，2008；谢安德等，2011）。试验表明，使用保水剂、增加氮肥施用量和增加灌溉水量都会使小桐子的株高生长情况更好。过去的研究结果也表明，在保水剂和氮肥交互的情况下会使作物生长更好，而且具有明显增加产量的功效（俞满源等，2003）。研究结果表明，在施氮量为水平 N2 的情况下，与处理 S1W2 相比，施加了保水剂的处理 S2W1 节水 35.1%，而小桐子幼树株高比处理 S1W2 的增长 29.0%，以保水剂配合高氮肥处理，在低灌水的情况下，不仅维持了小桐子良好的生长态势，而且使株高生长态势更好（图 4-1），有研究结果表明保水剂与施肥结合作用于马铃薯时，会增大马铃薯的冠幅，使马铃薯植株有效光合作用面积增大，同时保水剂与施肥交互还会提高马铃薯叶片的光合效率、优化马铃薯生长状态，获得更好的株高生长条件（张朝巍等，2011）。

二、对含水量的影响

植物各器官的含水量对植物自身水分运转有重要影响；贮存水的增多，有助于提高植物抗干旱胁迫能力和对不同环境的适应能力（高照全等，2006）。由试验结果可知，处理S2W2N2的根系含水量最多，其原因是该处理灌水较多，而保水剂的施加有助于土壤保持水分，所以根系能吸收更多的水分。使用保水剂、增加氮肥施用量和增加灌溉水量对小桐子茎、叶和整株的含水量并无显著影响，这是因为小桐子属于肉茎植物，在干旱胁迫下肉质茎会维持小桐子幼树处于少量水分损失的平衡状态，从而使体内贮水维持在一定的稳态水平，以确保小桐子幼树的存活（Kumar A 等，2008；谢安德等，2011）。研究表明，这种策略可维持小桐子幼树存活，但是减少蒸腾量的举措会导致小桐子幼树生长趋于缓慢。

三、对干物质质量、蒸散量及水分利用率的影响

小桐子幼树在干旱胁迫下生长时，会减少冠层部分的生长量（Díaz-López L 等，2012）。分析所试验的干物质质量结果可知，在灌水量和施氮量相同时，与无保水剂的处理S1W1N2相比，处理S2W1N2的根系、冠层及总干物质的质量分别显著增多80.8%，121.8%和112.6%，这是由于在模式W1的水分胁迫下，施加保水剂使小桐子幼树有效使用的水分增加，从而长势更好，可累积更多的干物质。氮素是植物生长必需的元素，施氮有助于植物生长，同时还增强植物渗透能力，在模式W2和水平S2下，水平N2比N1冠层和总干物质的质量分别显著增多14.5%和14.4%。

保水剂具有很好的保水性，可以大幅减少土壤蒸发（高风文等，2005）。研究表明，施加保水剂处理的小桐子平均总蒸散量减小7.3%。与无保水剂的处理相比，施加保水剂的小桐子幼树其蒸腾量占总蒸散量的比例显著提高（图4-2）。蒸腾作用是植物自下而上运输水分和养料的动力，蒸散量减少的同时蒸腾量增多说明土壤损失水分更少而植株实际利用的水分增多，植株的生长和水分利用状态更佳。Díaz-López（2012）的研究结果表明，小桐子幼树在干旱胁迫下会减少自身蒸腾量以减少水分损失，这与本研究结果一致，施加保水剂的小桐子幼树获得了更好的土壤水分环境从而减轻水分胁迫程度导致了蒸腾量增多。由此可见，保水剂的施加有效地降低了土壤水分蒸发，从而使得总蒸散量明显减少，由于蒸散量的减少量远远超过了干物质质量，因此灌溉水利用率明显增大。

小桐子属落叶肉茎植物，其叶片具有明显的抗干旱胁迫策略，具有较高的水分利用率（Loggini B 等，1999），而保水剂具有强保水性，可提高作物的水分利用率（俞满源等，2003；杨永辉等，2009）。研究表明，小桐子幼树生长的保水剂与水肥的最优组合为S2W2N2；而水分利用率最高的组合为S2W1N2，虽然模式W1灌水量更少，但保水剂的施加维持了植株用水，故处理S2W1N2的水分利用率更高；施氮量相等的情况下，与S1W2N2相比，处理S2W1N2的节水达35.1%时，水分利用率显著增高98.6%，因此施用保水剂配合高施氮量和低灌水处理使小桐子水分利用率显著提升。这是因为模式W1灌水量更少，导致蒸散耗水量减少，而保水剂的施用进一步有效地降低了土壤水分蒸发，保持了土

壤中水分（黄占斌等，2002），因此根系营养状况良好，对作物生长有明显的促进作用（张富仓等，1999）；而较适宜的土壤水分含量提高了氮肥的利用效率，也会促进土壤的持肥能力明显增强（张富仓等，2010），因此，处理 S2W1N2 的水分利用率显著提高。根据丁林等（2011）对保水剂施用于辣椒的研究结果，保水剂的施用能减少土壤水分的无效蒸发，提高植株的水分利用率。杜社妮等（2011）对保水剂施用于西瓜的研究结果表明，施用保水剂能促进西瓜根系的生长和根系生物量的增多，进而加快西瓜地上部的生长速度，提高西瓜叶片的光合速率，提高土壤有限水分的利用效率。

第六节　小　结

（1）在氮肥量相同时，施加保水剂的小桐子在灌水量少的情况下，其生长较好、水分利用率较高；在灌水量相同时，施加保水剂的小桐子在施氮水平较高的情况下，其生长较好、水分利用率高。试验中得出小桐子幼树生长的保水剂与水肥的最优组合为 S2W2N2。

（2）施加保水剂对小桐子具有显著的提高整株干物质质量的作用。在水平 N2 下，与 S1W2 相比，处理 S2W1 的节水达 35. 1%，由于施加保水剂，减少了蒸散量，合适的土壤水分与氮肥形成耦合作用，使小桐子干物质质量显著增多，因此水分利用率显著提高。

参考文献

程忠跃，黄四喜，曾庆海，等 . 2001. 不同产地麻疯树素室内浸杀灭螺效果比较 [J]. 中国血吸虫病防治杂志，13（4）：221.

迟永刚，黄占斌，李茂松 . 2005. 保水剂与不同化学材料配合对玉米生理特性的影响 [J]. 干旱地区农业研究，23（6）：132–136.

丁林，王以兵，李元红，等 . 2011. 干旱区辣椒全膜垄作沟灌与保水剂配合节水技术研究 [J]. 干旱地区农业研究，29（2）：77– 82.

董英，郭绍辉，詹亚力 . 2004. 聚丙烯酰胺的土壤改良效应 [J]. 高分子通报，（5）：83– 87.

杜社妮，白岗栓，赵世伟，等 . 2007. 沃特保水剂对西瓜生长及土壤环境的影响 [J]. 西北农林科技大学学报：自然科学版，35（8）：102–105.

杜尧东，王丽娟，刘作新 . 2000. 保水剂及其在节水农业上的应用 [J]. 河南农业大学学报，34（3）：255–259.

高风文，罗盛国，姜伯文 . 2005. 保水剂对土壤蒸发及玉米幼苗抗旱性的影响 [J]. 东北农业大学学报，36（1）：11–14.

高照全，张显川，王小伟 . 2006. 干旱胁迫下桃树各部位贮存水调节能力的研究 [J]. 果树学报，23（1）：5– 8.

宫辛玲，刘作新，尹光华，等 . 2008. 土壤保水剂与氮肥的互作效应研究 [J]. 农业工程学报，24（1）：50.
苟春林，杜建军，曲东，等 . 2006. 氮肥对保水剂吸水保肥性能的影响 [J]. 干旱地区农业研究，24（6）：78–84.
谷勇，殷瑶，吴昊，等 . 2011. 施肥对麻疯树生长、产量及土壤肥力的影响 [J]. 东北林业大学学报，39（12）：56–59.
官辛玲，刘作新，尹光华，等 . 2008. 土壤保水剂与氮肥的互作效应研究 [J]. 农业工程学报，24（1）：50–54.
韩玉国，杨培岭，任树梅，等 . 2006. 保水剂对苹果节水及灌溉制度的影响研究 [J]. 农业工程学报，22（9）：70–73.
黄占斌，张国桢，李秧秧 . 2002. 保水剂特性测定及其在农业中的应用 [J]. 农业工程学报，18（1）：22–26.
焦娟玉，尹春英，陈珂 . 2011. 土壤水、氮供应对麻疯树幼苗光合特性的影响 [J]. 植物生态学报，35（1）：91–99.
李常亮，张富仓 . 2010. 保水剂与氮肥混施对土壤持水特性的影响 [J]. 干旱地区农业研究，28（2）：172–176.
李静，颜钫，吴芬宏，等 . 2004. 麻疯树种子提取物对萝卜蚜的杀虫活性 [J]. 植物保护学报，31（3）：289–293.
李倩，刘景辉，张磊，等 . 2013. 适当保水剂施用和覆盖促进旱作马铃薯生长发育和产量提高 [J]. 农业工程学报，29（7）：83–90.
李清飞，周小勇，仇荣亮，等 . 2010. 麻疯树复垦酸性矿山废弃地及其生长影响因子研究 [J]. 土壤学报，47（1）：172–176.
李秧秧，黄占斌 . 2001. 节水农业中化控技术的应用研究 [J]. 节水灌溉，（3）：4–6.
李远发 . 2009. 麻疯树资源分布及其应用研究 [J]. 广西农业科学，40（3）：311–314.
刘芳，兰翠玲，黄科瑞 . 2013. 鸡蛋壳催化制备麻疯树生物柴油的工艺优化 [J]. 湖北农业科学，52（10）：2 402–2 410.
刘瑞风，张俊平，王爱勤 . 2005. PAM_atta 复合保水剂的保水性能及影响因素研究 [J]. 农业工程学报，21（9）：47–50.
刘朔，何朝均，何绍彬，等 . 2009. 不同施肥处理对麻疯树幼林生长的影响 [J]. 四川林业科技，30（4）：53–56.
刘煜宇，马焕成，黄金义 . 2005. 保水剂与肥料交互作用对石楠抗旱效应的影响 [J]. 西南林学院学报，25（3）：10–13.
罗福强，王子玉，梁昱，等 . 2010. 作为燃油的小桐子油的物化性质及黏温特性 [J]. 农业工程学报，26（5）：227–231.
吕微，蒋剑春，徐俊明 . 2011. 小桐子油脂提取工艺研究及脂肪酸组成分析 [J]. 太阳能学报，32（10）：1 500–1 505.

孟兆江，刘安能，吴海卿 . 1997. 商丘试验区夏玉米节水高产水肥耦合数学模型与优化方案 [J]. 灌溉排水，16（4）：18–21.

庞静，吴沿友，邢德科 . 2013. 喀斯特环境下两种生物质能源植物的光合产能 [J]. 广西植物，33（3）：313–318.

庞云 .2006. 温室无土栽培黄瓜水肥耦合效应研究初探 [J]. 内蒙古农业科技，（6）：49–50.

齐泮仑，李顶杰，何皓，等 . 2013. 生物燃料树种小桐子种植和采摘技术研究进展 [J]. 资源开发与市场，29（1）：3–7.

沈荣开，王康 . 2001. 水肥耦合条件下作物产量、水分利用和根系吸氮的试验研究 [J]. 农业工程学报，17（5）：35–38.

司东霞，陈新平，陈清，等 . 2013. 控释肥料与保水剂的施用对黄瓜幼苗生长及氮素淋洗的影响 [J]. 北方园艺，（3）：176–180.

苏利荣，秦芳，苏天明，等 . 2013. 施肥对麻疯树幼树生长与叶片养分动态的影响 [J]. 南方农业学报，44（9）：1 517–1 523.

苏利荣，秦芳，苏天明，等 . 2013. 施肥水平对麻疯树幼树生长和产量性状的影响 [J]. 农业研究与应用，146（3）：1–4.

仝大伟，张颖，王颖，等 . 2013. NaCl 胁迫下小桐子幼苗叶片蛋白质变化分析 [J]. 湖北农业科学，52（1）：111–114.

王涛 .2005. 中国主要生物质燃料油木本能源植物资源概况与展望 [J]. 科技导报，5（23）：12–14.

吴沿友 . 2011. 喀斯特适生植物固碳增汇策略 [J]. 中国岩溶（CARSOLOGICA SINICA），30（4）：461–465.

谢安德，唐春红，潘启龙，等 . 2011. 干旱胁迫对不同种源麻疯树幼苗生理特性的影响 [J]. 江西农业大学学报，33（2）：306– 311.

谢修银，宛方，张艳 . 2013. 保水剂的研发现状与展望 [J]. 化学与生物工程，30（4）：8–13.

邢维芹 .2001. 玉米的水肥空间耦合效应研究 [D]. 西安：西北农林科技大学 .

杨丽娟，张玉龙，杨青海 .2000. 灌溉方法对番茄生长发育及吸收能力的影响 [J]. 灌溉排水，19（3）：59–62.

杨启良，孙英杰，齐亚峰，等 . 2012. 不同水量交替灌溉对小桐子生长调控与水分利用的影响 [J]. 农业工程学报，28（18）：121–126.

杨永辉，武继承，何方，等 . 2009. 保水剂用量对冬小麦光合特性及水分利用的影响 [J]. 干旱地区农业研究，27（4）：131– 135.

杨永辉，赵世伟，黄占斌，等 . 2006. 沃特多功能保水剂保水性能研究 [J]. 干旱地区农业研究，24（5）：35–37.

尹芳，刘磊，江东，等 . 2012. 麻疯树生物柴油发展适宜性、能量生产潜力与环境影响评估 [J]. 农业工程学报，28（14）：201–208.

尹光华，刘作新 . 2006. 水肥耦合条件下春小麦叶片的光合作用 [J]. 兰州大学学报：自然科学版，（1）：40–43.

尹丽，胡庭兴，刘永安，等．2011. 施氮量对麻疯树幼苗生长及叶片光合特性的影响 [J]. 生态学报，31（17）：4 977-4 984.

尹丽，刘永安，谢财永，等．2012. 干旱胁迫与施氮对麻疯树幼苗渗透调节物质积累的影响 [J]. 应用生态学报，23（3）：632-638.

俞满源，黄占斌，方锋，等．2003. 保水剂、氮肥及其交互作用对马铃薯生长和产量的效应 [J]. 干旱地区农业研究，21（3）：15- 19.

张昌爱，张民，马丽．2006. 设施芹菜水肥耦合效应模型探析 [J]. 中国生态农业学报，（1）：145-148.

张朝巍，董博，郭天文，等．2011. 施肥与保水剂对半干旱区马铃薯增产效应的研究 [J]. 干旱地区农业研究，29（6）：152- 156.

张富仓，康绍忠 .1999. BP 保水剂及其对土壤与作物的效应 [J]. 农业工程学报，15（2）：74-78.

张富仓，李继成，雷艳，等．2010. 保水剂对土壤保水持肥特性的影响研究 [J]. 应用基础与工程科学学报，18（1）：120- 128.

张家栋，尚琼，鲁厚芳，等．2013. 麻疯树籽油生物柴油 -0# 柴油混合燃料与橡胶、塑料的兼容性 [J]. 化工进展，3（8）：1 807-1 812.

张洁瑕．2003. 高寒半干旱区蔬菜水肥耦合效应及硝酸盐限量指标的研究 [D]. 保定：河北农业大学．

Abou Kheira A A，Atta N M M. 2009. Response of Jatropha curcas L. to water deficits：Yield，water use efficiency and oilseed characteristics[J]. *Biomass and Bioenergy*，33（10）：1 343-1 350.

Bhan S，F K Misra. 1970. Effects of variety，spacing and soil fertility on root develop went in groundnut tinder arid conditions[J]. *India J Agric Sci*，（40）：1 050-1 055.

Cacayorin N D，Solsoloy A D，Damo M C. 1993. Beneficial arthropods regulating population of insect pests on cotton[J]. *Cotton Res*，（6）：1-8.

D Shimshi. 1970. The effect of N on some indices of plant— water relations of beans [J]. *New phytol*，（69）：413-424.

Díaz-López L，Gimeno V，Simón I，et al. 2012. Jatropha curcas seedlings show a water conservation strategy under drought conditions based on decreasing leaf growth and stomatal conductance[J]. *Agricultural Water Management*，105（C）：48-56.

G Benjamin，L K Porter，H. R. Duke. 1997. Corn growth and nitrogen uptake with furrow irrigation and fertilizer bands[J]. *Agronomy journal*，89（4）：609-612.

J S Russell. 1967. Nitrogen fertilizer and wheat in semiarid environment[J]. *Aust J Exp Agric and An Husb*，（7）：453-462.

Kheira A A A，Atta N M M. 2009. Response of Jatropha curcas，L. to water deficits：Yield，water use efficiency and oilseed characteristics[J]. *Biomass & Bioenergy*，33（10）：1 343-1 350.

Kumar A，Sharma S. 2008. An evaluation of multipurpose oil seed crop for industrial uses（Jatropha curcas L.）：A review[J]. *Industrial Crops and Products*，28（1）：1–8.

L H Jerry，J S Thomas，Hrueger J. 2001. Managing soils to achieve greater water use efficiency ：a review[J]. *Agronomy Journal*，93 ：271–280.

L. Díaz–Lópeza，V. Gimenob，I. Simónc，et al. 2012. Jatropha curcas seedlings show a water conservation strategy under drought conditions based on decreasing leaf growth and stomatal conductance[J]. *Agricultural Water Management*，105 ：48–56.

Loggini B，Scartazza A，Brugnoli E，et al. 1999. Antioxidative defense system，pigment composition，and photosynthetic efficiency in two wheat cultivars subjected to drought[J]. *Plant Physiology*，119（3）：1 091–1 100.

Maes W H，Achten W M J，　R eubens B，et al. 2009. Plantwater relationships and growth strategies of Jatropha curcas L. seedlings under different levels of drought stress [J]. *Journal of Arid Environments*，73（10）：877

S F Cassel，S D Miller，G F Vance. 2001. Assessment of drip and flood irrigation on water and fertilizer use efficiencies for sugar beets[J]. *Agricultural water management*，46（3）：241–251.

S S Hebbar，B. K. Ramachandrappa，H. V. Nanjappa. 2004. Studies on NPK drip fertigation in field grown tomato（Lycopersicon esculentum Mill.）[J]. *European Journal of Agronomy*，21（1）：117–127.

Solsoloy A D，Domingo E O，Bilgera B U. 1995. Occurrence mortality factors and within plant distribution of bollworm Helicoverpa armigera（Hubn）on cotton[J].*Philippine JSci*，123 ：9–20.

Stirpe F，Pession–Brizzi A，Lorensoni E. 1976. Studies on the proteins from the seeds of Croton toglium and of Jat –ropha curcas[J]. *Biochemistry Journal*，156（1）：1–6.

T L Thompson，T A Doerge，R E Godin. 2000. Nitrogen and Water Interactions in Subsurface Drip–Irrigated Cauliflower[J]. *Soil Science Society of America Journal*，64 ：412–418.

Torrance S J，Wiedhopf R M，Cole J R. 1997. Antitumor agents fromJatropha rnacrorhiza（Euphorbiaceae）Ⅱ：acetylaleuritolic acid[J]. *J Pharm Sci*，66（9）：1348.

Viets F G. 1972. Water deficits and nutrient availability [M]. USA ：Acad Press ：217–247.

W.H. Maes，W.M.J.Achten，B.Reubens. 2009. Plant－water relationships and growth strategies of Jatropha curcas L. seedlings under different levels of drought stress[J]. *Journal of Arid Environments*，73 ：877–884.

Wiedhopf R M，Trumbull E R，Cole J R. 1973. Antitumoragents from Jatropha macrorhiza（Euphorbiaceae）Ⅰ：isolationand characterization of Jatropha[J]. *J Pharm Sci*，62（7）：1 206.

WMJ Achten，L Verchot，YJ Franken，et al. 2008. Jatropha bio–diesel production and use [J]. *Biomass Bioenergy*，32（10）：63–84.

Wu W G，Huang J K，Deng X Z. 2009. Potential. land for plantation of Jatropha curcas as feedstocks for biodiesel in China[J]. *Science China Earth Sciences*，53（1）：120–127.

第五章　小桐子生长、产量、品质和水分利用效率的水氮耦合效应

第一节　国内外研究进展

一、研究的目的和意义

柴油是现代社会非常重要的动力燃料之一。随着车辆柴油化的趋势在全世界范围内的加快，未来世界发展对柴油的需求量必将越来越大，石油资源的日益枯竭以及人类环保意识的提高，也客观的加快了世界各国利用柴油替代其他燃料的研究脚步，尤其是 20 世纪 90 年代以后，生物柴油作为一种新兴能源，以其优越的环保性能引起了世界各个国家的高度重视。

生物柴油（Biodiesel），也称脂肪酸甲酯（Fatty Acid Ester），是以各种油脂作为原料，与低碳醇（如甲醇和乙醇）经过酯化或转酯化等一系列复杂加工处理后制成的一种液体燃料，它是石化柴油优质的替代品，具有优秀的环保性能，是典型的“绿色能源”。中国政府出于粮食安全的考虑，自 2007 年开始将发展重点转向了包括林业生物柴油在内的“非粮”生物液体燃料（吴伟光等，2009）的研究。开发、利用生物质能源是我国目前应对能源危机和环境恶化两大难题的必然选择。能源植物在生物质能源开发利用中起着重要的作用（Liu 等，2010），而在众多的能源树种中，目前关于小桐子的研究最多，其被认为是最具有发展潜力的原料树种（Fairless 等，2007）。

小桐子又名麻疯树、膏桐、黑皂树、木花生、油芦子、老胖果等，属大戟科麻疯树属落叶灌木或小乔木，高 2~7m，生长在潮湿而不积水的砂壤土，属热带植物，喜欢温暖无霜的气候。小桐子是很有价值的多功能植物，不仅有利于缓解土地退化、沙化以及森林的退化，还用作生物能源来取代柴油，同时也可以用于肥皂生产和气候保护，改善生态环境等等，因此，在世界各国都引起了特别关注。小桐子的种子含油率为 34%~38%，种仁含油率达 40%~60%，小桐子籽油中，主要含有油酸（C18：1）、亚油酸（C18：2）、棕榈酸（C16：0）、硬脂酸（C18：0）等脂肪酸，含量高达 97% 以上（Achten 等，2008）。可见，小桐子籽油是非常具有潜力的生物柴油原料。

小桐子作为一种多用途植物，利用小桐子的种子开发“生物柴油”具有重要现实意义，除此之外，在生物病虫害防治、新药开发等方面其综合利用的潜力也非常巨大（刘永红，2006）。开发利用小桐子是通过开发非耕地资源而产生的新财源，其经济效益是持续和永久的。除了能产生可观的、直接的经济效益外，小桐子以其极强的生命力、抗逆性，容易在荒

山、干热河谷、滩涂等环境恶劣地区形成大面积的森林群落，有利于森林景观的恢复、区域性生态环境的改善以及土地利用率的提高。可见小桐子的开发利用前景是非常广阔而诱人的。

水分是植物体的重要组成部分，它几乎参与了植物所有的生理生化过程。水分亏缺会延缓、停止或破坏植物正常生长，加快组织、器官和个体的衰老、脱落或死亡，并通过抑制叶片伸展、影响或降低叶绿体光化学及生化活性等途径，使光合作用受到抑制，进一步影响植物的生长发育（刘朔等，2009）。干旱已成为 21 世纪和未来的世界性难题。国家中长期科学和技术发展规划纲要（2006—2020 年）中明确指出，把发展能源、水资源和环境保护技术放在优先位置，水资源已列到重点领域及其优先主题。

养分胁迫是抑制植物生长和导致产量降低的重要因素之一，近年来，我国西南地区及其他地区积极种植、发展小桐子。随着小桐子幼林相继进入初产期，对土壤养分的需求也日益增大，怎样合理施肥并协调营养生长与生殖生长的关系具有十分重要的现实意义。

根据云南省的气候和土壤特点，通过保证充分灌溉和施肥的方式来大幅度提高生产水平的方式成本太高。过去的研究表明，干旱缺水并不总会降低产量，一定时期内有限的水分亏缺可能对增加产量和节水都有利（林琪等，2006）；其他研究也表明，适当减少灌水次数和定额，可以达到不减产甚至是增产的目的（许振柱等，2009；Srivali 等，1998）。尹丽等（2010）研究表明干旱胁迫条件下（连续干旱 0d、5d、10d、…、45d），轻度干旱时，提高施氮水平对麻疯树光合和生长具有明显促进作用；中度干旱时，中氮的促进作用最好；重度干旱时，低氮促进效果最好，高氮的促进作用逐渐转为抑制。焦娟玉等（2011）研究发现在土壤 N 含量不高的情况下，较低的土壤水分更适宜麻疯树下生长，而在 80% 田间持水量条件下，增施氮肥会更有利于麻疯树光合特性的提高。目前对小桐子生态适应性方面的研究多集中于盐分和水分胁迫等方面（Silva 等，2010 和 2012；Rao 等，2012）。而关于水氮耦合对小桐子生长、耗水特性和灌溉水利用效率方面的研究还报导较少。

二、作物水肥耦合的研究现状

（一）水肥耦合的概念

耦合原本是物理学中的一个概念，具体是指两个或者两个以上的体系或运动形式之间，通过各种作用而彼此影响的一种现象。而水肥耦合则是对物理学概念的延伸，是一种田间水肥管理的新概念，最早是在 20 世纪 80 年代被提出的。水肥耦合的核心是指在农田生态系统中，水分和施肥两个因素或者水分和肥料中的 N、P、K 等因素之间的相互作用对作物的生长影响及利用效率（刘宏达等，2002）。水肥耦合作用对植物可产生 3 种不同的效应，即拮抗效应、迭加效应和协同效应（汪德水，1999）。

（二）水肥耦合的主要研究内容

对植物水肥耦合作用的研究，就是要研究其对植物生长发育所产生的影响及其根本原因，包括形态方面的，例如植株的高度和茎粗；生理方面的，如呼吸作用、光合作用、蒸腾作用以及新陈代谢等；产量方面的，包括经济产量和生物产量；水资源利用方面的，包括水和肥的利用率和利用效率。通过对上述各个方面的研究，全面地揭示出水肥耦合作用对植物的生长和发育的作用机理，以便进行水肥地调控，优化水肥管理方案，在节水节肥的基础上，达到高产、高效的目的。

（三）水肥耦合的国外研究进展

水肥效应最早在 16 世纪就有试验记载。人们最先认识的营养物质是水，17 世纪以后才意识到肥的作用，试验的发展从单因素到多因素的综合。19 世纪末至 20 世纪初，李比希的最小因子定律是该领域一个重大的突破；20 世纪水肥耦合效应研究的最大进展在因素影响植物生长的理论上，即各个因素之间的耦合效应。Russell（1967）分析了降水量与施肥效果的关系，指出降水量小于 120mm（即春小麦生育期的降水量）时，施氮肥没有效果。Shimshi（1970）指出，氮素和水分的供应对植物生长的共同作用的影响，用李比希的最低因子定律可以求出近似值。把水分限制下的植物生物量（YW）和氮素限制下的植物生物量（YN）进行对比，发现降水量在低于 200mm 时，YW <YN ，即植物的生物量主要受水分的限制；降雨在 200~400mm 之间时，YW >YN ，即植物的生物量主要由氮素的供应限制。Viets（1972）指出，尽管根系水分和养分的吸收是相互的过程，但由于水分对植物的各种生理过程、土壤微生物环境、土壤物理环境等都有影响，使得土壤养分与水分之间具有密切而又复杂的联系。Varma 和 Malik（1976）通过对 5 种不同植物的试验指出，不同的土壤含水量对 K 的吸收利用有不同的影响，在低 N 时，小麦中 K 的含量及其总吸收量随着土壤中水分含量的增加而逐渐减少；在干旱条件下，其他植物对 K 的吸收，并不受土壤中 N 和 P 含量的影响。Bhan（1970）通过实验了解到，施肥会导致植物在早期营养生长阶段耗水量的增加，从而引起生育后期水分胁迫程度的加重，对植物生长反而不利。另外，在土壤含水率很低的情况下，植物对养分的吸收利用效率都大大降低。Eck.HV（1988）等通过实验研究水氮耦合对冬小麦的产量及水分利用效率的影响时得出以下结论：达到最高产量时的处理为：充分灌水，施 N 为 140kg N/ha 的处理 1；在抽穗灌浆期内进行干旱胁迫处理，施 N 为 70kg N/ha 的处理 2 和在拔节返青期内进行干旱胁迫处理，施 N 为 70kg N/ha 的处理 3 达到最大产值；而施 N 量对全程干旱胁迫的处理 4 基本没有影响；与处理 1 相比，处理 2、处理 3 和处理 4 的产量则分别降低了 27%、32%、52%；处理 1、处理 2、处理 3 的水分利用率随着施 N 量的提高而提高，而施 N 量对处理 4 的水分利用率基本没有影响；在适当干旱胁迫的情况下，对拔节期进行干旱胁迫而后在抽穗灌浆期进行水分补充的做法是可行的，具有很大的增产潜力，同时还能达到节约灌溉用水和施肥量的目的。Benjamin 等（1997）通过试验研究了隔沟灌溉带状施肥对玉米生长及氮肥吸收的影响，结果表明，干旱年份将氮肥施在不灌水沟时，其吸收率降低了 50%；较湿润的年份，不灌水沟与灌水沟之间氮肥的吸收率无明显差异。Thomas 等（2000）报道了露地水、P 处理对大豆生长和发育的影响，实验结果表明：无论是水分的亏缺或者是 P 肥的亏缺都会导致大豆生长的延缓，叶面积指数的降低，P 的吸收利用率、产量和果实种子大小的降低，但根系的密度和长度却有所增加；水分的亏缺还会导致作物的提前成熟；P 的亏缺不会影响大豆的生殖生长，水分在生长的后期对大豆的生殖生长影响效果非常明显。单独增加 P 肥施用量，无论是否灌水都会对植物造成积极的影响；

在干旱的情况下施用P肥对植物的生长依然有效。Skinner等（1998）通过研究后发现：将肥料施于不灌水沟内并采用交替灌溉的方式，可有效减少肥料的淋溶损失；同时，采用交替灌溉方式时，玉米对N的吸收也会相应减少；与普通灌溉方式相比，当采用交替沟灌方式并施肥的试验玉米行中，土壤中NO_3^-的含量在生殖生长阶段和营养生长阶段较高。Jerry等（2001）通过长时间的实验统计，得出结论：灌溉水的利用效率和降雨的利用效率差异最大可达到50%。通过一系列农艺措施的使用，可以提高土壤的水率，并在一定程度上提高作物对水分的利用效率。如免耕通过保持土壤表层现状，减少了土壤侵蚀，也相应地降低了地表水分的蒸发，改善了土壤中的含水状况，加上土壤中毛豌豆的残留根系和N肥的增加，水分利用效率也会随之提高。若土壤排水不畅，则会导致土壤中N氮的损失，从而导致产量的降低，水分利用效率也会随之降低20%以上。

（四）水肥耦合的国内研究进展

在我国，水肥的耦合作用及其可控性早在公元前1世纪的《氾胜之书》中就已有记载。"八五"规划以后，我国在水肥耦合效应方面的研究也取得了不少进展。由中国农业科学院土壤肥料研究所、辽宁农业科学院等多家单位联合，把"旱地农田水肥交互作用及耦合模式研究"作为专题，组织了多专业、多学科的联合攻关，取得了丰硕的成果，在某些领域也获得了突破性进展。孟兆江等（1997）通过实验以夏玉米为对象研究了水、N、P三个因素的综合作用。实验结果表明，水肥耦合作用存在阈值，与国外学者的研究不谋而合。低于该阈值时，N和P对玉米增产的影响不明显，水分利用率也较低；当高于此阈值时，水肥耦合的增产效果明显。张洁瑕（2003）在对西芹的进行的耦合效应研究中也发现了类似的阈值，结果显示三因素对芹菜产量影响的大小不同，顺序依次为为水>N>P。邢维芹（2001）通过大田实验对半干旱地区夏玉米进行了水和N的不同耦合处理，分别设置在拔节期和抽雄期进行，实验研究了不同耦合处理对玉米的生理特性、产量及其节水效果影响。数据结果表明，交替灌水时水肥异区和水肥同区的效果均比较明显。沈荣开（2001）选取冬小麦和夏玉米为研究对象，进行了两年的实验研究，结果表明，N肥的增产效果与土壤中水分的状况关系十分密切。在一般情况下，N肥的增产效果随着灌水量的提高而提高。在低供水状态时，N肥的增产效果比较显著，但肥料的贡献率却随着施肥量的增加呈显著的递减趋势。张昌爱（2006）通过对大量实验数据的研究建立了设施芹菜的水肥耦合效应模型，并通过对模型的优化求出了芹菜的最佳水肥组合。张依章（2006）、尹光华（2006）等分别通过实验研究了不同水肥耦合处理对小麦光合作用的影响。张依章的试验结果表明在土壤深层施肥时，小麦可以在生长的后期维持较高的光合作用速率，同时气孔导度有所降低，有效减少了水分的散失，节水潜力较好；尹光华的实验结果表明：单因子对小麦叶片光合作用速率影响的大小顺序依次为N>水>P，交互作用对叶片光合作用速率影响的大小顺序依次为水氮耦合>氮磷耦合>水磷耦合。水肥耦合效应模型的研究与建立是以大量的实验和数据为基础进行的，在某些特定的区域和环境条件下，可以直接应用于农业生产，同时也为相关方面的研究和大面积农业生产提供了十分重要的理论依据。

三、水肥耦合在植物生长和产量及水分利用效率方面的研究

（一）水肥耦合对生长影响的研究

近年来，国外内专家学者在水肥耦合对植物生长方面的影响也进行了不少研究，针对不同的作物，取得了丰硕的结果。庞云（2006）通过水肥耦合效应对温室无土栽培黄瓜生长的影响实验中指出，施肥量对黄瓜营养生长的影响最大，而水分居其次；而保护地无土栽培黄瓜在苗期灌水处理为每亩 728L/d，施肥量为每亩 0.189g/d，结果期灌水为每亩 1 603 L/d，施肥量为每亩 0.525g/d 的水肥耦合处理时，黄瓜的营养生长、产量为最佳，其中苗期肥料比例为 N：P_2O_5 ：K_2O=1：1：1，结果期的比例调整为 N：P_2O_5：K_2O=2：1：3。Hebbar 等（2004）研究了不同灌溉和施肥方式下水肥耦合对番茄生长的影响，实验结果表明，采用滴灌施肥时番茄的叶面积指数和干物质量均达到最高，分别为 3.69g 和 181.9g，而采用沟灌时却只有 2.25g 和 140.2g。这说明滴灌施肥的方式能明显的促进番茄根系的生长，提高肥料的吸收利用率，减少深层土壤中 $NO3^-$-N 和 K 的淋溶，而渗灌的方式则能增加深层土壤中根系对 P 的吸收，同时滴灌施肥的方式能明显的增加单株产量（最高产量 56.9 个 / 株），并提高肥料的吸收利用效率。杨丽娟等（2000）的研究表明，在保护地栽培的条件下，较之沟灌，滴灌和渗灌能为植物根系提供了更好的生长环境，植物根系发育得更好，根系活力也随之变强，相应的根系对养分的吸收能力也变得更强。而根系吸收功能增强，可以为植物提供更多的水分和养分，效果直接反馈给植物地上部分，使番茄的营养生长更加旺盛，为后期产量的提高提供更好的物质基础。López-Bellido 等（2001）通过设置不同的水氮处理以及滴灌深度，在对南瓜的水分、氮素利用效率的影响实验中发现，随着灌水量和施 N 量的增加，土壤中 N 的淋失也随之增加，地面施肥、肥下 15cm 处滴水灌溉处理（SDI）时南瓜的产量比施肥和滴水灌溉均在地下 15cm 处（S&S）时提高了 16%，且每天能减少 N 的淋失 93%，提高水分利用效率 75%。同时利用土壤湿度传感器来配合进行自动灌溉则能更好地减少灌水用量和降低 N 的淋失。将土壤湿度传感器与 SDI 系统相结合在改善根系营养环境的同时，也降低了灌水量和氮素淋失，提高了南瓜的产量。

（二）水肥耦合对养分、水分利用效率影响的研究

刘祖贵等（2003）在温室滴灌条件下对番茄进行了不同的灌水和施 N 组合试验，结果表明，番茄耗水量的多少主要与灌溉量的多少有关，而与施氮量的多少关系不大；在相同施氮水平下，无论是整个生长期的耗水量，还是单阶段的耗水量都会随着灌溉量的增加而增加，低水中氮处理的水分利用效率达到最高。Thompson 等（2000）研究了地下滴灌模式水氮耦合对花椰菜氮素吸收、氮肥利用率和硝酸盐残留的影响，3 年的试验结果均表明施氮量的多少显著影响氮肥的利用率，土壤含水量对氮肥利用率的影响也非常明显。在高水、中水和低水条件下，平均氮肥利用率分别为 52%、61% 和 55%。施氮为 300~400kg/hm^2 时花椰菜的平均氮肥利用率为 58%，而 500~600kg/hm^2 时氮肥利用率仅为 41%，高氮时氮肥利用率反而显著降低。Sharmasarkar 等（2001）研究了滴灌和漫灌方式对甜菜根水分和养分利用率的影响，实验结果表明，滴灌的耗水量明显少于漫灌处理，具有良好的节水效果，且在较

少的灌水量和肥料投入时就能获得较高的产量和质量；滴灌的水分利用效率和肥料利用效率明均高于漫灌；水分利用效率随灌水量的增加不增反减，肥料的利用效率也随着施肥量的增加而呈下降趋势。研究还指出，采用滴灌的方式，并适当减少灌水量和施肥量，同样能获得较高的水分和肥料利用效率，甜菜的质量也较高。

（三）水肥耦合对产量影响的研究

实验研究的最终目的都是为了应用于实际生产，而世界生产中最为关心的就是产量问题，在这方面国内学者通过实验研究，取得了不少成绩。孙文涛（2005）采用二次回归 D- 饱和最优设计对温室番茄进行水肥试验时，通过数据分析得出以下结论：水和 K 肥的耦合作用是影响番茄产量的最主要因素，灌水和氮肥的耦合居其次；仅从增加产量角度来看，以高水、高钾、中氮的组合为水肥调控的最佳组合。并且得出番茄产量最高时的水肥组合为：氮肥（以纯氮计）415.499kg/hm^2、钾肥（K_2O）451.956 kg/hm^2、累计灌水量 1 273.033m^3/hm^2。虞娜（2003）采用 311A–D 最优饱和设计温室小区试验，通过对单因素、主因素效应的分析，定量地评价了施氮量、施钾量以及灌水下限对番茄产量的关系，结果显示：3 个因素对产量影响的大小顺序依次为灌水下限 > 施氮量 > 施钾量；灌水下限与施肥存在明显的正交互作用，并且灌水下限与氮肥的交互作用 > 灌水下限与钾肥的交互作用，实验还得出栽培番茄的氮肥和钾肥最佳施用量范围分别为 327.13~352.01kg・N/hm^2 和 295.69~330.17kg・K_2O/hm^2，对于灌水下限的最佳设置，理论上，在试验处理设置范围内，随土壤吸力增加，产量也随之增加，土壤吸力达到 20kP 时，产量达到最高，相应的产量波动范围为 104 699.52~105 546.23kg/hm^2，但考虑到工作强度、灌水成本和目标产量，可适当增大灌水下限和土壤吸力。但是虞娜（2006）最近的研究结果却显示，不同水肥处理对番茄产量影响的大小顺序依次是：肥料 > 水肥耦合 > 灌水作用。高艳明等在日光温室中通过滴灌方式，采用三因素二次回归通用旋转组合设计，研究了水、N、P 的耦合效应对辣椒产量的影响，得到了关于总产量（Y_1）、灌水量（X_1）、施氮量（X_2）、施磷量（X_3）的水肥耦合的回归模型：

$$Y_1=2409.4+223.6X_1-79.8X_2-190.6X_3-84.8X_1X_2-125.7X_1X_3-109.3X_2X_3-12.7X_1^2+36.2X_2^2-41.2X_3^2$$

通过对模型的分析，得出了三因素对辣椒产量影响大小的顺序依次为灌水量 > 施磷量 > 施氮量；水磷以及氮磷的交互耦合作用效果较显著，尤以高水低磷、高氮低磷搭配时产量在所取范围内有最大值。但梁运江（2003）采用三因素五水平二次回归正交旋转组合设计，建立了关于灌水定额、N 肥和 P 肥对辣椒产量影响的数学模型，通过对模型的分析却得出水、N、P 3 个因素对辣椒产量影响的大小程度基本相近的结论。水氮、氮磷对辣椒产量的交互耦合作用为负作用，水磷组合对产量的耦合作用为正作用。并通过实验选出了辣椒高产、稳产的水肥管理方案：高产（辣椒产量 >680 00kg/hm^2）的综合水肥管理方案为：灌水量 167.5~176.1m^3/ 次 /hm^2，纯氮施用量 207.7~235.6kg/hm^2，纯磷施用量 178.4~193.1kg/ hm^2。经济水肥管理方案为：灌水量每次 163.4 m^3/hm^2，纯氮施用量 226.7 kg/ hm^2，纯磷施用量 174.6 kg/hm^2。

（四）小桐子水肥耦合研究进展

生物液体燃料作为一种可再生和对环境友好的新型能源，正受到了世界各国的重视，开发、利用生物质能源是中国目前应对能源危机和环境恶化两大难题的必然选择（Wu 等，2009；王涛，2005）。小桐子（*Jatropha curcas* L.）又称麻疯树、臭油桐，属于大戟科（Euphorbiaceae）麻疯属（Jatropha），树高 2.0~5.0 m，可在年降水量 480~2 380mm，年平均气温 18.0~28.5℃，海拔 800~1 600m 的平地、丘陵坡地及河谷荒山坡地环境下生存（林娟等，2004；Singh 等，2014），具有生长较快、耐寒、耐旱、耐侵蚀等特性（Mponela 等，2011；Kheira 等 ，2009；陈杨玲等，2013）。小桐子为多年生灌木树种，原产于美洲，广泛分布于热带、亚热带及干热河谷地区，如云南主要分布于金沙江、澜沧江、红河等流域（丘华兴等，1996；郑万均等，1998），是一种多功能树种，不仅能保护生态环境，而且利用其高含油率的果实生产生物柴油，是一种具有较大开发潜力的能源作物（Carval 等 ，2008；尹芳等，2012），被认为是化石原料的替代品（Pandey 等，2012），作为可再生资源，有着非常重要的研究价值（Evans 等 ，1983；Achten 等，2007；Kheira 等，2009），Ye 等（2010）报道指出不同国家 18 个产地的小桐子种仁含油率在 51.3%~61.2% 之间，且小桐子油的组成成分及化学特性与零号柴油非常接近，经过简单的加工就可以使用，利用小桐子生产的生物柴油具有以下优点：（1）属于非易燃易爆液体，运输安全；（2）其酸值比化石柴油低，减少对发动机的腐蚀性；（3）其燃烧尾气中除 NO_X 浓度稍高外，硫化物、CO 及颗粒物均减少；（4）生物柴油无毒，可降解，可再生（孟中磊等，2006）。与大豆、油菜、棉、棕榈几种油料作物相比，小桐子作为生物燃料的成本较低，而且其副产品种类较多，有较高的经济效益（罗福强等，2010）。与现有常见植物油相比，小桐子油具有较高的十六烷值、氧含量、运动黏度及氧化稳定性，并且小桐子油密度和酸值较小，可与柴油混合，具有广阔研究利用前景（罗福强等；2010）。小桐子具有喜光，耐干旱贫瘠的特点，因其具有的高抗环境胁迫的能力引起了众多专家学者的高度关注（Prueksakorn 等，2010；费世民等，2006；Kumar 等，2008），如他可以生长在任何地方，甚至是石质山区，砂壤和盐碱土壤和极其贫瘠的土壤中（Valdes-Rodriguez 等，2011；Achten 等，2010）及其他作物难以生存的地方（Francis 等，2005），也可以用于废弃土壤的复垦和干旱半干旱地区的植被恢复（Kumar 等，2008；Zahawi 等，2005）。小桐子体内含有丰富的氮、磷、钾，是有机肥的重要原料。小桐子全株可以加工药品，如它的茎、叶、树皮含有大量的的乳汁，可作为除菌、皮肤病的外用药、风湿病的止痛药等，也可用于肥皂和化妆品的生产。特别是其种子含油量高达 40%~60%，在工业上可替代柴油作为燃料，号称生物柴油树（Mponela 等，2011）。加之小桐子还有保水固土、防止土壤沙漠化、增加土壤有机质的作用（陈杨玲等，2013；Eijck 等，2014；Meher 等，2013）。归因于小桐子具有较强的抗环境胁迫能力，人们常常会产生较多的误解，他们认为小桐子能在极其贫瘠的土壤中较快生长并能取得较高的产量（Behera 等，2010）。虽然小桐子在我国的热带亚热带地区种植面积较广，但大多数种植区正面临着干旱缺水、土壤贫瘠、不合理施肥导致农业面源污染严重等突出问题，导致小桐子的生长质量较差，因此使其产量较低、品质较差、水肥利用效率极其低下，从而严重制约着小桐子产业的较快发展和生态环境的改善。生物量的大小是衡量作物生长和水分利用效率的关键因素之一，而土壤水分和养分是影响生物量的最重要因素，那么有利于小桐子健康生长和水分利用效率提高的适宜土壤水分和养分范围是多少，这一问题已引起众多学者的普遍关注。

科学灌溉和施肥是促进作物较快生长、节水减排和提高水肥利用效率的重要举措。在实际生产中，由于水氮管理措施的缺乏，许多农民盲目追求高产，不断增加灌溉用水量和过度使用氮肥，致使作物水氮利用效率降低，农业面源污染不断加重（米国全等，2013）。在水氮耦合条件下，已有研究发现，灌水量为田间持水量的 80% 时，增施氮肥会更有利于麻疯树光合作用进行（焦娟玉等，2011），田间持水量为 80% 和 60% 时，增施氮肥明显提高了麻疯树幼苗的渗透调节能力（尹丽等，2012）。当灌溉量是蒸散量的 80% 时，增施氮肥明显提高了小桐子的干物质质量、壮苗指数和水分利用效率（杨启良等，2013）。灌溉施肥（fertigation）是将易溶于水的肥料随同灌溉水输送到田间或作物根区的农业水肥管理技术（李伏生等，2000；王秀康等，2016；Godfray，2010；Mponela，2011）。这种技术不仅促进作物产量明显提高，而且对减少肥料的损失和显著提高作物水肥利用效率起到积极的作用（Kheira 等，2009；邢英英等，2015）。目前灌溉施肥技术已围绕大田作物和果蔬作物的生长、生理和水肥利用效率进行了大量研究（吴立峰等，2014；梁海玲等，2012；何华等，2002），但针对能源作物小桐子方面的研究尚未见报道。为此，本研究基于灌溉施氮研究小桐子生长和水氮利用效率的变化规律，探讨小桐子优质高效种植的水氮一体灌溉模式，为小桐子的水肥管理提供参考。

近年来，小桐子已开始人工种植，而土壤水分和养分是影响小桐子生长和水分利用的最重要因素。研究发现，有利于小桐子生长、光合作用及其他生理响应的适宜的土壤水分范围为田间持水量的 30%~50%（Jiao 等，2010）。采用灌水定额为 10mm 和 30mm，交替灌溉处理增强了小桐子贮存水调节能力，提高了根系和总干物质质量，而降低了蒸腾量和蒸散量，从而使得水分利用效率显著提高（Yang 等，2010）。Kheira 等（2009）采用 50%、75%、100% 和 125% 的蒸散量处理，发现蒸散量为 100% 的处理其产量最高，但不同水分胁迫处理对脂肪酸并没有显著影响。Yin 等（2011）研究表明，有利于小桐子幼苗生长和光合作用的最佳施氮量为 288 kg N/ hm^2。单施 N 肥明显促进主杆生长，单施 P 或 K 肥明显提高小桐子产量（Liu 等，2009；Gu 等，2011）。Jiao 等（2011）指出，在 80% 田间持水量下增施氮肥会更有利于小桐子光合作用进行，而田间持水量为 80% 和 60% 时，增施 N 肥能明显促进小桐子幼苗渗透调节能力的提高（Yin 等，2012）。

在水分方面，国内众多学者的研究发现有利于小桐子生长、光合作用及其他生理响应的适宜土壤水分范围为田间持水量的 30%~50%（焦娟玉等，2010）。也有研究表明，采用灌水定额为 10mm 和 30mm 交替灌溉的处理增强了小桐子的贮存水调节能力，提高了根系和总干物质质量，而降低了蒸腾量和蒸散量，从而使得水分利用效率显著提高（杨启良等，2012）。在国外，Kheira 等（2009）采用 50%、75%、100% 和 125% 的蒸散量处理下，研究发现蒸散量为 100% 的处理其产量和品质最好，但不同水分胁迫处理对脂肪酸并没有显著影响。W.H. Maes 等（2009）研究表明，经过一段时间的充分浇水后在第 62d 时按照充分灌水量的 40% 处理直到 114d，他们认为小桐子较强的抗旱性与茎干较小的木质部密度密切相关。

在养分方面，尹丽等（2011）的研究结果表明，有利于麻疯树幼苗生长和光合作用的最佳施氮量为 288kg /hm^2。也有研究表明，N、P、K 混合施肥能显著促进小桐子的生长；仅施用 N 肥会明显促进主杆生长，但仅施 P 肥或 K 肥有利于小桐子产量的明显提高（刘朔等，2009；谷勇等，2011）。在水分和氮肥共同作用下，目前，焦娟玉等（2011）的研究发现在 80% 田间持水量下增施氮肥会更有利于麻疯树光合作用进行，尹丽等（2012）研究发现田间持水量为 80% 和 60% 时，增施 N 肥能明显促进麻疯树幼苗渗透调节能力的提高。

小桐子作为重要的能源作物，在云南的发展非常迅速，仅规划的种植面积就已超过百万公顷，并且多数都为人工纯林（伍建榕等，2008）。根据云南省的气候和土壤特点，靠扩大灌溉规模和保证施肥的方式来大幅度提高生产水平的方式成本太高。过去的研究表明，一定时间和一定程度上的干旱并不总是会降低作物的产量和质量，有时候反而会提高（林琪等，2004）；还有的研究表明，减少灌溉水次数和定额，可以达到不减产甚至是增产的目的（许振柱等，1997；Srivalli 等，1998）。尹丽等（2010）研究表明干旱胁迫条件下（连续干旱 0d、5d、10d、…、45d），轻度干旱时，提高施氮水平对麻疯树光合和生长具有明显促进作用；中度干旱时，中氮的促进作用最好；重度干旱时，低氮促进效果最好，高氮的促进作用逐渐转为抑制。焦娟玉等（2011）研究发现在土壤 N 含量不高的情况下，较低的土壤水分更适宜麻疯树下生长，而在 80% 田间持水量条件下，增施氮肥会更有利于麻疯树光合特性的。目前对小桐子生态适应性方面的研究多集中于盐分和水分胁迫等方面（Silva 等，2010；Rao 等，2012；Evandro 等，2012）。

干热河谷地区水资源缺乏，成为限制该地区农业生产的重要因素之一。近年来，为了建立高效的农业节水灌溉制度，限量灌溉，焦娟玉等（2011）认为灌水量为田间持水量的 80% 时，增施氮肥会更有利于麻疯树光合作用进行；田间持水量为 80% 和 60% 时，增施氮肥明显提高了麻疯树幼苗的渗透调节能力（尹丽等，2012）；此外，水分和养分的多少严重影响着小桐子的产量，灌水量为 450kg/hm^2 的小桐子生长、产量及种子含油量均高于 750kg/hm^2（Kheira 等，2009），灌水量为 387.28kg/hm^2，氮肥用量 90kg/hm^2，K_2O 用量为 60kg/hm^2 处理下小桐子产油量最高（Ariza-Montobbi 等，2010）。但针对限量灌溉和施肥对能源作物小桐子品质方面的研究还尚少。为此，本研究基于限量灌溉和施氮，研究小桐子产量和品质的变化规律，从而找到最佳的水、氮处理模式，为干热河谷地区提高小桐子产量提供理论依据。

20 世纪 70 年代，调亏灌溉（Regulated Deficit Irrigation，RDI）一词首先被澳大利亚持续灌溉农业研究所 Tatura 提出（郭相平等，1998），即在作物生长发育的某一阶段，外部施加一定量的水分胁迫，从而调节作物的生长进程，影响作物的体态特征，达到增产、节水及提高水分利用效率的目的，是一种新型的非充分灌溉技术（Cano-lamadrid 等，2015）。调亏灌溉通过调节土壤水分状况控制作物的根系生长，进而调节作物的光合作用及水分利用效率，间接影响着作物的蒸腾量（Fabio 等，2002）。大量的研究表明，调亏灌溉有益于作物增产和农业节水，它适宜于小麦、玉米等粮食作物，同时也适用于苹果、香梨等果树，它既可增加果实的产量且不影响其品质。原保忠等（2015）认为，适宜的调亏灌溉可提高水分利用效率，同时维生素 C、游离氨基酸及可溶性固形物（TSS）含量及产量也有所提高。强敏敏等人（2015）通过对枣树进行调亏灌溉，结果发现轻度调亏的枣树产量相对于充分灌溉提高了 22.1%，同时水分利用效率也显著提高。董国锋（2006）等研究表明，苜蓿在轻度水分亏缺（土壤含水率为 60%~65% θ_f）处理下的粗蛋白含量达到最大值，水分利用效率最高。此外，适宜的水分亏缺和施氮处理，可提高冬小麦的产量，增加其干物质的积累，同时还能有效控制根系生长，减少冗余（马守臣等，2012；孔东等，2008）。全球干旱作为全球变暖的结果，水资源缺乏已经成为农业生产的主要限制之一，了解作物抗旱性能，实现作物高效用水机制，有利于提高农业生产效率。但盲目地增加灌水和氮肥，是许多农民追求高产的措施之一，水氮管理措施的缺乏，致使水氮利用效率降低、土壤的富营养化污染加剧。Santana 等（2015）人通过对不同基因型小桐子进行调亏灌溉后发现，作物的光合作用、水分利用效率均有显著提高。L. Díaz-Lópeza 等（2012）分别采用 5 种灌水水平（0%、25%、50%、75%、100% 蒸散量）对小桐子进行水分处理，结果显示水分胁迫会降低小桐子地上部分生物量的积累，减少水分的散失，适宜的水分亏缺还能增强小桐子抗干旱胁迫能力。

四、水肥耦合的研究方法

当前，旱地水肥耦合效应的研究实验主要采用田间实验和模拟实验（旱棚实验或盆栽实验）进行。保护地蔬菜类的水肥耦合效应研究实验较多采用小区滴灌模拟实验（于亚军等，2005）。田间实验的优点很明显，主要在于实验的气候条件与实际生产更接近，结论更能直接的应用于农业生产，缺点则是实验干扰因素较多、较难控制，结果的精确性也不高。相对而言，盆栽实验的干扰因素较少，条件易于控制，相应的实验精度也更高，但是条件接近理想化，结论难以直接应用于大田生产。不同的研究者可依据实验的目的不同去选择合适的试验方法。但对结果的分析，两种不同试验方法得出的结论往往分歧较大，高亚军（2002）等通过对不同的研究资料进行分析后提出，施肥是影响植物增产主要因子的大多为田间实验的结论；大多数盆栽实验和旱棚试验的结论都指出，灌水是使植物增长的第一影响因子。另外，实验方案的设计也会对结论产生不同的影响。穆兴民（1999）指出，常规对比试验的结论大多是施肥对增产的作用大于水分；而水肥正交组合试验的结果却恰恰相反。目前田间水肥耦合效应模型大多利用多元回归方程，即把产量作为因变量，把水分和肥料或各种营养成分当作自变量，通过拟合多元方程而得到。其优点很明显，只要试验方案设计合理，取得的数据可靠，模型很容易建立，其缺点是不同田地情况各部相同，得出的一个模型无法在其他大田通用，必须通过多块大田试验，采用聚类方法来求得通用模型。除了回归模型，吕殿青等（1995）还提出了一种转换模型。不过这种模型把回归系数的差异仅归于水分，忽略了土壤的影响，假定不够合理，数学基础也不十分严密。因此，这种利用产量建立的模型，因为试验中水肥设置的水平和间距都不完全一致，利用该模型比较水肥耦合效应的大小具有一定的局限性。

五、水肥耦合研究的展望

我国自“八五”期间以来，把“旱地农田水肥交互作用及耦合模式研究”作为专题，通过多学科、多领域的联合攻关，在干旱地区大田农作物方面的研究取得了很多成果。但是，随着近年来迅速发展的保护地蔬菜的种植，配方施肥、节水灌溉等新的水肥管理方法的研究，提出量化方案，指导具体的施肥与量化管理，也应该成为该领域今后迫切需要解决的重大课题项目。现有的研究大部分集中于单因子、室内模拟、产量效应以及水分利用效率等方面的研究，多因子、大规模、质量、产量、生态效应等多方面考虑的水肥耦合效应方面的试验以后应更多地开展。今后水肥耦合的生物效应及其机理等方面的研究应引起更多专家学者的注意，向更深的层次挖掘。在研究方法上，应根据不同的实验目的去选择合适的实验方法，田间试验和模拟试验各有其优缺点；在模型建立时，应使构建的水肥耦合效应模型具有更广泛的通用性。长期以来一些有争议的问题，比如在水分胁迫下，作物生育期、肥料的效应问题等还需进一步深入研究。水肥的具体量化及氮肥使用对环境安全的考虑，由于缺乏先进手段的辅助，导致其精确度也不高，可操作性欠佳，有待进一步研究。

第二节　试验概况与研究方法

一、试验概况

（一）灌水频率和施氮对小桐子生长和水分利用的影响试验

试验于 2011 年 4—10 月在昆明理工大学现代农业工程学院温室内（E102° 8′，N25° 1′、海拔 1 862m）进行，该温室没有控温装置，试验期间 8:00—19:00 的平均温度为 18~40℃，平均湿度为 30%~55%。供试土壤为燥红土（dry red soil），其有机质含量为 13.12g/kg、全氮 0.87g/kg、全磷 0.68g/kg、全钾 13.9g/kg，田间持水量为 23%。供试作物为 1 年生小桐子幼树，来自云南元谋干热河谷区。

试验方法：试验设 3 个灌水频率和 2 个施氮水平，完全方案设计，共 6 个处理，每个处理 3 次重复。3 个灌水频率分别为 4d、8d 和 12d，用电子秤称重后，每次灌水时均浇水至田间持水量的 80%。2 种施氮处理，包括不施氮（对照）和每 kg 风干土施氮 0.3 g，每盆均施用磷钾肥（0.3 g P_2O_5/kg、0.19 g K_2O），氮肥用尿素（分析纯），磷钾肥用磷酸二氢钾（分析纯），按照田间持水量计算，将肥料溶于水中随水浇入桶中保证肥料均匀分布于桶内土壤中。

试验在塑料盆中（上底宽 30cm，下底宽 22.5cm，桶高 30cm）进行，每桶装 13kg 土壤，其装土容重为 1.2g/cm^3。盆表面铺 1cm 厚的蛭石阻止因灌水导致土壤板结，盆底均匀分布着直径为 1cm 的 3 个小孔，以提供良好的通气条件。试验于 4 月 12 日将小桐子幼树移入盆中，每盆栽 1 株，移栽后桶内统一浇水至田间持水量。经过 107d 缓苗后，从 180

盆中挑选长势均一幼树 18 盆于 7 月 27 日进行施肥处理，施肥处理后于 8 月 7 日开始按不同灌水频率处理。试验期间灌水频率 4d、8d 和 12d 平均灌溉定额，其中施氮处理分别为 253.36mm、222.01mm、200.47mm，不施氮处理分别为 259.65mm、207.47mm、178.80mm，共灌水 15 次，灌水处理日期（月、日）分别为 08-07，08-10，08-14，08-18，08-22，08-26，08-30，09-03，09-07，09-10，09-10，09-13，09-17，09-21，09-25。试验期间管理措施均保持一致。

（二）亏缺灌溉和施氮对小桐子根区土壤硝态氮分布及利用的影响试验

试验于 2012 年 4—8 月在昆明理工大学现代农业工程学院温室进行，温室地处 102° 8′、N25° 1′ E。1 年生小桐子幼树来自于元谋干热河谷区，4 月 19 日将小桐子幼树移栽至上底宽 30cm、下底宽 22.5cm、桶高 30cm 的大花盆中，盆底均匀分布着直径为 1cm 的 3 个小孔以提供良好的通气条件，每盆只栽 1 株，桶中装土 13kg，装土前将其自然风干过 2mm 筛，其装容重为 1.2g/cm^3，移栽后浇水至田间持水量。供试土壤为燥红壤土，其有机质质量分数为 13.12g/kg、全氮 0.87g/kg、全磷 0.68g/kg、全钾 13.9g/kg。

经过 30 d 的缓苗后，从 270 盆中挑选长势均匀的小桐子幼树于 5 月 27 日进行不同的水分处理。试验设 4 个水分水平，3 个施氮水平，完全设计总 12 个处理，每个处理 3 次重复，灌水处理中每次灌水定额分别为（W1：100%ET（ET 为蒸散量）；W2：80% W1；W3：60% W1；W4：40% W1），施氮处理中每 kg 风干土施入尿素分析纯的质量分别为（N0：0，N1：0.4 g，N2：0.8 g），本试验施氮共处理一次，盆中统一施入磷酸二氢钾分析纯（P_2O_5，0.3g/kg 风干土，0.19 g K_2O），按照田间持水量计算，于 5 月 17 日将氮磷肥溶于水中随水浇入桶中保证肥料均匀分布于桶内土壤中。灌水周期均为 7 d，灌溉定额从 W1 至 W4 分别为 292.1、280.8、205.3、164.5mm，共灌水处理 13 次，灌水日期（月 - 日）分别为 5-27、6-3、6-10、6-17、6-24、7-1、7-8、7-15、7-22、7-29、8-5、8-12、8-19。其中，第一次取土样（7 月 15 日）之前共灌水处理 5 次，灌溉定额从 W1 至 W4 分别为 127.9mm、99.4mm、71.5mm、47.8mm；第二次取土样（8 月 5 日）之前共灌水处理 10 次，灌溉定额从 W1 至 W4 分别为 170.0mm、133.2mm、96.9mm、64.7mm。为减少温室内生长盆放置环境造成的系统误差，试验期间每 2 周沿相同的方向转动 1 次，试验灌水处理共 84 d。其他管理措施均保持一致。

（三）调亏灌溉和氮处理对小桐子生长及水分利用的影响试验

实验于 2015 年 4—9 月在昆明理工大学现代农业工程学院实验性玻璃温室进行。一年生小桐子幼树来自云南元谋干热河谷区，4 月 22 日将小桐子幼树移栽至上口直径 26.0cm、下口直径 20cm、桶高 28.0cm 的花盆中，花盆装土 13kg，每盆移栽一株，移栽后将土表面铺 1cm 厚的蛭石防止因灌水导致的土壤板结，每盆均浇水至田间持水量。供试土壤为当地燥红壤土，装土前将其自然风干，过 5mm 筛，其有土壤理化性质如表 5-1 所示。

表 5-1　盆栽土壤理化性质

有机质（g/kg）	全氮（g/kg）	全磷（g/kg）	全钾（g/kg）	容重（g·cm）	土壤质量含水率（%）
13.30	0.88	0.66	14.1	1.23	30

经过40d缓苗后，挑选长势均匀的小桐子幼树进行调亏灌溉和氮营养处理。实验设3个施氮水平，2个生育阶段内各设2个灌水水平，共12个处理，每处理3次重复，共36盆。

水分亏缺分别设第一阶段（41~90d）：亏水、不亏水，第二阶段（91~140d）：亏水、不亏水，共4个水平，分别是亏水+不亏水（W_LW_H）、不亏水+亏水（W_HW_L）、亏水+亏水（W_LW_L）、不亏水+不亏水（W_HW_H）。亏水（W_L）和不亏水（W_H）处理以控制土壤含水率占田间持水量（θ_f）的百分数表示，亏水：W_L（30%~50%）θ_f，不亏水：W_H（50%~80%）θ_f。施氮处理为每盆13kg风干红壤土施分析纯尿素$CO(NH_2)_2$的质量分数分别为不施肥N_Z（0g/kg）、低氮N_L（0.2g/kg）、高氮N_H（0.4g/kg）3个水平。每盆统一施加磷肥0.58g/kg。缓苗后将氮肥、磷肥溶于水，浇灌于土壤中。

2015年6月1日开始进行调亏灌溉及氮营养处理，将肥料均溶于水，随水浇灌到土中，保证肥料均匀分布于土壤中。第一阶段（6月1日至7月19日），灌水周期为2d，共灌水25次；第二阶段（7月20日至9月10日），灌水周期为3d，共灌水16次。随着植株的生长，用植株鲜重（Y，g）和苗高（X，cm）之间的经验关系式：$Y=3.061X-13.533$（$R^2=0.874$，$P<0.001$）来矫正随植株生物量的变化引起的土壤水分变化。W_LW_H、W_HW_L、W_LW_L、W_HW_H 4个处理的灌溉定额分别为395mm、441mm、295mm和538mm。试验周期140 d，灌水和施氮处理共100d。整个试验期内，保持温室良好的通风状态，每10d转动花盆位置，其他管理措施均保持一致（表5-2）。

表 5-2　试验处理水平

水氮组合	氮肥水平	处理后40~90d	处理后91~140d
$N_ZW_LW_H$	无（N_Z）	亏水（W_L）	不亏水（W_H）
$N_ZW_HW_L$	无（N_Z）	不亏水（W_H）	亏水（W_L）
$N_ZW_LW_L$	无（N_Z）	亏水（W_L）	亏水（W_L）
$N_ZW_HW_H$	无（N_Z）	不亏水（W_H）	不亏水（W_H）
$N_LW_LW_H$	低（N_L）	亏水（W_L）	不亏水（W_H）
$N_LW_HW_L$	低（N_L）	不亏水（W_H）	亏水（W_L）
$N_LW_LW_L$	低（N_L）	亏水（W_L）	亏水（W_L）
$N_LW_HW_H$	低（N_L）	不亏水（W_H）	不亏水（W_H）
$N_HW_LW_H$	高（N_H）	亏水（W_L）	不亏水（W_H）
$N_HW_HW_L$	高（N_H）	不亏水（W_H）	亏水（W_L）
$N_HW_LW_L$	高（N_H）	亏水（W_L）	亏水（W_L）
$N_HW_HW_H$	高（N_H）	不亏水（W_H）	不亏水（W_H）

（四）水氮耦合对小桐子生长和灌溉水利用效率的影响试验

试验于2011年3—9月在昆明理工大学现代农业工程学院温室进行，温室位于25° 3′ 40.24″ N、102° 45′ 38.45″ E。实验所用小桐子来自元谋县干热河谷地区。试验用盆规格：下底宽22.5cm，上底宽30cm，高30cm，底部有3个直径1cm的小孔保证通气。盆栽用土为云南当地常见的红壤土，呈酸性，pH值5.0~5.5，其有机质质量分数为13.12g/kg、全氮0.87g/kg、全磷0.68g/kg、全钾13.9g/kg。经过自然风干、粉碎、过5mm筛，按照每盆13kg的规格装盆，苗移栽后浇水至田间持水量，表面均匀铺1cm厚的蛭石以防止因浇水导致的土壤板结。灌溉用水为自来水。

经过90d的缓苗，然后挑选出长势均匀的小桐子幼苗进行分组处理。实验设置3个氮素处理，3个水分处理，完全设计共9个处理，每个处理重复3次，灌水处理中每次的灌水定额为（W1：30% θ_f，W2：50% θ_f，W3：80% θ_f），施氮处理中每千克风干土中施入尿素分析纯为（N1：0.0g，N2：0.3g，N3：0.6g）。灌水周期为7d，磷肥用磷酸二氢钾分析纯（P_2O_5，0.3g/kg风干土），按田间持水量进行计算，将磷肥溶于水，然后随水浇入盆中以保证肥料在盆内土壤中均匀分布。为了减少温室内植物生长因盆放置环境而产生的系统误差，实验期间每两周沿相同方向转动一次。

（五）水氮一体灌溉模式对小桐子生长及水氮利用的影响试验

实验于2012年4—9月在昆明理工大学现代农业工程学院玻璃温室中进行。一年生小桐子幼树来自于云南元谋干热河谷区，4月15日将小桐子幼树移栽至上底宽30.0cm、下底宽22.5cm、桶高30.0cm的塑料花盆中。供试土壤为当地燥红壤土，质地类型为黏壤土，将风干土样过5mm筛后装入桶内，每盆移植1株小桐子幼树，桶中装土13kg，装土容重为1.2g/cm^3，田间持水量（θ_f）为29.8%（质量百分数）。土壤pH为5.50，土壤有机质质量分数13.12g/kg、全氮0.87g/kg、全磷0.68g/kg、全钾13.9g/kg，移栽后浇水至田间持水量。

经过60d缓苗后，从60盆中挑选长势均匀的小桐子幼树进行不同的水氮处理。实验设4个水分处理，3个施氮处理，共12个处理，每处理3次重复，共36盆。每次灌水采用称重补偿法，灌水定额为T1（100%ET）、T2（80%ET）、T3（60%ET），T4（40%ET），灌水周期为7d，自5月27日至9月20日，共灌水17次，灌溉定额T1至T4分别为：308.2mm、240.4mm、181mm、120.3mm。

施氮处理为每盆13kg风干红壤土施分析纯尿素的质量分数是N1（0g/kg）、N2（0.4g/kg）、N3（0.8g/kg）。低氮处理（N2）每盆13kg风干土施分析纯尿素CO（NH_2）$_2$总量为：0.4kg×13kg/46.7%=11.135g（尿素中氮元素质量分数为46.7%）；高氮处理（N3）每盆13kg风干红土施分析纯尿素CO（NH_2）$_2$总量为：0.8g/kg×13kg/46.7%=22.27g。每次灌水前分别将氮肥0g、0.66g、1.31g在水中拌和均匀后，浇于盆内土壤中。为了减少温室内生长盆放置环境产生的系统误差，试验期间每两周均按顺序沿同一方向转动一次，其他管理措施均保持一致。

表 5-3　试验处理水平

N 处理	水处理			
	T1（100%ET）	T2（80%ET）	T3（60%ET）	T4（40%ET）
N1（0g/kg）	0+100%ET	0+80%ET	0+60%ET	0+40%ET
N2（0.4g/kg）	0.4+100%ET	0.4+80%ET	0.4+60%ET	0.4+40%ET
N3（0.8g/kg）	0.8+100%ET	0.8+80%ET	0.8+60%ET	0.8+40%ET

（六）限量灌溉和施氮对小桐子产量和品质的影响试验

大田试验于 2010—2012 年在云南元谋干热河谷进行（101° 34′ E，25° 51′ N）。试验区海拔高 1 898m，年均降水量约 540.72mm，雨季（6—9 月）降水占年降水量的 90%，年均蒸发量约 3 157mm，是降水量的 5.84 倍。年均日照时数 2 574h，年均气温 22.7℃，最高月均温 31.11℃，极端最高月气温 38.8℃，最低月均温 19.1℃，极端最高月气温 1.5℃，属亚热带半干旱季风气候，植被覆盖率低，试验期间气温及太阳辐射量见图 5-1a。供试土壤为当地红壤土，土壤 pH 值为 5.50，土壤有机质质量分数 13.52g/kg 、全氮 0.91g/kg 、全磷 0.88g/kg、全钾 13.9g/kg。供试作物为长势均匀的 4a 生小桐子（株行距为 2m × 2m，166 棵 /hm^2），灌溉方式为定量浇灌。

试验设 4 个灌水水平、4 个施氮水平，共 16 个处理，每处理 3 次重复，每个重复 6 棵。根据该试验区降水量，灌水定额为 W3（充水灌溉）、W2（2W3/3，轻度限水）、W1（W3/3，中度限水），W0（0，重度限水），2011 年灌水量 W3 至 W0 分别为 600mm、400mm、200mm、0mm，2012 年灌水量 W3 至 W0 分别为 400mm、266.7mm、133.3mm、0mm，试验期间降水量及灌水量见图 5-1b。

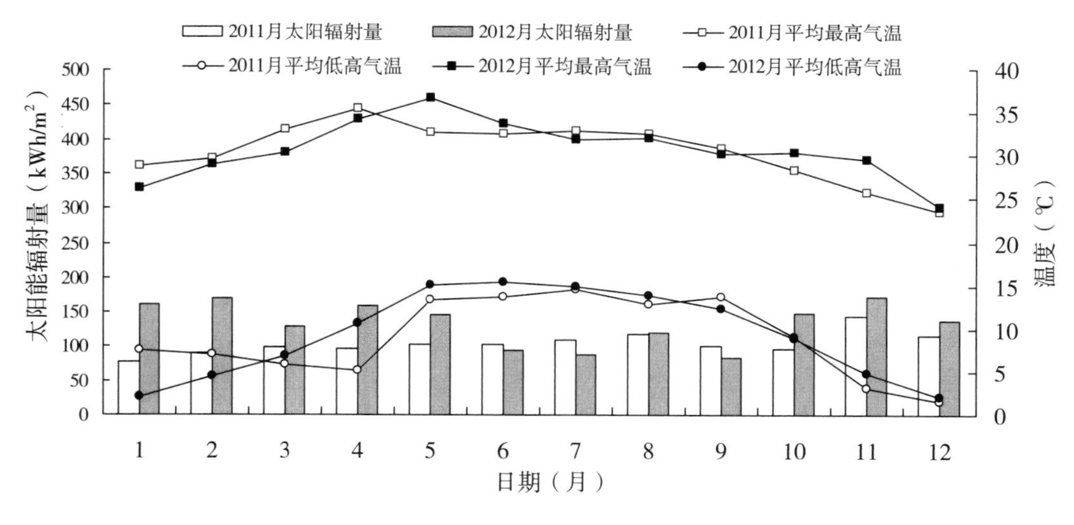

a

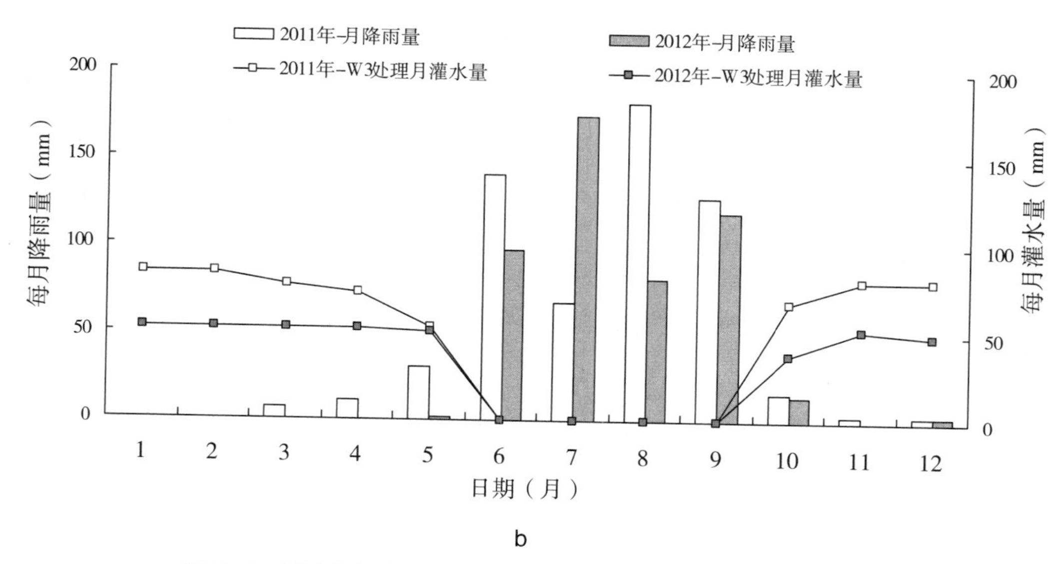

b

图 5-1　试验期间太阳辐射量、温度、降雨量和 W3 处理灌水量

施氮处理为每颗小桐子树施分析纯尿素的质量是 N0（0g/ 株）、N1（75g/ 株）、N2（150g/ 株）、N3（300g/ 株），同时施加磷酸二氢钾 200g/ 株。施肥以小桐子树为中心，距离树干半径 60cm 处开挖深为 15cm 环形沟，沟内均匀撒入肥料后覆土。试验期间每月人工除草，不对小桐子树进行修剪，任何管理措施均保持一致。

表 5-4　试验处理水平

N 处理	水处理（降雨量 + 灌水量）(mm)			
	W0	W1	W2	W3
N0	1 232+0	1 565.3+0	1 898.7+0	2 232+0
N1	1 232+1.35	1 565.3+1.35	1 898.7+1.35	2 232+1.35
N2	1 232+2.7	1 565.3+2.7	1 898.7+2.7	2 232+2.7
N3	1 232+5.4	1 565.3+5.4	1 898.7+5.4	2 232+5.4

二、测定项目及方法

（1）株高、茎粗和壮苗指数：株高用直尺测量，茎粗采用电子游标卡尺测量，测定部位为土面以上 1cm，并用记号笔标记。壮苗指数 =（茎粗 / 株高 + 根干质量 / 地上部干质量）× 全株干质量（杨启良等，2012）。

（2）叶面积：叶面积采用剪纸称重法进行测量（冯冬霞等，2005）。植物总叶面积 = 单位叶片干重对应的叶面积 × 植株总叶片干重。Huber val.ue（HV）值用相似比法测定，用千分尺测定了基茎直径后，通过圆面积计算获得茎截面面积（A_{bc}），通过茎截面面积除以总叶面积计算获得 HV 值，每次测定每个处理 3 次重复。

（3）水分利用效率：用称质量法测定蒸散量，用水量平衡原理计算总耗水量，总水分利用效率 = 总干物质质量 / 总耗水量，灌溉水利用效率 = 总干物质质量 / 灌溉量，总灌水量 = 降雨量 + 灌水量。

（4）蒸散量与蒸腾量：蒸散量日变化和蒸腾量用称重法测定，蒸散量日变化从 8:30 时开始至 17:30 时结束，每隔 3h 测定一次。测量蒸腾量前，首先用黑塑料袋蒙住盆表面，与茎秆接触处用胶带密封，避免土壤蒸发带来误差。分别测量灌水后的第一天和第二天的重量，用称重相减法测定蒸腾量。

（5）鲜物质质量、干物质质量、各器官含水率及根冠比：鲜物质和干物质的质量均用电子天平测量，在烘箱中保持 108 ℃杀青 30 min 后调节温度至 75 ℃继续烘烤直至恒质量。各器官含水率 =（鲜物质质量 – 干物质质量）/ 干物质质量；根冠比 = 根干物质质量 / 冠层干物质质量，每次测定每个处理 3 次重复。

（6）小桐子叶、茎、根全氮含量：将烘干后的干物质粉碎、过筛后，采用浓 H_2SO_4–H_2O_2 法消煮，凯氏定氮仪测定全氮含量。

（7）根区土壤水分、硝态氮含量以及氮素利用效率：在灌水前一天在距小桐子幼树基部 6cm 处每隔 5cm 取一层，测定土层深度 0~15cm，分别取土样两份，一份于 105℃烘箱中烘至 10h 后，测定土壤含水量；另一份自然风干后，将土壤粉碎、过筛，用紫外可见分光光度计测定土壤硝态氮。

（8）植株氮素吸收总量 = Σ植株各器官氮素含量 × 其干物质质量；氮素干物质生产效率 = 总干物质质量 / 植株氮素吸收总量；氮素表观利用效率 =（施氮处理的氮素吸收量 – 未施氮处理的氮素吸收量）/ 施氮量；氮素吸收效率 = 植株氮素吸收总量 / 施氮量（刘小刚等，2014）。

（9）果实产量及果实尺寸：采摘小桐子鲜果，每处理选取 20 颗果实，去皮后用游标卡尺测量鲜果仁长度、宽度，选取 100 粒果仁日光自然干燥后测定其干物质质量。将每处理下的小桐子鲜果实日光自然干燥后测定其干物质质量，去壳后测定其果仁干物质质量；

（10）果实品质：棕榈酸，棕榈油酸，硬脂酸，油酸，亚油酸，亚麻酸，花生酸。采用 GB/T14772—2008 索氏提取法对小桐子果实进行油脂提取。按 GB/T17376—2008《动植物油脂脂肪酸甲酯制备》、GB/T17377—2008《动植物油脂脂肪酸甲酯的气相色谱分析》对提取的小桐子果实进行脂肪酸组成及相对含量测定，以上工作由昆明理工大学分析测试中心检测完成。

三、数据处理及分析

试验一、二、四采用 Microsoft Excel2003 软件处理数据和制图，用 SAS 统计软件的 ANOVA 和 Duncan（P=0.05）法对数据进行方差分析和多重比较。

试验三、五、六采用 SPSS（20.0）的 ANOVE 过程进行单因素方差分析，多重比较采用 Duncan（P=0.05）法，图表在 Excel（2010）软件系统下完成。

第三节　灌水频率和施氮对小桐子生长和水分利用的影响

一、灌水频率和施氮对小桐子生长的影响

（一）净生长量和叶片数

由图 5-2 知，灌水频率、施氮水平以及其交互作用对小桐子净生长量和叶片数的影响显著（P<0.01 或 0.05）。与灌水频率 4d 相比，灌水频率为 8d 和 12d 的平均净生长量分别降低 37.8 和 56.9%（P<0.01），12d 的平均叶片数降低 36.0%（P<0.01）。与无氮处理相比，施氮处理的平均净生长量和叶片数分别增加 8.8% 和 10.2%（P<0.05）。

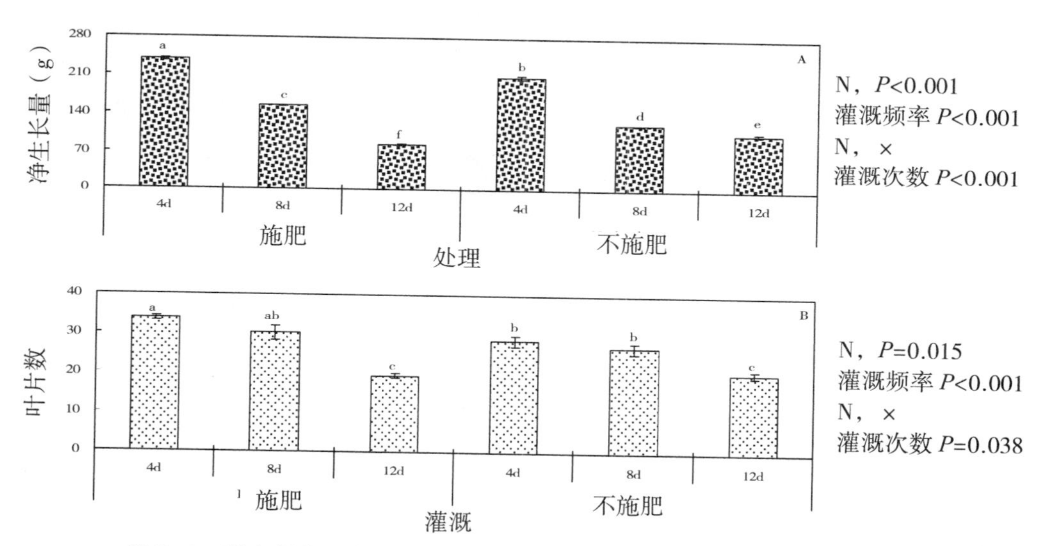

图 5-2　灌水频率、施氮水平以及其交互作用对小桐子净生长量和叶片数的影响

（二）叶面积、基茎截面面积和 Huber val.ue（HV）

由图 5-3 知，灌水频率和施氮水平以及其交互作用对小桐子叶面积（al.）的影响显著（P<0.01 或 0.05），灌水频率和灌水频率与施氮水平之间交互作用对小桐子基茎截面面积（Abc）的影响显著（P<0.01 或 0.05），灌水频率对小桐子 HV 的影响显著（P<0.01 或 0.05）。与灌水频率 4d 相比，灌水频率为 8d 和 12d 时的平均 al. 分别降低 43.3% 和 62.8%（P<0.01）、Abc 分别降低 18.8% 和 26.8%（P<0.05），而平均 HV 值分别增加 51.5% 和 98.3%（P<0.01）。与无氮处理相比，施氮处理的平均 al. 增加 20.5%（P<0.05），而 HV 值降低 16.9%（P<0.05）。

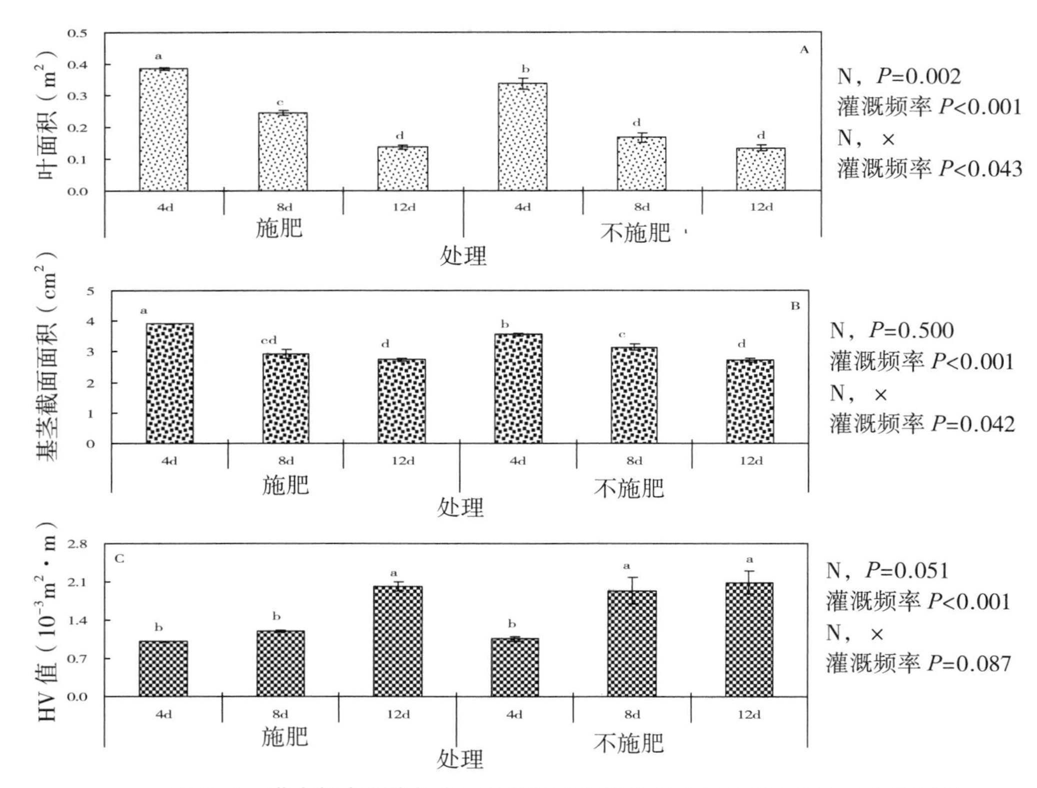

图 5-3　灌水频率和施氮水平及其的交互作用对小桐子叶面积（al.）的影响

（三）木质部结构

由图 5-4 知，灌水频率和灌水频率与施氮水平之间的交互作用对小桐子基内径的影响显著（P<0.01 或 0.05）（图 5-4A），灌水频率、施氮水平以及它们之间的交互作用对小桐子基外径与基内径差值的影响均不显著（P > 0.05）（图 5-4B）。与灌水频率 4d 相比，灌水频率为 8d 和 12d 的平均基内径分别降低 13.8% 和 18.9%（P<0.05）。与无氮处理相比，施氮处理并不显著增加平均基内径和基外径与基内径差值（P>0.05）。

二、灌水间隔和施氮对小桐子干物质质量的影响

各器官干物质质量：由表 5-5 知，灌水频率和施氮水平对叶干物质质量（DM_{leaf}）的影响显著（P<0.01 或 0.05），而灌水频率、施氮水平以及它们之间的交互作用对小桐子叶柄（DM petiole）、带侧枝主杆（DM master rod）、冠层（DM canopy）、根系（DM root）和总干物质质量（DM whole plant）的影响均显著（P<0.01 或 0.05）。与灌水频率 4d 相比，灌水频率为 8d 和 12d 时的平均 DM_{leaf} 分别降低 44.7% 和 61.4%（P<0.01= 吓柄干物质分别降低 49.9% 和 71.3%（P<0.01= 侧枝主杆干物质，分别降低 21.9% 和 39.6%（P<0.01= 冠层干物质分别降低 32.8% 和 50.4%（P<0.01= 根系干物质分别降低 17.8% 和 21.7%（P<0.05= 整株干物质分别降低 30.5% 和 46.1%（P<0.01 =。与无氮处理相比，施氮处理的干物

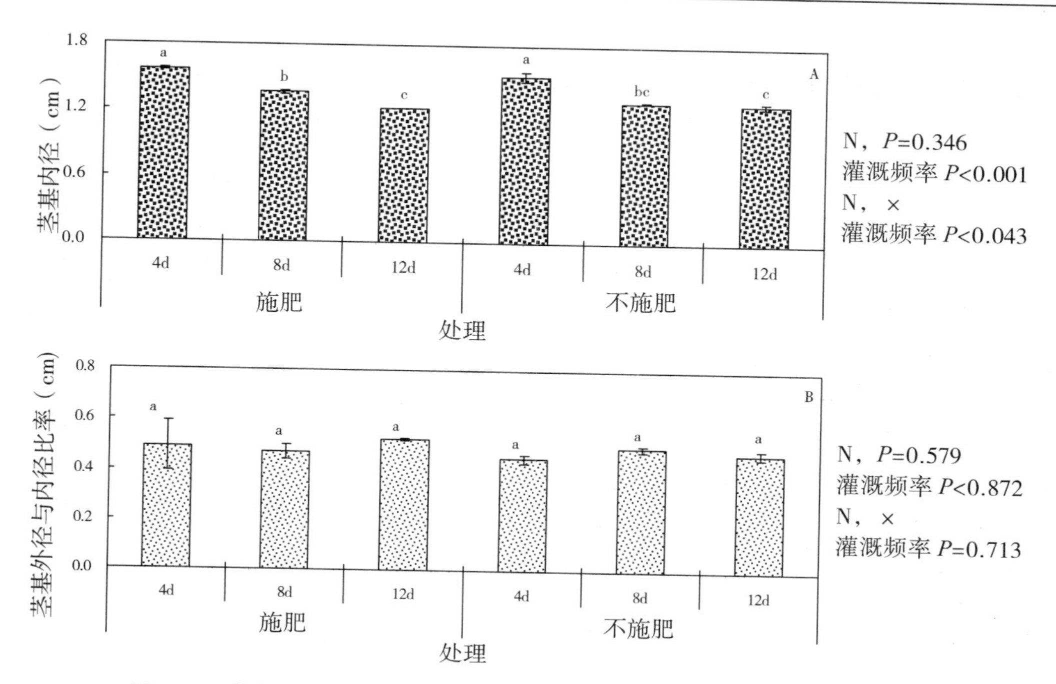

图 5-4　灌水频率和灌水频率与施氮水平之间的交互作用对小桐子基内径的影响

质中 DM 叶、DM 叶柄、DM 冠层和 DM 整株分别增加 17.1%、33.4%、11.8% 和 10.9%（$P<0.05$）。

表 5-5　灌水频率和施氮水平对叶干物质质量（DM_{leaf}）的影响

N 素	灌溉频率	DM，各器官干物质质量（g）					
		叶片 DM	叶柄 DM	带侧枝主杆 DM	冠层 DM	根系 DM	整株 DM
加 N	4d	12.87 ± 0.13a	3.63 ± 0.08a	19.63 ± 0.21a	36.13 ± 0.21a	6.39 ± 0.08a	42.53 ± 0.13a
	8d	7.81 ± 0.55c	2.03 ± 0.05c	15.37 ± 0.68c	25.21 ± 0.13c	4.97 ± 0.05c	30.18 ± 0.18c
	12d	4.55 ± 0.22d	1.08 ± 0.03d	10.39 ± 0.34f	16.03 ± 0.15e	4.61 ± 0.02d	20.64 ± 0.13e
不加 N	4d	11.25 ± 0.58b	2.97 ± 0.16b	17.27 ± 0.62b	31.49 ± 1.31b	5.5 ± 0.09b	36.99 ± 1.39b
	8d	5.52 ± 0.46d	1.28 ± 0.01d	13.44 ± 0.24d	20.24 ± 0.31d	4.8 ± 0.05cd	25.04 ± 0.26d
	12d	4.77 ± 0.12d	0.81 ± 0.01e	11.91 ± 0.30e	17.49 ± 0.41e	4.69 ± 0.04d	22.18 ± 0.38e
显著性测定（*P* 值）							
N 素（a）		0.009	<0.001	0.004	<0.001	<0.001	<0.001
灌溉次数（b）		<0.001	<0.001	<0.001	<0.001	<0.001	<0.001
a × b		0.055	0.046	<0.001	<0.001	<0.001	<0.001

三、灌水间隔和施氮对小桐子水分贮存能力的影响

由表 5-6 知，灌水频率和灌水频率与施氮水平之间的交互作用对叶贮水量（WSC_{leaf}）的影响显著（P<0.01 或 0.05），灌水频率对根系贮水量（WSC root）的影响显著（P<0.01 或 0.05），灌水频率、施氮水平以及其交互作用对小桐子叶柄（WSC petiole）、带侧枝主杆（WSC master rod）、冠层（WSC canopy）和总干物质质量（WSC whole plant）的影响均显著（P<0.01 或 0.05）。小桐子体内水分在各器官的分配情况表现为，WSC 冠层 >WSC 根系，WSC 带侧枝主杆 >WSC 叶 >WSC 叶柄。与灌水频率 4d 相比，灌水频率 8d 和 12d 的平均 WSC 叶分别降低 42.7% 和 64.3%、WSC 叶柄分别降低 46.3% 和 77.6%、WSC 带侧枝主杆分别降低 27.9% 和 40.0%、WSC 冠层分别降低 34.8% 和 52.6%、WSC 根系分别降低 26.0 和 37.9%、WSC 整株分别降低 33.4% 和 50.3%（P<0.01）。与无氮处理相比，施氮处理的 WSC 叶柄、WSC 带侧枝主杆、WSC 冠 层和 WSC 整株分别增加 12.3%、9.4%、7.6% 和 6.5%（P<0.05）。

表 5-6　灌水频率和灌水频率与施氮水平之间的交互作用对叶贮水量（WSC_{leaf}）的影响

N 素	灌溉频率	（WSC），各器官贮水量（g）					
		叶片 WSC	叶柄 WSC	带侧枝主杆 WSC	冠层 WSC	根系 WSC	整株 WSC
加 N	4d	53.53 ± 0.27a	29.64 ± 1.25a	110.40 ± 1.04a	193.57 ± 2.15a	34.19 ± 0.53a	227.75 ± 2.56a
	8d	35.22 ± 0.58c	15.28 ± 0.64c	80.67 ± 1.84c	131.16 ± 1.15c	25.83 ± 1.20b	156.99 ± 0.90c
	12d	12.17 ± 0.67e	5.75 ± 0.11d	58.14 ± 1.01e	76.06 ± 1.38f	20.76 ± 0.67c	96.82 ± 1.15f
不加 N	4d	50.22 ± 1.47 b	24.74 ± 0.66b	95.15 ± 1.52b	170.10 ± 1.56b	33.84 ± 0.16a	203.94 ± 1.70b
	8d	24.26 ± 0.82 d	13.94 ± 0.50c	67.58 ± 1.10d	105.79 ± 0.25d	24.53 ± 0.98b	130.32 ± 1.02d
	12d	24.90 ± 0.91d	6.44 ± 0.17d	65.12 ± 1.99d	96.45 ± 2.15e	21.46 ± 0.80c	117.91 ± 1.97e
显著性测定（P 值）							
N 素（a）		0.532	0.015	<0.001	<0.001	0.687	<0.001
灌溉次数（b）		<0.001	<0.001	<0.001	<0.001	<0.001	<0.001
a × b		<0.001	0.014	<0.001	<0.001	0.585	<0.001

四、灌水频率和施氮对小桐子蒸散耗水特性的影响

（一）小桐子蒸散量日变化

由图 5-5 知，灌水频率和灌水频率与施氮水平之间的交互作用对小桐子 8:30—11:30 时段的蒸散量影响显著（P<0.01 或 0.05）（图 5-5），而在 11:30—14:30 和 14:30—17:30 时段内，只有灌水频率对小桐子蒸散量的影响显著（图 5-5）（P<0.01 或 0.05）。与灌水频率 4d 相比，灌水频率为 8d 和 12d 的平均日蒸散量分别降低 24.8% 和 38.1%（P<0.01），其中 8:30—11:30、11:30—14:30 和 14:30—17:30 时段内平均蒸散量分别增加 29.3% 和

26.1%、21.2% 和 38.7%、27.1% 和 40.7%（$P<0.01$）。与无氮处理相比，施氮处理的日蒸散量增加 8.9%（$P<0.05$），其中 11:30—14:30 和 14:30—17:30 时段内蒸散量分别增加 11.4% 和 8.8%（$P<0.05$）。

（二）小桐子的蒸腾量

灌水频率和施氮水平对小桐子 9 月 9 日蒸腾量的影响均显著（$P<0.01$ 或 0.05），灌水频率、施氮水平以及其交互作用对小桐子 9 月 10 日蒸腾量的影响均显著（$P<0.01$ 或 0.05）（图 5-5）。与灌水频率 4d 相比，灌水频率 8d 和 12d 的平均总蒸腾量分别降低 20.5% 和 40.7%（$P<0.01$），其中 9 月 9 日的平均蒸腾量分别降低 16.9% 和 38.3%，9 月 10 日的平均蒸腾量分别降低 25.0% 和 43.8%（$P<0.01$）。与无氮处理相比，施氮处理的平均总蒸腾量增加 16.2%（$P<0.05$），其中 9 月 10 日的平均日蒸腾量增加 28.6%（$P<0.01$）。

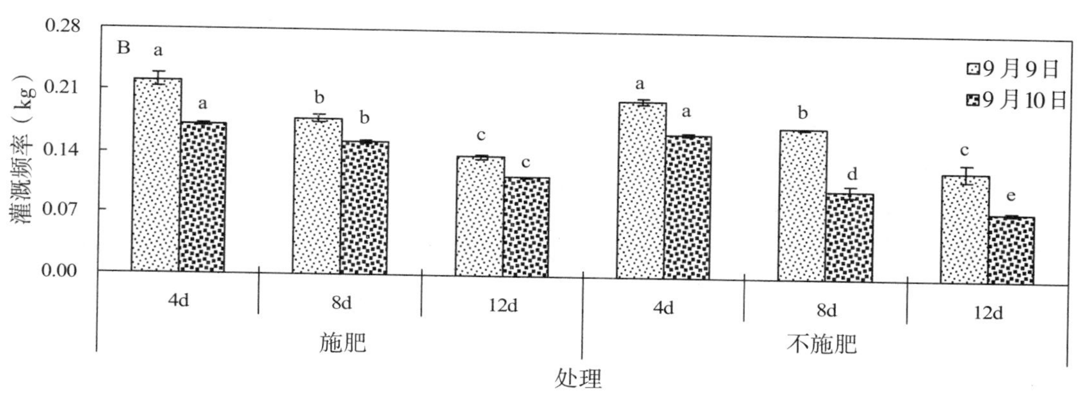

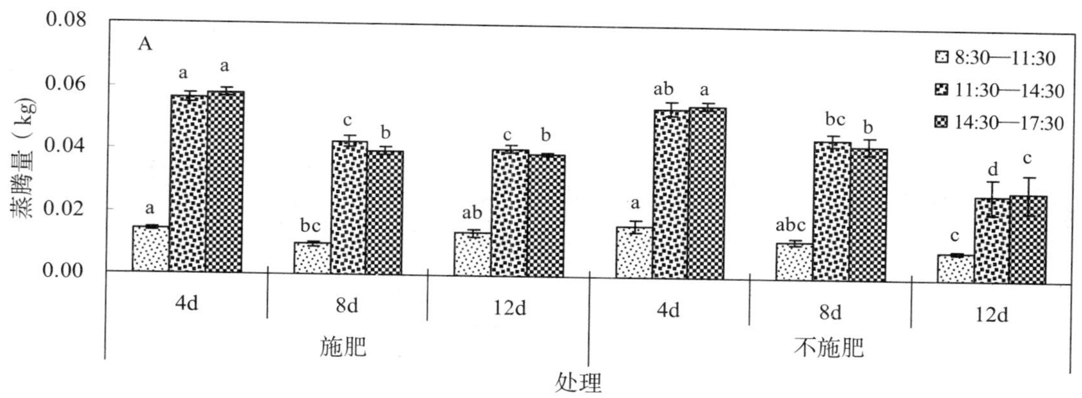

图 5-5　灌水频率和施氮水平对小桐子 9 月 9 日蒸腾量的影响

五、灌水间隔和施氮对小桐子水分利用效率的影响

由图 5-6 知，灌水频率、施氮水平以及它们之间的交互作用对小桐子灌溉水利用效率（WUE_I）和总水分利用效率（WUE_{ET}）的影响均显著（$P<0.01$ 或 0.05）。与灌水频率 4d

相比，灌水频率 8d 和 12d 的平均 WUE_I 分别降低 17.3% 和 27.6%，平均 WUE_{ET} 分别降低 20.2% 和 23.2%（$P<0.01$）。与无氮处理相比，施氮处理并不显著增加 WUE_I 和 WUE_{ET}（$P>0.05$）。

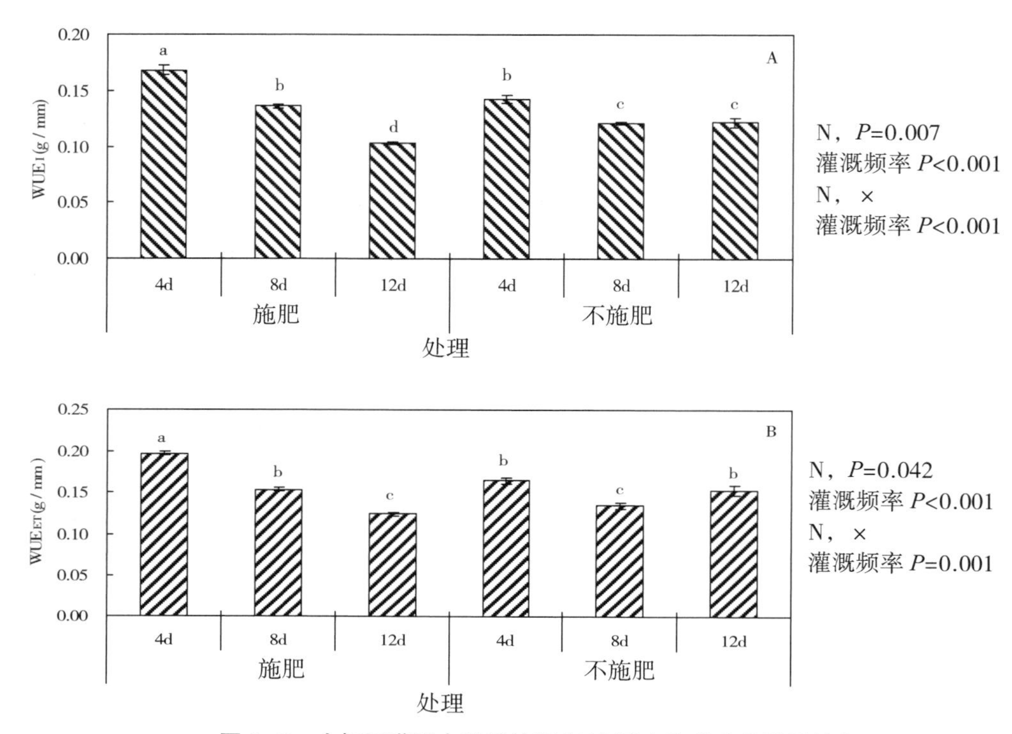

图 5-6　小桐子灌溉水利用效率（WUEI）和总水分利用效率

第四节　亏缺灌溉和施氮对小桐子根区土壤硝态氮分布及利用的影响

一、亏缺灌溉和施氮处理对小桐子幼树根区土壤水分的影响

小桐子根区 0~15cm 土层中土壤水分的变化如图 5-7 所示。由图知，平均土壤含水率均随着灌水量的增加而增大，但平均土壤含水率均随着施氮量的增加表现有所不同，对灌水量较多的 W1 和 W2 处理的土壤含水率均随着施氮量的增加而降低，而对灌水量较少的 W3 和 W4 处理的土壤含水率均随着施氮量的增加而增大。数据分析表明，施肥量不同时，与 W1 相比，W2、W3 和 W4 处理 2 次测定的平均土壤含水率分别显著降低了 21.9%、45.1% 和 61.9%（$P<0.05$）。灌水量不同时，与 N2 相比，N0 和 N1 处理平均土壤含水率均增加。与 W1N2 相比，节约灌溉量达 10.7% 时，W2N2 处理的平均土壤含水率显著降低 22.8%（$P<0.05$）。

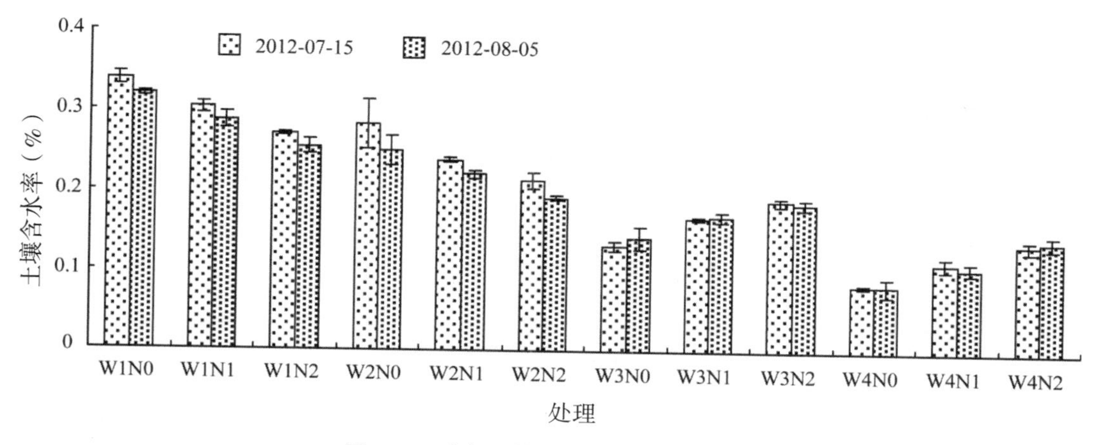

图 5-7　小桐子幼树根区土壤水分含量

注：W1、W2、W3和W4分别表示灌水水平；N0、N1和N2分别表示施氮水平，以下图表相同。

二、亏缺灌溉和施氮处理对小桐子根区土壤硝态氮的影响

每隔 5cm 测定深度为 0~15cm 的小桐子根区土壤硝态氮垂向分布规律如图 5-8 所示。W2 处理的平均土壤硝态氮质量分数均取得最小值，在 W1、W2 和 W3 处理中表土层 5cm 处的土壤硝态氮质量分数均低于表土层 10cm 和 15cm 处，而 W4 处理中表土层 5cm 处的土壤硝态氮质量分数均高于表土层 10cm 和 15cm 处。

不同深度时各处理间的土壤硝态氮质量分数差异如图 5-8 所示，数据分析表明，无氮处理（N0）土壤硝态氮质量分数显著的低于施氮处理（$P<0.05$）。在 N2 处理下，W2 处理的平均土壤硝态氮质量分数均显著低于 W1、W3 和 W4 处理（$P<0.05$）。施肥量不同时，与 W1 相比，W2 处理两次测定的平均土壤硝态氮质量分数有所降低、W4 处理的平均土壤硝态氮质量分数显著增加了 15.7%（$P<0.05$）。灌水量不同时，与 N2 相比，N0 处理平均土壤硝态氮质量分数显著降低 68.7%（$P<0.01$）。与 W1N2 相比，节约灌溉量达 10.7% 时，

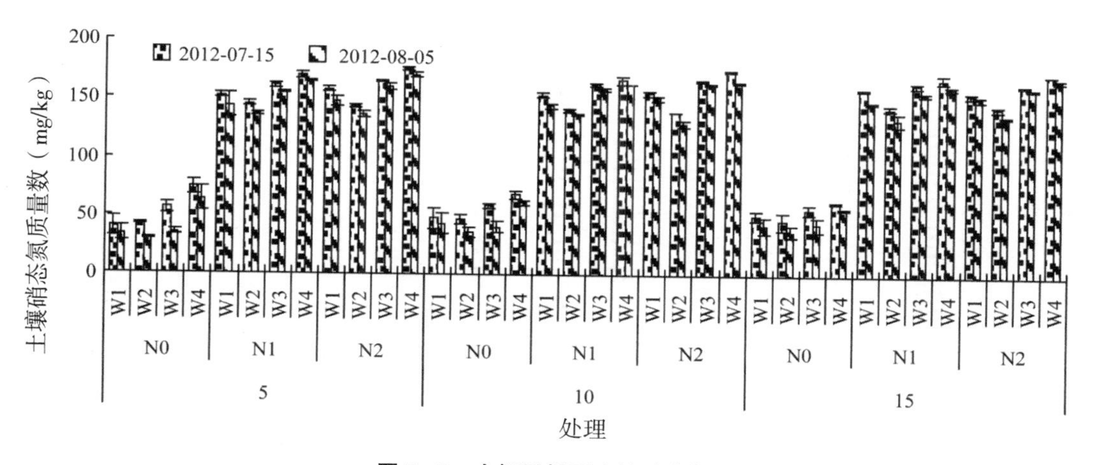

图 5-8　小桐子根区土壤硝态氮

W2N2 处理的平均土壤硝态氮质量分数显著降低 12.1%（$P<0.05$）。

三、亏缺灌溉和施氮对小桐子幼树形态特征的影响

小桐子幼树形态特征的变化如图 5-9 所示。显著性分析表明，虽然灌水量、施氮量及

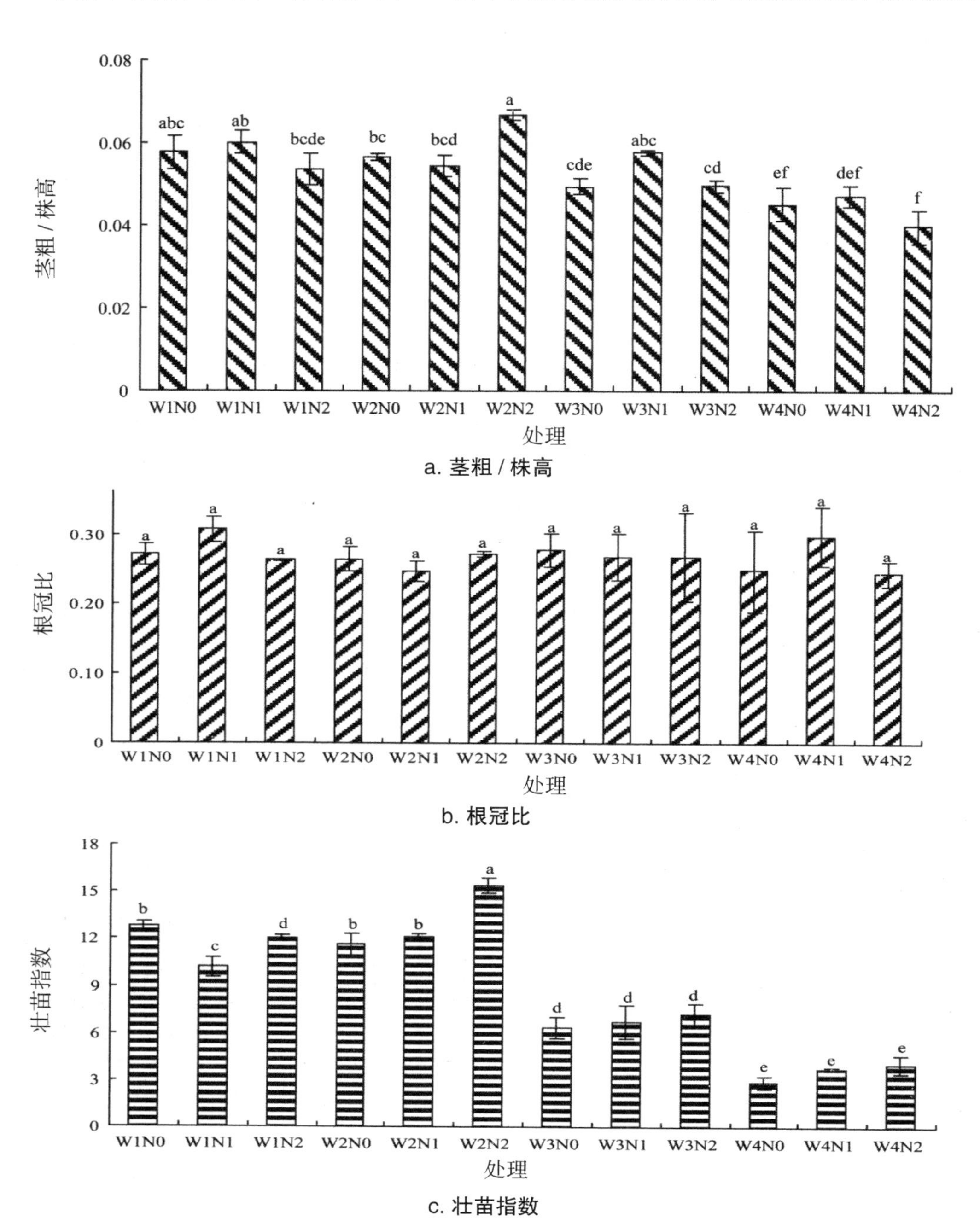

a. 茎粗 / 株高

b. 根冠比

c. 壮苗指数

图 5-9　小桐子幼树形态特征

其交互作用对小桐子茎粗 / 株高和根冠比的影响均不显著（$P>0.05$）；但灌水量、施氮量及其交互作用对小桐子壮苗指数的影响均达显著水平（$P<0.05$）。

数据分析表明，施肥量不同时，与 W1 相比，W2 处理的平均壮苗指数显著增加 11.9%（$P<0.05$）、W3 处理的平均壮苗指数和茎粗 / 株高分别显著降低 42.1% 和 69.5%（$P<0.01$）。灌水量不同时，与 N2 相比，N0 和 N1 处理平均壮苗指数分别显著降低 13.1% 和 15.0%（$P<0.05$）。与 W1N2 相比，节约灌溉量达 10.7% 时，W2N2 处理的壮苗指数显著增加 27.6%（$P<0.05$）。

四、亏缺灌溉和施氮对小桐子幼树干物质质量及蒸散量的影响

灌水量和施氮量对小桐子幼树冠层干物质质量的影响达显著水平（$P<0.05$），灌水量和施氮量及其交互作用对小桐子幼树根系、总干物质质量及蒸散量的影响均达显著水平（$P<0.05$）（表 5-7）。数据分析表明，施肥量不同时，与 W1 相比，W2 处理的根系、冠层和总干物质质量分别显著增加 11.5%、17.8% 和 16.4%（$P<0.05$），而 W3 和 W4 处理的平均根系、冠层和总干物质质量分别显著降低 41.4% 和 68.3%、37.9% 和 65.6%、38.6% 和 66.2%（$P<0.01$）。灌水量不同时，与 N2 相比，N0 和 N1 处理平均根系、冠层和总干物质质量分别显著降低 12.7% 和 15.4%、14.8% 和 17.5%、14.4% 和 17.1%（$P<0.05$）。与 W1N2 相比，节约灌溉量达 10.7% 时，W2N2 处理的平均根系、冠层和总干物质质量分别显著增加 22.3%、18.3% 和 19.2%（$P<0.05$）。

数据分析表明，平均总蒸散量随着灌水量的增加而增大。施肥量不同时，与 W1 相比，W2 、W3 和 W4 处理的平均蒸散量分别显著降低 13.8%、29.5% 和 43.8%（$P<0.05$）。灌水量不同时，与 N2 相比，N0 和 N1 处理平均蒸散量反而增大，但差异并不显著（$P>0.05$）。与 W1N2 相比，节约灌溉量达 10.7% 时，W2N2 处理的蒸散量显著降低 9.6%（$P<0.05$）。

表 5-7　小桐子幼树干物质质量及蒸散量

处理	根系干物质量（g）	冠层干物质量（g）	总干物质质量（g）	总蒸散量（mm）
W1N0	8.28 ± 0.33b	30.42 ± 0.49ab	38.70 ± 0.74ab	280.16 ± 8.81a
W1N1	6.44 ± 0.65c	21.84 ± 3.11c	28.28 ± 3.29c	264.11 ± 0.44b
W1N2	7.95 ± 0.17b	30.21 ± 0.64ab	38.16 ± 0.81b	251.05 ± 9.73c
W2N0	7.56 ± 0.44bc	28.80 ± 2.31b	36.36 ± 2.58b	229.15 ± 3.62d
W2N1	7.99 ± 0.14b	32.57 ± 1.54ab	40.55 ± 1.49ab	229.4 ± 1.08d
W2N2	9.73 ± 0.26a	35.75 ± 0.38a	45.48 ± 0.64a	227.07 ± 1.40d
W3N0	4.18 ± 0.41d	15.06 ± 0.83def	19.25 ± 1.11de	190.09 ± 2.31e
W3N1	4.37 ± 0.69d	16.73 ± 2.81cde	21.10 ± 3.36de	184.2 ± 1.09e
W3N2	4.73 ± 0.44d	19.46 ± 4.47cd	24.19 ± 4.68cd	186.24 ± 1.46e
W4N0	1.94 ± 0.24e	8.21 ± 0.85g	10.15 ± 0.65f	148.39 ± 1.08f
W4N1	2.50 ± 0.04e	8.73 ± 1.34fg	11.23 ± 1.34f	145.37 ± 0.45f
W4N2	2.76 ± 0.36e	11.43 ± 1.44efg	14.20 ± 1.75ef	153.28 ± 0.55f

五、亏缺灌溉和施氮对小桐子幼树水分利用的影响

小桐子幼树水分利用的变化如图 5-10 所示。图 5-9 中 a 和 b 分别表示小桐子幼树灌溉水利用效率和总水分利用效率的变化情况。显著性分析表明，灌水量及灌水量和施氮量交互作用对小桐子灌溉水利用效率和总水分利用效率的影响均显著（*P*<0.05）。

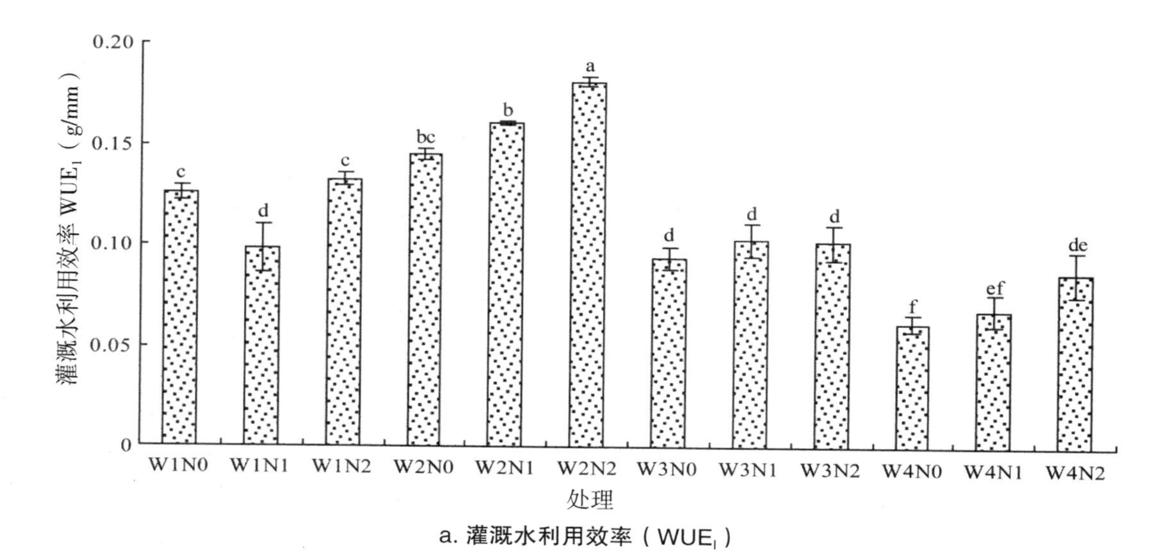

a. 灌溉水利用效率（WUE_I）

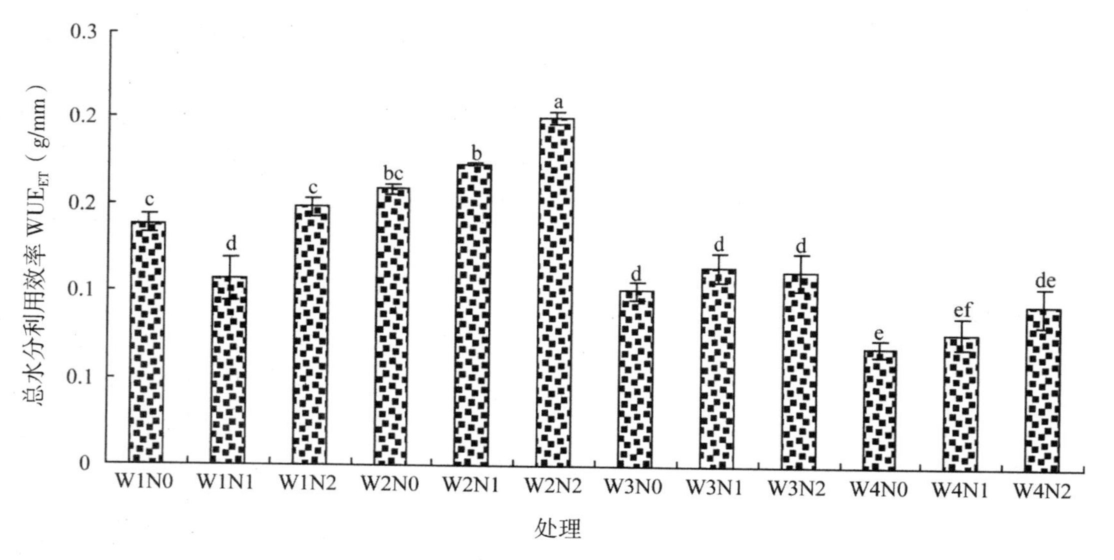

b. 总水分利用效率

图 5-10 小桐子幼树水分利用效率

第五节　调亏灌溉和氮处理对小桐子生长及水分利用的影响

一、调亏灌溉和氮营养对小桐子根区土壤水分的影响

小桐子根区 5cm、10cm、15cm 土壤水分变化情况如图 5-11 所示，数据显示，平均土壤含水率均随着灌水量的增大而增大，随施氮量的增大而有所不同。调亏灌溉第一阶段，随施氮量的增大，W_LW_H 和 W_LW_L 处理的平均土壤含水率先减小后增大；灌水量较多的 W_HW_L 和 W_HW_H 处理的平均土壤含水率逐渐减小。施肥量相同时，与 W_HW_H 相比，W_LW_H、W_HW_L、W_LW_L 处理的平均土壤含水率分别降低 34%、2%、33%。灌水量相同时，N_Z、N_L、N_H 处理下的土壤含水率差异不显著。

调亏灌溉第二阶段，随施氮量的增大，W_LW_H 处理下的平均土壤含水率先减小后增加，W_HW_L 处理下的平均土壤含水率逐渐减小，W_LW_L 和 W_HW_H 处理下的平均土壤含水率先增加后减小。施肥量不同时，与 W_LW_H 相比，W_HW_L、W_LW_L、W_HW_H 处理的平均土壤含水率分别降低 19%、23%、13%。灌水量不同时，N_Z、N_L、N_H 处理下的土壤含水率差异不显著。

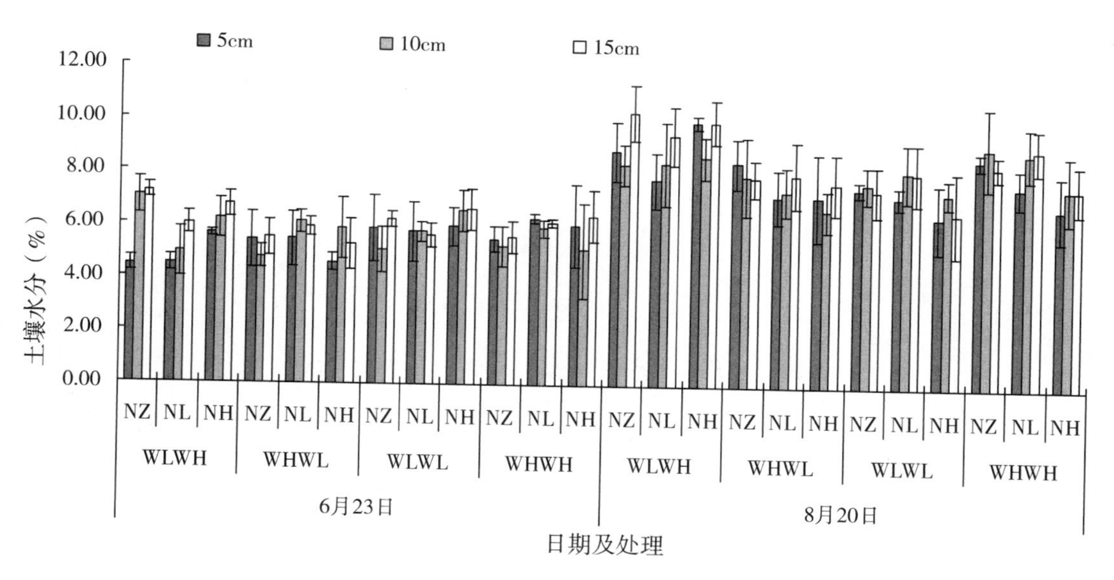

图 5-11　调亏灌溉和氮营养对小桐子根区土壤含水率影响

注：N_Z，N_L，N_H分别表示三个施氮水平，W_LW_H，W_HW_L，W_LW_L，W_HW_H分别表示4个灌水水平；不同小写字母表示差异显著（n=3，P<0.05），下图同此。

二、调亏灌溉和氮营养对小桐子株高、茎粗影响

由图 5-12a 可知，调亏灌溉和氮营养对小桐子株高的影响达到显著水平（$P<0.05$）。调亏灌溉和氮营养处理后，在第一阶段，施氮水平相同时，小桐子的株高均随灌水量的增加而增加；在第二阶段，N_Z 和 N_L 水平下小桐子的株高按灌水量 W_HW_L、W_LW_L、W_LW_H、W_HW_H 逐渐增加，N_H 水平下 W_LW_L 处理的小桐子株高生长量最小，W_HW_H 处理的小桐子株高生长量最大，而 W_HW_L 和 W_LW_H 处理的小桐子株高生长量不存在显著差异。

由图 5-12b 可知，在调亏灌溉第一阶段，施氮量相同时，小桐子的茎粗均随灌水量的增加而增加，灌水量相同时，小桐子的茎粗均随施氮量的增加而增加；调亏灌溉第二阶段，N_Z 及 N_H 水平下小桐子的茎粗按灌水量 W_HW_L、W_LW_H、W_LW_L、W_HW_H 逐渐增加，N_L 水平下小桐子的茎粗按灌水量 W_LW_H、W_HW_L、W_LW_L、W_HW_H 先减小后增加。W_HW_H 水平下小桐子的茎粗增长量达到最大，与施氮量对其无显著影响（$P>0.05$）。

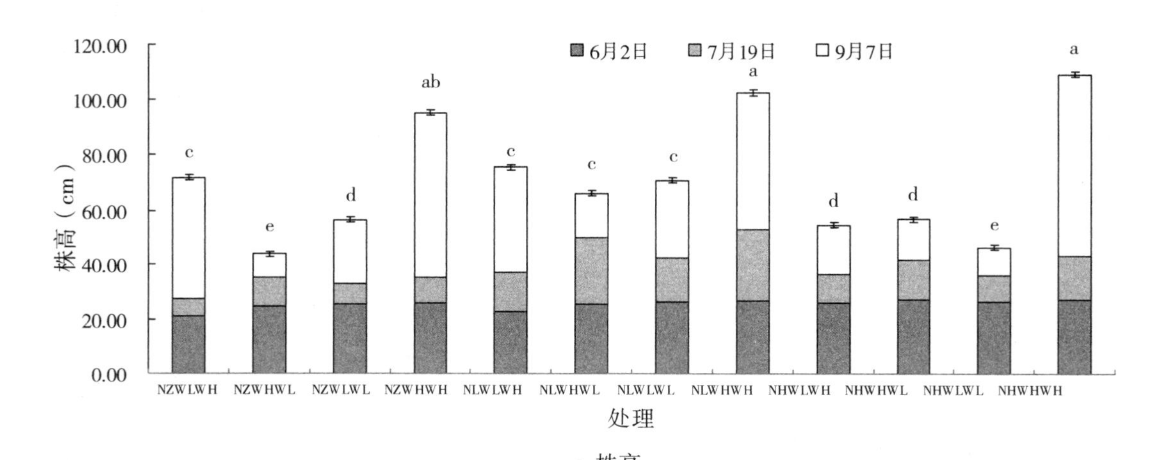

a. 株高

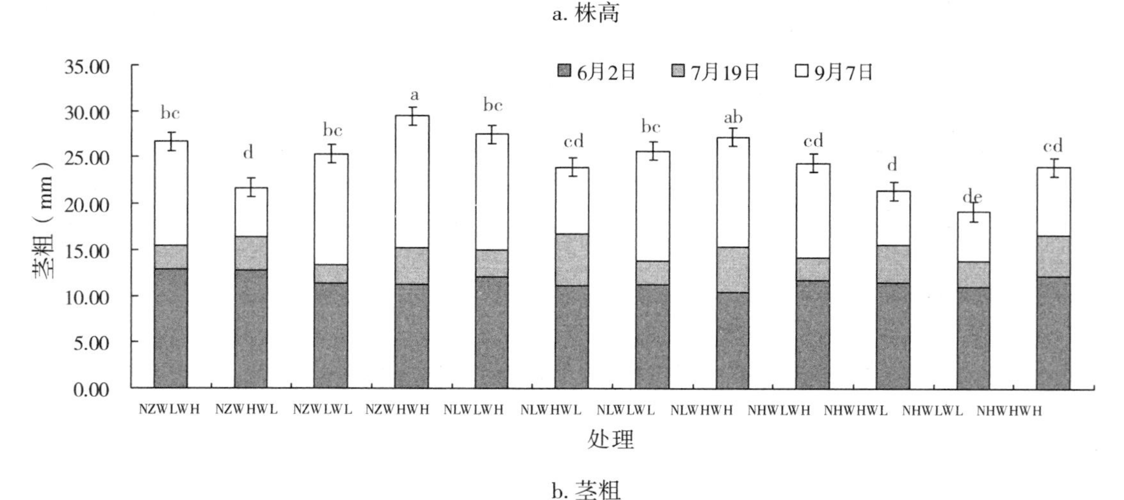

b. 茎粗

图 5-12　调亏灌溉和氮营养对小桐子株高和茎粗的影响

与 W_LW_L 水平下的株高、茎粗相比，W_LW_H 在株高上增加 16%，茎粗上增加 11%；W_HW_L 在株高上降低 4%，茎粗上降低 4%；W_HW_H 在株高上增加 76%，茎粗上增加 15%。

三、调亏灌溉和氮营养对小桐子干质量及灌溉水利用效率的影响

由表 5-8 可知，灌溉及施肥对小桐子幼树的根、茎、叶、整株干物质质量及灌溉水利用效率的影响均达到显著水平（$P<0.05$）。数据分析表明，施氮量相同时，在 N_Z 和 N_L 水平下，小桐子各器官干物质质量及整株干物质质量均随灌水量 W_LW_H、W_HW_L、W_LW_L、W_HW_H 呈先减小后增加的趋势，在 W_HW_H 水平下达到最大，在 W_HW_L 水平下达到最小；在 N_H 水平下，小桐子各器官干物质质量及整株干物质质量在 W_HW_H 水平下达到最大，W_LW_H、W_HW_L、W_LW_L3 种灌水水平下不存在显著差异。灌水量相同时，随施氮量的增加，和 W_HW_L 水平下小桐子各器官干物质质量及整株干物质质量呈先增加后减小的趋势；W_LW_H、W_LW_L 水平下，N_Z 和 N_L 水平的小桐子各器官干物质质量及整株干物质质量无显著差异（$P>0.05$），但 N_H 水平下各项干物质质量较低；W_HW_H 水平下，N_L 和 N_H 水平的小桐子各项干物质质量无显著差异（$P>0.05$），但 N_Z 水平下各项干物质质量较低。W_LW_H 与 W_HW_H 水平下根冠比无显著差异，W_HW_L 水平下根冠比最小，随着施氮量的增加，根冠比在 N_H 水平最小，相较于 N_Z、N_L 显著降低（$P<0.05$）。

数据分析表明，适宜的灌溉方式可提高小桐子的灌溉水利用效率。小桐子的灌溉水利用效率在 $N_LW_LW_L$、$N_HW_HW_H$ 下最大，$N_LW_HW_H$、$N_ZW_LW_L$ 次之。施氮量相同时，N_Z 水平下，灌水量为 W_LW_H 时，小桐子的灌溉水利用效率较 W_LW_H 增加了 57%，较 W_HW_L、W_HW_H 分别降低了 11%、17%；N_L 水平下，灌水量为 W_LW_H 时，小桐子的灌溉水利用效率较 W_LW_H 增加了 47%，较 W_HW_L、W_HW_H 分别降低了 20% 和 12%；N_H 水平下，灌水量为 W_LW_H 时，小桐子的灌溉水利用效率较 W_LW_H 增加了 15%，较 W_HW_L、W_HW_H 分别降低了 20%、76%。

表 5-8　调亏灌溉和氮营养对小桐子干物质质量及灌溉水利用效率的影响

处理	干物质质量（g）				根冠比	灌溉水利用效率（g/mm）
	根 m_r	茎 m_s	叶 m_l	整株 m_t		
$N_ZW_LW_H$	53.2 ± 3.87bc	91.81 ± 3.9c	20.54 ± 1.27b	166.83 ± 3.41bc	0.49 ± 0.09a	042 ± 0.12b
$N_ZW_HW_L$	16.02 ± 3.56f	37.92 ± 1.96f	7.21 ± 0.60de	79.87 ± 2.94e	0.34 ± 0.10cd	0.18 ± 0.13e
$N_ZW_LW_L$	34.83 ± 1.65d	86.83 ± 3.42c	16.48 ± 0.24bc	134.54 ± 4.27cd	0.36 ± 0.08c	0.46 ± 0.11ab
$N_ZW_HW_H$	61.92 ± 1.82b	119.94 ± 4.97bc	30.65 ± 1.33a	188.51 ± 4.26b	0.40 ± 0.05b	0.35 ± 0.21c
$N_LW_LW_H$	40.79 ± 1.74cd	86.77 ± 3.39c	21.53 ± 0.77b	167.13 ± 3.56b	0.36 ± 0.14e	0.42 ± 0.07b
$N_LW_HW_L$	23.28 ± 1.42e	64.24 ± 2.12de	14.46 ± 0.73c	96.97 ± 3.49de	0.29 ± 0.06d	0.22 ± 0.15de
$N_LW_LW_L$	52.00 ± 3.99bc	86.44 ± 3.22c	13.55 ± 0.77c	146.73 ± 4.36c	0.38 ± 0.01bc	0.50 ± 0.06a
$N_LW_HW_H$	82.25 ± 4.32a	146.62 ± 4.31ab	29.76 ± 1.88a	253.75 ± 6.88a	0.51 ± 0.14a	0.47 ± 0.17ab
$N_HW_LW_H$	26.99 ± 1.37e	66.82 ± 2.41d	9.10 ± 0.55d	106.21 ± 3.11d	0.34 ± 0.11cd	0.27 ± 0.11d
$N_HW_HW_L$	22.33 ± 1.11e	69.53 ± 2.76d	12.30 ± 0.65c	99.73 ± 3.87d	0.27 ± 0.05d	0.23 ± 0.04de
$N_HW_LW_L$	22.38 ± 1.82e	50.66 ± 2.33e	14.18 ± 0.49e	98.51 ± 2.26e	0.35 ± 0.01c	0.33 ± 0.1c
$N_HW_HW_H$	64.06 ± 3.98b	175.18 ± 3.59a	33.82 ± 1.91a	257.93 ± 5.97a	0.30 ± 0.10d	0.48 ± 0.02a

注：数据为平均值 ± 标准差（n=3），同一列中的英文小写字母不同，则表示处理间指标差异具有统计学意义（P<0.05），以下表格同此。

四、调亏灌溉和氮营养对小桐子各器官含水率的影响

表 5-9 为小桐子各器官单位干物质质量的含水率。由表可知，在 N_Z 水平下，小桐子整株的含水率随灌水量 W_LW_H、W_HW_L、W_LW_L、W_HW_H 呈现先减小后增大的趋势；在 N_L 水平下，小桐子各器官及整株含水率在 W_HW_L 水平下取得最大，W_LW_H、W_HW_H、W_LW_L 3 种灌水处理下无显著差异；在 N_H 水平下，小桐子各器官及整株含水率在 W_HW_H 水平下取得最大，W_LW_H、W_HW_L 灌溉水平下各器官含水率无显著差异（$P>0.05$），W_LW_L 水平下小桐子的各器官及整株含水率最小。相较于 W_LW_H 水平，W_HW_H 水平下小桐子的根、茎、叶及整株含水率分别提高 34%、34%、28%、33%；相较于 W_HW_L 水平，W_HW_H 水平下小桐子的根、茎、叶及整株含水率分别提高 48%、53%、29%、46%；相较于 W_LW_L 水平，W_HW_H 水平下小桐子的根、茎、叶及整株含水率分别提高 66%、70%、46%、65%。

灌水量相同时，随施氮量的增加，W_LW_H 水平下小桐子各根、叶含水率先减小后增加，茎含水率先增加后减小，整株含水率无显著差异；在 W_HW_L 水平下，小桐子各器官及整株含水率均先增加后减小；在 W_LW_L 水平下，小桐子除根含水率不断增加外，其他器官含水率无显著差异；W_HW_H 水平下，小桐子根、叶含水率先减小后增加，其茎含水率、整株含水率逐渐增加。

表 5-9　调亏灌溉和氮营养对小桐子各器官含水率的影响

处理	各器官含水率（%）			
	根 m_r	茎 m_s	叶 m_l	整株 m_t
$N_ZW_LW_H$	2.58 ± 0.46b	1.26 ± 0.68b	4.73 ± 0.67b	1.86 ± 0.84c
$N_ZW_HW_L$	1.14 ± 0.28c	1.25 ± 0.52de	3.39 ± 0.46c	1.44 ± 0.17d
$N_ZW_LW_L$	1.58 ± 0.39d	0.72 ± 0.27e	3.13 ± 0.58d	1.12 ± 0.51de
$N_ZW_HW_H$	2.59 ± 0.52b	1.85 ± 0.23ab	5.07 ± 0.43b	2.14 ± 0.64bc
$N_LW_LW_H$	1.29 ± 0.48c	2.04 ± 0.41de	3.26 ± 0.26cd	1.87 ± 0.77c
$N_LW_HW_L$	1.84 ± 0.16bc	1.28 ± 0.45bc	4.62 ± 1.23b	1.73 ± 0.56cd
$N_LW_LW_L$	0.72 ± 0.25cd	0.61 ± 0.31e	2.77 ± 0.41cd	0.84 ± 0.41e
$N_LW_HW_H$	1.82 ± 0.42bc	2.63 ± 0.57cd	3.56 ± 0.33c	2.43 ± 0.58b
$N_HW_LW_H$	1.86 ± 0.42bc	1.59 ± 0.20d	3.47 ± 0.56c	1.87 ± 0.53c
$N_HW_HW_L$	1.55 ± 0.80cd	0.98 ± 0.41e	3.25 ± 0.91cd	1.37 ± 0.52d
$N_HW_LW_L$	0.66 ± 0.10d	0.86 ± 0.27e	2.63 ± 0.56d	0.91 ± 0.17e
$N_HW_HW_H$	4.31 ± 0.73a	3.04 ± 0.52a	7.37 ± 1.45a	3.84 ± 0.66a

五、调亏灌溉和氮营养对小桐子蒸散量、蒸腾量的影响

由图 5-13 可知，蒸腾量的大小与植株体的新陈代谢有直接关系，平均总蒸散量随灌水量的增大而增大。调亏灌溉第一阶段，施氮量相同时，W_HW_H 与 W_HW_L 水平下的小桐子蒸散

量差异不显著，与 W_HW_H 相比，W_LW_H、W_LW_L 处理的平均蒸散量分别显著降低 55%、70%（$P<0.05$）。灌水量相同时，与 N_Z 相比，N_L 和 N_H 处理平均蒸散量均有所减小，但差异并不显著，随施氮量的增加，W_LW_H 水平蒸散量先增加后减小，W_LW_L、W_HW_L 和 W_HW_H 水平蒸散量无显著差异。

调亏灌溉第二阶段，施氮量相同时，W_HW_H 水平下的小桐子蒸散量最大。与 W_HW_H 相比，W_LW_H、W_HW_L、W_LW_L 处理的平均蒸散量分别显著降低 20%、54%、54%（$P<0.05$）。灌水量不同时，与 N_Z 相比，N_L 和 N_H 处理平均蒸散量均有所增大，但差异也不显著。灌水量相同时，随施氮量的增加，W_LW_H 水平下蒸散量先减小后增加，W_HW_L 水平蒸散量先增加后减小，W_LW_L、W_HW_H 水平蒸散量逐渐增加。

比较蒸腾量与蒸散量的比值可知，在调亏灌溉第一阶段，最大值在处理 $N_HW_HW_H$ 下取得，其小桐子的单位蒸散量中蒸腾量比例达到 61%，其次为 $N_LW_HW_L$ 和 $N_LW_LW_H$ 处理下，小桐子单位蒸散量中蒸腾量比例分别为 59% 和 57%。在调亏灌溉第二阶段，最大值在处理 $N_HW_HW_H$ 下取得，其小桐子的单位蒸散量中蒸腾量比例达到 55%，其次为 $N_LW_LW_H$、N_Z-W_HW_H 和 $N_LW_LW_L$ 处理下，小桐子单位蒸散量中蒸腾量比例分别为 54%、53.9% 和 53.4%。

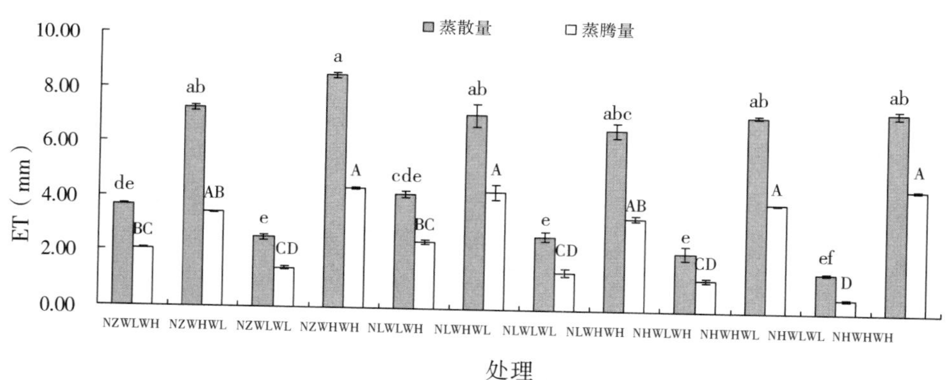

a. 调亏灌溉第一阶段

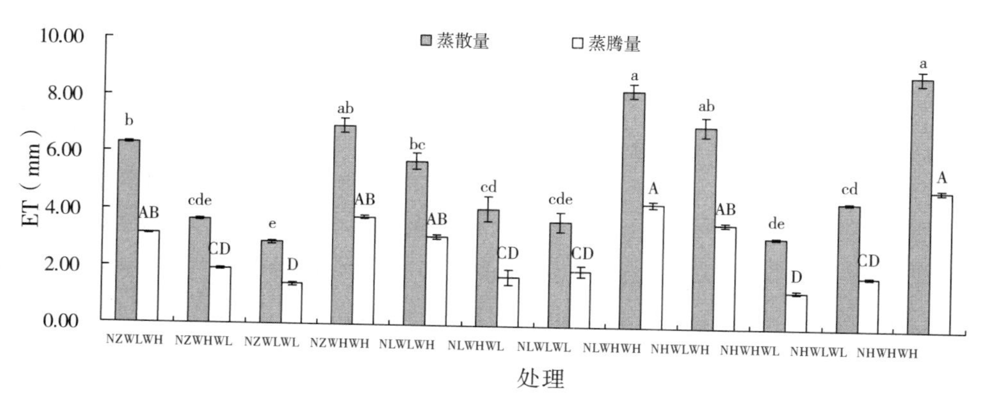

b. 调亏灌溉第二阶段

图 5-13　调亏灌溉和氮营养对小桐子蒸散量、蒸腾量的影响

第六节　水氮耦合对小桐子生长和灌溉水利用效率的影响

一、不同水氮耦合处理对小桐子株高和茎粗的影响

由下图可以看出，灌水和施氮对小桐子株高变化量的影响均达极显著水平（$P<0.01$）。由图 5-14 可知，小桐子的株高变化量随着灌水量的增多呈明显上升趋势，可见，小桐子的株高随着灌水量的增加显著提高。与 W1 相比，W2 和 W3 处理的株高变化量分别提高了 69.94% 和 155.83%，达到极显著水平（$P<0.01$）。与 N1 相比，N2 的株高变化量提高了 5.08%，但 N3 处理的株高变化量降低了 19.53%。与高水高氮的 W3N3 相比，W2N2 节水 37.5%，节约氮肥 50%，其株高变化量仅降低了 11.65%。

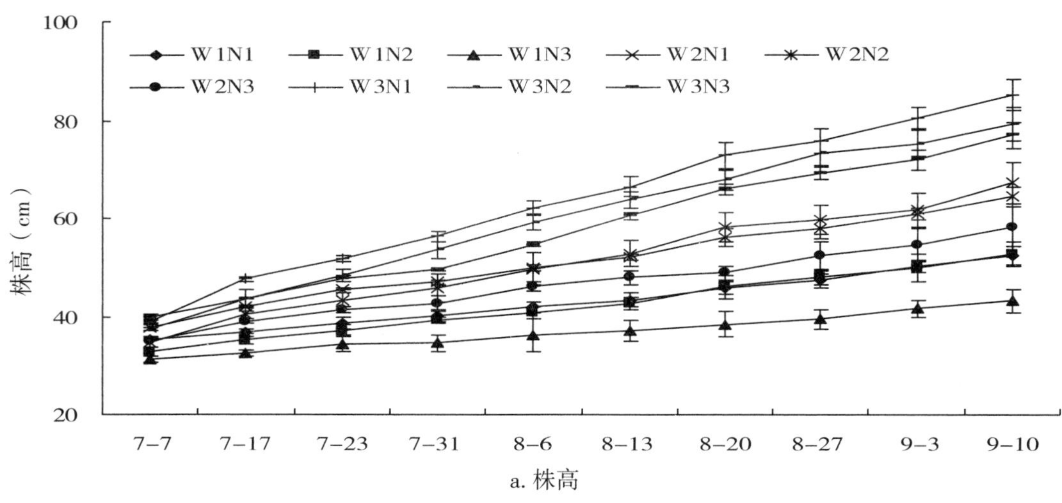

a. 株高

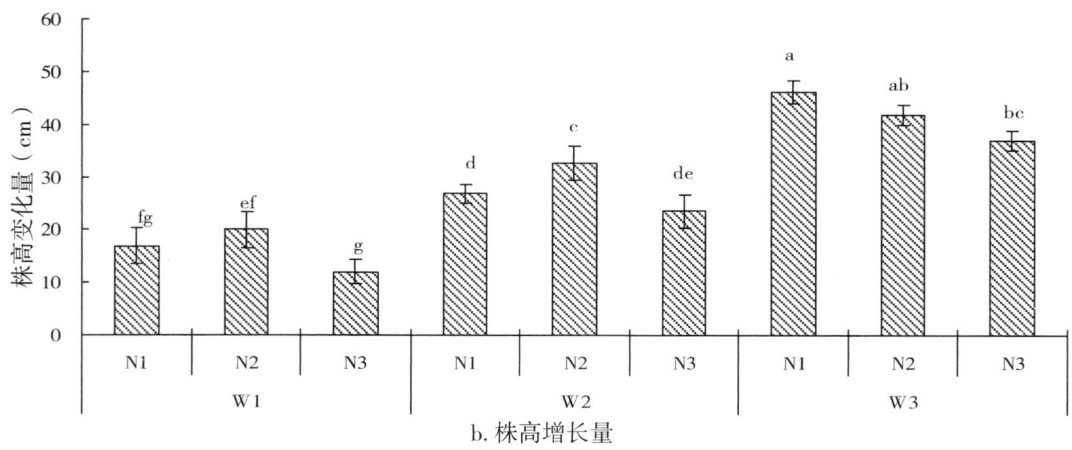

b. 株高增长量

图 5-14　不同灌溉和施氮水平对小桐子株高和株高变化量的影响

由下图可知可知灌水和施氮对于小桐子茎粗变化量的影响均达极显著水平（$P<0.01$）。由图 5-15 可知，小桐子的茎粗变化量随着施氮量的增多呈明显下降趋势，而随着灌水量的增多呈明显上升趋势，可见小桐子的茎粗变化量随施氮量的增多显著降低，随灌水量的增多显著提高。其中，与 W1 相比，W2 和 W3 处理的茎粗变化量分别显著提高了 51.95% 和 133.02%（$P<0.01$）；与 N1 相比，N2 和 N3 处理的茎粗变化量分别显著降低了 18.85% 和 37.28%。与高水高氮的 W3N3 相比，W2N2 节水 37.5%，节约氮肥 50%，其茎粗变化量显著降低了 21.32%。

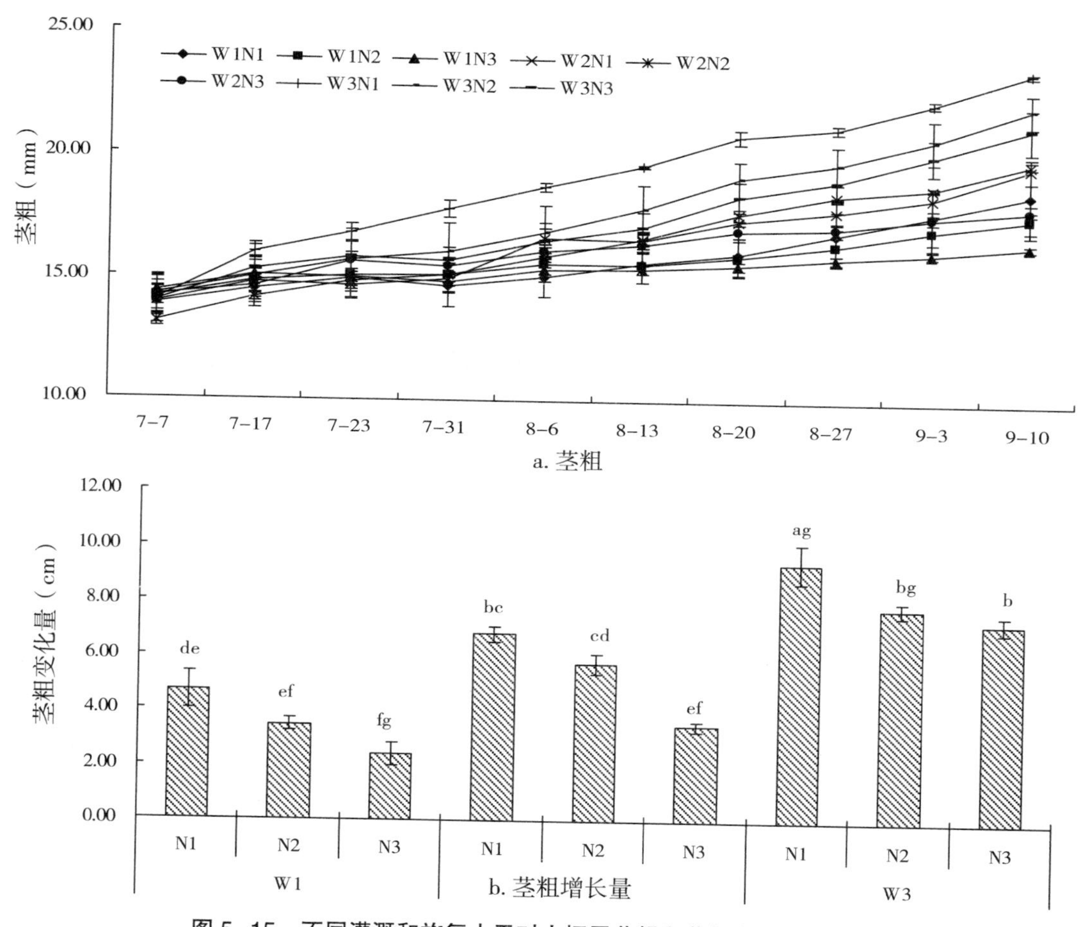

图 5-15　不同灌溉和施氮水平对小桐子茎粗和茎粗变化量的影响

二、不同水氮耦合处理对小桐子叶面积的影响

由图 5-16 图可知施氮和灌水对小桐子叶面积的影响均达极显著水平（$P<0.01$），其交互作用对小桐子叶面积的影响也达极显著水平。由图 5-16 可知，不同水分处理中总是当 N2 处理的叶面积均达到最大值，N3 时反而降低，在相同施氮处理条件下，叶面积随着灌水量的增多显著增加。与 W1 相比，W2 和 W3 处理的叶面积分别显著提高了 26.53%

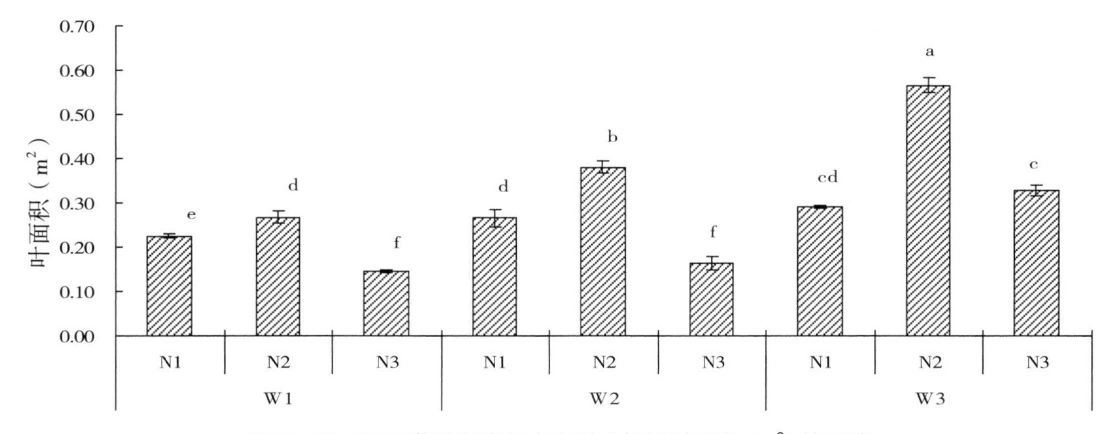

图 5-16　不同灌溉和施氮水平对小桐子叶面积 (m^2) 的影响

和 85.09%，与 N1 相比，N2 处理的叶面积提高 55.07%，但 N3 处理的叶面积显著降低 18.65%（$P<0.01$）。与高水高氮的 W3N3 相比，W2N2 处理节水 37.5%，节约氮肥 50%，其叶面积显著增加了 16.28%（$P<0.05$）。

三、不同水氮耦合处理对小桐子根冠比和总干物质量的影响

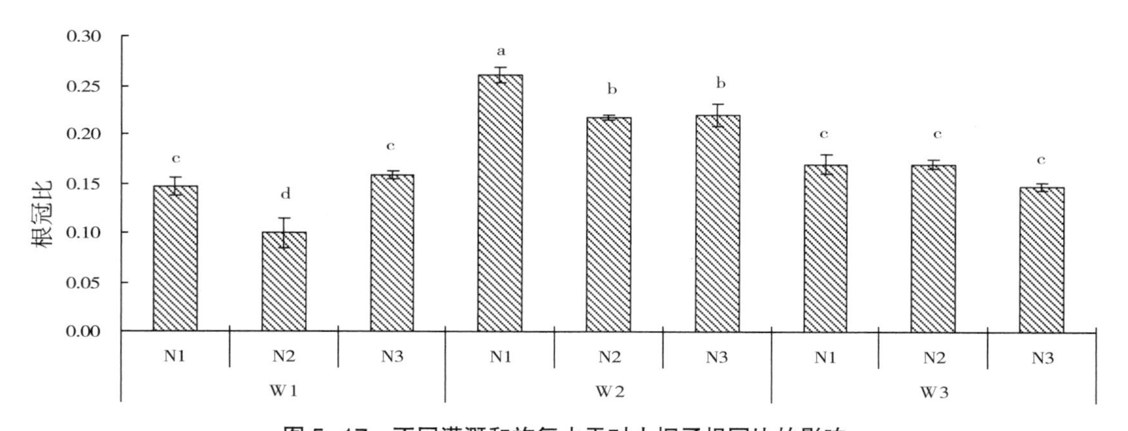

图 5-17　不同灌溉和施氮水平对小桐子根冠比的影响

由上图可知施氮和灌水处理及交互作用对小桐子根冠比的影响均达极显著水平（$P<0.01$）。由图 5-17 可知，当灌水处理为 W2 时，根冠比均明显高于 W1 和 W3 处理，这表明 W2 处理具有促进小桐子根冠比增加的功能。与 W1 相比，W2 和 W3 处理的根冠比分别显著提高了 71.95% 和 19.62%（$P<0.01$）；与 N1 相比，N2 和 N3 处理的根冠比分别显著降低了 15.90% 和 9.15%（$P<0.01$）。与 W3N3 相比，W2N2 处理节水 37.5%，节约氮肥 50%，其根冠比增加了显著 47.82%（$P<0.05$）。

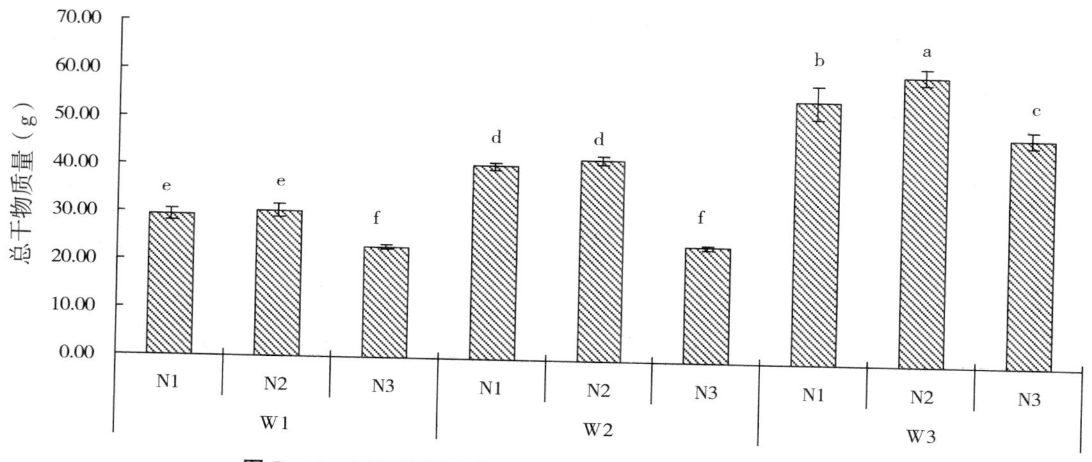

图 5-18　不同灌溉和施氮水平对小桐子总干物质量的影响

由上图可知施氮和灌水对于小桐子总干物质量的影响达极显著水平（$P<0.01$），其交互作用的影响达显著水平（$P<0.05$）。由图 5-18 可以看出，总干物质量随灌水量的提高显著增大，总干物质量在 N3 处理时明显下降。由表 4 可知，与 W1 相比，W2 和 W3 处理的总干物质量分别显著提高 28.82% 和 97.74%（$P<0.01$）；与 N1 相比，N2 处理的总干物质量提高 6.73%，但 N3 处理的总干物质量降低 23.77%。与高水高氮的 W3N3 相比，W2N2 处理节水 37.5%，节约氮肥 50%，其干物质量增加了显著 12.38%（$P<0.05$）。

四、不同水氮耦合处理对小桐子蒸散耗水特性的影响

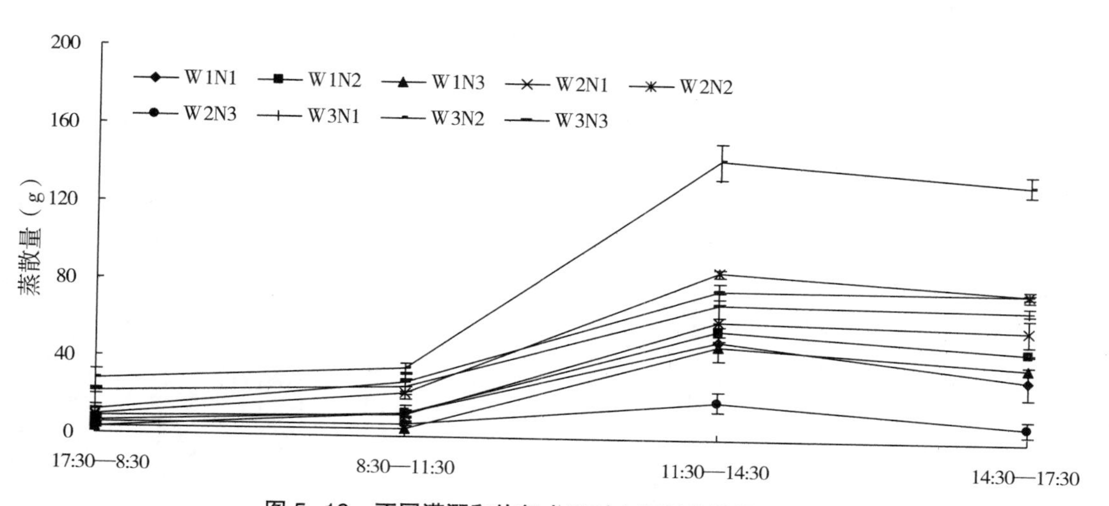

图 5-19　不同灌溉和施氮水平对小桐子蒸散量的影响

表 5-10　限量灌溉和施氮对小桐子蒸腾量的影响

处理	蒸腾量			
	9 月 5 日	9 月 6 日	9 月 7 日	9 月 8 日
W1N1	292.0 ± 23.03b	277.7 ± 9.70c	333.3 ± 10.48a	399.0 ± 16.74b
W1N2	367.7 ± 17.85a	530.3 ± 18.84a	341.7 ± 15.65a	346.0 ± 12.70bc
W1N3	279.0 ± 32.14b	382.7 ± 27.21b	335.3 ± 7.27a	328.7 ± 21.67c
W2N1	168.3 ± 20.85cd	304.3 ± 16.18c	324.0 ± 11.27a	492.3 ± 37.75a
W2N2	220.7 ± 3.38c	324.0 ± 14.29c	296.7 ± 24.27a	400.3 ± 20.70b
W2N3	42.0 ± 17.96e	48.5 ± 17.56e	41.5 ± 16.74e	213.0 ± 41.64e
W3N1	119.7 ± 25.13d	161.0 ± 32.63d	146.7 ± 27.27b	295.0 ± 12.74c
W3N2	135.0 ± 2.89d	165.0 ± 8.51d	130.0 ± 4.00b	229.3 ± 8.09de
W3N3	143.7 ± 11.14d	127.7 ± 7.13d	126.3 ± 2.40b	281.0 ± 11.06cd

由图 5-19 和表 5-10 可知，不同灌水和施氮对于小桐子蒸腾量和蒸散量日变化的影响均有所不同，W2 和 W3 处理下（W2N3 处理叶片脱落除外）小桐子蒸腾量和蒸散量的日变化均显著高于 W1（$P<0.05$）。蒸散量日变化表现为，在 11:30 时前小桐子的蒸散量日变化不明显，在 11:30—14:30 时，W3N2 达到最大值 143.7g。与 W3N3 相比，W2N2 处理节水 37.5%，节氮 50%，其小桐子的平均蒸腾量降低了 6.34%，但日蒸散量提高 1.04%，灌水后第二天、第三天和第四天的蒸腾量分别显著降低 20.54%、15.34% 和 11.80%（$P<0.05$），17:30—8:30、8:3—11:30、11:30—14:30 和 14:30—17:30 的蒸散量分别降低了 16.67%、19.49%、-12.08% 和 0。

五、不同水氮耦合处理对小桐子灌溉水利用效率的影响

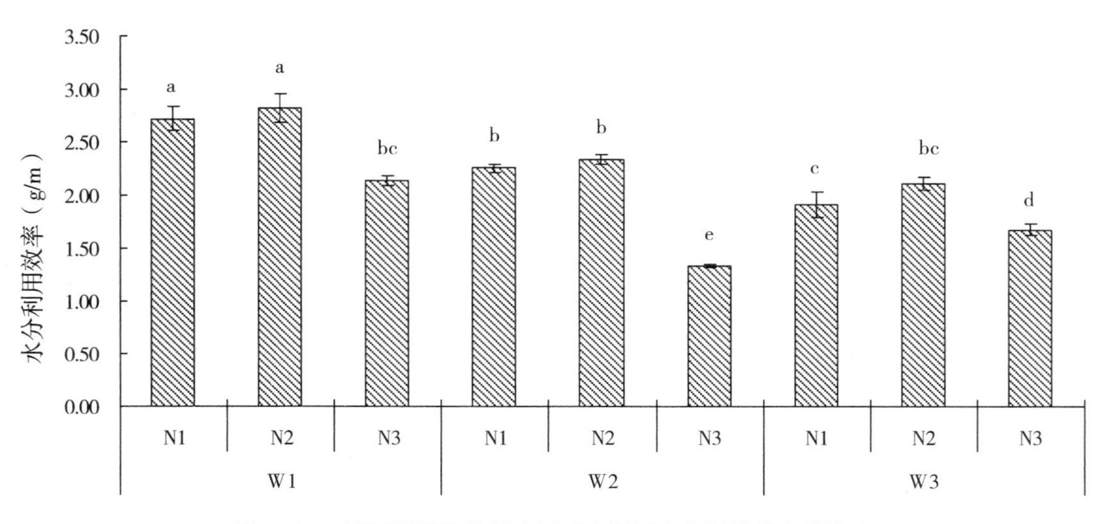

图 5-20　不同灌溉和施氮水平对小桐子水分利用效率的影响

由上图可知灌水和施氮处理及交互作用对于小桐子水分利用效率的影响达极显著水平（$P<0.01$）。由图 5-20 可知，施氮量相同时，受重度水分胁迫的 W1 处理的小桐子取得较高的水分利用效率；与 N1 和 N2 处理相比，N3 处理并没有提高小桐子的水分利用效率。与 W1 相比，W2 和 W3 处理的水分利用效率分别显著降低 22.69% 和 25.86%（$P<0.01$）；与 N1 相比，N2 处理的水分利用效率提高 5.67%，但 N3 处理的水分利用效率降低 25.22%。虽然 W1 处理时小桐子的水分利用效率最高，但由图 5 可知总干物质量明显低于其他处理，故在节水的前提下，W2 为最佳水处理。与 W3N3 相比，W2N2 处理节水 37.5%，节约氮肥 50%，其水分利用效率提高了 40.25%（$P<0.05$）。

第七节　水氮一体灌溉模式对小桐子生长及水氮利用的影响

一、水氮一体灌溉处理对小桐子株高、茎粗、叶片数的影响

由图 5-21a 可知，灌溉施氮对小桐子株高增长量的影响达到显著水平（$P<0.05$）。小桐子株高的生长量随灌水量的减少而显著下降，随施氮量的增多而先上升后下降。其中，与 T1 相比，T2、T3 和 T4 水平下的株高生长量分别下降了 19.82%、47.28% 和 86.06%（$P<0.05$）；与 N1 相比，N2 水平的株高生长量增加了 23.31%（$P<0.05$），N3 水平的株高生长量减少了 16.26%（$P<0.05$）。

由图 5-21b 可知，灌溉施肥对小桐子茎粗增长量的影响达到显著水平（$P<0.05$）。小桐子茎粗的生长量随灌水量的减少而下降，随施氮量的增多先上升后下降。其中，与 T1 相比，T2、T3 和 T4 水平的茎粗生长量分别下降了 24.37%、63.40%、97.93%（$P<0.05$）；与 N1 相比，N2 水平的茎粗生长量增加了 23.36%（$P<0.05$），N3 水平的茎粗生长量减少了 3.41%（$P<0.05$）。

由图 5-21c 可知，灌溉施肥对小桐子叶片数的影响达到显著水平（$P<0.05$）。小桐子叶片数随灌水量的减少而下降，随施氮量的增多先上升后下降。其中，与 T1 相比，T2、T3 和 T4 水平的叶片数分别下降了 19.83%、47.28% 和 86.06%（$P<0.05$）；与 N1 相比，N2 水平的叶片数增加了 23.31%（$P<0.05$），N3 水平的叶片数减少了 16.26%。

与高水高氮的 T1N3 相比，T2N2 节约灌溉水 20%，节约氮肥用量 50%，其株高生长量显著增加了 49.03%。其茎粗生长量增加 18.94%（$P<0.05$），叶片数增加 49.04%（$P<0.05$）。

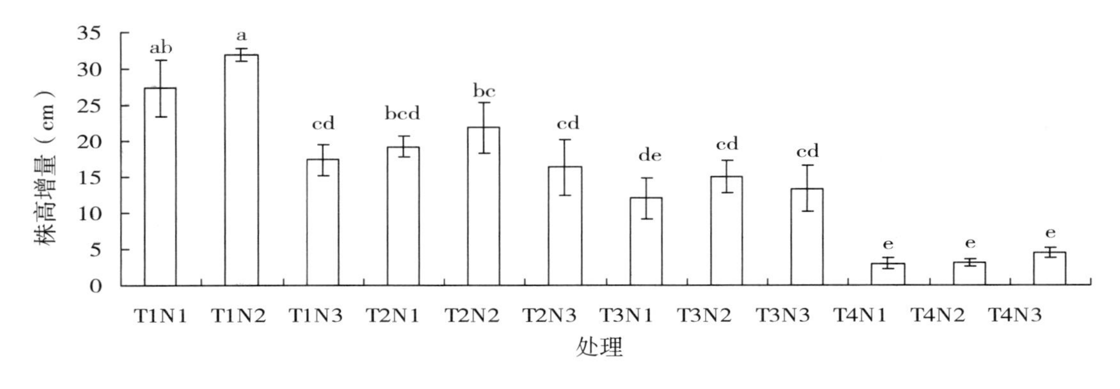

a. 株高生长量

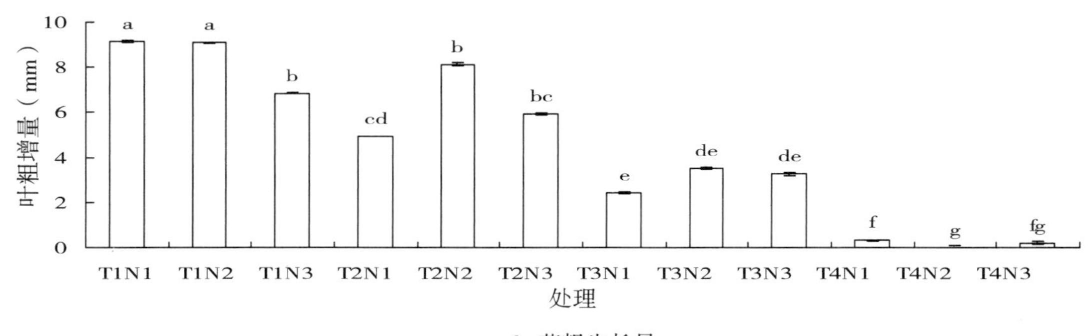

b. 茎粗生长量

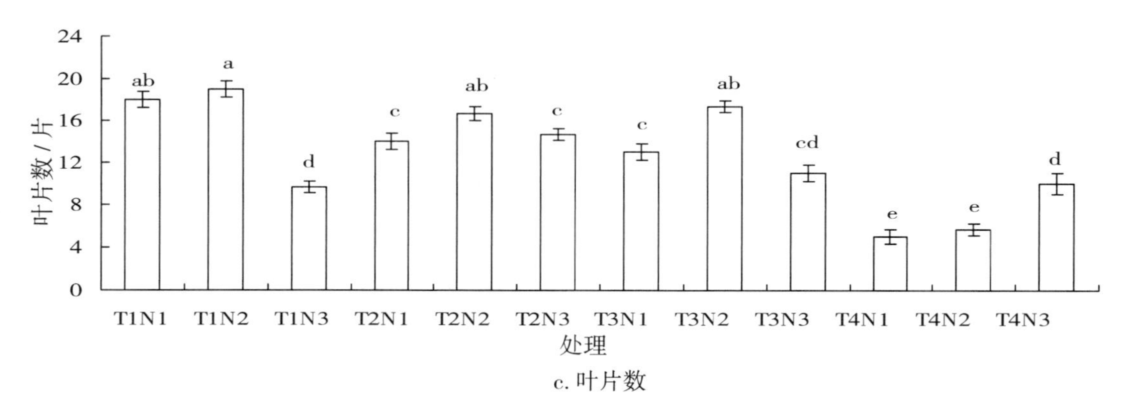

c. 叶片数

图 5-21　水氮一体灌溉处理对小桐子株高和茎粗生长量及叶片数的影响

注：N1、N2、N3分别表示三个施氮水平，T1、T2、T3、T4分别表示四个灌水水平；不同小写字母表示差异显著（n=3，P<0.05），以下图表同此。

二、水氮一体灌溉处理对小桐子干物质质量的影响

由表 5-11 可知，灌溉施氮对小桐子幼树叶片、叶柄、主杆、根系及总干物质质量的影响均达显著水平（P<0.05）。数据分析表明，施氮量相同时，在 N1 水平下，小桐子各器官干物质质量均随灌水量的减小而减小；在 N2 水平下，其总干物质质量随灌水量的减小呈下

降趋势；在N3水平下，其根干质量随灌水量的减小而减小，但叶干物质质量、叶柄干物质质量、主杆干物质质量及总干物质质量均随灌水量的减小而呈先增加后减小的趋势。

灌水量相同时，在T1水平下，与N1相比，N2水平叶、叶柄、主杆、根系和总干物质质量分别增加3.40%、24.46%、76.02%、27.72%和51.71%；N3水平叶、叶柄、主杆、根系和总干物质质量分别降低61.29%、67.02%、48.27%、38.53%和48.32%。在T2水平下，与N1相比，N2和N3水平的叶干物质质量分别增加29.97%和减少7.80%，叶柄干物质质量分别增加86.27%和减少7.80%，主杆干物质质量分别增加63.91%和40.43%，根干物质质量分别增加9.8%和减少19.07%，总干物质质量分别增加46.23%和17.35%。在T3水平下，与N1相比，N2和N3水平的各器官干物质质量除叶柄外均有所增加。在T4水平下，与N1相比，N2和N3水平的叶片和叶柄干物质质量有所增加，主杆、根系及总干物质质量均下降。

表5-11　水氮一体灌溉处理对小桐子干物质质量的影响

处理	干物质质量（g）				
	叶	叶柄	主杆	根	总和
T1N1	8.24 ± 0.71a	1.88 ± 0.19a	32.69 ± 6.5b	14.43 ± 1.19b	57.24 ± 8.45b
T1N2	8.52 ± 2.22a	2.34 ± 0.8a	57.54 ± 6.95a	18.43 ± 1.82a	86.84 ± 6.72a
T1N3	3.19 ± 1.08c	0.62 ± 0.22c	16.91 ± 2.51d	8.87 ± 1.35c	29.58 ± 5.05cd
T2N1	4.87 ± 0.7bc	1.02 ± 0.14b	20.34 ± 4.73c	8.81 ± 0.07c	35.04 ± 3.96c
T2N2	6.33 ± 1.36b	1.9 ± 0.73a	33.34 ± 4.01b	9.68 ± 0.25c	51.24 ± 3.13b
T2N3	4.49 ± 1.49bc	0.94 ± 0.34b	28.56 ± 4.07bc	7.13 ± 0.36c	41.12 ± 5.38bc
T3N1	3.64 ± 1.07c	0.86 ± 0.28bc	18.93 ± 2.08c	5.23 ± 0.65d	28.66 ± 2.35cd
T3N2	4.98 ± 1.17bc	1.08 ± 0.35b	29.24 ± 2.37bc	9.86 ± 1.21c	45.17 ± 4.66bc
T3N3	3.55 ± 0.61c	0.72 ± 0.13bc	21.14 ± 4.59c	6.24 ± 1.07cd	31.65 ± 5.65cd
T4N1	1.21 ± 0.853d	0.27 ± 0.2c	14.36 ± 1.54d	6.92 ± 1.41cd	22.76 ± 3.96d
T4N2	1.61 ± 0.47d	1.89 ± 1.27ab	13.64 ± 1.05d	5.3 ± 1.5d	22.44 ± 2.03d
T4N3	1.98 ± 0.95d	0.42 ± 0.2c	11.79 ± 2.72d	4.42 ± 1.3d	18.61 ± 5.17d

三、水氮一体灌溉处理对小桐子蒸散量、蒸腾量及灌溉水利用效率的影响

由图5-22a可知，施氮量相同时，T1水平下的小桐子蒸腾量最大，T3与T4水平的小桐子蒸腾量差异不大；灌水量相同时，N1水平下的小桐子蒸腾量最大，N2次之，N3最小。由蒸腾量与蒸散量的比值可知，最大值在处理T1N2下取得，其蒸腾量占蒸散量的57.02%，其次为T2N2处理下，蒸腾量占蒸散量的54.45%。

由图5-22b可知，适宜的灌溉施肥方式可大幅度提高小桐子的灌溉水利用效率。数据分析表明，施氮量相同时，T4水平的灌溉水利用效率与T1并无显著差异（$P<0.05$），但T2、T3处理的灌溉水利用效率较T1分别增加7.58%、6.63%。灌水量相同时，N1与N3

水平的灌溉水利用效率增加 31%，但 N2 水平的灌溉水利用效率较 N1、N3 提高 44.24%（*P*<0.05）。与高水高氮的 T1N3 相比，T2N2 灌溉水利用效率提高 82.35%。

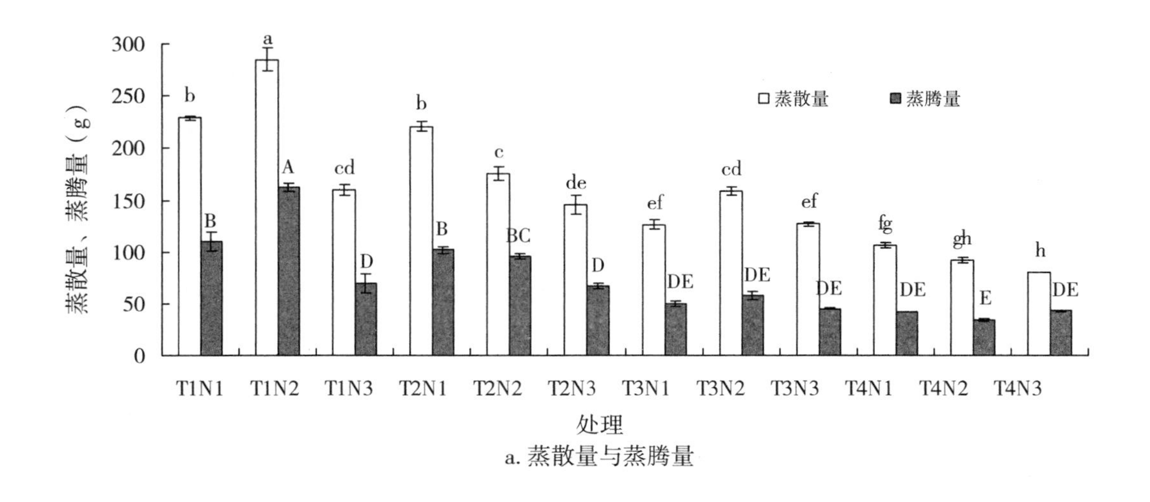

a. 蒸散量与蒸腾量

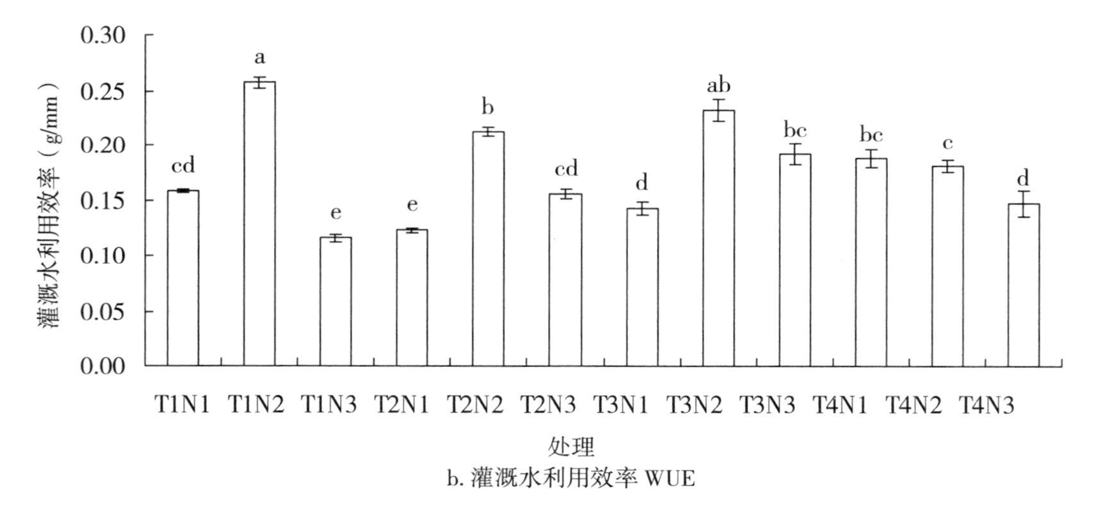

b. 灌溉水利用效率 WUE

图 5-22　水氮一体灌溉处理对小桐子蒸散量、蒸腾量及灌溉水利用效率的影响

四、水氮一体灌溉处理对小桐子根区土壤含水率、土壤硝态氮以及氮素利用效率的影响

小桐子根区 5cm、10cm、15cm 土壤水分状况如图 5-23a 所示。由图知，土壤含水率均随着灌水量的增大而增大，随施氮量的增大而增大。其中，与 T1 相比，T2 水平的小桐子根区土壤含水率无显著差异，T3、T4 水平的小桐子根区土壤含水率分别下降 11.14% 和 22.61%（*P*<0.05）；与 N1 相比，N2、N3 水平的小桐子根区土壤含水率分别提高了 19.15% 和 36.36%（*P*<0.05），可见，施氮具有保持土壤水分的作用，而最佳水氮耦合模式会促进

根区土壤含水率明显提高．与高水高氮的 T1N3 相比，T2N2 处理节约 50% 的灌水，但其根区土壤含水率仅仅降低了 20.45%（$P<0.05$）。

小桐子根区 5cm、10cm、15cm 土壤硝态氮质量分数如图 5-23b 所示。由图知，无氮处理 N1 土壤硝态氮质量分数显著低于施氮处理（$P<0.05$），土壤硝态氮质量分数最小值均在 T2 水平下取得。在 N3 水平下，T3 水平平均土壤硝态氮质量分数显著高于 T1、T2 和 T4 水平（$P<0.05$）。比较前后两次土壤硝态氮质量分数差值发现，施氮量相同时，与 T1 相比，T2、T3、T4 水平的差值分别增加 18.84%、15.72% 和 8.70%；灌水量相同时，N2 水平下测定的差值是 N1 水平下的 1.08 倍（$P<0.05$），N3 水平下测定的差值与 N1 水平无显著差异，这说明小桐子对 N2 水平的氮素吸收利用较多。与 T1N3 相比，T2N2 处理的根区土壤硝态氮质量分数前后两次差值显著增加 47.95%（$P<0.05$）。

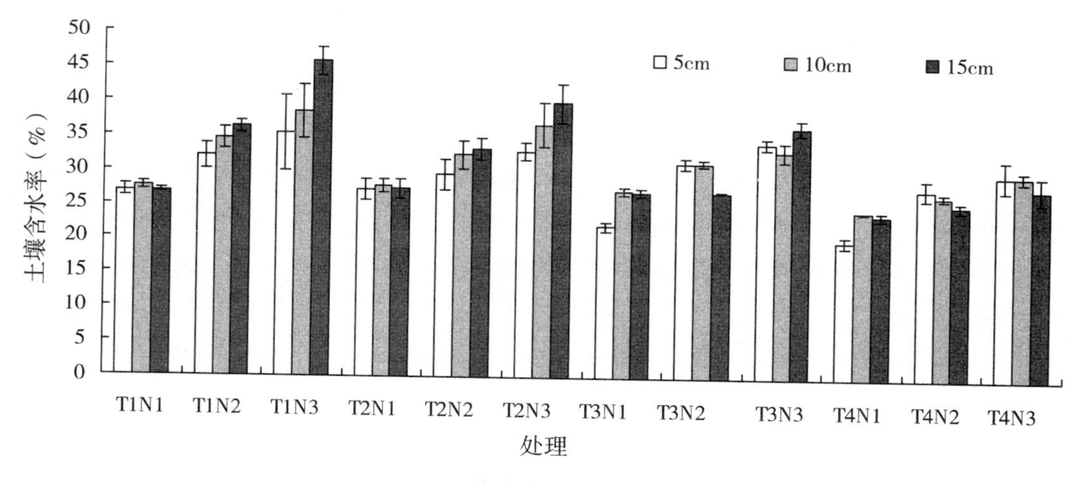

a. 土壤含水率（2012-8-15）

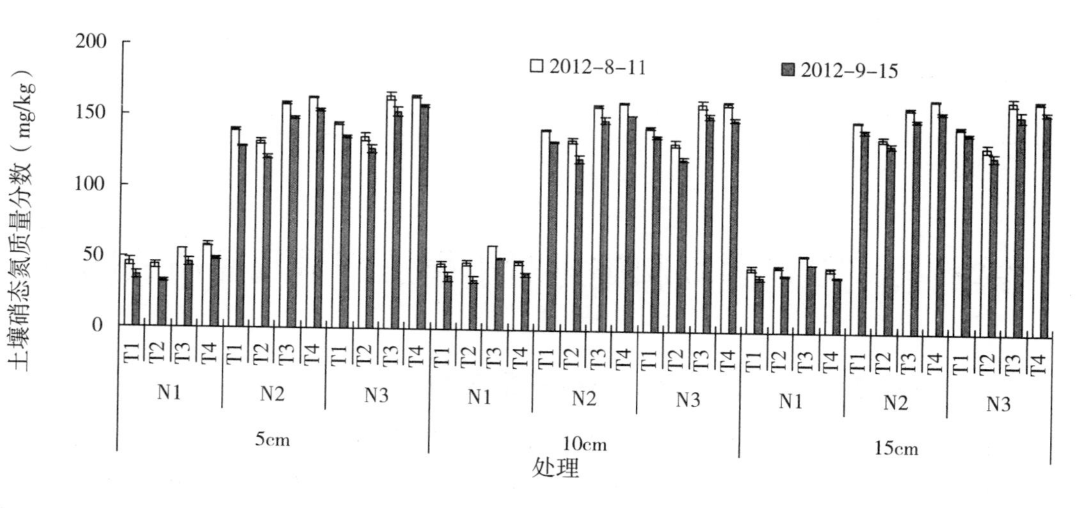

b. 土壤硝态氮

图 5-23 水氮一体灌溉处理对小桐子根区土壤含水率及根区土壤硝态氮的影响

由表 5-12 可知，灌溉量对小桐子幼树叶全氮、茎全氮及根全氮的影响无显著差异，但施氮量对小桐子各器官全氮含量的影响存在显著差异，数据分析表明，灌水量相同时，与 N1 相比，N2 水平的叶全氮、茎全氮及根全氮分别增加 107.34%、71.82% 和 107.90%（$P<0.05$）；N3 水平的各全氮含量分别增加的质量分别为 151.76%、93.12% 和 162.18%（$P<0.05$）。与高水高氮的 T1N3 相比，T2N2 处理下小桐子的叶全氮、茎全氮和根全氮分别减少 11.23%、3.24% 和 15.37%（$P<0.05$），小桐子氮素吸收总量显著提高 90.75%，氮素干物质生产效率提高 9.18%，氮素表观利用效率显著提高 239.90%，植株氮素吸收效率显著提高 228.46%。

表 5-12　水氮一体灌溉处理对小桐子全氮及氮素利用效率的影响

处理	全氮质量分数（g/kg）			氮素吸收总量（mg/株）	氮素干物质生产效率（g/g）	氮素表观利用效率（%）	氮素吸收效率（%）
	叶	茎	根				
T1N1	14.92 ± 0.04h	9.27 ± 0.03g	6.54 ± 0.05g	537.78.03 ± 18.79d	106.3 ± 2.29b	—	—
T1N2	29.1 ± 0.08g	15.52 ± 0.04f	13.29 ± 0.13e	1422.20 ± 26.91a	61.06 ± 0.48c	7.94 ± 1.40a	12.77 ± 1.23a
T1N3	36.24 ± 0.04c	17.26 ± 0.11c	16.39 ± 0.22c	563.55 ± 32.76d	52.48 ± 1.32cd	-3.86 ± 0.69d	2.53 ± 0.46cd
T2N1	14.44 ± 0.13j	9.26 ± 0.03g	6.42 ± 0.08g	324.68 ± 14.32de	107.72 ± 0.9b	—	—
T2N2	32.17 ± 0.02d	16.7 ± 0.1d	13.87 ± 0.04d	1075.01 ± 34.46b	57.3 ± 1.31c	5.40 ± 1.15b	8.31 ± 0.49b
T2N3	38.52 ± 0.09a	18.7 ± 0.02a	17.67 ± 0.09a	849.89 ± 25.53bc	48.7 ± 1.25d	-0.36 ± 0.67c	3.82 ± 0.56c
T3N1	14.73 ± 0.05hi	9.29 ± 0.03g	6.39 ± 0.08g	270.75 ± 11.2e	105.85 ± 1.67b	—	—
T3N2	31.02 ± 0.06e	15.81 ± 0.01c	12.73 ± 0.16f	759.42 ± 26.99c	59.67 ± 0.78c	4.29 ± 0.75b	6.82 ± 0.78b
T3N3	36.39 ± 0.07c	17.99 ± 0.02b	16.84 ± 0.03b	627.34 ± 17.26cd	50.23 ± 0.79d	-0.59 ± 0.39c	2.82 ± 0.48cd
T4N1	14.62 ± 0.07ij	9.41 ± 0.06g	6.35 ± 0.04g	199.65 ± 8.24e	114.92 ± 1.78a	—	—
T4N2	29.44 ± 0.05f	15.94 ± 0.02e	13.54 ± 0.03de	366.72 ± 10.91de	61.11 ± 0.86c	1.47 ± 0.48c	3.29 ± 0.28c
T4N3	36.66 ± 0.03b	17.95 ± 0.04b	16.48 ± 0.06c	365.08 ± 10.43de	52.1 ± 1.52cd	-0.01 ± 0.00c	1.64 ± 0.49d

第八节　限量灌溉和施氮对小桐子产量及品质的影响

一、限量灌溉和施氮处理对小桐子果实的影响

由表 5-13 可知，灌水水平对二年生小桐子果实的尺寸影响显著。2011 年，与 W3 相比，W0 和 W1 的果仁长度、宽度、百粒重分别降低 6.3% 和 4.4%、4.8% 和 2.3%、20.6% 和 8.7%，但 W3 与 W2 水平下的果仁长度、宽度、百粒不存在显著差异；与 N3 相比，N0 的百粒重显著降低 11.5%，其他指标不存在显著差异。2012 年，与 W3 相比，W1 的果仁

长度、宽度、百粒重分别降低 3.0%、30.0% 和 64.6%，但 W3 与 W2 水平下的果仁长度、宽度、百粒不存在显著差异，W0 水平下作物未产果；与 N3 相比，N0 的百粒重显著降低 11.1%，但 N0、N1 和 N2 的宽度增加 15.2%、19.4% 和 4.1%。两因素交互作用果仁百粒干重影响显著，W2N2 较其余处理的百粒重增加 5.1%~80.6%。相较于充水高氮的 W3N3 处理，W2N2 两年的果仁长度分别增加 7.4% 和 6.8%，果仁宽度分别增加 3.2% 和 4.8%，果仁百粒重分别增加 18.8% 和 6.2%。

表 5-13　限量灌溉和施氮处理对小桐子果实尺寸的影响

处理	2011			2012		
	长（mm）	宽度（mm）	百粒果仁干重（g）	长（mm）	宽度（mm）	百粒果仁干重（g）
W0N0	16.03 ± 0.67j	9.82 ± 0.42f	37.68	0	0	0
W0N1	16.51 ± 0.55hi	10.17 ± 0.46de	41.5	0	0	0
W0N2	16.83 ± 0.89gh	10.45 ± 0.68cd	47.08	0	0	0
W0N3	16.65 ± 0.7ghi	10.47 ± 0.63cd	47.92	0	0	0
W1N0	16.04 ± 0.93j	10.31 ± 0.72cd	47.88	16.06 ± 0.05f	10.23 ± 0.07gh	49.99
W1N1	17.33 ± 0.51ef	10.88 ± 0.25ab	52.35	17.28 ± 0.09d	10.86 ± 0.1cd	51.82
W1N2	17.74 ± 0.65cde	10.85 ± 0.43ab	55.51	17.76 ± 0.14c	10.78 ± 0.12cde	54.22
W1N3	16.24 ± 0.61ij	9.94 ± 0.42ef	44.57	14.13 ± 0.12h	9.87 ± 0.05i	51.92
W2N0	16.72 ± 0.91gh	9.81 ± 0.83f	45.8	17.37 ± 0.12d	12.26 ± 0.12b	44.35
W2N1	17.83 ± 0.83cd	11.17 ± 0.37a	58.49	17.76 ± 0.11c	13.65 ± 0.11a	55.81
W2N2	18.31 ± 0.68ab	10.82 ± 0.46b	63.24	18.17 ± 0.12ab	11.04 ± 0.09c	63.69
W2N3	18.45 ± 0.52a	10.86 ± 0.27ab	60.92	18.33 ± 0.10a	10.83 ± 0.07cde	60.63
W3N0	17.45 ± 0.59def	10.65 ± 0.36bc	53.65	17.36 ± 0.15d	10.58 ± 0.09def	53.92
W3N1	17.92 ± 0.51bc	10.90 ± 0.34ab	53.28	17.9 ± 0.12bc	10.96 ± 0.10c	54.33
W3N2	18.01 ± 0.52abc	10.96 ± 0.4ab	59.13	18.05 ± 0.20abc	10.94 ± 0.15c	59.96
W3N3	17.05 ± 0.47fg	10.48 ± 0.32cd	53.23	17.01 ± 0.16de	10.53 ± 0.14efg	54.09

注：N0、N1、N2、N3分别表示3个施氮水平，W0、W1、W2、W3分别表示4个灌水水平；同列数值后不同小写字母表示差异显著（n=20，P<0.05）。

二、限量灌溉和施氮处理对小桐子果实产量的影响

两因素交互作用对小桐子果实产量干重影响显著（图 5-24a）。与 W3 相比，2011 年，W0、W1 的小桐子果实总产量分别降低 79.4% 和 51.1%，但 W2 增加 14.9%；2012 年，W0 小桐子果实总产量为 0，W1 和 W2 的小桐子果实总产量分别降低 54.3% 和 8.6%。与 N3 相比，N2 的小桐子果实总产量无显著差异，N0、N1 却分别降低 49.9% 和 12.3%；2012 年，N0 和 N1 的小桐子果实总产量分别降低 49.8% 和 12.3%，但 N2 增加 2.1%。与 W2N2 相比，2011 年，其余处理下小桐子果实总产量降低 6.7%~91.72%；2012 年，除 W3N2 增加 8.0%、W2N3 无显著差异外，其余处理下小桐子果实总产量降低超过 11.1%。相较于充水高氮的 W3N3 处理，W2N2 两年的果实总产量分别增加 152.3% 和 18.3%。

两因素交互作用对小桐子果仁产量干重影响显著（图 5-24b）。与 W3 相比，2011 年，W0、W1 和 W2 的小桐子果仁总产量分别降低 83.4%、61.1% 和 5.9%；2012 年，W0 小桐子果仁总产量为 0，W1 和 W2 的小桐子果仁总产量分别降低 48.9% 和 8.5%。与 N3 相比，N0 的小桐子果仁总产量降低 59.6%，N1、N2 却分别增加 11.4% 和 20.1%；2012 年，N0 和 N1 的小桐子果仁总产量分别降低 43.4% 和 3.7%，但 N2 增加 11.8%。与 W2N2 相比，2011 年，除 W3N1 处理下小桐子果仁总产量降低 15.0% 外，其余处理下小桐子果仁总产量降低 28.2%~91.6%；2012 年，其余处理下小桐子果仁总产量降低超过 4.1%。相较于充水高氮的 W3N3 处理，W2N2 两年的果实总产量分别增加 105.1% 和 28.1%。

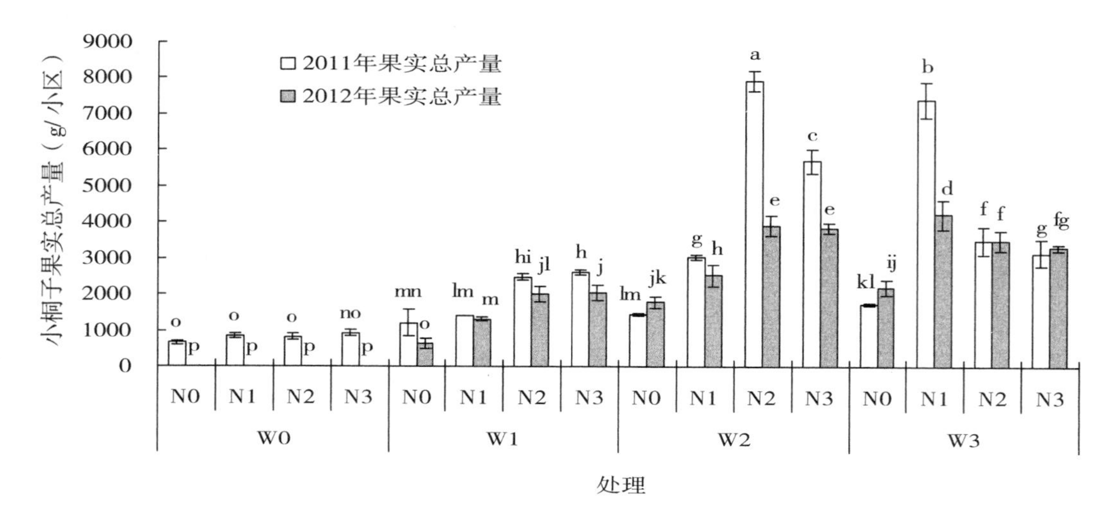

a. 果实产量

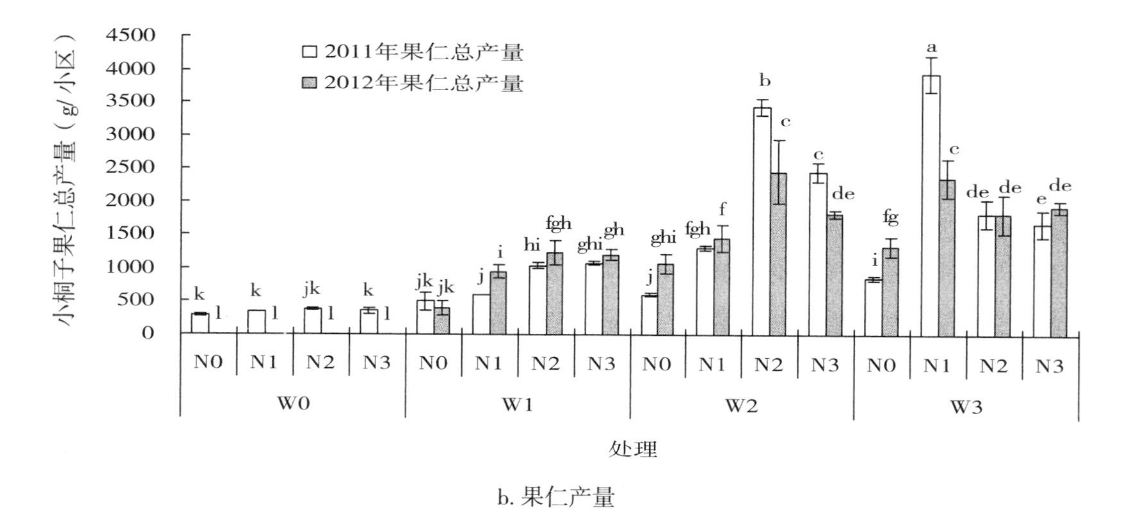

b. 果仁产量

图 5-24　限量灌溉和施氮处理对小桐子干物质质量的影响

注：N0、N1、N2、N3分别表示3个施氮水平，W0、W1、W2、W3分别表示四个灌水水平；图中不同小写字母表示差异显著（n=3，P<0.05），下图同此

三、限量灌溉和施氮处理对小桐子水分利用效率影响

两因素交互作用对小桐子水分利用效率影响显著（图 5-25）。与 W3 相比，2011 年，W0、W1 的小桐子水分利用效率分别降低 61.5% 和 31.2%，但 W2 增加 30.7%；2012 年，W0 小桐子水分利用效率为 0，W1 降低 54.3%，但 W3 增加 5.3%。与 N3 相比，N2 的小桐子水分利用效率增加 17.25%，N0、N1 却分别降低 58.3% 和 4.8%；2012 年，N0 和 N1 的小桐子水分利用效率分别降低 49.3% 和 12.1%，但 N2 增加 5.2%。与 W2N2 相比，2011 年，其余处理下小桐子水分利用效率降低 19.13%~86.32%；2012 年，其余处理下小桐子果实总产量水分利用效率降低超过 10.2%。相较于充水高氮的 W3N3 处理，W2N2 两年的果水分利用效率分别增加 64.5% 和 28.7%。

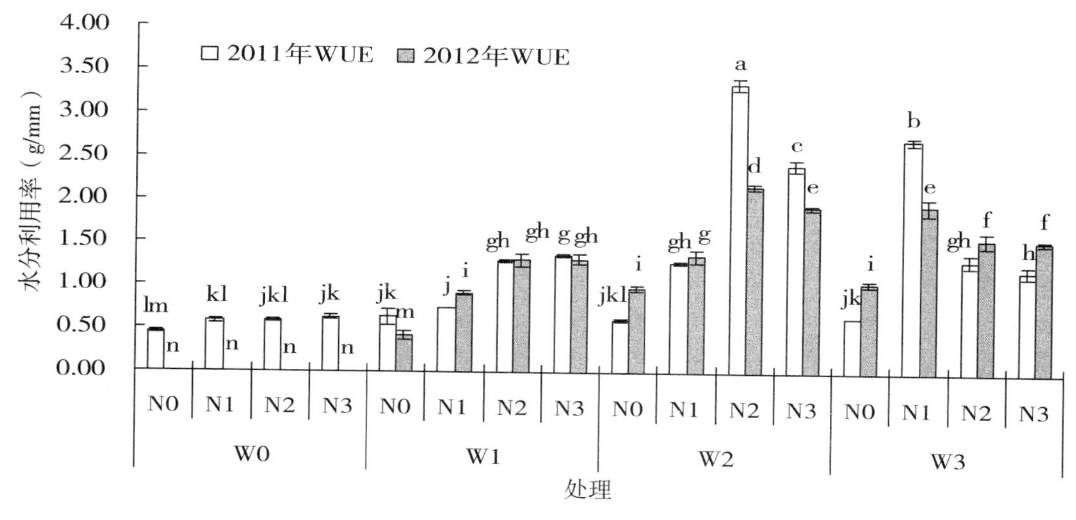

图 5-25　限量灌溉和施氮处理对小桐子水分利用效率的影响

四、限量灌溉和施氮处理对小桐子品质的影响

小桐子果仁脂肪酸组成及相对含量测定结果（表 5-14）表明，小桐子果仁中粗脂肪含量 35%~55%，其中不饱和脂肪酸包括棕榈酸、棕榈酸、油酸、亚油酸等，饱和脂肪酸包括硬脂酸、花生酸。小桐子果仁各组成成分含量范围分别为棕榈酸 12.99%~14.34%、棕榈油酸 0.64%~0.80%、棕榈酸 7.10%~6.49%、油酸 37.11%~42.76%、亚油酸 31.53%~35.60%、亚麻酸 0.21%~0.41%、花生酸 0.19%~0.23%。

灌水量对小桐子果仁亚麻酸、花生酸含量影响不显著，对其他品质影响显著，随灌水量的增加，棕榈酸、棕榈油酸含量增加，油酸、亚油酸含量先增加后减少，硬脂酸含量先减小后增加。施氮量对小桐子果仁棕榈酸、亚油酸、亚麻酸、花生酸含量影响不显著，对其他品质影响显著，随施氮量的增加，棕榈油酸、硬脂酸、油酸含量先增加后减少。两因素交互作用对小桐子果仁亚麻酸、花生酸含量影响不显著，对其他品质影响显著，与 W2N2 相比，

油酸和亚油酸含量较其余处理显著提高 8.1%~13.2% 和 3.6%~11.4%，但其棕榈酸含量低于 W1N3、W2N3、W3N0、W3N1 和 W3N2 处理，棕榈油酸含量仅高于 W0N0、W0N2、W0N3 和 W1N0 处理，硬脂酸含量为最小值。与高水高氮 W3N3 相比，W2N2 处理的棕榈油酸和硬脂酸分别降低 5.8% 和 12.1%，油酸、亚油酸、亚麻酸和花生酸分别增加 11.8%、4.2%、27.4% 和 4.3%。

表 5-14　限量灌溉和施氮处理对小桐子果实品质的影响　（单位：%）

处理	棕榈酸	棕榈油酸	硬脂酸	油酸	亚油酸	亚麻酸	花生酸
W0N0	13.35 ± 0.04e	0.66 ± 0.00f	6.9 ± 0.04b	37.11 ± 0.05de	31.98 ± 0.10h	0.27 ± 0.02b	0.21 ± 0.00b
W0N1	13.91 ± 0.05bc	0.75 ± 0.01bcd	6.78 ± 0.03bc	38.84 ± 0.20bc	33.39 ± 0.03e	0.34 ± 0.05b	0.21 ± 0.00b
W0N2	12.99 ± 0.01f	0.64 ± 0.01f	7.10 ± 0.04a	39.17 ± 0.06b	31.53 ± 0.08h	0.24 ± 0.01b	0.23 ± 0.01a
W0N3	13.41 ± 0.02e	0.65 ± 0.01f	6.65 ± 0.02	39.09 ± 0.11bc	32.78 ± 0.03fg	0.21 ± 0.01b	0.22 ± 0.00ab
W1N0	13.55 ± 0.07e	0.65 ± 0.00f	6.65 ± 0.03c	37.51 ± 0.12e	34.32 ± 0.11b	0.28 ± 0.01b	0.22 ± 0.00ab
W1N1	13.73 ± 0.03d	0.73 ± 0.01cd	7.07 ± 0.05a	38.73 ± 0.1bc	32.35 ± 0.13g	0.40 ± 0.12b	0.22 ± 0.00ab
W1N2	13.83 ± 0.02cd	0.75 ± 0.01bcd	6.49 ± 0.04d	38.6 ± 0.34bcd	33.65 ± 0.17de	0.34 ± 0.13b	0.23 ± 0.01a
W1N3	13.99 ± 0.03bc	0.72 ± 0.02cde	6.90 ± 0.05b	38.95 ± 0.43bc	32.8 ± 0.08f	0.33 ± 0.13b	0.21 ± 0.01b
W2N0	13.89 ± 0.07c	0.77 ± 0.02ab	6.90 ± 0.06b	38.18 ± 0.34cde	33.75 ± 0.08cd	0.32 ± 0.04b	0.19 ± 0.01c
W2N1	13.89 ± 0.04c	0.71 ± 0.00de	6.94 ± 0.03b	38.5 ± 0.28bcd	33.5 ± 0.08de	0.36 ± 0.11b	0.21 ± 0.01ab
W2N2	13.91 ± 0.04c	0.69 ± 0.01e	6.11 ± 0.07e	42.76 ± 0.37a	35.6 ± 0.11a	0.51 ± 0.1a	0.23 ± 0.01a
W2N3	14.08 ± 0.07b	0.72 ± 0.01cde	6.49 ± 0.03d	38.92 ± 0.38bc	33.84 ± 0.1cd	0.33 ± 0.02b	0.21 ± 0.00ab
W3N0	14.10 ± 0.03b	0.75 ± 0.02bcd	6.91 ± 0.01b	38.64 ± 0.27bcd	33.3 ± 0.08e	0.23 ± 0.00b	0.22 ± 0.00ab
W3N1	14.11 ± 0.08b	0.76 ± 0.01bc	6.59 ± 0.05cd	39.28 ± 0.23b	32.9 ± 0.09f	0.33 ± 0.02b	0.21 ± 0.00ab
W3N2	14.34 ± 0.02a	0.80 ± 0.01a	6.53 ± 0.04cd	39.19 ± 0.47bc	33.45 ± 0.31de	0.29 ± 0.05b	0.21 ± 0.01b
W3N3	13.97 ± 0.02bc	0.73 ± 0.01cd	6.85 ± 0.02b	37.69 ± 0.13de	34.10 ± 0.06bc	0.37 ± 0.13b	0.22 ± 0.00ab

第九节　讨　论

一、灌水频率和施氮对小桐子生长的影响

小桐子是一种对水分和养分比较敏感的作物，无论施氮与否，它均可以在灌水周期为 12d 的条件下存活，而在灌水周期为 4d 的条件下生长状况较好。通常，当面对重度水分胁迫时，植物通过叶片功能早衰和叶片脱落来减缓生长而并非降低叶的生长或抑制叶片的扩张（Smit 等，1989），从而使得净生长量和总干物质质量大大降低，加之，虽然灌水周期为 12d 的处理导致根系干物质质量明显减小，但较高的 HV 值提高了根系向叶片传输水分的效率。Sellin 等（2012）的结果也表明，较高的 HV 值有利于提高向叶片传输水分的能力。同时木质部基内径减小，基外径与基内径差值增加，与木质部密度较小的基内径部位相比，水

分储存在较大的木质部密度（基外径与基内径差值部位）中有利于减少水分的快速消耗，从而提高了小桐子抗干旱胁迫能力，Maes 等（2009）认为小桐子较强的抗旱性与茎干较小的木质部密度密切相关。本研究表明，与灌水频率 4d 相比，灌水频率 8d 和 12d 的小桐子生物量显著下降，Achten 等（2010）的研究也表明，停止浇水后第 12d 时小桐子停止生长，茎直径开始收缩。一些学者的研究也表明，水分胁迫会降低小桐子干物质的累积（Maes 等，2009）。与无氮处理相比，灌水频率为 4d 时，施氮处理对净生长量、叶片数、叶面积、基茎截面面积、基内径、基内径与基外径差值、叶片、叶柄、带侧枝主杆、冠层、根系和总干物质质量具有明显的促进作用。过去的研究也表明，施氮条件下，充分供水有利于干物质的积累（Wang 等，2010）。

二、灌水频率和施氮对小桐子各器官贮水量和蒸散耗水特性的影响

本研究表明，小桐子各器官贮水量和蒸散耗水特性与灌水频率和施氮处理密切相关，小桐子体内水分在各器官的分配情况表现为冠层 > 根系、带侧枝主杆 > 叶片 > 叶柄，而在不同施氮处理下，与灌水频率 4d 相比，灌水频率为 8d 和 12d 时各器官的平均贮水量降幅表现为冠层 > 根系、叶柄 > 叶片 > 带侧枝主杆，8d 和 12d 时的平均总贮水量分别降低 33.4% 和 50.3%，总蒸腾量分别降低 20.5% 和 40.7%，而 HV 值分别增加 51.5% 和 98.3%。Maes 等（2009）的研究也表明，冠层的水分含量高于根系，水分胁迫会降低植物体内的水分含量，使得气孔导度下降，从而减少蒸腾耗水量。可见，受水分胁迫影响，蒸腾量的变化是引起冠层各器官贮水量变化的重要原因之一。蒸腾量的降低值小于总贮水量，这可能与叶气孔和 HV 值的调节有关。与灌水频率 4d 相比，灌水频率 8d 和 12d 的小桐子蒸散量显著下降，Maes 等（2009）的研究也表明，受水分胁迫影响，木质部的气孔反而显著增大，木质部水分含量和叶气孔开度显著下降，从而使得蒸腾耗水量显著降低。与无氮处理相比，施氮处理会促进小桐子各器官的贮水量增加，从而使得蒸散量和蒸腾量也增加，一些学者研究也表明，施氮会提高作物的蒸散耗水量（Duan 等，2013）。

三、灌水频率和施氮对小桐子水分利用效率的影响

不同土壤水分和养分常常引起植物生长、生理和水分利用效率发生明显的变化（Li 等，2007；Chen 等，2011）。本研究表明，在不同施氮处理下，与灌水频率 4d 相比，灌水频率 8d 和 12d 的平均灌溉水利用效率和总水分利用效率均降低。通常当灌水量较多时，田间蒸发量及植株耗水量明显增大，使得作物水分利用效率下降（Ma 等，2010），而水分胁迫会促进水分利用效率增大。这与我们的研究有所不同，其可能原因是本研究灌水周期较长引起重度水分胁迫而使小桐子的生长明显减缓甚至停止，观察发现下层叶片有枯黄和脱落现象，虽然每次浇水按照 80% 田间持水量进行，但浇水后小桐子短期内不会恢复生长，对水分的需求较少，从而造成大量土壤水分通过表面蒸发而损失。其次，当小桐子长时间受重度水分胁迫影响，这样会严重抑制根系生长和根系在土壤中分布，从而使根系吸水能力显著下降，加之小桐子生物量也明显降低，导致各器官的贮水量明显下降，因此，小桐子的水分利用效率

显著下降。与无氮处理相比，施氮处理均增加灌溉水利用效率和总水分利用效率。灌水频率为 4d 时，施氮处理的灌溉水利用效率和总水分利用效率分别较不施氮处理显著增加 18.1% 和 19.5%。一些学者的研究也表明，施氮会促进作物水分利用效率显著增加（Sepaskhah 等，2006；Chen 等，2011）。Li 等（2007）的研究表明，well-watered 处理下施氮会促进玉米冠层水分利用效率提高。可见，有利于小桐子水分利用效率提高的最佳组合为灌水频率为 4d 和施氮处理。

四、调亏灌溉和氮营养对小桐子生长量及蒸散量影响

水分和氮营养在作物生长发育过程中起着至关重要的作用，有研究表明，调亏灌溉使作物在经历干旱复水后，可促进作物生长，加速生物量的积累，具备生长补偿效应（Liang 等，2013），这与本研究的结果一致，本研究 W_LW_H 水平下的小桐子，在经历干旱胁迫并恢复充分灌溉后，小桐子的株高、茎粗相较于水分胁迫时期有显著提高。W_LW_L 水平下的小桐子仍然能够存活，株高和茎粗在干旱胁迫条件增加缓慢，这是因为水分胁迫阶段，叶片水势降低，从而使得叶片气孔减小甚至关闭，作物的蒸散量减小，降低了无效的蒸散，从而影响作物的生长（杨启良等，2015），先充分灌溉、后亏缺灌溉的 W_HW_L 处理，小桐子的株高、茎粗在亏水阶段生长缓慢，这是因为先充分灌溉，此时满足作物生长需求的水分，作物生长发育较为迅速，而到后期亏缺灌溉时，作物对水分的需求量较之前有了明显提高，叶片水势仍保持较高水平，叶片气孔打开，使得作物仍保持较大的蒸散量，但水分供给不能满足作物的需求，因此亏缺灌溉时株高、茎粗生长量较充分灌溉的 W_HW_H 水平显著减少。

本研究还发现，随着施氮量的增加，W_LW_H、W_HW_L、W_LW_L 水平下小桐子的株高、茎粗均呈现先增后减趋势，这是因为土壤中氮浓度较高，土壤 pH 值下降，酸性土壤抑制小桐子根系的生长以及对营养元素的吸收，从而使得 N_H 水平下小桐子的株高生长量和茎粗生长量相对于 N_L 显著下降，这与杨振宇（2010）在茄子上的研究一致。在施氮量相同的情况下，随着水分胁迫的加剧，小桐子的株高生长量、茎粗生长量也随之减小，这是因为水分胁迫抑制了植物体内各项生命活动，阻碍其生长。

五、调亏灌溉和氮营养对小桐子各器官干物质质量及含水率的影响

W_HW_H 水平下小桐子各器官及整株干物质质量最大，W_LW_H、W_LW_L 次之，W_HW_L 最小，一定程度的亏缺灌溉均能降低作物的产量，这与以往在枣树（强敏敏等，2015）、小麦（董国锋等，2006）、茄子（杨振宇等，2010）等作物上的研究类似，复水后小桐子的光合速率反而增加，更有利于光和产物转化和分配。随着施氮量的增加，小桐子各器官及整株干物质质量先增大后减小。根干物质质量在 W_HW_H 水平下最大，这是因为根系在水分充足情况下，能最大限度吸收水分，促进其根的生长。此外，根系生长与施氮量的多少也有显著关系。充分灌溉条件下，根干物质质量随施氮量的增多而减少，说明施氮量过多，抑制了根系的生长；在调亏灌溉和干旱胁迫情况下，根干物质质量随施氮量的增多而呈现先增加后减少的趋势，也说明了过多的施氮，会抑制其根系的生长。

充水灌溉时，土壤含水率增大，根系吸收更多的水分供给光合作用和呼吸作用，合成更多的营养物质，因此 W_HW_H 水平下小桐子根、茎、叶及整株含水率均达到最大值；亏缺灌溉时，作物根系吸收的水分相对减少，植物会减少开启或直接关闭气孔来减少水分散失，从而提高自身各器官的含水率，维持其生命活动。灌水量相同时，随施氮量的增加，各灌水水平下作物的含水率差异显著。W_LW_H 和 W_HW_H 水平下，N_H 处理的整株含水率最大，而 N_L 处理的整株含水率最小，归因于 W_LW_H 和 W_HW_H 水平在调亏灌溉第二期内均为充水灌溉，过量施氮和充水作用下，营养充足，根系吸收更多的水分和氮营养。

六、调亏灌溉和氮营养对小桐子土壤含水率及灌溉水利用效率影响

作物的生长发育需要适当的水分供给，过多的水分供给会影响作物的生长环境，阻碍作物生长发育，造成减产，同时造成水的浪费（Kang 等，2002），因此水分的多少将直接影响作物产量及灌溉水利用效率。当根区土壤含水率较小时，作物根系不能吸收充足的水分，抑制作物根系对地上部分的营养供应和传输，抑制作物的生长和发育。本试验为盆栽试验，小桐子根系主要分布于 5~10cm 土层，充水水平下，土壤含水率较高，缺水水平下，土壤含水率较低。

水分利用效率能综合反映耗水量与作物干物质量的关系。实验表明，施氮量不同时，在 W_HW_H、W_LW_L 水平下小桐子的灌溉水利用效率达到最高，W_LW_H 次之，W_HW_L 最小，这与时学双等（2015）在青稞的研究上一致，全生育期轻度至重度水分亏缺处理可适度提高青稞水分利用效率。随着施氮量的增大，平均灌溉水利用效率呈先增大后减小的趋势，过高、过低的施氮，都会降低水分利用效率，归因于施氮量较小时，作物的株高、茎粗相对较小，作物的营养物质较少，对水分的吸收存在一定压力，因此吸收缓慢，水分更多的是被蒸发而不是被作物吸收利用（杨振宇等，2010）。当施氮量较高时，作物的株高、茎粗、干物质量均大量生长及积累，蒸腾作用剧烈，容易形成“奢侈”耗水（杨启良等，2011）。

七、水氮一体灌溉模式对小桐子生长和干物质质量的影响

作物生长受到自身遗传因素与外界环境共同作用，其中水氮是影响作物生长的主要外界环境因素（Zhang 等，2004）。本研究结果发现，小桐子的生长随着灌水量的减少而下降，随着施氮量的增多先增加后降低。前人的研究也表明，灌水量和施氮量在适宜的范围内，作物生长与其呈正相关关系，水氮用量过少或过多都会抑制作物生长（宋海星等，2004）。当植物在生长过程中受到干旱胁迫的影响，其根系产生的脱落酸（ABA）增多（Dry 等，1999），对其生长状况产生明显的抑制作用（房玉林等，2013），如本试验中的 T3 和 T4 两种灌溉水平下小桐子的叶片脱落，致使叶片、叶柄、根系、主杆和总干物质质量均显著下降。而土壤中氮浓度较高（N3）会引起土壤 pH 值下降（沈灵凤等，2012），进而会抑制作物根系的生长以及对营养元素的吸收（林智等，1990），从而使得 N3 水平下小桐子的株高生长量和茎粗生长量相对于 N2 显著下降，这与杨振宇（2010）在茄子上的研究一致。灌水量相同时，小桐子生长随施氮量的增加，呈先增加后减小的趋势，表明小桐子吸收氮肥的能

力是有限的，过量氮肥不仅会抑制根系活力，进而抑制根系生长，导致地上部生长受限。施氮量相同时，随着水分胁迫的加剧，小桐子的株高和茎粗生长量也随之减小，这是因为水分胁迫抑制了植物体内各项生命活动，阻碍其生长（Vichaphund 等，2014），但适宜的土壤水分会促进作物较快生长（武阳等，2012），如小桐子的生长随灌水量的增加而增大，但随着施氮量由 N1 增加到 N2 再增加到 N3 时，灌水量对小桐子生长的贡献逐渐下降，水氮的交互作用凸显，如本试验条件下，与 T1N3 相比，T2N2 处理节水 20%，节氮 50%，但小桐子其株高和茎粗生长量均有所增加。

八、水氮一体灌溉模式对小桐子蒸散耗水及灌溉水利用效率的影响

本研究表明，与 T1N3 相比，T2N2 和 T3N2 适度减小了水氮用量，虽然植株叶片较多，但蒸腾量相对较小，而灌溉水利用效率显著提高。这是因为随着灌水量的减小，叶片气孔开度减小，降低了叶片的蒸腾速率，蒸腾量和蒸散量也明显下降，同时小桐子依靠其肉质茎提高了储水能力，使得小桐子体内水分平衡始终处于最佳状态。同时，T2 和 T3 水平下适宜的土壤含水率为小桐子生长创造了更为有利的根区微环境，而土壤含水率较高的 T1 水平，土壤通气性较差，抑制根系呼吸，产生臭氧（刘世全等，2014），不利于小桐子根系和冠层生长，因此 T2N2 和 T3N2 处理的总干物质质量下降并不明显，由于它们的灌溉量降低值远超过总干物质质量的下降，因此水氮适宜的 T2N2 和 T3N2 处理促进小桐子的灌溉水利用效率显著提高。与 N2 水平相比，N3 水平的小桐子的蒸散量与蒸腾量的差值最大，加之 N3 水平的土壤含水率较高，较多的根区土壤水分从土表面蒸发损失，无效的蒸散耗水增大。而 N2 水平下，合理添加氮肥，可以提高土壤水势，进而提高土壤水的有效性，植物根系能够吸收更多的土壤水分，减少土壤水分的蒸发损失。因此与 T1N2 处理相比，水氮适宜的 T2N2 和 T3N2 处理促进小桐子的灌溉水利用效率显著提高。

九、水氮一体灌溉模式对小桐子根区土壤硝态氮含量及氮素利用效率的影响

与 T1N3 处理相比，T2N2 的小桐子氮素吸收总量、氮素干物质生产效率、氮素表观利用效率及植株氮素吸收效率均显著提高，可见 T2N2 处理不仅节约灌溉用水和氮肥施用量，而且促进小桐子对氮的利用效率。本研究发现，高水和中水灌溉（T1、T2）时，两次土壤硝态氮的差值随施氮量的增加而呈现先增加后减小的趋势，低水灌溉（T3）时，两次土壤硝态氮的差值随施氮量的增加而减小。本研究也发现，植株叶全氮、茎全氮、根全氮均随施氮量的增加而增加；植株的茎秆和根系全氮随灌水量的减少先增大后减小。说明中度水分亏缺条件下（T3），过度增加施氮量，并不利于小桐子对氮的吸收，如高氮水平下（N3），土壤溶液浓度较高，小桐子的株高和茎粗反而降低，根系干物质质量、水分利用效率、氮素利用效率均明显降低，可能是因为土壤氮浓度过高，降低了土壤的水势（谢志良等，2010），使得与叶水势的差值减小，因此抑制了植株对养分、水分的吸收及利用。施氮量适宜时，随着灌水量的增加，作物所吸收的氮肥增多，但灌水过多会造成氮素被淋洗到根密度较小的下

层区域，研究发现，小桐子虽然抗旱能力极强，但属浅根植物，这也是引起灌水较多小桐子对氮肥吸收利用较少的直接原因。加之灌水较多，土壤铵态氮也会随土壤表面较高的蒸发量而挥发损失，导致小桐子难以有效利用，这与刘世全（2014）在南瓜上的研究一致。

十、限量灌溉和施氮对小桐子产量和品质的影响

云南干热河谷地区全年光热充足，降雨集中在6—10月，但蒸发量大，土壤干旱。氮营养是植物所必须的营养物质，是叶绿体中叶绿素合成不可或缺的元素，在植物生长期内发挥着最有效的作用（Fageria等，2005）。田间水氮管理，就是协调灌水量和施氮量，实现节水高产的目的。水氮供应不足时，增加灌水及施氮可以增加小桐子产量，但水氮耦合存在阈值，高于阈值，增加水氮对增产无显著效果，低于阈值，增加水氮可增产增收，因此研究限量灌溉和施氮对干热区小桐子产量和品质具有重大意义。已有研究表明，中度限量灌和中氮溉能提高小桐子生长形态指标、干物质量及水分利用效率（杨启良等，2013；王明克等，2013）。本研究表明，重度亏水W0和中度亏缺W1水平下的小桐子生长缓慢，叶片脱落，特别是W0水平下小桐子第二年产量为零，这与Achten（2010）的研究相似，水分胁迫时根系产生更多的脱落酸，促使小桐子冠层叶片脱落，减小水分蒸腾，但同时也减小光合作用，减缓有机物的积累，对其生长发育有明显的抑制作用。轻度亏缺W2和充水W3水平下小桐子果实尺寸、百粒重较中度亏水W1小有显著提高，且随施氮量的增加，W3水平下小桐子果实尺寸、百粒重均先增加后减小，在W3N2处理下取得最大值，W2N2水平下小桐子果实尺寸、百粒重较W3N2处理又有小幅度增加。

由试验表明，W2水平下小桐子总产量最大，W3次之，W0最小，但小桐子果仁干重却在W3水平下最大，W2次之，W0最小，说明一定程度的亏缺灌溉均能降低作物的产量，这与以往在小桐子（尹丽等，2012）及枣树（强敏敏等，2015）等作物上的研究类似，这是因为根系在水分充足情况下，能最大限度吸收水分，促进其根的生长。W2、W3灌溉条件下，果实总重及果仁总重随施氮量的增多而减少，说明施氮量过多，抑制了根系对营养物质的吸收，合成有效成分。此外，水分利用效率是小桐子果实总产量与总灌水量的比值，试验条件下，随灌水量的增加，水分利用效率呈先增后减趋势，在W2和W3水平下，水分利用效率随施氮量的增加呈先增后减趋势，这是因为施肥方式是把易溶解的肥料坑埋在土内，适宜灌水量W2使土壤溶液中的养分尤其是无机态氮和硝态氮维持稳定，水肥消耗量和水肥流失量降低，提高水肥利用效率（杜少平等，2016），并且施氮量为N2更有利于根部延伸到更深的层次，并导致在根区域根扩散，这有助于作物水分高效利用的实现（Tikkoo等，2013）。

小桐子树汁毒性可抵抗病虫害，树皮、树叶等是中药材原料，果仁含油量高且品质好，是生物柴油和航空煤油的原料（陈杨玲等；2013），品质是除产量之外决定小桐子经济效益的又一直接因素。由试验可知，小桐子果仁油中各脂肪酸平均含量大小顺序为亚油酸 > 油酸 > 棕榈酸 > 硬脂酸 > 棕榈油酸 > 亚麻酸 > 花生酸，其中棕榈酸、棕榈酸、油酸、亚油酸等不饱和脂肪酸成分的含量占脂肪酸总量约87.01%，硬脂酸、花生酸等饱和脂肪酸成分的

含量占脂肪酸总量约6.96%。在W2N2处理下，小桐子的油酸、亚油酸含量最最高，可能的原因是：在中度和重度亏缺下，植株的初级生产力受到抑制，合成的次级产物相应减少，充水灌溉下，水肥流失严重，脂肪酸积累也受限，研究表明，适度限量灌溉与氮营养的交互可实现小桐子果实高产和较优品质。

第十节　小　结

（1）当小桐子面对干旱胁迫时，通过减小叶片数量和叶面积及生物量、降低木质部基内径和贮水量、使得蒸腾量大大减小，而增加了胡伯尔，因此当灌水频率为12d小桐子提高了向冠层传输水分的效率，增强了抗干旱胁迫能力。

（2）当灌水频率为4d和8d时，施氮处理促进小桐子较快生长，使得平均净生长量、各器官干物质质量、日蒸散量和蒸腾量均显著增加。因干物质质量的增加幅度超过蒸散量，因此平均WUEI、WUEET也显著增大。当灌水频率为12d时，施氮处理反而抑制小桐子的生长，使得平均净生长量、各器官干物质质量显著下降，而日蒸散量和蒸腾量均显著增加。因此平均WUEI、WUEET也显著下降。因此，有利于小桐子生长和水分利用效率提高的最佳组合为灌水频率为4d和施氮处理。

（3）在小桐子生长前期，适当的亏缺灌溉WL处理可提高小桐子的抗旱胁迫能力，虽然生物量有所下降但差异并不明显，但灌溉水利用效率显著提高。在小桐子旺长时期，亏缺灌溉WL会大幅度影响其生长，供水不足造成生长受限。若在小桐子整个生长周期内进行调亏灌溉WLWH，可大幅度提高水分利用效率，机体将适应外部条件，复水补偿效应明显，但其生物量的积累受限。

（4）充水高氮虽能促进小桐子生长，但增加了水分的消耗，造成氮素淋洗、土壤富营养化。在试验的土壤肥力水平下，低氮水平小桐子长势好，干物质积累多，灌溉水利用效率高，3种施氮水平差异显著。因此，在生产实践中推荐调水低肥，达到节水节肥高产的目的。

（5）水氮一体灌溉模式中增施氮肥具有保持土壤水分的作用。与高水高氮的T1N3处理相比，T2N2处理在节水20%、节氮50%条件下，小桐子的生长和干物质量下降不明显，甚至有所增加，蒸散量和蒸腾量明显增大，灌溉水利用效率、氮素吸收总量、氮素表观利用效率和氮素吸收效率均显著提高。因此，本试验条件下，最佳的水氮一体灌溉模式为T2N2处理。

（6）小桐子果实的长度、宽度及百粒重均随灌水量和施氮量的增大呈先增加后减少的趋势。2011年，小桐子的果实产量及果仁产量均随灌水量和施氮量的增大呈先增加后减少的趋势，但2012年，小桐子的果实产量及果仁产量均随灌水量的增大而增大，总体而言，W2N2处理与W3N1处理下小桐子果实及果仁产量最高，较其他处理增加24%~170.45%和47.3%~209.2%。

（7）小桐子的水分利用效率随灌水量或施氮量的增加先增加后降低，与 W3N3 相比，W2N2 的水分利用效率显著增加 111.2%，可见限量灌溉和施氮具有保持土壤水分的作用，不仅节约灌溉用水和氮肥，而且还能促进小桐子灌溉水利用效率明显提高。

（8）在适度的限量灌溉条件下，适宜的氮营养既能保证小桐子果实的产量，又能保证其品质不受影响。水分与氮营养过多、过少都会降低小桐子果仁品质，含油量降低。综合考虑节水节肥和高产优质，建议干热河谷地区小桐子的限量灌溉和施氮模式为 W2N2 处理。

参考文献

陈杨玲，王海波，陈凯，等 . 2013. 能源植物小桐子抗逆性研究进展 [J]. 中国农学通报，29：1–6.

董国锋，成自勇，张自和，等 . 2006. 调亏灌溉对苜蓿水分利用效率和品质的影响 [J]. 农业工程学报，22（5）：201–203.

杜少平，马忠明，薛亮 . 2016. 适宜施氮量提高温室砂田滴灌甜瓜产量品质及水氮利用率 [J]. 农业工程学报，（5）：112–119.

房玉林，孙伟，万力，等 . 2013. 调亏灌溉对酿酒葡萄生长及果实品质的影响 [J]. 中国农业科学，46（13）：2 730–2 738.

费世民，陈秀明，何亚平 . 2006. 四川麻疯树生物柴油研究展望 [J]. 生物质化学工程，40（B12）：193–194.

冯冬霞，施生锦 .2005. 叶面积测定方法的研究效果初报 [J]. 中国农学通报，21（6）：150–152.

高亚军，李生秀 .2002. 北方旱区农田水肥耦合效应分析 [J]. 中国工程科学，4（7）：76–81.

谷勇，殷瑶，吴昊，等 . 2011. 施肥对麻疯树生长、产量及土壤肥力的影响 [J]. 东北林业大学学报，39（12）：56–59.

郭相平，康绍忠 . 1998. 调亏灌溉 – 节水灌溉的新思路 [J]. 西北水资源与水土工程，9（4）：22–25.

何华，唐绍忠 . 2002. 灌溉施肥深度对玉米同化物分配和水分利用效率的影响 [J]. 植物生态学报，26（4）：454–458.

焦娟玉，尹春英，陈珂 . 2011. 土壤水、氮供应对麻疯树幼苗光合特性的影响 [J]. 植物生态学报，35（1）：91–99.

焦娟玉，陈珂，尹春英 . 2010. 土壤含水量对麻疯树幼苗生长及其生理生化特征的影响 [J]. 生态学报，30（16）：4 460–4 466.

焦娟玉，尹春英，陈珂 . 2011. 土壤水、氮供应对麻疯树幼苗光合特性的影响 [J]. 植物生态学报，35（1）：91–99.

孔东，晏云，段艳，等 . 2008. 不同水氮处理对冬小麦生长及产量影响的田间试验 [J]. 农业工程学报，24（12）：36–40.

李伏生，陆申年 . 2000. 灌溉施肥的研究和应用 [J]. 植物营养与肥料学报，6（2）：233–242.

梁海玲，吴祥颖，农梦玲，李伏生 . 2012. 根区局部灌溉水肥一体化对糯玉米产量和水分利

用效率的影响 [J]. 干旱地区农业研究，30（5）：109-114.
梁运江，依艳丽，尹英敏 .2003. 水肥耦合效应对辣椒产量影响初探 [J]. 土壤通报，34（4）：262-266.
林娟，周选围，唐克轩，等 . 2004. 麻疯树植物资源研究概况 [J]. 热带亚热带植物学报，12：285-290.
林琪，侯立白，韩伟，等 . 2004. 限量控制灌水对小麦光合作用及产量构成的影响 [J]. 莱阳农学院学报，21（3）：199-202.
林智，吴洵，俞永明 . 1990. 土壤 pH 值对茶树生长及矿质元素吸收的影响 [J]. 茶叶科学，（2）：27-32.
刘世全，曹红霞，张建青，等 . 2014. 不同水氮供应对小南瓜根系生长、产量和水氮利用效率的影响 [J]. 中国农业科学，47（7）：1 362-1 371.
刘朔，何朝均，何绍彬等 .2009. 不同施肥处理对麻疯树幼林生长的影响 [J]. 四川林业科技，30（4）：53-56.
刘小刚，张岩，程金焕，等 . 2014. 水氮耦合下小粒咖啡幼树生理特性与水氮利用效率 [J]. 农业机械学报，45（8）：160-166.
刘永红 .2006. 小桐子的利用价值和栽培技术 [J]. 经济林研究，24（4）：74-76.
刘祖贵，段爱旺 .2003. 水肥调配施用对温室滴灌番茄产量及水分利用效率的影响 [J]. 中国农村水利水电，（1）：10-12.
罗福强，王子玉，梁昱，等 . 2010. 作为燃油的小桐子油的物化性质及黏温特性 [J]. 农业工程学报，26（5）：227-231.
吕殿青，刘军 .1995. 旱地水肥交互效应与耦合模型研究 [J]. 西北农业学报，4（3）：72-76.
马守臣，张绪成，段爱旺，等 . 2012. 施肥对冬小麦的水分调亏灌溉效应的影响 [J]. 农业工程学报，28（6）：139-143.
孟兆江，刘安能，吴海卿 . 1997. 商丘试验区夏玉米节水高产水肥耦合数学模型与优化方案 [J]. 灌溉排水，16（4）：18-21.
米国全，程志芳，赵肖斌，等 . 2013. 灌溉施肥对日光温室番茄产量和土壤水、氮利用率的影响 [J]. 华北农学报，28（4）：174-178.
穆兴民 .1999. 水肥耦合效应与协同管理 [M]. 北京：中国林业出版社，44-46.
庞云 .2006. 温室无土栽培黄瓜水肥耦合效应研究初探 [J]. 内蒙古农业科技，（6）：49-50.
强敏敏，费良军，刘扬 . 2015. 调亏灌溉促进涌泉根灌枣树生长提高产量 [J]. 农业工程学报，（19）：91-96.
丘华兴，中国植物志（第四十四卷，第二分册）[M]. 北京：科学出版社，1996.
沈灵凤，白玲玉，曾希柏，等 . 2012. 施肥对设施菜地土壤硝态氮累积及 pH 的影响 [J]. 农业环境科学学报，31（07）：1 350-1 356.
沈荣开，王康 .2001. 水肥耦合条件下作物产量、水分利用和根系吸氮的试验研究 [J]. 农业工程学报，17（5）：35-38.

时学双，李法虎，闫宝莹，等 . 2015. 不同生育期水分亏缺对春青稞水分利用和产量的影响 [J]. 农业机械学报，46（10）：144–151.

宋海星，李生秀 . 2004. 水、氮供应和土壤空间所引起的根系生理特性变化 . 植物营养与肥料学报，10（1）：6–11.

孙文涛，张玉龙，王思林 .2005. 滴灌条件下水肥耦合对温室番茄产量效应的研究 [J]. 土壤通报，36（2）：202–205.

汪德水 . 1999. 旱地农田肥水协同效应与耦合模式 [M]. 北京：气象出版社 .

王明克，杨启良，刘小刚，等 . 2013. 水氮耦合对小桐子生长和灌溉水利用效率的影响 [J]. 生态学杂志，32（5）：1 175–1 180.

王涛 . 2005. 中国主要生物质燃料油木本能源植物资源概况与展望 [J]. 科技导报，23（5）：12–14.

王秀康，邢英英，张富仓 . 2016. 膜下滴灌施肥番茄水肥供应量的优化研究 [J]. 农业机械学报，47（1）：141–150.

文宏达，刘玉柱 .2002. 水肥耦合与旱地农业持续发展 [J]. 土壤与环境，11（3）：315–318.

吴立峰，张富仓，周罕觅，等 . 2014. 不同滴灌施肥水平对北疆棉花水分利用率和产量的影响 [J]. 农业工程学报，30（20）：137–146.

吴伟光，黄季焜，邓祥征 .2009. 中国生物柴油原料树种麻疯树种植土地潜力分析 [J]. 中国科学 D 辑：地球科学，39（12）：1 672–1 680.

伍建榕，马焕成，刘婷婷，等 . 2008. 干热河谷地带麻疯树主要病虫害调查 [J]. Forest Pest and Disease. 7（4）：18–21.

武阳，王伟，黄兴法，等 . 2012. 亏缺灌溉对成龄库尔勒香梨产量与根系生长的影响 [J]. 农业机械学报，43（9）：78–84.

谢志良，田长彦，卞卫国，等 . 2010. 施氮对棉花苗期根系分布和养分吸收的影响 [J]. 干旱区研究，27（03）：374–379.

邢维芹 .2001. 玉米的水肥空间耦合效应研究 [D]. 西安：西北农林科技大学 .

邢英英，张富仓，张燕，等 . 2015. 滴灌施肥水肥耦合对温室番茄产量、品质和水氮利用的影响 [J]. 中国农业科学，48（4）：713–726.

许振柱，于振文，李晖等 . 1997. 限量灌水对冬玉米光合性能和水分利用的影响 [J]. 华北农学报，12（2）：65–70.

杨丽娟，张玉龙，杨青海 .2000. 灌溉方法对番茄生长发育及吸收能力的影响 [J]. 灌溉排水，19（3）：59–62.

杨启良，陈金陵，赵馀，等 . 2015. 盐胁迫条件下不同水量交替灌溉对小桐子生长和水分利用的影响 [J]. 排灌机械工程学报，（9）：802–810.

杨启良，张富仓，刘小刚，等 . 2011. 沟灌方式和水氮对玉米产量与水分传导的影响 [J]. 农业工程学报，27（1）：15–21.

杨启良，周兵，刘小刚，等 . 2013. 亏缺灌溉和施氮对小桐子根区硝态氮分布及水分利用的影响 [J]. 农业工程学报，29（4）：142–150.

杨启良，孙英杰，齐亚峰，等 . 2012. 不同水量交替灌溉对小桐子生长调控与水分利用的影响 [J]. 农业工程学报，28（18）：121-126.

杨启良，张富仓，刘小刚，等 . 2012. 控制性分根区交替滴灌对苹果幼树形态特征与根系水分传导的影响 [J]. 应用生态学报，23（5）：1 233-1 239.

杨振宇，张富仓，邹志荣 . 2010. 不同生育期水分亏缺和施氮量对茄子根系生长、产量及水分利用效率的影响 [J]. 西北农林科技大学学报：自然科学版，38（7）：141-148.

尹芳，刘磊，江东，等 . 2012. 麻疯树生物柴油发展适宜性、能量生产潜力与环境影响评估 [J]. 农业工程学报，28（14）：201-208.

尹光华，刘作新 .2006. 水肥耦合条件下春小麦叶片的光合作用 [J]. 兰州大学学报：自然科学版，（1）：40-43.

尹丽，胡庭兴，刘永安，等 .2010. 干旱胁迫对不同施氮水平麻疯树幼苗光合特性及生长的影响 [J]. 应用生态学报，21（3）：569-576.

尹丽，胡庭兴，刘永安，等 . 2011. 施氮量对麻疯树幼苗生长及叶片光合特性的影响 [J]. 生态学报，31（17）：4977-4984.

尹丽，刘永安，谢财永，等 . 2012. 干旱胁迫与施氮对麻疯树幼苗渗透调节物质积累的影响 [J]. 应用生态学报，23（3）：632-638.

于亚军，李军，贾志宽 .2005. 旱作农田水肥耦合研究进展 [J]. 干旱地区农业研究，（3）：220-224.

虞娜，张玉龙，黄毅 .2003. 温室滴灌施肥条件下水肥耦合对番茄产量影响的研究 [J]. 土壤通报，34（3）：179-183.

虞娜，张玉龙 .2006. 温室内膜下滴灌不同水肥处理对番茄产量和质量的影响 [J]. 干旱地区农业研究，24（1）：60-64.

原保忠，张卿亚，别之龙 . 2015. 调亏灌溉对大棚滴灌甜瓜生长发育的影响 [J]. 排灌机械工程学报，（7）：611-617.

张昌爱，张民，马丽 .2006. 设施芹菜水肥耦合效应模型探析 [J]. 中国生态农业学报，（1）：145-148.

张洁瑕 .2003. 高寒半干旱区蔬菜水肥耦合效应及硝酸盐限量指标的研究 [D]. 保定：河北农业大学 .

张依章，张秋英，孙菲菲 .2006. 水肥空间耦合对冬小麦光合特性的影响 [J]. 干旱地区农业研究，（2）：57-60.

郑万均 . 1998. 中国树木志 [M]. 北京：中国林业出版社，3.2977-3.2979.

Achten W M J，Maes W H，Aerts R，et al. 2010. Jatropha：From global hype to local opportunity[J]. *Journal of Arid Environments*，74（1）：164-165.

Achten W M J，Maes W H，Reubens B，et al. 2010. Biomass production and allocation in Jatropha curcas，L. seedlings under different levels of drought stress[J]. *Biomass & Bioenergy*，34（5）：667-676.

Achten W M, Mathijs E, Verchot L, et al. 2007. Jatropha biodiesel fueling sustainability[J]. Biofuels *Bioproducts & Biorefining*, 1 (4): 283-291.

Ariza-Montobbio P, Lele S. 2010. Jatropha plantations for biodiesel in Tamil Nadu, India: Viability, livelihood trade-offs, and latent conflict[J]. *Ecological Economics*, 70 (2): 189-195.

B Srivali, K C Renu. 1998. Drought induced enhancement of protease activity during monocarpic senescence in wheat[J]. *Current Science*, 75 (11): 1 174- 1 176.

Behera S K, Srivastava P, Tripathi R, et al. 2010. Eval.uation of plant performance of Jatropha curcas L. under different agro-practices for optimizing biomass: A case study[J]. *Biomass and Bioenergy*, 34 (1): 30-41.

Bhan S, F K Misra. 1970. Effects of variety, spacing and soil fertility on root develop went in groundnut tinder arid conditions[J]. *India J Agric Sci*, (40): 1 050-1 055.

Cano-Lamadrid M, Giron I F, Pleite R, et al. 2015. Qual.ity attributes of table olives as affected by regulated deficit irrigation [J]. *Agricultural Water Management*, 62 (1): 19-26.

Carval.ho CR, Clarindo WR, Pracamm, et al. 2008. Genomesize, base composition and karyotype of Jatropha curcas L., an important biofuel plant[J]. *Plant Science*. 174: 613-617.

Chen J J, Zhang F C, Zhou H M, et al. 2011. Effect of irrigation at different growth stages and nitrogen fertilizer on maize growth, yield and water use efficiency[J]. *Journal of Northwest A & F University*.

CHEN Yangling, WANG Haibo, CHEN Kai, et al. 2013. The Research Progress on Stress Resistance of Energy Plant Jatropha curcas L.[J]. *Chinese Agricultural Science Bulletin*, 29: 1-6. (in Chinese with English abstract)

D Shimshi. 1970. The effect of N on some indices of plant-water relations of beans [J]. *New phytol*, 1 (69): 413-424.

D. Fairless. 2007. Biofuel: the little shrub that could-maybe[J]. *Nature*, 449: 652-655.

Díaz-López L, Gimeno V, Simón I, et al. 2012. Jatropha curcas, seedlings show a water conservation strategy under drought conditions based on decreasing leaf growth and stomatal conductance[J]. *Agricultural Water Management*, 105 (1): 48-56.

Dry P R, Loveys B R. 1999. Grapevine shoot growth and stomatal conductance are reduced when part of the root system is dried[J]. *Vitis*, 38 (4): 151-156

Duan W X, Zhen-Wen Y U, Zhang Y L, et al. 2013. Effects of Nitrogen Application Rate on Water Consumption Characteristics and Grain Yield in Rainfed Wheat[J]. *Acta Agronomica Sinica*, 38 (9): 1 657-1 664.

Eck H V. 1988. Winter Wheat Response to Nitrogen and Irrigation[J]. *Agronomy Journal*, 80 (6): 902-908.

Eijck J V, Romijn H, Balkema A, et al. 2014. Global experience with jatropha cultivation for bioenergy: An assessment of socio-economic and environmental aspects[J]. *Renewable & Sustainable Energy Reviews*, 32 (5): 869-889.

Evandro N. Silva，Rafael V. Ribeiro，Se´rgio L. Ferreira-Silva，Suyanne A. Vieira，Luiz F.A. Ponte c，Joaquim A.G. Silveira. 2012. Coordinate changes in photosynthesis，sugar accumulation and antioxidative enzymes improve the performance of Jatropha curcas plants under drought stress[J]. *Biomass and bioenergy*，（45）: 270–279.

Evans R J. Nitrogen and photosynthesis in the flag leaf of wheat（Triticum aestivum L）[J]. *Plant Physiol*，1983，72（2）: 297–302.

Fabio M D，Rodolfo A L，Emerson A S，et al. 2002. Effects of soil water deficit and nitrogen nutrition on water relations and photo–synthesis of pot–grown Coffee canephor a Pierre [J]. *Trees*，16（8）: 555–558.

Fageria N K，Baligar V C. 2005. NUTRIENT AVAILABILITY[J]. *Encyclopedia of Soils in the Environment*，19（9）: 63–71.

FANG Yulin，SUN Wei，WAN Li，et al. 2013. Effects of Regulated Deficit Irrigation（RDI）on Wine Grape Growth and Fruit Quality[J]. *Scientia Agricultura Sinica*，2013，46（13）: 2 730–2 738.（in Chinese with English abstract）.

Francis G，Edinger R，Becker K. 2005. A concept for simultaneous wasteland reclamation fuel production，and socio–economic development in degraded areas in India : need，potential. and perspectives of Jatropha plantations[J]. *Nature Resources Forum*，29（1）: 12–24.

Francis G，Edinger R，Becker K. 2005. A concept for simultaneous wasteland reclamation，fuel production，and socio–economic development in degraded areas in India : Need，potential and perspectives of Jatropha plantations[J]. *Natural Resources Forum*，82（29）: 12–24.

Gimeno V，Syvertsen J P，Simón I，et al. 2012. Physiological and morphological responses to flooding with fresh or saline water in Jatropha curcas[J]. *Environmental & Experimental Botany*，78（6）: 47–55.

Godfray H C，Beddington J R，Crute I R，et al. 2010. Food security : the challenge of feeding 9 billion people[J]. *Science*，327 : 812–818.

Gu Y，Yin Y，Wu H，et al. 2011. Effects of Fertilization on Growth，Fruit Yield and Soil Fertility of Jatropha curcas Plantations[J]. *Journal of Northeast Forestry University*，39（12）: 56–58，62.

HE Hua，KANG ShaoZhong. 2002. Effect of fertigation depth on dry matter partition and water use efficiency of corn[J]. *Acta Phytoecologica Sinica*，26（4）: 454–458.

J G Benjamin，L K Porter，H. R. Duke. 1997. Corn growth and nitrogen uptake with furrow irrigation and fertilizer bands[J]. Agronomy journal，89（4）: 609–612.

J S Russell. 1967. Nitrogen fertilizer and wheat in semiarid environment[J]. *Aust J Exp Agric and An Husb*，（7）: 453 – 462.

Jiao J Y，Yin C Y. 2011. Effects of soil water and nitrogen supply on the photosynthetic characteristics of Jatropha curcas seedlings[J]. *Chinese Journal of Plant Ecology*，35（1）: 91–99.

Jiao J，Ke C，Yin C，et al. 2010. Effects of soil moisture content on growth，physiological and biochemical characteristics of Jatropha curcas L.[J]. Acta Ecologica Sinica，30（16）：4 460–4 466.

Jiao Juanyu，Yin Chunying，Chen Ke. 2011. Effects of soil water and nitrogen supply on the photosynthetic characteristics of Jatropha curcas seedlings[J]. *Chinese Journal of Plant Ecology*，35（1）：91–99.（in Chinese with English abstract）

Joachim Heller（author，Heller J，Engels J M M，et al. 1996. Physic nut. Jatropha curcas L.[M].

Kang S Z，Zhang L，Liang Y L，et al. 2002. Effects of limited irrigation on yield and water use efficiency of winter wheat in the Loess Plateau of China [J]. *Agricultural. Water Management*，55（3）：203–216.

Kheira A A A，Atta N M M. 2009. Response of Jatropha curcas L. to water deficits：Yield，water use efficiency and oilseed characteristics[J]. *Biomass & Bioenergy*，33（10）：1 343–1 350.

Koh M Y，Ghazi T I M. 2011. A review of biodiesel production from Jatropha curcas L. oil[J]. *Renewable & Sustainable Energy Reviews*，15（15）：2 240–2 251.

Kumar A，Sharma S. 2008. An eval.uation of multipurpose oil seedcrop for industrial. uses（Jatropha curcas L.）：A review[J]. *Industrial Crops and Products*，28（1）：1–8

Kumar G P，Yadav S K，Thawal.e P R，et al. 2008. Growth of Jatropha curcas on heavy metal. contaminated soil amended with industrial. wastes and Azotobacter – A greenhouse study[J]. *Bioresource Technology*，99（1）：2 078–2 082.

L H Jerry，J S Thomas，Hrueger J. 2001. Managing soils to achieve greater water use efficiency：a review[J]. *Agronomy Journal*，93：271–280.

Li F，Liang J，Kang S，et al. 2007. Benefits of alternate partial root–zone irrigation on growth，water and nitrogen use efficiencies modified by fertilization and soil water status in maize[J]. *Plant & Soil*，295（1–2）：279–291.

LI Fusheng，LU Shennian. 2000. Study on the fertigation and its application[J]. *Plant Nutrition and Fertilizer Science*，6（2）：233–242.

Li Y，Tingxing H U，Liu Y，et al. 2011. Effect of nitrogen application rate on growth and leaf photosynthetic characteristics of Jatropha curcas L.seedlings[J]. *Acta Ecologica Sinica*，31（17）：4 977–4 984.

Liang H，Li F，Nong M. 2013. Effects of al.ternate partial. root–zone irrigation on yield and water use of sticky maize with fertigation [J]. *Agricultural Water Management*，116（1）：242–247.

LIANG Hai–ling，WU Xiang–ying，NONG Meng–ling，LI Fusheng. 2012. Effects of partial root–zone irrigation on yield and water use efficiency of sticky maize under the integrated management of water and fertilizer[J]. *Agricultural Research in the Arid Areas*，30（5）：109–114.

Lin Zhi，Wu Xun，Yu Yongming. 1990. Influence of Soil pH the Growth and Mineral Elements Absorption of Tea plant[J]. *Journal of Tea Science*，（2）：27–32.（in Chinese with English abstract）.

LIU Shiquan, CAO Hongxia, ZHANG Jianqing, et al. 2014. Effects of Different Water and Ni-trogen Supplies on Root Growth, Yield and Water Nitrogen Use Efficiency of Smann Pumpkin[J]. *Scientia Agricultura Sinica*, 47（7）: 1 362–1 371.

LIU Shuo HE Chao–jun HE Shao–bin ZHU Zi–zheng GU Yun–jie XU Xiao–ming Tang Xiao–zhi YOU Qiu–ming. 2009. Sichuan Forest Inventory and Plan Institute, Chengdu, Branch C B L, et al. Effects of Different Fertilization Treatments on the Sapling Growth of Jatropha curcas[J]. *Journal of Sichuan Forestry Science & Technology*.

Liu Xiaogang, Zhang Yan, Cheng Jinhuan, et al. 2014. Biochemical Property and Water and Nitrogen Use Efficiency of Young Arabica Coffee Tree under Water and Nitrogen Coupling [J]. *Transactions of the Chinese Society for Agricultural Machinery*, 45（8）: 160–166.

Liu Zeng–Hui, Shao Hong–Bo. 2010. Comments : Main developments and trends of international energy plants[J]. *Renewable and Sustainable Energy Reviews*, 14 : 530–534.

López–Bellido R J, López–Bellido L. 2001. Efficiency of nitrogen in wheat under Mediterranean conditions : effect of tillage, crop rotation and N fertilization. Field Crops Res[J]. *Field Crops Research*, 71（1）: 31–46.

Maes W H, Achten W M J, Reubens B, et al. 2009. Plant–water relationships and growth strategies of Jatropha curcas L. saplings under different levels of drought stress[J]. *J Arid Environ*, 73（1）: 877–884.

Meher L C, Churamani C P, Arif M, et al. 2013. Jatropha curcas as a renewable source for bio–fuels–A review[J]. *Renewable & Sustainable Energy Reviews*, 26（10）: 397–407.

MI Guo–quan, CHENG Zhi–fang, ZHAO Xiao–bin, et al. 2013. Influences of Different Water and Nitrogen Application on Yield, WUEY and NUE in Solar Greenhouse[J]. *Acta Agriculturae Boreali-Sinica* , 28（4）: 174–178.（in Chinese with English abstract）.

Mponela P, Jumbe C B L, Mwase W F. 2011. Determinants and extent of land allocation for Jatropha curcas L. cultivation among smallholder farmers in Malawi[J]. *Biomass & Bioenergy*, 35（7）: 2 499–2 505.

Pandey V C, Singh K, Singh J S, et al. 2012. Jatropha curcas : A potential. biofuel plant for sustainable environmental. development [J]. *Renewable & Sustainable Energy Reviews*, 16（5）: 2 870–2 883.

Prueksakorn K, Gheewal.a SH, Mal.akul P, Bonnet S. 2010. Energy anal.ysis of Jatropha plantation systems for biodiesel production in Thailand[J]. *Energy for Sustainable Development*, 14 : 1–5.

R H Skinner, J D Hanson, J G Benjamin. 1998. Root distribution following spatial separation of water and nitrogen supply in furrow irrigated corn[J]. *Plant and Soil*, 199 : 187–194.

Rao A V R K, Wani S P, Singh P, et al. 2012. Water requirement and use by Jatropha curcas, in a semi–arid tropical location[J]. *Biomass & Bioenergy*, 39（4）: 175–181.

S S Hebbar, B. K. Ramachandrappa, H. V. Nanjappa. 2004. Studies on NPK drip fertigation in field grown tomato (Lycopersicon esculentum Mill.) [J]. *European Journal of Agronomy*, 21 (1): 117–127.

S S Varma, B S Malik. 1976. Potassium absorption as affected by nitrogen and phosphorus application under varying soil moisture regimes in some cereal and leguminous crops. In Potassium in soils, crops and fertilizers[J]. *Indian Soc Soil Scieds*, 10 : 124–128.

Santana T A D, Oliveira P S, Silva L D, et al. 2015. Water use efficiency and consumption in different Brazilian genotypes of Jatropha curcas L. subjected to soil water deficit [J]. *Biomass & Bioenergy*. 75 : 119–125.

Sellin A, Õunapuu E, Kaurilind E, et al. 2012. Size–dependent variability of leaf and shoot hydraulic conductance in silver birch[J]. *Trees*, 26 (3): 821–831.

Sepaskhah A R, Azizian A, Tavakoli A R. 2006. Optimal applied water and nitrogen for winter wheat under variable seasonal rainfall and planning scenarios for consequent crops in a semi–arid region[J]. *Agricultural Water Management*, 84 (1–2): 113–122.

Sharmasarkar F C, Sharmasarkar S, Miller S D, et al. 2001. Assessment of drip and flood irrigation on water and fertilizer use efficiencies for sugarbeets[J]. *Agricultural Water Management*, 46 (3): 241–251.

Shen Lingfeng, Bai Yingyu, Zeng Xibai, et al. 2012. Effects of Fertilization on NO–3–N Accumulation in Greenhouse Soils[J]. *Journal of Agro-Environment Science*, 31 (07): 1 350–1 356. (in Chinese with English abstract) .

Silva E N, Ferreira–Silva S L, Fontenele A D V, et al. 2010. Photosynthetic changes and protective mechanisms against oxidative damage subjected to isolated and combined drought and heat stresses in Jatropha curcas plants[J]. *Journal of Plant Physiology*, 167 (14): 1 157–1 164.

Silva E N, Ribeiro R V, Ferreira S L. 2012. Coordinate changes in photosynthesis, sugar accumulation and antioxidative enzymes improve the performance of Jatropha curcas plants under drought stress[J]. *Biomass & Bioenergy*, 45 (45): 270 - 279.

Silva E N, Ribeiro R V, Ferreira–Silva S L, et al. 2010. Comparative effects of salinity and water stress on photosynthesis, water relations and growth of Jatropha curcas, plants[J]. *Journal of Arid Environments*, 74 (10): 1 130–1 137.

Singh K, Singh B, Verma S K, et al. 2014. Jatropha curcas : A ten year story from hope to despair[J]. *Renewable & Sustainable Energy Reviews*, 35 (x): 356–360.

Smit B, Stachowiak M, Volkenburgh E V. 1989. Cellular Processes Limiting Leaf Growth in Plants under Hypoxic Root Stress[J]. *Journal of Experimental Botany*, 40 (1): 89–94.

Song H X, Li S X. 2004. Changes of root physiological characteristics resulting from supply of water, nitrogen supply and root–growing space in soil[J]. *Plant Nutrition and Fertilizer Science*, 10 (1): 6–11. (in Chinese)

T L Thomas, T A Doerge, R A Godin. 2000. Nitrogen and water interactions in subsurface drip–ir–

rigated cauliflower：II. Agronomic，economic，and environmental outcomes[J]. *Soil Science Society of America Journal*，64（1）：412–418.

Takeda Y. 1982. Development study on Jatropha curcas（sabu dum）oil as a substitute for diesel engine oil in Thailand.[J]. *Journal of the Agricultural Association of China*，66（120）：1–8.

Thompson T L，Doerge T A，2000. Godin R E. Nitrogen and water interactions in subsurface drip-irrigated cauliflower：I. Plant response.[J]. *Soil Science Society of America Journal*，64（1）：406–406.

Tikkoo A，Yadav S S，Kaushik N. 2013. Effect of irrigation，nitrogen and potassium on seed yield and oil content of Jatropha curcas，in coarse textured soils of northwest India[J]. *Soil & Tillage Research*，134（8）：142–146.

Treberg J R，Driedzic W R. 2007. The accumulation and synthesis of betaine in winter skate（Leucoraja ocellata）[J]. *Comparative Biochemistry & Physiology Part A Molecular & Integrative Physiology*，147（2）：475–483.

Valdes-Rodriguez O A，S á nchez-Sánchez O，Pérez-Vázquez A，et al. 2011. Soil texture effects on the development of Jatropha，seedlings-Mexican variety 'piñón manso' [J]. *Biomass & Bioenergy*，35（8）：3 529–3 536.

Vicente G，MartíNez M，Aracil J. 2004. Integrated biodiesel production：a comparison of different homogeneous catalysts systems[J]. *Bioresource Technology*，92（3）：297–305.

Vichaphund S，Aht-Ong D，Sricharoenchaikul V，et al. 2014. Effect of crystallization temperature on the in situ valorization of physic nut（Jatropha curcus L.）wastes using synthetic HZSM-5 catalyst[J]. *Chemical Engineering Research & Design*，92：1 883–1 890.

Viets F G. 1972. Water deficits and nutrient availability [J]. USA：Acad Press：217 –247.

Wang L M，Shi-Qing L I，Shao M A. 2010. Effects of N and Water Supply on Dry Matter and N Accumulation and Distribution in Maize（Zea mays L.）Leaf and Straw-Sheath[J]. *Scientia Agricultura Sinica*，43（13）：2 697–2 705.

Wang T. 2005. A SURVEY OF THE WOODY PLANT RESOURCES FOR BIOMASS FUEL OIL IN CHINA[J]. *Science & Technology Review*，23（0505）：12–14.

Wang Xiukang，Xing Yingying and Zhang Fucang. 2016. Optimal Amount of Irrigation and Fertilization under Drip Fertigation for Tomato[J].*Transactions of the Chinese Society for Agricultural Machinery*，47（1）：141–150.

WMJ Achten，L Verchot，YJ Franken，et al. 2008. Jatropha bio-diesel production and use [J]. *Biomass Bioenergy*，32：1 063–1 084.

Wu Lifeng，Zhang Fucang，Zhou Hanmi，et al. 2014. Effect of drip irrigation and fertilizer application on water use efficiency and cotton yield in North of Xinjiang[J]. *Transactions of the Chinese Society of Agricultural Engineering*，30（20）：137–146.（in Chinese with English abstract）

Wu W G，Huang J K，Deng X Z. 2010. Potential land for plantation of Jatropha curcas as feedstocks for biodiesel in China[J]. *Science China Earth Science*, 53（1）: 120–127.

WU Yang, Wang Wei, Huang Xinfa, et al. 2012. Yield and Root Growth of Mature Korla Fragrant Pear Tree under Deficit Irrigation[J].*Transactions of the Chinese Society for Agricultural Machinery*, 43（9）: 78–84.（in Chinese with English abstract）

Xie Zhiliang, Tian Changyan, Bian Weiguo, et al. 2010. Study on the Effects of Applying Nitrogen Fertilizer on Root Distribution and Nutrient Uptake of Cotton Plants at Seeding Stage[J]. *Arid Zone Research*, 27（03）: 374–379.（in Chinese with English abstract）.

XING Ying-ying, ZHANG Fu-cang, ZHANG Yan, et al. 2015. Effect of Irrigation and Fertilizer Coupling on Greenhouse Tomato Yield, Quality, Water and Nitrogen Utilization Under Fertigation[J]. *Scientia Agricultura Sinica* , 48（4）: 713–726.（in Chinese with English abstract）.

Xinghua MA, Dong W, Zhenwen Y U, et al. 2010. Effect of irrigation regimes on water consumption characteristics and nitrogen distribution in wheat at different nitrogen applications[J]. *Acta Ecologica Sinica*, 30（8）: 1 955–1 965.

Yang Q, Sun Y, Qi Y, et al. 2012. Effects of alternated different irrigation amount modes on growth regulation and water use of Jatropha curcas L.[J]. *Nongye Gongcheng Xuebao/transactions of the Chinese Society of Agricultural Engineering*, 28（18）: 121–126.

Yang Qiliang, Zhou Bing, Liu Xiaogang, et al. 2013. Effect of deficit irrigation and nitrogen fertilizer application on soil nitrate–nitrogen distribution in root–zone and water use of Jatropha curcas L.[J]. *Transactions of the Chinese Society of Agricultural Engineering*, 29（4）: 142–150.（in Chinese with English abstract）

YANG Zhenyu, ZHANG Fucang, ZHOU Zhirong. 2010. Coupling effects of deficit irrigation（DI）in different growth stages and different nitrogen applications on the root growth, yield, WUE of eggplant.[J]. *Journal of Northwest A&F University*（Nat. Sci. Ed）, 38（7）: 141–148.（in Chinese with English abstract）.

Ye M, Li CY, Francis G, Makkar HPS. 2010. Current situation and prospects of Jatropha curcas as a multipurpose tree in China[J]. *Agroforestry Systems*, 76, 487–497.

Yin L, Liu Y A, Xie C Y, et al. 2012. Effects of drought stress and nitrogen fertilization rate on the accumulation of osmolytes in Jatropha curcas seedlings[J]. *Chinese Journal of Applied Ecology*, 23（3）: 632–638.

Zahawi R A. 2005. Establishment and growth of living fence species : an overlooked tool for the restoration of degraded areas in the tropics[J]. *Restoration Ecology*, 13（1）: 92–102.

Zhang F L, Niu B, Wang Y C, et al. 2009. Erratum to "A novel betaine aldehyde dehydrogenase gene from Jatropha curcas, encoding an enzyme implicated in adaptation to environmental stress" [Plant Sci. 174（2008）510 – 518][J]. *Plant Science*, 176（1）: 510–518.

Zhang X, Pei D, Chen S. 2004. Root growth and soil water utilization of winter wheat in the North China Plain[J]. *Hydrological Processes*, 18（12）: 2 275–2 287.

第六章　肥液氮素浓度在线检测装置设计与试验

第一节　国内外研究背景

一、引言

我国农业发展面临人口不断增加、耕地面积逐渐减少、农业可利用资源减少的严峻形势，为此，提出了可持续农业发展战略，可持续发展农业的主要思路就是把资源与环境、生存与发展紧密结合。化肥与农业可持续发展关系密切，可持续发展农业的核心是如何合理地使用化肥，提高肥料利用率，减少化肥带来的生态环境污染问题，以解决农业发展所面临的农业资源与生态环境等问题，达到农业发展与环境的和谐。施肥是对作物所需养分的供给，可以根据作物对养分的需求，结合作物空间分布与土壤养分供给现状，针对作物按需求实行配方施肥，以便求得农业生产的可持续发展。

在各国的农业生产中，肥料资源的投入是提高农业生产力的根本保证，化肥是农作物增产的基础，化肥的投入是见效最快的增产措施。在20世纪60年代以后，我国化肥的使用量大幅度增加，粮食产量也随之增加，化肥对我国的农业生产所起的作用是不可忽视的。

目前，我国化肥生产量和施用量居世界首位，但我国的化肥利用率很低，氮为30%~35%，磷为10%~20%，钾为35%~50%，造成化肥利用率很低的主要原因是施肥用量不合理、施肥方式及所用化肥不恰当。不合理的长期大量使用化肥，会使土壤逐渐酸化，板结严重，土壤酸化不仅破坏土壤的性质，还破坏了土壤中微生物等有益生物的生存环境，使得有益生物减少；没有被土壤吸收的过量化肥进入生态环境，引起化肥的流失，造成环境污染；过量的氮肥和磷肥流失，进入河流，造成河流污染严重，水体富营养化。因此，在农业生产中，如何合理地利用化肥，以较低的投入成本获得理想的肥料增产效益，提高肥料利用率，减少对土壤和生态环境的污染，对于实现可持续农业发展是非常重要的。

随着农业生产技术的发展，国际上提出了精准农业生产方式，在精准农业的施肥管理中，要求根据不同作物不同生长阶段的实际需肥量，精细、准确地调节施肥量，进行变量施肥方式，变量施肥技术是精准农业的重要组成部分，它根据作物实际需要，基于科学施肥方法，确定对作物的变量投入。传统的施肥方式是在一个区域内或一个地块内使用一个平均施肥量。由于土壤肥力在地块不同区域差别较大，所以平均施肥在肥力低而其他生产性状好的区域往往施肥量不足，而在某种养分含量高而丰产性状不好的区域则引起过量施肥，其结果是浪费肥料资源，影响产量，污染环境。经实践表明，通过实施按需变量施肥，可大大地提高肥料利用率、减少肥料的浪费以及多余肥料对环境的不良影响，具有明显的经济和环境效益，是未来施肥的发展方向。

在土壤养分管理和施肥技术方面，我们与发达国家存在很大差距。如美国，许多地区和农场已经将土壤类型、土壤质地、土壤养分含量、历年施肥和产量情况等有关信息输入计算机，制成 GIS 土壤养分或肥料施用量图层，形成了信息农业和精准农业的技术支持体系，并在此基础上发展形成了精准农业变量施肥技术，在田间任何位点上（或任何一个操作单元上）均实现了各种营养元素的全面平衡供应，使肥料投入更为合理，使肥料利用率和施肥增产效益提高到较理想的水平。在这种管理水平下，氮肥当季利用率可达 60% 以上。而在我国，测土推荐平衡施肥这一初级技术尚未真正落实，在土壤养分状况、养分管理和施肥技术方面研究基础更是薄弱。现有的有限资料也分散在各单位，没能真正用于生产发挥作用，以致于农民在施肥上存在很大盲目性；氮、磷、钾肥施用比例不合理；中、微量元素缺乏的情况没有得到及时纠正；肥料利用率低，肥料的增产效益没能充分发挥。

精准农业变量施肥的技术路线和原则是在充分了解土地资源和作物群体变异情况的条件下，因地制宜地根据田间每一操作单元的具体情况，精细准确地调整肥料的投入量，获取最大的经济效益和环境效益。

在我国化肥施用中，氮肥与磷肥、钾肥相比，氮肥施用面积最大，表明在我国农业种植中，作物对氮肥的需求较大，在粮食生产中，氮肥所起的增产效果很大。我国氮肥当季回收率与世界平均水平相比仍然较低，氮肥利用率不高导致氮肥的当季损失比较严重，不仅降低经济效益，更重要的是化肥氮离开了植物 - 土壤体系，造成生态环境的污染，危及到人体健康。因此，提高我国氮肥利用率的潜力还很大，氮肥利用率需要全面提高。

二、灌溉施肥技术

从我国目前的环境状况来看，我国的水资源相对短缺，人均占有量不足世界人均占有量的 1/4；同时，我国是世界上化肥施用量最多的国家，然而化肥的有效利用率却非常低。因此，有效地提高水资源和化肥的利用率，采用精确灌溉与精确施肥相结合的方法来发展农业，是促使我国经济可持续发展的一项重要任务。

精确灌溉施肥的概念是 20 世纪 80 年代美国学者率先提出的。精确灌溉施肥技术融合了自动控制、通信、地理学、生态环境学和农学等诸多学科，对作物生长发育过程的动态信息进行管理和检测。作物对水量和肥量的需求有一定的规律可循，根据这一规律可以控制灌溉量和需肥量，这样作物对水分和肥料的需求可以得到满足，同时也实现了对水分和肥料的最佳调控管理。

灌溉施肥技术又称为水肥一体化技术，它是通过灌溉系统，将肥料养分溶于灌溉水，兑成肥液在灌溉的同时将肥料输送到作物根部土壤，适时适量地满足作物对水分和养分需求的一种现代农业新技术。因采用滴灌、微喷、小管出流和渗灌等微灌方式，又称作微灌施肥。灌溉施肥系统由水源工程、首部枢纽、输配水管网和灌水器四部分组成。在这个系统中，配备有施肥罐和施肥调控设备，可以实现随水施肥。

灌溉施肥技术的主要特点

（一）灌水方面

一是微灌方式使得灌溉时作物根区土壤局部湿润，灌水器直接把水输入到作物根区土壤周围；二是有效减少灌水量；三是局部灌溉方式可使得灌水量有效减少，同时由于深层渗漏、地面径流和地面蒸发的减少，与传统大水漫灌等灌溉方式相比，水分利用率和利用效率大大提高；四是灌溉的均匀度提高。传统的地面灌溉，水流在推进过程中不断下渗，地块的长度越长，完成灌溉的时间就越长，最终进水端地块将会得到更多的水，与末端的灌水量差距很大。如果地块不平整，低洼处水量过多，而地势高处水分则不足。微灌系统能够做到有效地控制每个灌水器的出水流量，所有灌水器灌溉时间相同，无论地块大小、地势高低，每个灌水器出水量是一致的，作物得到的水量相同，因而灌溉的均匀度较高，有利于保证作物产品质量的一致性。

（二）施肥方面

一是施肥量减少，灌溉施肥条件下，随着每次灌溉进行的施肥量减少，总的施肥量会大量减少；二是施肥变得可控；微灌灌溉的可控性，使得施肥变得容易控制，要求更加精确。通过微灌系统进行施肥，可以容易、准确地控制施肥的时间、次数、养分品种和量，甚至浓度；三是可根据植株、土壤监测结果以及品质需要等及时调控养分供应。微灌的均匀性意味着作物养分供应的均匀性，控制所有作物长势一致。

微灌系统的灌水和施肥能进行精准的管理，实现最大限度利用水肥资源，节水节肥效果好，有利于作物生长发育，同时还能减少对环境的污染，灌溉施肥以最优化的水、肥资源配置和高效利用而成为未来农业中最有发展前景的先进技术之一。

随着农业的发展，自动灌溉施肥技术在我国得到迅速发展，我国研发了多种自动灌溉施肥系统，并在农业生产中得到应用。国内研制的自动灌溉施肥系统的主要工作原理是通过高精度的 EC（电导率）、pH 值（酸碱度）传感器采集栽培植物的土壤和输肥管道肥料成分的资料，传输到采集控制器中。控制器根据不同作物要求的 EC、pH 值与采集到的值相比较，通过控制施肥泵自动调节的施肥速率和肥料溶液的配比。

根据作物需求对肥液营养素的需求，对混肥浓度实现监测监测，从而精确调节肥液浓度是灌溉施肥系统的主要目标，对我国研制的多种自动灌溉施肥系统的混肥方式进行分析，可以看出我国自动灌溉施肥的混肥方式主要有两大类，一是灌溉施肥系统的每种肥料原液单一的放在不同的肥料灌中，进行灌溉施肥是，由控制器根据设定的配方，将各种肥料按照一定的比例混合，然后将混合肥液与灌溉水混合，通过灌溉管道将肥液送到作物根部，在这个过程中混肥浓度的调控是通过检测混合肥液的 EC 值和 pH 值，并反馈给控制器，由控制器控制各类肥料母液及酸液的供应量来肥液浓度的调控，这类系统自动混肥时，EC 值和 pH 值的比较难控制，控制过程超调较大稳定性较差；二是自动灌溉系统中，各种营养素的肥料母液按照一定比例事先调配好，放置于肥料灌中，进行灌溉施肥时，将肥料母液以及酸碱液与灌溉水混合，传感器检测混合之后肥液的 EC 和 pH 值反馈回控制系统，并与设定的肥液浓度值进行比较，调节肥料母液和酸碱液的供应量，使肥液浓度达到预先设定的要求值。

从上述两种自动灌溉施肥系统的混肥方式可以看出，肥液浓度的控制，一般是通过检测混合肥液的 EC 值和 pH 值，并反馈给控制器，控制肥料母液及酸液的供应量来实现的，这两类混肥方式中，肥液 EC 值和 pH 值的控制方式有 PLC、PID 等，在这些控制系统中，肥液 EC 值和 pH 值的调控常出现滞后、超调等问题，导致肥液浓度控制精度不高。

三、肥液浓度监测国内外研究现状

目前灌溉施肥中肥液浓度主要通过测量肥液电导率（EC）来监测。肥液电导率（EC）反映的是肥液中盐的总含量，由于肥液中溶解的是无机盐，并且这些无机盐大多为电解质，因此肥液是一种电解质溶液，能够导电，肥液导电能力用电导率来衡量，肥液的浓度与肥液的电导率有关，因此可以通过测量肥液电导率间接获得肥液浓度电解质溶液电导率的测量方法主要有电容耦合法、电磁感应法以及电极法。肥液电导率的测量主要采用电极法，如在一些肥液监测系统中采用工业用电导率变送器，工业电导率变送器主要由电导电极、温度电极等组成。

目前灌溉施肥控制技术已成为现代设施农业的关键技术，在设施农业发达的荷兰、西班牙、以色列、法国等国家，其灌溉施肥都采用了智能化精量控制，节肥、节水、增产和省工效果非常显著。我国目前正初步从传统的设施农业朝现代的设施农业转变，并且由于经济不断发展以及设施农业从个人不断转变为规模化经营，自动灌溉施肥设备的市场需求越来越大。在一些如加拿大、美国、以色列等农业发达国家，其自动化控制技术已经非常成熟，因此已经开发出了智能化程度较高的自动灌溉施肥系统，并且得到广泛应用。然而我国与这些国家相比，还存在非常明显的差距，目前一些高校和研究所对自动灌溉施肥系统的研究和开发还大都局限在样机研制阶段，并未出现适合推广的高精度、高智能化的自动灌溉施肥系统。鉴于进口设备价格昂贵、成本较高，不符合我国操作习惯，很难在国内推广，且国内急需价格低廉、自动化程度较高的灌溉施肥系统，因此在引进、消化、吸收国外先进技术和成功经验的基础上，结合我国的气候特点、科技和经济现状，开发适合我国国情并具有国际先进水平的精确自动灌溉施肥装置是非常有必要的。

（一）国内研究现状

目前，国内肥液浓度监测研究中，肥液浓度是通过肥液的 EC 值和 pH 值进行调控管理。

刘振名等研制了基于单片机的肥液浓度监测系统中，肥液浓度的配比通过酸碱度和电导率来衡量，酸度测量采用的是酸度变送器，电导率测量采用的是电导率变送器，肥液电导率反映的是肥液的整体浓度状况，系统实现了对肥液整体浓度的精确检测和实时控制。

毛罕平在自动灌溉施肥机工作状态监测系统研究中，利用 EC 传感器和 pH 值传感器检测营养液 EC 和 pH 值，智能控制器通过 EC 传感器和 pH 值传感器对营养液的 EC/pH 值进行实时监测，并与设定值进行比较，智能控制器根据实测值与设定值的比较来调节吸肥控制电磁阀的占空比以调节吸肥速度，使营养液 EC/pH 值更接近于设定值（Domingo 等，2011）。朱志坚等（2005）采用输液泵将肥液和酸 / 碱液强行注入灌溉管网，并与灌溉用水按一定比例混合得到具有一定EC值和pH值的肥液，肥液的浓度和酸碱度由EC传感器和pH传感器检测并反馈给控制系统，然后对EC值与pH值进行动态的调节，实现了精准灌溉施肥。

（二）国外研究现状

国外的一些国家实现了在自动灌溉施肥中，通过采集肥液的EC值、pH值和离子浓度，根据作物的养分需求，精确调控养分的配比。

目前具有先进设施栽培技术的国家已经根据作物生长所需的最佳的条件，实现了现代化温室内作物的自动灌溉施肥。特别是具有进行大面积种植或者缺水地区的发达国家已广泛使用了自动灌溉施肥技术。

以色列的精准滴灌施肥系统由计算机专家系统控制作物所需营养液的调配和供给，通过滴灌系统与灌溉水一起供给植物根系。该国的Eldar-Shany自控技术公司研制的精准滴灌施肥系列产品，带有营养液的EC/pH值检测单元。该系统具有灌溉采样监测分析系统，通过对灌溉排水的EC、pH值及排水量进行测定、分析、记录，并根据分析反馈结果自动调整灌溉施肥程序。

荷兰的温室作物栽培大部分采用无土栽培，营养液供应系统采用箱式系统。这个系统中，不同的营养成分分别装在不同的箱子内，营养液通过阀门和营养液通过阀门和一系列滴定管输送到植物根部。在这个系统里配置了化学传感器、电导率传感器和酸碱值传感器，通过计算机来控制供给植物的水分及营养液剂。

日本的营养液灌溉系统是通过采集营养液的离子浓度，在营养液混合器内进行营养液的自动调整，营养液从混液罐中通过灌溉泵连续或间歇性地供向栽培床，其特点是能基于营养液元素浓度来调整营养液的配比，并开发出了K^+、Ca^{2+}、NO_3^-、Mg^{2+}离子监控仪（东芝，IQ202型）。

美国的自动灌溉施肥系统根据作物对营养液的pH、EC值要求进行施肥，并定期对作物的叶片作化学分析以及根据太阳辐射强度，适当调整营养液配方；同时能根据作物的需水信息，对自动灌溉系统的启动进行决策。典型的有利用美国的瓦尔蒙物公司和ARS公司共同开发出一种红外湿度计，对作物叶面的湿度进行实时采集，当作物缺水时，则自启动灌溉施肥系统。

综上所述，可知在国内外肥液浓度的监测研究中，大多数系统是通过采集肥液的EC值和pH值从而调控肥液的浓度，但是EC值反映的是肥液中盐的总含量，没有反映肥液中氮素的具体含量。

四、研究目的和意义

目前我国研制的灌溉施肥系统中，自动混肥的方式主要有两种：一是分别将各种单一肥料母液以及酸液储存于不同的储液罐内，自动混肥时控制各种单一肥料母液以及酸液与灌溉水混合；二是按照一定的比例将各种肥料养分预先配制好作为肥料母液，混肥时控制肥料母液和酸液与灌溉水混合，在这两种混肥方式中，肥液浓度一般是通过检测混合肥液的EC值和pH值，并反馈给控制系统，控制系统依据预先设定的肥液浓度值，调节肥料母液及酸液的供应量从而调控肥液浓度，使肥液浓度达到要求。但肥液 EC 值反映的是肥液的整体浓度，不能区分肥液中某种营养元素的浓度或比例，不能根据肥液的 EC 值对某种营养元素浓度进行调控。

关于肥液或营养液中某种营养元素成分的检测，目前主要有实验室色谱分析方法及离子选择电极方法，其中色谱分析方法是在定期取样的基础上进行营养成分分析，无法实时检测营养液成分，从而不能用于实时调控营养液成分浓度配比；离子选择电极方法利用电极膜的离子选择性且能将离子浓度转换为膜电势的特性，目前已经有利用离子选择电极实现营养液某几种营养成分（N、K、Ca 等）在线检测的研究。目前国内外利用营养液多组分在线检测的方法的研究和设备有好多，其中 Clean Grow 公司就是爱尔兰一家有相关研究的公司，该公司研究设计了多组分的检测设备，可自由选择检测 Ca^{2+}、Cl^-、K^+、Na^+、NO_3^- 等指标；同样的韩国的 Hak-Jin Kim 等也在实验室环境下采用离子选择电极来对设施农业无土栽培系统的大量元素进行了实时检测分析，检测的组分包括 Mg^{2+}、Ca^{2+}、K^+、NH_4^+；国内对营养液多组分检测方法也有相关的研究，其中包括中国科技大学自动化系，研究开发了营养液成分在线检测系统；中国农业大学的张森等设计一种营养液自动检测微流设备，该设备实现了快速的自动化标定，同时也能达到对营养液的实时检测的效果。但由于离子选择电极易受工作环境温度影响，且离子选择电极存在交叉敏感性，目前还处于模块化研究阶段。氮肥是灌溉施肥中施用量最多的肥料养分。

灌溉施肥系统实现按实际所需氮肥浓度进行自动混肥的关键环节是，实时检测肥液中的氮肥浓度，并将其作为浓度配比控制的反馈量。本研究选离子选择电极检测方法检测 NO_3^- 离子浓度。温度变化影响离子选择电极的测量精度，为了减小温度变化对氮素浓度测量进度的影响，分析离子选择电极的温度变异性并建立温度参数模型，同时由于离子选择电极还受肥液中共存离子的干扰，本研究通过试验分析不同干扰干扰离子浓度对测量结果造成的误差。

五、主要研究内容

（1）基于离子选择电极检测技术，设计肥液氮素浓度检测装置。

（2）电极温度变异性通过试验构建温度参数模型，并验证温度参数模型。

（3）干扰离子对肥液氮素浓度测量结果的影响。

第二节　相关理论基础

一、液氮素浓度检测原理

化肥中的氮有硝态氮、铵态氮和酰胺态氮 3 种形式。从提供氮素营养角度看，三者的作用是相同的。灌溉施肥中常用的易溶于水的硝态氮肥有硝酸铵、硝酸钾、硝酸钙，硝态氮肥的主要成分氮素在溶液中主要以 NO_3^- 离子形态存在，而且肥液中硝态氮肥浓度与 NO_3^- 离子浓度成正相关关系，因此可通过试验标定氮肥浓度与 NO_3^- 离子浓度的关系，然后以测量溶液中 NO_3^- 离子浓度的方式间接获得肥液氮素浓度。

（一）硝酸根浓度检测的常用方法——光学分析方法

光学分析法主要有分光光度法、比色法、光谱法。

分光光度法是一种吸收光谱分析方法，即在液层厚度保持不变的条件下，溶液颜色的透射光强度与显色溶液的浓度成比例。分光光度法采用特定波长的单色光，通常为最大吸收波长，分别透过已知浓度的标准溶液以及待测溶液，采用分光光度计测定吸光度。由于硝态氮在紫外区具有较强的特征吸收，硝酸根浓度采用紫外分光光度计测量。

比色法是一种定量光谱分析方法，以生成有色化合物的显色反应为基础，通过比较或测量有色物质溶液颜色深度来确定待测组分含量，要求显色反应具有较高的灵敏度和选择性，反应生成的有色化合物稳定，而且与显色剂的颜色差别较大，关键在于选择合适的显色反应、控制合适的反应条件和选择合适的波长。

一般用于硝酸根含量检测的光谱法主要包括原子吸收光谱和气相分子吸收光谱法。原子吸收光谱法是用银离子与 1，10- 邻二氮杂菲和硝酸根在弱酸性介质中形成不溶性络合物，采用原子吸收光谱间接测定多余银的方法计算硝酸根含量。气相分子吸收光谱检测硝酸盐的方法是通过将硝酸盐还原分解生成 NO，将其载入吸光管中在 214.4nm 出测吸光度，通过比尔定律求得硝酸根浓度。气相分子吸收光谱法测定快速，省时省力，对水样清洁度要求不高，受干扰较小，较适于阴离子和酸根离子的测定。

（二）硝酸根浓度检测的常用方法——电化学分析方法

电化学分析方法是通过电化学传感器测定溶液中的化学成分，电化学分析法主要包括离子选择电极法、离子敏场效应管和毛细管电泳法等。

离子选择电极法是通过选择膜对溶液中特定离子产生响应，来对溶液中的成分进行测量的。离子选择电极电位分析法分为直接电位分析法和电位滴定法两类，其中，直接电位分析方法操作简便，常用于分析溶液的化学成分，直接电位分析法依据能斯特响应方程，即在一定浓度范围，电极响应电势与待测离子浓度对数呈线性关系，离子选择电极响应电势即可获得待测离子浓度。目前，离子选择电极在环境监测，尤其是水质监测方面得到了广泛应用，在农业中生产的温室营养液监测中，离子选择电极越来越多的被用于分析各种营养元素成分，比如 K^+、Ca^{2+}、NO^{3-}、Cl^- 等离子的浓度；近几年来离子选择电极的发展迅速，尤其是在活性物质的选择方面。从早期的季铵盐类到有机物与金属离子的络合物，再到有机物官能团等方面的运用，均取得了很大进步。在敏感膜基体的选择方面，从传统的 PVC 膜发展到硅橡胶、聚砜、聚氨酯、减少或革除增塑剂的膜等。检测的手段也从传统的手动操作到现在全自动的流动注射法，大大提高了电极的效率。离子选择电极因为其测量方便，不加其他试剂，不受试样颜色浊度影响，灵敏度高等优点在生化分析与环境监测等方面有广泛的应用前景。

离子敏场效应管管是一种集成离子选择膜和金属氧化物半导体场效应管（MOSFET）的

电化学传感器，对某种特定离子具有选择性响应。离子敏场效应管本质上是一个栅极修饰离子选择膜的场效应管。目前，离子敏场效应管主要应用在生物、化学和医学等领域的微量溶液离子活度检测。VandenVlekkert HH 等（1992）利用多种 ISFET 在线检测培养观赏作物的营养液，可以进行反馈控制灌溉系统的施肥量。

毛细管电泳法是一种有效的检测手段，主要基于溶液中的荷电粒子在电场作用下受到排斥或吸引而发生差速迁移的原理进行离子分离，再由检测器根据保留时间和吸光度值确定离子种类及浓度。这种方法可以同时高效地检测多种离子，需要样品量少，冲洗方便，可以进行微量分析且设备简单易维护，具有很好的应用前景。

本研究主要设计在线检测肥液氮素浓度的检测装置，而上述硝酸根浓度检测方法中光学分析方法难以实现在线检测，电化学分析方法中的离子选择电极法，由于离子选择电极法测定操作方法简单，离子选择电极传感器设备简单、轻便，可实现连续自动测定溶液成分，并且携带方便。然而，对于基于离子选择电极要求连续浸入溶液中的在线管理系统，信号的漂移和随着时间精确度的降低是主要的问题。本研究采用离子选择电极设计肥液氮素浓度在线检测装置，并对离子选择电极的温度变异性和交叉敏感性进行研究。

二、离子选择电极

（一）离子选择电极介绍

离子选择电极分析方法是电化学分析方法的重要分支，氟离子选择电极是最早出现的离子选择电极，氟离子选择电极实现了氟离子的快速分析，自此离子选择电极分析方法得到发展，并相继出现了各种离子选择电极。

离子选择电极是一种电化学敏感器，能快速简便的分析溶液中特定离子浓度（活度），离子选择电极电位值与特定离子浓度（活度）有着线性函数关系，通过分析电极电位值可获得待测离子浓度。

离子选择电极根据膜组成成分和结构以及膜电势响应机理的不同，可将离子选择电极划分为非晶体电极、晶体电极、敏化电极和离子敏感场效应晶体管四大类。其中，非晶体电极包括刚性基质电极（如 pH 玻璃膜电极）和活动载体电极（如液膜电极、PVC 膜电极），硝酸根电极为流动载体电极按电活性物质还可分为带正电荷、带负电荷以及中性载体电极。

近年来，离子选择电极中已经有一些电极的测量方法实现了标准化，同时离子选择电极的种类也在增加，国外更是出现了同时能测量多种元素的电极（Kim Hak-Jin 等，2013）。离子选择电极直接测量的其实是溶液中离子的活度，是一种电化学分析传感器，主要是依据应用化学中的电位分析的原理和实验技术来研究物质的含量与组成，通过测量溶液与电极所组成的化学电池中的电动势来推算溶液中的离子活度，而离子活度与离子浓度在一定范围内可以看作是等价的，这就为测量离子浓度提供了依据。离子选择电极具有使用简单、响应速度快等优点，所以被广泛应用于农业、环境、石油、锅炉等相关领域，应用最多的当属水质检测分析领域，主要是因为离子选择电极测量自动化程度高，节省人力成本，满足了水质检测的相关要求，并受到相关研究人员的密切关注。

离子选择电极分类：

1. **晶体膜电极**

将金属难溶盐经过加压或者拉制构成的单晶、多晶或者是混晶活性膜用作晶体膜电极的敏感材料，这种材料根据其制膜方法的差异，可将晶体膜电极分为均相膜电极和非均相膜电极两种类型，其中均相膜电极由于其敏感膜是均匀混合物晶体构成，相对的非均相膜电极除了电活性物质以外，还包括了一些惰性基质，如硅橡胶、聚氯乙烯、石蜡。对于非均相膜电极而言，活性物质对膜电极的相关性能起到了决定性的作用，非均相膜电极除了电极的检测下限、电极响应时间以及电极的机械性质与均相膜电极有不一样之外，这二种类型的电极其电化学行为基本相同。

2. **刚性基质电极**

这种类型电极的敏感膜的材料大多采用的是离子交换型的薄玻璃片或者是其他的刚性基质材料，电极的膜选择性主要依赖于玻璃或刚性材料的组分。其中除 pH 值复合电极以外，目前市场上应用较多并且技术相对比较成熟的是一价阳离子玻璃电极。

3. **流动载体电极**

流动载体电极的敏感膜是一种溶有某一种特定液体离子交换剂的有机溶剂的薄膜层，其中液膜将试液和内部填充液分隔开，而其中带电或者是不带电的中性络合物则是由离子交换剂和相应的敏感离子结合后而产生的，这些粒子类物质可以在膜相内自由移动。而根据络合物的带电性能，可以将流动载体电极分为正电荷、负电荷以及电中性这 3 类。

（1）带正电荷的载体 带正电荷的载体一般都是大体积的有机阳离子，这种阳离子可以在适宜的有机溶剂中溶解并且放在一些惰性基质上以用来制备阳离子的活度敏感膜。

（2）带负电荷的载体 对于带负电荷的载体来说这类载体主要是大体积的有机阴离子，与阳离子结合成一定的络合物之后可以在适宜的有机溶剂中溶解并制作成为对阳离子具有选择功能的选择性膜。

（3）中性载体 流动载体电极的载体为中性载体时，这种载体可以实现将离子沿着离子梯度相反的方向运动，即将离子从低浓度区域向着高浓度区域运动，相对于上面两种载体来说呈现出电中性，这种载体主要有抗菌素、开链酸胺、冠醚等。

（二）离子选择电极结构及工作原理

离子选择电极分析方离子选择电极是一种电化学传感器，对特定的离子具有选择性，其主要结构包括离子选择膜、内参比溶液、内参比电极，离子选择膜是离子选择电极的关键结构。当离子选择电极与待测溶液接触时，离子选择膜的两侧溶液分别为内参溶液和待测溶液，由于内参溶液和待测溶液中待测离子的浓度（活度）存在差异，在离子选择膜两侧发生离子交换，在膜两侧形成膜电势，并通过内参比电极将电势引出。膜电势与待测离子浓度（活度）服从能斯特关系式。

$$E = E_0 + \frac{RT}{zF}\ln C = E_0 + \frac{2.303RT}{zF}\lg C \quad (6\text{-}1)$$

式中：E_0 为离子选择电极的标准电势，mV；

R 为气体常数，8.314 J/（k·mol）；

T 为绝对温度，K；z 为离子电荷数；

F 为法拉第常数，96 487 c/mol；

C 为溶液中待测离子浓度（活度），mol/L；

E 为电极输出电势，mV。

离子选择电极测量待测离子浓度（活度）时，由于单个离子选择电极的电势无法测量，因此，将一个参比电极与离子选择电极以及待测溶液组成一个电化学电池，其中参比电极的电势是恒定的，该电池的电动势为：

$$E = E_0' + \frac{RT}{zF}\ln C = E_0' + \frac{2.303RT}{zF}\lg C \tag{6-2}$$

式中：E_0' 包括离子选择电极的标准电势和参比电极电势，mV；

参比电极是指在温度、压力一定的条件下，当试液组成改变时，电极的电位（除液接电位）保持恒定的电极称为参比电极。由于参比电极在测量电池中的作用是提供与保持一个固定的参比电势，因此对参比电极的要求是电势稳定、重现、温度系数小、有电流通过时极化电势小以及机械扰动的影响小等，当然也要求容易备制及价格低廉。离子电极法中最常用的参比电极有甘汞电极，特别是饱和甘汞电极，银/氯化银电极。有时也用第二种离子选择电极作参比电极。

1. 甘汞电极

甘汞电极的结构有单液接型和双液接型两种，是由汞（金属）、甘汞（Hg ≈ Ch）、氯离子（KCl）所组成的第二类电极。甘汞电极的电极电位是由电极系统中 Cl^- 离子活度所决定的。当电极中氯化钾的浓度固定时，在一定的温度下，其电位就是一个常数。氯化钾的浓度不同，甘汞电极的电位也就不同，通常氯化钾的浓度采用 0.1mol/L、lmo/L 儿、饱和溶液 3 种。

甘汞电极的电位随着温度的升高而减小，而内充不同浓度氯化钾的甘汞电极，其电位温度系数变化随氯化钾浓度增加而增大。在实际应用中，经常采用饱和甘汞电极。这是因为饱和氯化钾溶液使用方便，同时有利于减小电极的液接电位。从测量误差来考虑，消除液接电位的影响是主要因素。

2. 银/氯化银电极

在离子选择电极中，银/氯化银电极多用作内参比电极，主要是银/氯化银电极的重现性和稳定性能好，使用方便，容易制备。当离子选择电极与参比电极组成无液体接界的测量体系时，银/氯化银电极作为无液接电位的参比电极使用。一般商品银/氯化银电极，其电位稳定在 0.1mV 以内可达数周，工作寿命 1 年左右。当电极性能下降不能再用时，可处理后重新镀氯化银更新使用。

3. 离子选择电极作参比电极

在离子选择电极法分析中，为了消除某些影响因素，也用另一支离子选择电极作参比电极，组成无液体接界电池进行测量。在工业分析中，用钠离子选择电极作参比电极测定氟离子。同时利用两支离子选择电极，在同一试液中互相作为参比，连续测定两种离子的方法，也获得了良好的效果。

要选择一个可塑性、重现性、稳定性都好的第二类电极作离子选择电极法的参比电极，其实质目的就是减少液接电位的影响。

参比电极（Reference Electrode，RE）作为离子选择电极电势测量的参考标准（图6-1），性能优良的参比电极应当具备以下条件：（1）电极是可逆电极，电极上的反应是在平衡电位时进行的，电极在使用中不容易极化；（2）重现性好，电极响应满足能斯特响应特性时，不会产生温度或浓度滞后现象；（3）稳定性好，测量时，参比电极电势保持恒定。

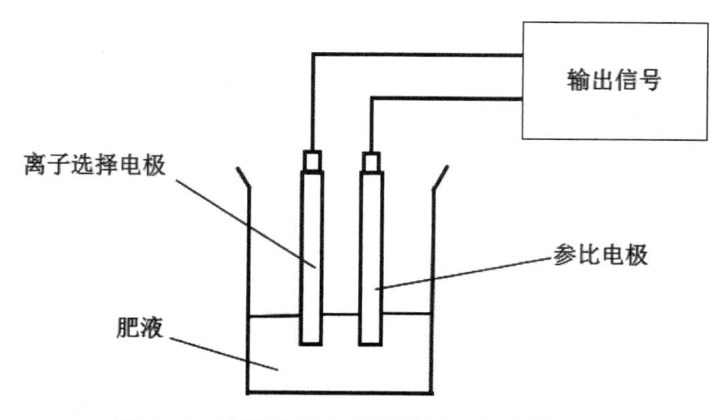

图 6-1　离子选择电极测量原理示意图

（三）离子选择性电极主要性能参数

1. 线性范围和检测下限

离子选择电极响应的电势，只在一定浓度（活度）范围呈现能斯特响应特性，在这个离子浓度范围内，离子选择电极响应电势与离子浓度对数呈线性关系，当浓度下降到一定程度时，离子选择电极响应电势与离子浓度对数不再呈线性关系，离子选择电极将无法测定出此时的离子浓度（活度），离子选择电极能检测到的最低浓度称为检测下限。

离子选择电极的检测范围较宽，一般为 100×10^{-7}mol/L。由于离子选择电极种类不同、测定溶液的成分组成等因素，所有的离子选择电极的检测下限并不一致，因此实际应用时需要考虑离子选择电极线性范围。根据 IUPAC 推荐，离子选择电极的实际检测下限可用直接电位法获得，测量离子选择电极与参比电极组成的电池的电动势，绘制所测量电势值与离子浓度对数关系图（也被称为离子选择电极校准曲线），得到如图 6-2 所示标准曲线，直线 CD 段为电极能斯特响应线性曲线段，CD 的延长线与 AE 延长线交于 B 点，B 点所对应的离子浓度值，为电极检测下限。

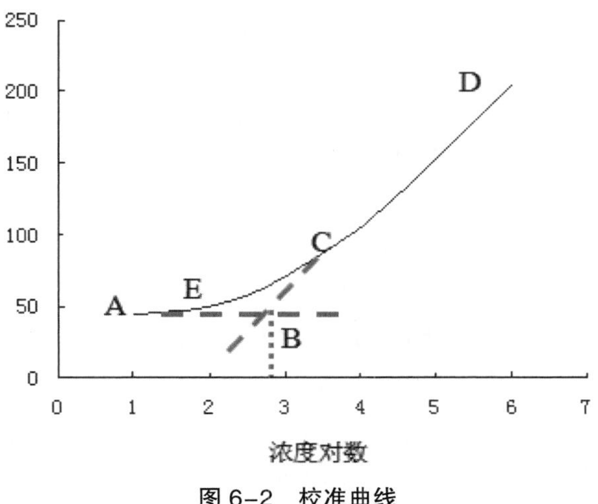

图 6-2　校准曲线

2. 选择性系数

离子选择性电极并不是某种特定离子的专属电极。电极的选择性是由电极膜的活性物质决定的。电极的响应电位，主要由阴极界面上交换反应所产生的膜界电位初膜内电荷的迁移数来实现的，当试浓中共存离子参与这两种过程时，就会显示出干扰作用。共存离子不仅可能给测定带来误差，而且还可能使电极性能异化。弄清并排除共存离子的干扰是离子电极法应用工作的重要环节。共存离子的干扰成分为电极干扰物质与方法干扰物质。

（1）电极干扰物质：即指直接损伤电极性能的试液成分。例如由难溶性盐制成的固体膜电极，如果试液小某成分能和敏感膜反应产生难溶性化合物，或敏感膜与氧化还原性物质等起反应，电极就会变质恶化。液膜电极可能受到能与感应液生成共合体的共存离子干扰。隔膜电极可能受到那些既能生成气体，又能透过隔膜后安装于内部的离子电极产生响应的共存离子的干扰，这类干扰常常使电位读数增大和结果偏高。一般来说，固体膜电极受干扰后恢复较难，灵够度降低，或电位产生偏移。隔膜电极法则性能好。

（2）方法干扰物质：共存离子影响试液的离子强度，待测离子在溶液中络合成氧化还原形态。这类干扰物质常常降低待测离子浓度，使电位读数降低从而使结果偏低。

共存干扰离子对待测离子的干扰程度，在数值上可用选择系数来表示，可用电位择性系数（ K_{ij}^{pot} ）表示。当含有共存离子时，电极响应电势为：

$$E = E^0 + \frac{2.303RT}{Z_iF}\log\left[C_i + K_{ij}^{pot}\left(C_j\right)^{Z_i/Z_j}\right] \tag{6-3}$$

式中：i——待测离子，j——干扰离子，Z——离子电荷数，C——离子浓度，K_{ij}^{pot}——选择性系数。

选择系数不是一个常数，会受到温度、浓度的影响，通常由实验测得。选择性系数的测定方法有分别溶液法以及混合溶液法，分别溶液法测量得到的选择性系数与实际情况相差较大，混合溶液法测量得到的选择性系数比较符合实际测量情况。混合溶液法又有两种测定方法，一是固定干扰离子浓度，变化待测离子的量，测量其电位；二是固定主要待测离子浓度，变化干扰离子浓度，测量其电位。

选择性系数利用混合溶液法中的固定干扰法测得（张军军等，2011），即固定干扰离子浓度为 C_j，变化待测离子浓度，将电极置于混合溶液，测量电极的输出电势，可得如图 6-3 所示曲线，主要离子以 i 为例，干扰离子以 j 为例，主要离子浓度较大时，响应电势呈能斯特响应特性，得到近似直线段（I），随着主要离子浓度降低逐渐出现干扰（阴影部分），直到完全干扰时，其响应电势由干扰离子浓度决定，由于干扰离子浓度固定，因此响应电势恒定，相当于图中水平段（II），外推 I 和 II 两直线相交于 A 点，在这点，相当于单独由主要离子决定的响应电势等于单独由干扰离子决定的响应电势，即 $E_j=E_i$，则由（6-3）公式得，$C_i = K_{ij}^{pot}\left(C_j\right)^{Z_i/Z_j}$，则 $K_{ij}^{pot} = C_i\Big/\left(C_j\right)^{Z_i/Z_j}$。由于主要离子浓度很低时，电势仅由干扰离子浓度决定，电势值出现漂移，重现性不好，即很难得到电势稳定的水平段曲线，因此一般取试验曲线和直线 I 之间的距离 ΔE=18/zi（mV）时所对应的 Ci 值。

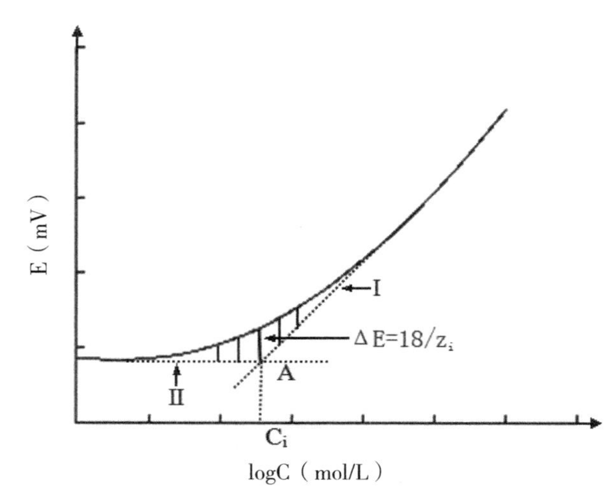

图 6-3　固定干扰法测定选择性系数

离子的选择性系数。离子选择电极对干扰离子的选择性系数越小，表明离子选择电极对干扰离子的敏感程度越低，对待测离子的选择性越好。选择性系数只能表示选择电极对干扰的离子的相对敏感程度，并不能对干扰进行校正。

3. 响应时间

依据 IUPAC 的建议，将离子选择电极的实际响应时间定义为：由离子选择电极和参比电极接触试液算起，至电极电位值达到与稳态值相差 1mV 所需的时间。电极响应时间在实际应用中是重要的参数，尤其是在在线测量应用中，需要考虑影响电极电势响应时间的因素。离子选择电极响应时间与待测液中被测离子的浓度、被测离子迁移到离子选择电极敏感膜表面的速度、待测液中共存离子的浓度、待测液温度等因素有关。与电位响应时间相关的一个现象是电极的迟滞效应，亦称电极存储效应，它是电极分肝法的重要误差来源之一。减少此现象引起误差的方法之一，是要掌握好电极在测定前的预处理条件，并固定测定前的预处理条件。 响应时间（即平衡时间）是电极应用中的一个重要参数，在用电极法进行连续自动监测时尤其需要考虑。电极电位随时间变化的规律，能够提供电极响应机制的重要线索。应当注意，报道实验测得的响应时间时，要注明实验条件。液体膜电极的响应时间一般较固体膜电极长。选择性系数与响应时间之间没有严格的相关性。

4. 温度效应

从能斯特响应方程，可得知电极电势与绝对温度之间存在一定关系，实际测量中，温度值的改变会对电极电位造成一定的影响。具体表现为温度漂移，是造成电极测量误差的一个重要方面，在环境温度变化较大的使用场所，需要考虑软件或硬件手段进行温度补偿，降低温度改变对离子选择电极精度的影响。

5. 稳定性

电极的稳定性，是指在恒温条件件下，电极电势电动势值保持恒定的时间，电极的稳定性与电极材料、敏感膜等有关。最好的电极 24h 漂移应小于 1mV。习惯的检验方法，是把电极放在 10^{-3}mol/L 的溶液中，保持 24h，观察其电位变化。随着使用时间延长，电极性能下降，漂移将增大。电极的稳定性完全决定于电极材料和内参比电极的稳定程度。液体膜电极的机械性能初稳定性一般都比较差。

6. 电极使用寿命

离子选择电极在长期使用过程中，选择膜逐渐老化，校准曲线产生变化，在应用离子选择电极时，需定期对离子选择电极的校准曲线进行检查，分析离子选择电极响应电势是否满足能斯特响应特性，如果离子选电极斜率产生了偏移，需对离子选择电极的校准曲线进行修正。通常离子选择电极的使用寿命为半年。

7. 电极内阻

电极的内阻包括膜电阻、内充溶液和内参比电极的内阻，由于后两者相对较小，所以主要由膜电阻决定。膜电阻的大小主要取决于敏感膜的类型、厚度、组成、膜中各成分的比例，离子选择电极的直流电阻受温度的影响。

离子选择性电极的内阻大小，主要由以下几个因素决定：

（1）膜材料的组成：各种离子选洋电极是由不同的成分组成，其电阻大小与离子电极膜的成分中载流子（包括自由电子、离子或空穴）的多少有关。载流子较多的，则离子电极的内阻较小；反之，则离子电极的内阻较大。同样是玻璃膜 pH 电极，由于玻璃的组成不同，内阻相差是很大的。

（2）膜材料的结构：在膜材料的组成一定的情况下，膜本身的结构不同对电阻影响很大。 例如对于一些混晶膜电极来说，制作的程序和条件（包括压制的压力，热处理的条件等）对离于电极的电阻有很大的影响，也和膜材料结构的致密程度有关。

（3）离子电极的几何尺：一个离子电极的内阻除了受上述二个因素影响外。 还受电极几何尺寸的影响。 在组成和结构相同的条件下，离于电极的膜愈厚，面积愈小，内阻就愈大；反之，内阻就愈小。

8. pH 值范围

pH 值范围是指离子选择电极在试液中能进行正常工作的氢离子活度范围。电极正常工作的 pH 值范围会随离子选择电极敏感膜的不同而异。pH 值对测量产生影响的原因有两方面：一是由于许多离子用离子选择电极法测量时，H^+ 或 OH^- 是干扰离子，会影响电极测量电势。二是因为越出了电极适应的 pH 范围，敏感膜发生化学反应，或溶度积加大，使电极失去其能斯特功能。

三、硝酸根离子选择电极研究现状

硝酸根离子选择电极在药物、炸药以及照相工业中、特别是在农业分析和污染控制的领域中具有重要的意义。硝酸根离子选择电极它被用于测定生物物质、肥料及土壤中的硝酸根。

近几年，修饰电极的研究最具代表性，它不仅具有响应迅速、稳定性好、选择性高等优点，更主要是操作简单，易于制成。采用化学修饰的手段，实现硝酸根浓度检测的方法主要包括金属修饰电极、导电聚合物修饰电极和生物酶修饰电极。

（一）金属修饰电极

金属修饰电极经常将金、铂、钛、锡等金属媒介物沉积在裸电极的表面以加快电子转移步骤的动力学反应，提高硝酸根离子的还原电流，降低其还原电位。再采用电化学表征方法建立电流或电位与硝酸根浓度之间的关系。

在国内，对金属修饰电极的研究较少。早期，罗胜联等人通过循环伏安法研究铂旋转圆盘电极上有机锡对溶液中的 NO_3^-，NO_2^- 电化学催化行为影响。首先将二乙基锡吸附在铂电极上，然后其与溶液中的 NO_3^-，NO_2^- 配位成活性络合物，这两步作用使二乙基锡催化了 NO_3^- 和 NO_2^- 的还原性，降低它们的还原电位。近期，李洋等人（2011）采用循环伏安扫描电化学沉积法制备多孔性纳米簇状结构铜膜，与微电极芯片结合，研制出用于 NO_3^- 检测的安培型微传感器。这种传感器的比表面积大，催化活性高，对 NO_3^- 表现出较好的抗干扰性能和很好的敏感特性及选择性。随后，胡敬芳等人（2012）研究了用恒压法在金 IDA 微电极表面修饰分布均匀的三维枝状结构纳米银，采用脉冲方波伏安法测量水中硝酸根离子，检测下限达 10^{-5}mol/L 且可实现在水环境 pH 值为 5.0~9.0 的范围内检测。

在国外，早期研究集中于金属催化还原方面上。Fajerwerg 等（2010）采用循环伏安法在金电极上电镀银纳米层，对硝酸根进行电还原，测量范围在 10^{-5}~10^{-2}mol/L。Badea 等（2009）分别采用循环伏安法、控制电势电解法、库伦法等手段研究了铜电极在碱性溶液中对硝酸根的电催化还原机制。Davis 等人（2000）在多孔介质铜修饰电极上引入了超声波，超声波（20kHz）可以完全去除电极表面多余的多孔铜沉积，对用线性伏安法测定硝酸根的催化还原效果也具有一定的影响。Gamboa 等人（2009）在铜电极还原基础之上提出结合流动注射法，在电位 E=−0.48V 处，测定相应的还原电流得出硝酸根的浓度，并将其成功用于矿泉水和软性饮料的测定，硝酸根浓度可测范围在 0.1~2.5mmol/L，下限达 4.2μmol/L。

（二）导电聚合物修饰电极

导电聚合物是一种通过掺杂等手段使电导率处于半导体和导体范围内的分子物质。它不仅具有高的电导率、光导电和非线性光学等性质，而且柔韧性好，生产成本低，能效高，因此可作为传感器的感应材料。目前用于研究硝酸根修饰电极较多的导电聚合物有聚吡咯、聚苯胺及其衍生物等。

在国内，肖红等（2003）采用恒电位法，在无机酸溶液中的铂电极表面修饰聚苯胺薄膜制成聚苯胺膜修饰电极。该电极可用于测量浓度在 0.01~0.50mol/L 范围内的硝酸根离子，使用寿命为连续测定 20 次以上。张秀玲等（2006）在水溶液体系中，采用无模板法在石墨电极表面合成多孔聚吡咯纳米线，通过双电位阶跃固相微萃取电流法建立催化还原电流和硝酸根含量的关系。在溶液酸度及温度等条件满足的情况下，硝酸根离子的还原电流与其浓度呈良好的线性关系，且电极的稳定性好，灵敏度高，检测限低达 2.43×10^{-5}mol/L。李新贵等（2005）简单的介绍了新型导电聚合物聚萘二胺间接测定硝酸根浓度的方法，即将 NO_3^- 还原为 NO_2^- 后，再利用 NO_2^- 在修饰聚萘二胺的铂电极上呈现相应的氧化峰电流来测定 NO_3^- 的浓度。

在国外，Badea 等（2001）研究采用在铂电极上修饰醋酸纤维素薄膜或 1，8- 聚萘二胺薄膜的方法来同时测定亚硝酸根和硝酸根。原理基本同李新贵等（2005）的方法，硝酸根要先经镉柱批量还原为亚硝酸根，再结合流动注射法进行同时检测，这种方法简单、方便、快速，可以拓展到食品、土壤、蔬菜等方面的应用。Aravamudhana 等（2008）研究了微流控技术与聚吡咯纳米线硝酸根离子传感器结合的方法检测硝酸根含量，与国内的张秀玲等（2006）制作的电极不同之处在于聚吡咯纳米线管的制备方法上，前者用现场掺杂聚合，而后者在不需任何模板情况下聚合。

（三）生物酶修饰电极

酶修饰电极是现在的研究热点，它是一种将能催化待测底物反应的蛋白质酶层固定在电极表面上而制得的高选择性传感器，根据电极对催化产物的响应就可间接测得待测底物浓度。

在国内，对生物传感器的研究还处于起步阶段。于洪斌等将溶有硝酸还原酶的壳聚糖溶液滴涂于玻碳电极表面制得酶电极。它是以氨丙基紫精（APD）为电子媒介体，用循环伏安法检测硝酸根离子，结果表明壳聚糖包敷的 APD 在电极表面可以进行准可逆的电子传递，对酶电极传感器的发展方向提出新的研究思路。赵林等（2007）在于洪斌的基础上，用甲基紫精做电子媒介体，将硝酸还原酶包埋在聚乙烯醇掺杂的二氧化硅溶胶凝胶杂化材料内，首次固定在金盘电极上成功制得安培型硝酸还原酶电极，这种电极具有很好的响应性，稳定性高，重现性好，具有很高的实用价值。

在国外，Quan 等（2005）研究了一种可以直接在空气中使用的硝酸还原酶电极。这种电极是将由酵母菌培养出的硝酸还原酶用聚乙烯醇聚合诱捕固定在玻碳电极或丝网印刷碳糊电极上。由酶和甲基紫精这两种物质在 −0.85V（玻碳电极）或 −0.9V（丝网印刷电极）的还原电位下进行催化反应，可直接测量除氧水中的硝酸根含量而不受其他物质的干扰。丝网印刷生物电极的重复性很高，在室温下保存可以使用达 1 个月之久。Cosnier 等（2008）的研究重心放在还原酶的固化方式上，先采用新型高强度黏土—锂藻土复合凝胶和交联剂胶醛吸附硝酸还原酶做模板，再在模板留下的空隙中聚合吡咯紫罗碱衍生物形成膜可以成功的布出硝酸还原酶电气线路。Sohail 等提出了一种比用硝酸还原酶和还原辅酶催化的生物传感器更优越的方法，即用硫素醋酸盐、番红精和天青 A 等氧化还原介质代替辅酶与甲基紫混合同硝酸还原酶加入到聚吡咯薄膜中，这样不仅能够提高电极的奈斯特响应，使检测范围达到 50~5 000μmol/L，检测下限达 10^{-5}mol/L，缩短了响应时间为 2~4s，还提高了灵敏性，降低了成本。Can 等在原有的硝酸还原酶修饰电极的基础上引入碳纳米管。碳纳米管是一种新型材料，它电导率很高，可以促进电子转移动力，降低酶的电活性。文献中将碳纳米管与吡咯和硝酸还原酶同时聚合在玻碳电极上，通过碳纳米管的羟基将还原酶固化在碳纳米管 / 聚吡咯膜电极上。这种生物电极灵敏性很高，达 300nA/（mmol/L），测定的硝酸根线性范围为 0.44~1.45mmol/L。

除了以上介绍的金属修饰电极、导电材料电极和生物酶电极之外，还有些其他材料电极，如 Krista 等研究的银碳糊复合修饰电极、Nezamzadeh-Ejhieh 等研究的表面活性剂修饰沸石碳糊电极以及 Yunus 等研究的电磁传感器等电极，均具有方法新颖，制作简单，检测下限低等优点。

从以上国内外的硝酸根离子修饰电极的发展趋势来看，硝酸根生物电极和金属修饰电极的比例在逐年增加，越来越多的研究向生物领域转移，但鉴于生物类硝酸根离子电极的活性问题受到很多限制，非生物类修饰电极仍然是目前研究的热点。

（四）硝酸根离子选择电极方面

在国内，研究较早的是液膜和固膜硝酸根离子选择电极。早期，武奋研究了以季铵盐（7402）为交换剂，邻硝基苯十二烷醚为稀释剂的液态离子交换膜电极，并用直接电势法测定了废水中的硝酸根，获得了满意效果。为了减小有效物质的渗漏，王雪芳等（1997）在其基础上采用将液态交换剂固定在聚氯乙烯膜内的办法使制取的敏感膜更加简单、快速、更易更换再生。曾子文等（1984）用铂、铝、铜等金属丝作为基体，以 7402 季铵盐为电活性物质，PVC 为黏结物做成硝酸根涂丝电极，结果表明涂丝电极主要性能与 PVC 液膜和固膜大致相同，但结构更简单、体积更小、适合做微量分析。除此之外，黄强等（1987）将固膜工艺与电子技术相结合，以乙基紫硝酸根缔合物为电活性物质，在场效应管绝缘栅上制作敏感膜成为 PVC 膜半导体传感器，线性效果很好。余晓栋等将硝酸根掺杂入导电材料聚吡咯中，并附着在玻碳电极表面制得固态离子选择电极，效果很好。随着离子选择电极技术的成熟发展，后期研究的重心倾向于检测方法上。李建平等（1994）将硝酸根离子选择电极与流动注射法相结合，不仅易于实现在线检测，而且提高了分析速度及测量精度。杨丽等（2000）尝试将电渗驱动和在线电泳富集与硝酸根离子电极相结合实现自动化检测，操作简单且检出限低达 2.2×10^{-8}mol/L，可用于超低浓度离子的定量分析。硝酸根离子电极不仅适应于实验室研究测量，还广泛应用于江河湖泊环境水、工厂废水、蔬菜肉制品、医疗疾病和农业肥料等方面的硝酸盐氮测定。

在国外，近几年在硝酸根离子选择电极的研究重点也主要集中在离子载体的选择以及各种添加剂或增速剂的配比选择上。Asghari 等用四配位体镍复合物做为离子载体，除了增塑剂和 PVC 之外，还增加了三辛基甲基氯化铵作为亲脂添加剂，效果显著，检测下限可达 2.5×10^{-6}mol/L，斜率达 −59.6mV/dec。Lin 等用 [3.3.3.3] 杂大环物做离子载体的 PVC 膜电极用于水质和蔬菜中硝酸根含量检测，电极检测下限达到 4.2×10^{-6}mol/L，将此电极与离子色谱进行比较，实验证明他们的测量值相差甚小，相关度近似为 1，表明这种电极实用价值很高。除此以外，支持体的选取和检测方法也是国外研究离子选择电极的重中之重。Gonz á lez-Bellavista 等对惰性微孔支持体做了改进，采用 PS（聚砜）代替以前的 PVC 材料，均苯四酸硝酸铝做离子载体，在 10^{-4}~10^{-2}mol/L 这个较窄范围内有线性响应，但证实用 PS 这种物质做敏感膜基体还是可行，有待于更深层次的研究。Wróblewski 等提出用场效应管代替传统 PVC 固态膜电极腔体，用硅橡胶和光聚合物有机硅做黏结剂将 PVC 膜粘在 FET 上，结合流通池系统实现硝酸根含量检测，这种方法延长了电极的使用寿命，但削弱了电极的敏感度。Masadome 等采用了一种新型检测方法，用钠离子选择电极取代传统的氯化银参比电极，此法可以减少引入新的阴离子污染，离子选择电极与微流控芯片技术结合组成的检测装备，实现了电极的易更换效果。

第三节　检测装置设计

一、总体设计

检测装置结构示意图如图 6-4 所示，由硝酸根离子选择电极、信号调理模块、A\D 转换器 PCF8591、温度传感器、电源模块组成。硝酸根离子选择电极输出电势信号首先由信号调理电路进行信号阻抗匹配及放大运算，然后经 PCF8591 进行采样将其转换为数字信号送入 STC89C52RC 单片机，PCF8591 与单片机之间的数据传输遵循 I2C 总线协议；同时采用防水型封装的温度传感器 DS18B20 检测肥液温度并送入 STC89C52RC 单片机，由单片机对数据进行运算处理，构建温度参数模型以消除温度对测量结果的影响；液晶显示器 LCD1602

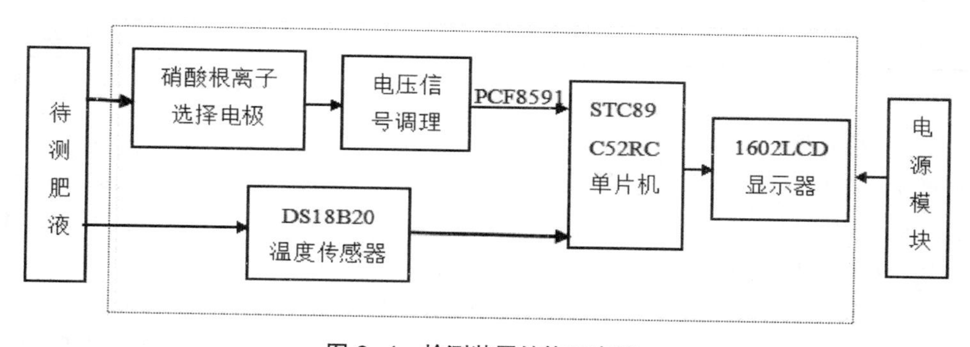

图 6-4　检测装置结构示意图

实时显示测量值，电源模块为所有电路单元提供电源。

二、检测装置设计

（一）硝酸根离子选择电极与参比电极

硝酸根离子选择电极的性能的优劣关系着硝酸根离子浓度测量的精度，即硝酸根离子选电极响应性能是决定肥液氮素浓度测量精度的关键，硝酸根离子选择电极的关键结构是敏感膜，其性能与制备材料以及制作工艺相关。离子选择电极敏感膜是通过定塑剂将活性物质固定形成的，因此，敏感膜的响应性能的优劣与这两种制备材料密切相关。硝酸根离子选择电极性能的优化的研究方向，主要为选择膜的材料的的选取以及制作工艺。硝酸根离子选择电极的选择膜为 PVC 膜，对于由增塑的聚氯乙烯（PVC）膜构建的离子选择电 极，其传感膜由于具有适宜的电学性能而发展成为离子选择电极中承载离子载体的典型基膜，相对于无机盐烧结的固体传感膜，传感膜具有无需特殊设备，易于成型加工，低能耗低成本等诸多优势，是替代传统商业传感膜的有机材料之一。

硝酸根离子选择电极和参比电极组成一个电化学电池，参比电极作为电化学电池电位零点，测量电化学电池的电动势，即可得到离子选择电极电势。本文中选用 Ag/AgCl 电极作为参比电极，硝酸根离子选择电极与 Ag/AgCl 参比电极以及待测液组成的电化学电池如下所示：

Ag/AgCl（内参比电极）| 内充溶液| 敏感膜 ‖ 待测溶液 ‖ Ag/AgCl 参比电极

Ag/AgCl 电极是一种浸在一定浓度的氯化钾溶液（KCI）中涂有 Ag/Cl 的 Ag 电极，具有良好的电势重现性，Ag/AgCl 电极的电势与内参溶液浓度和温度紧密相关。在 250c 下，当内参溶液为 3. 5mol/LKCI 溶液时，Ag/AgCl 电极的电势为 0.222V；当内参溶液为饱和 KCI 溶液时，电极电势为 0.197V。当温度升高时，Ag/AgCl 电极的电势呈近似线性下降趋势。

本文选用硝酸根离子选择与参比电极其型号及主要参数如表 6-1 所示。

表 6-1　电极的主要参数

电极型号	测量范围（mol/L）	溶液温度（℃）	内阻（Ω）	输出信号（V）
pNO_3	10^{-5}~10^{-1}	5~60	10^7~10^8	0~0.3
参比电极			10^4	0~0.3

（二）信号调理电路

硝酸根由硝酸根离子选择电极与参比电极以及待测溶液的电化学电池的电阻包括离子选择电极的膜电阻，内外参比电极的内阻，溶液的电阻，离子选择电极的内阻在 10^6~10^7 Ω 之间，参比电极的内阻和溶液的电阻较小，一般为 10^3~10^4 Ω，因此在由离子选择电极和参比电极以及待测液组成的电化学电池中，测量电池的内阻主要决定于离子选择电极的内阻。

由于离子选择电极的高内阻特性，测量电池的电动势在电极的内阻与信号调理电路输入级阻抗上产生分压，以及调理电路输入级的输入电流在高内阻上产生压降，使得电池电动势测量产生误差，为了减小电势测量误差从而获得准确电极电势，调理电路输入级的输入阻抗应远高于电极内阻，并使输入电流足够小，由于硝酸根离子选择电极的内阻在 10^6~$10^7\,\Omega$ 之间，离子选择电极输出电势信号弱小（0~300 mV），为准确测量电极电势、避免电动势在高内阻（10^6~$10^7\,\Omega$）上产生分压，测量电路的输入阻抗应比离子选择电极内阻高 3 个数量级，则要求调理电路输入级输入阻抗不低于 $10^{10}\,\Omega$，由此电极信号调理电路首先需对电极的电势信号进行阻抗匹配，然后再对电极输出信号进行进一步的放大和运算。

本研究选用输入阻抗为 $10^{13}\,\Omega$ 的运算放大器 TLC2272 设计电极电势信号的调理电路，TLC2272 是德州仪器公司生产的满电源输出幅度双运算放大器，器件提供相当好的 AC 性能，具有较现存 CMOS 运放更好的噪声，输入失调电压和功耗性能。

图 6-5 中，硝酸根电极和参比电极置于待测溶液中构成一个电化学电池，参比电极作为该电化学电池的电位零点，则可使硝酸根电极的输出信号直接作为该电化学电池的电动势；运算放大器 TLC2272 的 U1A 单元与其外围阻容元件构成电压跟随器，用于提高信号调理电路的输入阻抗，TLC2272 的 U2A 单元与其外围的电阻元件构成增益为 10 的同相放大器。电极输出信号在 0~0.3 V 之间，经过放大之后得到 0~3V 的电压，将其送入到输出端以便 A/D 转换器采样并送入单片机进行运算处理。

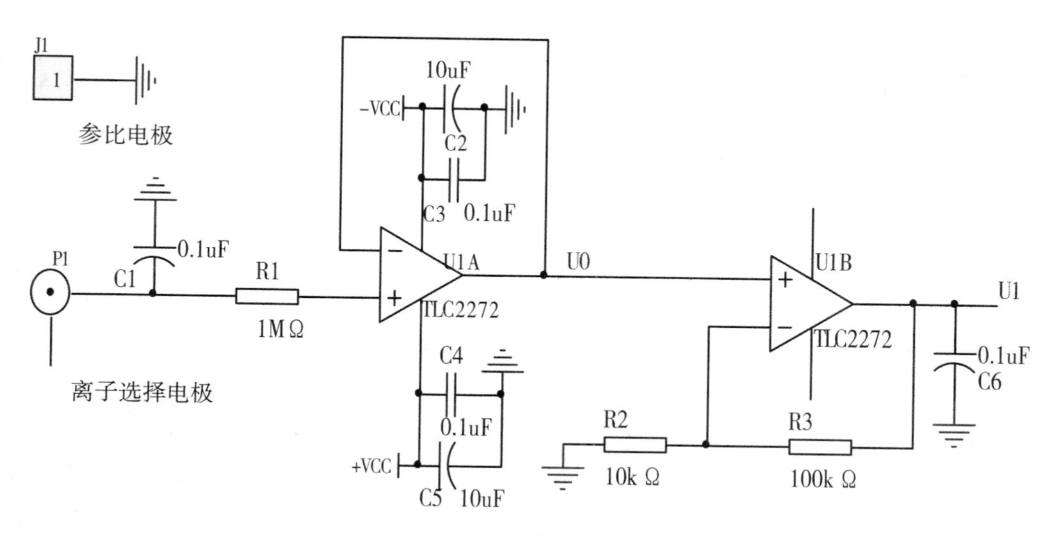

图 6-5　电极信号调理电路

（三）信号采集与显示

1. A\D 转换器

A\D 转换器将信号调理电路输出的电压信号转换为数字信号之后输入微处理器进行进一步的运算处理。本研究中 A\D 转换器选用 PCF8591，PCF8591 是一种 8 位数据采集器，为逐次逼近式 A\D 转换，具有 4 个模拟输入、1 个输出和 1 个 I2C 串行总线接口，4 个模拟输入可编程为单端输入或差分输入；PCF8591 是单电源供电器件，具有低功耗特点。

PCF8591 与微处理器之间通过 I2C 总线通信，I2C 总线是双向两线通信方式，两线为串行数据线 SDA 和串行时钟线 SCL，I2C 总线上的数据传输遵循 I2C 协议。

2. 微处理器模块

微处理器是检测装置的数据采集和运算处理的核心器件。单片机是单片微型计算机的简称，单片机功能强大、体积小、质量轻、价格便宜，在各种电子产品中的到广泛应用。本研究采用 STC89C52RC 单片机对 A\D 转换的数字信号进行运算处理，单片机将采集到的离子选择性电极电势信号大小的数值运算处理并转换为浓度数据，并驱动温度检测模块进行温度信息采集；驱动液晶显示器显示最终计算得到的氮素浓度数据，同时单片机还可以经串口完成与 PC 机的通信，将数据保存在电脑上。

STC89C52RC 单片机是宏晶科技公司推出的高速、低功耗、超强抗干扰的单片机，指令代码完全兼容传统 8051 单片机，12 时钟 / 机器周期和 6 时钟机器周期可以任意选择。

STC89C52RC 单片机主要特性：

（1）增强型 8051 单片机，6 时钟 / 机器周期和 12 时钟 / 机器周期可以任意选择，指令代码完全兼容传统 8051。

（2）工作电压：3.3~5.5V（5V 单片机）/2.0~3.8V（3V 单片机）

（3）工作频率范围：0~40MHz，相当于普通 8051 的 0~80MHz，实际工作频率可达 48MHz

3. 温度传感器

当离子选择电极工作环境温度变化时，离子选择电极响应电势出现漂移现象，为了分析 M 电极温度变异性并建立温度参数模型，利用温度传感器采集肥液温度送入微处理器，以减小温度变化对测量结果的影响。本研究采用防水型封装的 DS18B20 检测肥液温度。DS18B20 是单总线数字温度计，从 DS18B20 读出的信息或写入的信息仅需要一根口线（单线接口），读写温度变换功率来源于数据总线，总线本身也可以向所挂接的 DS18B20 供电，而无需额外电源，因而使 DS18B20 可使系统结构更趋简单、可靠性更高。

4. 显示器

随着大量电子仪器、设备的智能化，并且普遍地采用人机交互方式，需要能够显示更为丰富的信息和通用性较强的显示器，而点阵式 LCD 显示器能够满足这些要求，同时用大规模专用集成电路作为点阵 LCD 控制驱动，使用者仅直接送入数据和指令可实现所需的显示。本研究中显示器采用液晶显示器 LCD1602，显示器实时显示单片机的运算结果。LCD1602 为字符型液晶显示器。

5. 电源模块

电源电路为检测装置提供电源，电源电路如图 6-5 所示。

电源电路电压输入范围为 12~40V。为了防止外部输入电源接反而烧毁核心模块上的器件，在电源电路上设计了保护电路。二极管 、发光二极管 、电阻 构成了保护电路。当电源输入正确时，发光二极管会亮，提示用户电源正确。当输入电源接反时，二极管 D1 不会导电，因此发光二极管不会亮，此时用户应及时断电，否则二极管有可能会被烧坏。

由于需要正负电源供电，因此采用ICL7660电源转换器实现将正电源转换为负电源。ICL7660把+VCC转换为-VCC，从而为TCL2272提供双电源供电。

ICL7660是Maxim公司生产的小功率极性反转电源转换器。ICL7660的静态电流典型值为170μA，输入电压范围为1.5~10V，（Intersil公司ICL7660A输入电压范围为1.5~12V）工作频率为10 kHz只需外接10 kHz的小体积电容，只需外接10μF的小体积电容效率高达98%合输出功率可达700mW（以DIP封装为例），符合输出100mA的要求。

6. 通信模块

由RS232实现单片机计算机之间的通信。RS232的标准电平与TLL电平不同，因此采用MAX232芯片对EIR-RS232于TLL电平之间进行电平和逻辑转换。MAX232是一种双组驱动器/接收器，片内含有一个电容性电压发生器以便在单5V电源供电时提供EIA/TIA-232-E电平。每个接收EIA/TIA-232-E电平输入转换为5V TTL/CMOS电平。这些接收器具有1.3V的典型门限值及0.5V的典型迟滞，而且可以接收 ±30V的输入。每个驱动器将TTL/CMOS输入电平转换为EIA/TIA-232-E电平。

第四节　试验与结果分析

一、试验方法

（一）电极电势测量的准确性测试

离子选择性电极对检测系统电位测量的精度具有较高要求。准确测量电极电势是减小肥液氮素浓度检测误差的关键，因为离子选择电极测量离子浓度时，1 mV的电极电势测量误差引起的一价离子浓度测量误差为4%，电极电势测量准确性越高则离子浓度测量误差越小。为了验证检测装置测量电极电势的准确性，将检测装置测量得到的电极电势与标准毫伏计（PHS-3CT，精度：1mV）所测量得到的电极电势进行对比分析。

1. 试剂与仪器

检测装置；硝酸根离子选择电极作为工作电极；Ag/AgCl电极作为参比电极；标准毫伏计PHS-3CT（精度1mV）；电子天平（精度0.001g），硝酸钾、硝酸钠、氯化钾等，试验所用化学药品为分析纯等级，试验所用试液均匀去离子水配制。

标准溶液制备：用电子天平（精度0.001g）称取10.110g KNO_3，加去离子水稀释定容到1 000ml，为10^{-1}mol/L标准的KNO_3溶液，并配制10^{-6}、5×10^{-6}、10^{-5}、5×10^{-5}、10^{-4}、5×10^{-4} 、10^{-3}、5×10^{-3} 、10^{-2}、5×10^{-2} mol/L的KNO^3溶液；配制浓度为10^{-3}mol/L的硝酸钠溶液；配制饱和氯化钾溶液。

2. 试验操作

试验准备：离子选择电极在使用前需要对其进行活化，将硝酸根离子选择电极在 10^{-3}mol/L 的硝酸钠溶液中浸泡 2h，参比电极在饱和氯化钾溶液中浸泡 2 小时。

在室温下，将硝酸根离子选择电极与参比电极置于不同浓度标准硝酸钾溶液中，分别利用检测装置和标准毫伏计 PHS-3CT 测量电极输出电势。

（二）电极温度变异性试验

使用离子选择电极测量待测溶液时，温度的变化会影响离子选择电极的性能，电极的响应电势会随温度变化产生漂移。为了减小温度变化引起的离子浓度测量误差，需对电极温度变异性进行分析，并建立温度参数模型。

1. 试剂与仪器

检测装置；硝酸根离子选择电极作为工作电极；Ag/AgCl 电极作为参比电极；电子冰箱（型号：美固 T20，温度范围 5~65℃）；温度计（精度 0.1℃）；电子天平（精度 0.001g）硝酸钾等，试验所用化学药品为分析纯等级，试验所用试液均匀去离子水配制。

标准溶液配制：使用电子电平称取一系列质量的硝酸钾，用去离子水配制浓度为 10^{-5}、10^{-4}、10^{-3}、10^{-2}、10^{-1} mol/L 的硝酸钾溶液。

2. 试验操作

分别将浓度为 10^{-5}mol/L、10^{-4}mol/L、10^{-3}mol/L、10^{-2}mol/L、10^{-1} mol/L 的硝酸钾溶液置于电子冰箱内，从低到高改变溶液的温度，并用温度计测量溶液温度，使待测溶液温度分别为 5℃、10℃、15℃、20℃、25℃、30℃、35℃、40℃、45℃，当待测溶液温度稳定并达到要求值时，将硝酸根离子选择电极和参比电极置于不同温度下的硝酸钾溶液中，利用检测装置测量电极电势。

（三）干扰离子对测量结果影响程度的测定试验

1. 选择性系数

灌溉施肥时，氮肥常与钾肥、磷肥等肥料养分中的一种或几种混合同时施肥，混合肥液中可能还含有 Cl^-、SO_4^{2-}、$H_2PO_4^-$、HPO_4^{2-} 等阴离子，硝酸根离子选择电极会对这些阴离子产生不同程度的响应（陈莉等，2011；Adamchuk 等，2004；Adamchuk 等，2005；王永等，2003），这些阴离子称为干扰离子。干扰离子对待测离子的干扰程度用电位选择性系数（K_{ij}^{pot}）表示。本研究采用固定干扰法测量选择性系数，即配制一系列 NO_3^- 与 4 种干扰离子（Cl^-、SO_4^{2-}、$H_2PO_4^-$、HPO_4^{2-}）两两混合的待测溶液用于测定硝酸根离子选择电极对干扰离子的选择性系数，其中 NO_3^- 浓度为 10^{-6}mol/L、10^{-5}mol/L、10^{-4}mol/L、10^{-3}mol/L、10^{-2}mol/L、10^{-1} mol/L，干扰离子浓度选择在 10^{-6}~10^{-1} mol/L 范围之内，本研究选择干扰离子浓度均为 10^{-4} mol/L。

试剂与仪器

检测装置；硝酸根离子选择电极作为工作电极；Ag/AgCl 电极作为参比电极；电子天平（精度：0.001g），硝酸钾、氯化钾、硫酸钠、磷酸二氢钾、磷酸氢二钠等，试验所用化学药品为分析纯等级，试验所用试液均匀去离子水配制。

2. 干扰离子对测量结果的影响

溶液中干扰离子引起的干扰程度与干扰离子浓度和 NO_3^- 浓度比值有关，比值越大干扰离子引起的误差越大，因此配制干扰离子浓度和 NO_3^- 浓度比值不同的混合溶液，分析干扰离子引起的测量误差。

试剂与仪器

检测装置；硝酸根离子选择电极作为工作电极；Ag/AgCl 电极作为参比电极；电子天平（精度 0.001g），硝酸钾、氯化钾、磷酸二氢钾等；试验所用化学药品为分析纯等级，试验所用试液均匀去离子水配制。

二、试验结果与分析

（一）电极电势测量的准确性

室温 25℃下，分别利用检测装置和标准毫伏计 PHS-3CT（表 6-2）对置于 11 个不同 NO_3^- 浓度的硝酸钾溶液中电极的输出电势进行了测试，所测得的电势值与氮素浓度对数的关系如图 6-6 所示。由图 6-6 知，检测装置在各个浓度下所检测的电极电势与标准毫伏计 PHS-3CT 的测量结果均很相近，其最小相对误差为 1.2%（在 10^{-1} mol/L 浓度时），最大相对误差为 5.2%（在 5×10^{-2} mol/L 浓度时），这表明检测装置能够准确测定电极在不同 NO_3^- 浓度的肥液中的输出电势。

表 6-2 检测装置测量电极电势与 PHS-3CT 测量电极电势

浓度	PHS-3CT 测量电势（mV）	检测装置测量电势（mV）
10^{-1}	79	78
5×10^{-2}	101	96
10^{-2}	135	132
5×10^{-3}	153	151
10^{-3}	173	174
5×10^{-4}	207	204
10^{-4}	231	224
5×10^{-5}	252	251
10^{-5}	279	276
5×10^{-6}	285	281
10^{-6}	293	289

由图 6-6 可知，室温下，在 10^{-5}~10^{-1} mol/L（$-5<\lg C<-1$）浓度范围内，检测装置测量电势值与硝酸根浓度对数进行线性回归，得到回归函数 y=-49.927x+30.317，决定系数 R^2 为 0.994 1，其中 y—电势值 E，x—硝酸根浓度对数 lgC，将电势值作为自变量、硝酸根浓度作为因变量，则可得硝酸根浓度 $C=10^{-\frac{y-30.2}{48.8}}$，其决定系数 R^2=0.9985，由线性回归所得的硝

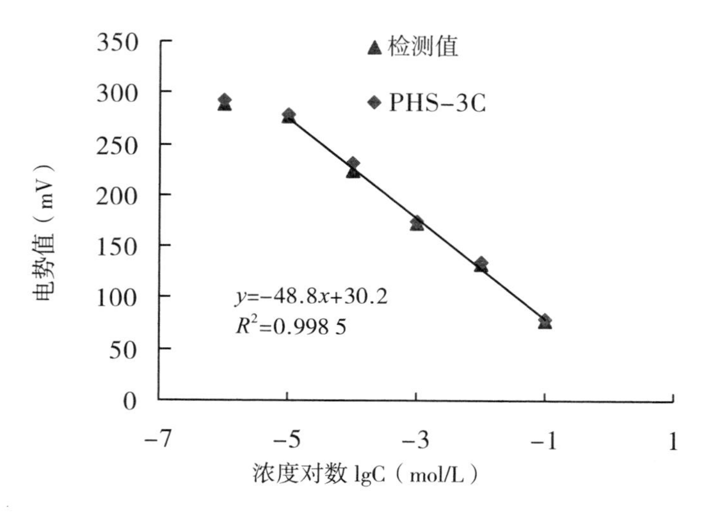

图 6-6　不同浓度溶液的电势测量值

酸根离子电极的能斯特响应斜率为 48.8 mV/dec，表明在此浓度范围内电极电势值与氮素浓度对数有着显著的线性关系；但在 10^{-6}~ 10^{-5} mol/L（$-6<lgC<-5$）浓度范围内，硝酸根离子电极的敏感性降低，能斯特响应斜率减小。

（二）电极温度变异性

离子选择电极易受环境影响，特别是对温度的变化比较敏感。当环境温度变化时，电极输出的电位会出现漂移，造成待测离子浓度测量出现误差，影响测量精度，难以进行连续检测。因此，离子选择电极测量时，进行温度补偿是提高测量精度的途径之一。一般传感器的温度补偿有硬件补偿和软件补偿。硬件补偿就是采用硬件电路来消除影响，因为有漂移、精度低等缺点，一般很难做到全额补偿。软件补偿就是利用建立模型对温度进行补偿。就是利用数值分析法或人工智能法建立模型来解决。人工智能法一般比较适合于样本数据较多的场合，存在收敛速度慢等问题。

1. 温度变异性

在 5~45℃范围内，不同浓度下电极电势的测量结果如表 6-2 所示。由表 6-3 可知，以 25℃时的电势值为基准，随着溶液温度与基准温度之间温差增大，电势值变异增大，电势值变异率利用公式（6-3）计算：

$$\frac{\left|E_t - E_{25}\right|}{E_{25}} \times 100\% \qquad (6\text{-}4)$$

式中：E_t 为不同温度下的电势值，mV；E_{25} 为 25℃时的电势值，mV。

由式（6-4）计算得电势值的最大变异率为 8.8%（温度为 5℃，浓度为 10^{-4} mol/L 时）。

表 6–3　不同温度下硝酸根浓度与电势值的关系

浓度（mol/L）	5℃	10℃	15℃	20℃	25℃	30℃	35℃	40℃	45℃
10^{0}	19	18	21	22	22	27	26	29	33
10^{-1}	69	71	75	77	78	76	80	81	84
10^{-2}	127	128	131	130	133	135	134	138	138
10^{-3}	165	167	174	173	176	178	174	178	185
10^{-4}	206	216	221	223	226	229	233	232	234
10^{-5}	271	273	271	273	272	277	279	284	289

测量过程中，待测溶液温度越高，硝酸根离子选择电极响应时间越快，即响应电势达到稳定值所需要的时间越短；溶液中硝酸根离子浓度越大，电极响应时间越快。

2. 温度参数模型的构建与验证

使用硝酸根离子选择电极测量肥液氮素浓度时，肥液温度变化会引起电极电势漂移，造成电极电势测量误差，从而导致肥液氮素浓度测量的误差，因此为了减小肥液温度变化对肥液氮素浓度测量结果的影响，在不同温度下测量电极电势与浓度对数的关系，并对不同温度下电极电势测量值与浓度对数进行线性回归，分析回归模型参数随温度的变化情况，构建温度参数模型，并温度参数模型进行验证（图 6–7）。

（1）温度参数模型的构建：离子选择电极和参比电极都处于相同温度下时，能斯特方程中的 E_0 是受内外参比电极电势，内膜电势和热扩散电势及其他环境因素的影响，斜率系数也受环境因素及温度的影响，温度对溶液离子浓度（活度）的影响很小可以忽略不计。由此，温度对电极的影响主要有两方面，一是对离子选择电极标准电位和参比电极电位影响，二是温度变化时，能斯特响应斜率（RT/nF）随着温度的变化而变化。根据式（6–1）有：

$$E = E0(t) + S(t)\lg C \tag{6–5}$$

则：$\lg C = \dfrac{E - E_0(t)}{S(t)} = \dfrac{E}{S(t)} - \dfrac{E_0(t)}{S(t)}$，令 $f(t) = \dfrac{1}{S(t)}$，$e(t) = \dfrac{E_0(t)}{S(t)}$，

得温度参数模型为：

$$\lg C = f(t)E + e(t) \tag{6–6}$$

式中：$E_0(t)$ 为 t 温度时的离子选择电极的标准电势和参比电极电势，mV；$S(t)$ 为 t 温度时的 $2.303RT/zF$，其中 R、T、z、F 同式（6–1）；$f(t)$ 为 $S(t)$ 的倒数，E 为电极输出电势，mV；$e(t)$ 为 $E_0(t)$ 与 $S(t)$ 的比值。

通过标定数据就可以拟合 $E=E_0(t)+S(t)\lg C$ 这个二元函数，这可看作一个二元逼近问题，逼近效果受所选的方法和标定的数据影响，这在实际应用中难以操作，而从另一个角度分析，若温度不变则上述模型可以简化为一个线性模型，当温度变化时，简化模型就成为一个空间曲面，温度取离散值，模型成为直线族，于是很容易得到一系列温度下的简化模型。拟合出一系列简化模型中系数随温度变化的函数关系 $E_0(t)$ 和 $S(t)$，就可以得到简化模型对浓度和温度的响应模型，这就是逐步拟合的基本思路。本研究中利用最小二乘法的“逐步拟合法”，拟合 $E_0(t)$ 和 $S(t)$，就可得到温度参数模型中随温度变化的量 $f(t)$ 和 $e(t)$。

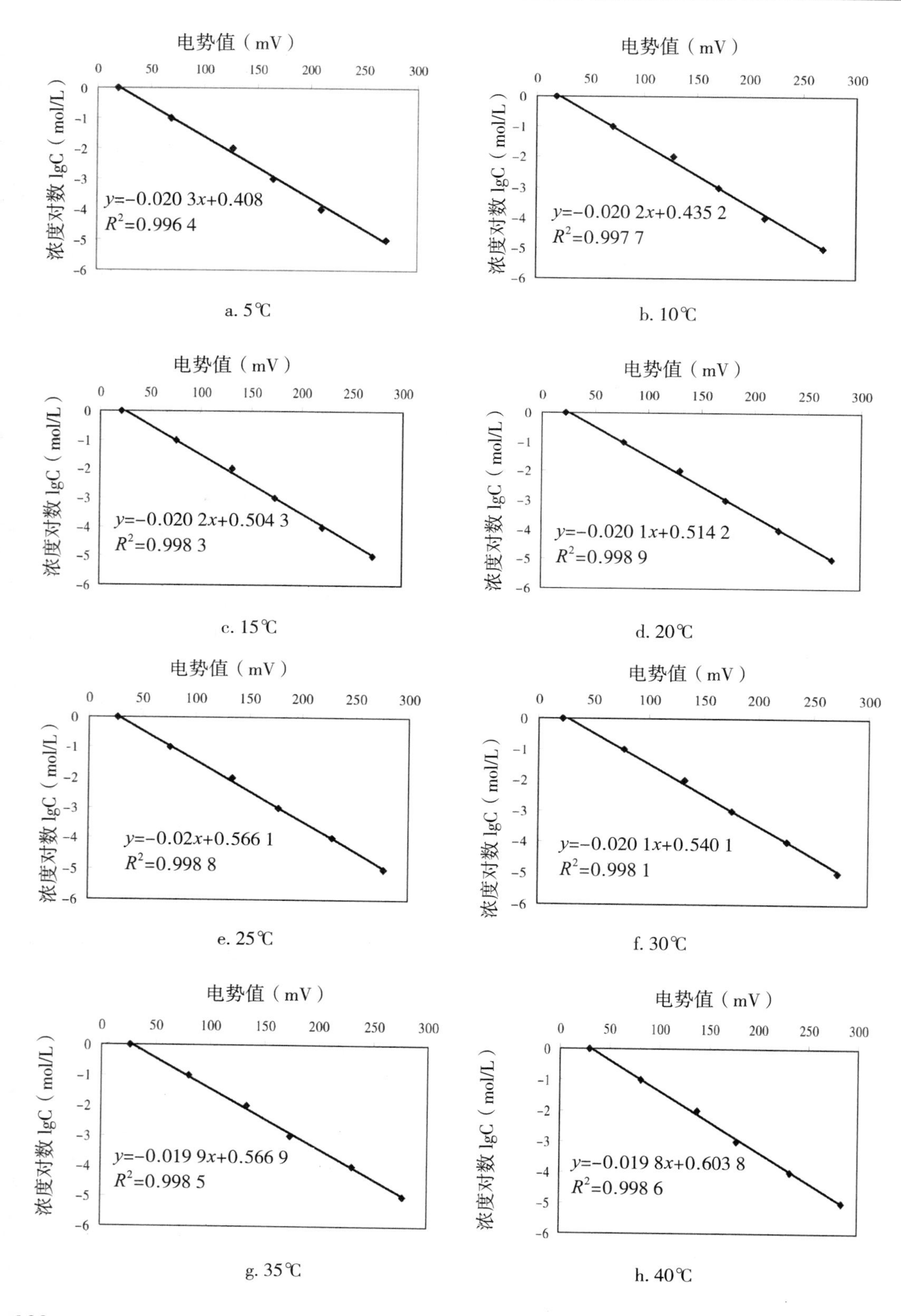

电势值（mV）
浓度对数 lgC（mol/L）
y=−0.020 3x+0.408
R²=0.996 4
a. 5℃
电势值（mV）
浓度对数 lgC（mol/L）
y=−0.020 2x+0.435 2
R²=0.997 7
b. 10℃
电势值（mV）
浓度对数 lgC（mol/L）
y=−0.020 2x+0.504 3
R²=0.998 3
c. 15℃
电势值（mV）
浓度对数 lgC（mol/L）
y=−0.020 1x+0.514 2
R²=0.998 9
d. 20℃
电势值（mV）
浓度对数 lgC（mol/L）
y=−0.02x+0.566 1
R²=0.998 8
e. 25℃
电势值（mV）
浓度对数 lgC（mol/L）
y=−0.020 1x+0.540 1
R²=0.998 1
f. 30℃
电势值（mV）
浓度对数 lgC（mol/L）
y=−0.019 9x+0.566 9
R²=0.998 5
g. 35℃
电势值（mV）
浓度对数 lgC（mol/L）
y=−0.019 8x+0.603 8
R²=0.998 6
h. 40℃

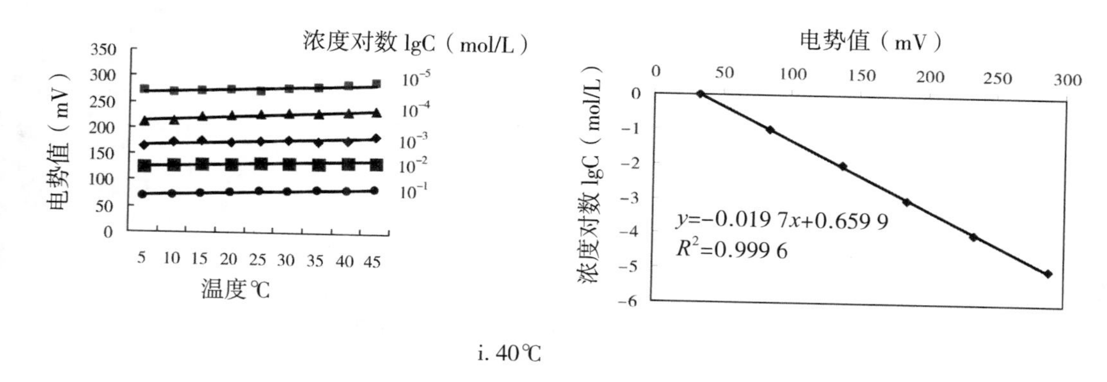

i. 40℃

图 6-7　不同浓度下硝酸根离子选择电极温度特性 2 .eps

最小二乘法（又称最小平方法）是一种数学优化技术，它通过最小化误差的平方和寻找数据的最佳函数匹配。利用最小二乘法可以简便地求得未知的数据，并使得这些求得的数据与实际数据之间误差的平方和最小，最小二乘法常用与传感器测量中数据的标定。

从图 6-7 可知，对于不同浓度标准溶液，温度变化对电极电势测量值的影响是线性的。对各个温度下氮素浓度对数与电势测量值之间的关系进行拟合，得到一系列不同温度下的拟合直线，如图 6-8 所示。

表 6-4　不同温度下线性回归模型的截距和斜率

温度 /℃	斜率	截距
5	−0.020 3	0.408
10	−0.020 2	0.435 2
15	−0.020 2	0.504 3
20	−0.020 1	0.514 2
25	−0.020 1	0.540 1
30	−0.02	0.566 1
35	−0.019 9	0.566 9
40	−0.019 8	0.603 8
45	−0.019 7	0.659 9

继而再将各拟合直线的截距和斜率与温度之间的关系进行拟合（表 6-4），结果如图 6-8 所示。图 6-8 中各拟合直线的截距和斜率均与温度呈线性关系，即可得：

$$e(t)=0.005\ 64t+392\ 3 \tag{6-7}$$

$$f(t)=1.44\times10^{-5}t-0.020\ 4 \tag{6-8}$$

把式（6-7）、式（6-8）带入式（6-6）得：

$$\lg C=1.44\times10^{-5}tE-0.020\ 4E+0.005\ 64t+0.392\ 3 \tag{6-9}$$

则氮素浓度为：

$$C = 10^{1.44\times10^{-5}tE-0.0204E+0.0056t+0.3923} \quad (6-10)$$

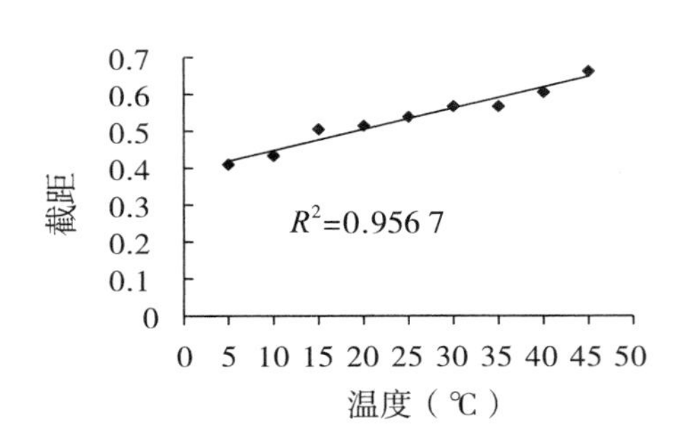

a. 截距与对应温度的关系

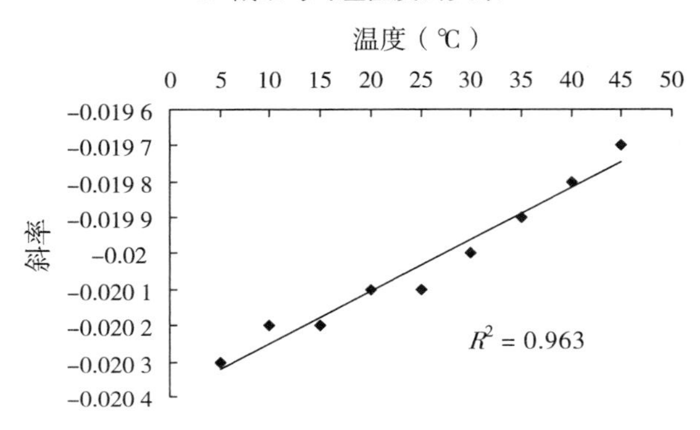

b. 斜率与对应温度的关系

图 6–8　直线截距和斜率与对应温度的关系

（2）温度参数模型的验证 将温度参数模型以程序形式固化到检测装置中，通过配制 4×10^{-1}mol/L、4×10^{-2}mol/L、4×10^{-3}mol/L 的硝酸钾溶液，放置于电子冰箱内，使溶液温度分别为 10℃、20℃、30℃，将硝酸根离子选择电极与参比电极分别于不同浓度溶液中，利用检测分别测量 NO_3^- 浓度，与实际浓度进行对比，测量结果如表 6–5 所示。由表 6–5 知，检测装置的平均相对误差为 4.49%，最大误差为 9.2%，在工程上满足肥液氮素浓度检测的应用要求。

利用检测装置测量肥液氮素浓度时，由于硝酸根离子选择电极敏感膜的老化会造成电极电压漂移，并且随着使用时间变化以及使用频率增加硝酸根离子选择电极本身存在基线电压降低，这些变化都会引起温度参数模型的参数发生变化，因此为能长期应用硝酸根离子选择电极测量肥液氮素浓度并保证其测量的精确度，需定期对温度参数模型的参数进行修正。

除了温度影响之外，电极还易受其他环境的影响，如氯离子等干扰离子、后续采集电路的硬件漂移和溶液的流动状态等因素，而且离子选择电极本身还存在着基线漂移现象。因此，要达到很精确的测量，除了要对电极进行标定和一系列的调节之外，还要建立多方面的补偿模型。

表 6-5　温度参数模型测量结果

温度（℃）	实际值（mol/L）	测量值（mol/L）	相对误差（%）
10	4×10^{-1}	4.17×10^{-1}	4.25
10	4×10^{-2}	4.23×10^{-2}	5.75
10	4×10^{-3}	4.37×10^{-3}	9.2
20	4×10^{-1}	4.16×10^{-1}	4.0
20	4×10^{-2}	4.11×10^{-2}	2.7
20	4×10^{-3}	4.27×10^{-3}	6.8
30	4×10^{-1}	4.01×10^{-1}	0.2
30	4×10^{-2}	4.21×10^{-2}	5.7
30	4×10^{-3}	4.07×10^{-3}	1.8

3. 干扰离子对测量结果的影响

离子选择电极的选择性系数 电极分别置于各种两两混合的待测溶液中，测量电极的输出电势值（表 6-6）。然后，分别作电势值与 NO_3^- 浓度的对数关系曲线图，并根据式（6-2）计算出硝酸根离子选择电极的选择性系数（表 6-7）。从表 6-7 可知硝酸根离子选择电极对硝酸根离子有很好的选择性，对 4 种干扰离子的选择性大小的顺序为 $Cl^->HPO_4^{2-}>H_2PO_4^->SO_4^{2-}$，即 Cl^- 引起的干扰最大。理想的情况下硝酸根离子选择电极对硝酸根的选择性系数应为 1，因此硝酸根离子选择电极对硝酸根离子的敏感性是对氯离子敏感性的约 500 倍。离子选择电极的选择性表示的离子选择电极对干扰离子的响应的相对程度，并不能对干扰引起的测量误差进行校正。

表 6-6　不同 NO_3^- 浓度的溶液中存在干扰离子时的电极电势值

NO_3^-（mol/L）	溶液中存在干扰离子时的电势值（mV）			
	Cl^-	SO_4^{2-}	$H_2PO_4^-$	HPO_4^{2-}
10^{-1}	76	77	79	78
10^{-2}	127	131	133	132
10^{-3}	171	173	174	175
10^{-4}	220	218	223	225
10^{-5}	268	274	275	278
10^{-6}	272	276	279	285

表 6-7　硝酸根离子选择电极对干扰离子的选择性系数

干扰离子	选择性系数
Cl^-	5.1×10^{-2}
$H_2PO_4^-$	1.0×10^{-4}
HPO_4^{2-}	2.0×10^{-4}
SO_4^{2-}	5.0×10^{-5}

干扰离子对测量结果的影响 试验测得 Cl^- 浓度和 NO_3^- 浓度的比值分别为 10 : 1、1 : 1、1 : 10、1 : 100（即当溶液中含有 1×10^{-2} mol/L^{-1} NO_3^-，Cl^- 分别为 1×10^{-1}、1×10^{-2}、1×10^{-3}、1×10^{-4} mol/L）时，Cl^- 所引起的误差分别为 30%~40%（电极输出电势不稳定）、16%、10%、4%；测得 $H_2PO_4^-$ 浓度和 NO_3^- 浓度比值分别为 10 : 1、1 : 1、1 : 10（即溶液中含有 5×10^{-2} mol/L NO_3^-，$H_2PO_4^-$ 分别为 5×10^{-1}、5×10^{-2}、5×10^{-3} mol/L）时，$H_2PO_4^-$ 引起的误差分别为 16%、8%、4%。由此可知，当溶液中含干扰离子浓度越低时，其所引起的测量误差越小。

离子选择电极测量中，减小由干扰离子引起的测量误差的途径主要有 2 个方向，一是改善离子选择电极敏感膜的选择性，离子选择膜的选择性主要与离子选择电极硬件条件有关，即与离子选择膜的制作材料以及材料组成比例有关。由于膜的电中性条件离子交换剂能够保持膜中亲水性被分析离子浓度，膜中第二种关键组分为可选择性结合分析了离子载体。载体型传感器的的选择性取决于离子载体与主要离子及干扰离子的结合强度以及相应离子亲脂性打差异。由于主要离子和干扰离子可能带有不同的电荷，并可能与离子载体形成不同计算量的配合物，因此改变膜中离子载体和离子交换剂的比例，可以在一定程度上优化传感器的选择性。

二是利用软件的方法，如神经网络算法、支持向量机理论等方法对离子选择电极的交叉敏感性进行抑制。离子选择电极对溶液中多种离子响应的交叉敏感性，表现为电极的敏感膜对多种离子选择通过，当干扰离子含量达到某个浓度界限时，会对目标离子的判断造成严重的影响。因此，对传感器交叉敏感性的抑制，成为传感器技术的一个重要研究领域之一。使用软件方法抑制多传感器的交叉敏感具有使用灵活方便、效果明显等优势，因此为研究人员所重视。当前交叉敏感抑制模型运用较多的神经网络算法，存在着训练样本数目要求大、算法训练时间较长和易陷入局部最优等局限性，最小二乘支持向量回归机（LS-SVR）是基于统计学习理论的小样本机器学习方法，运算速度快且泛化能力较强，因而受到广泛关注。

第五节 小 结

一、结果

本研究基于离子选择电极设计了肥液氮素浓度检测装置，主要由离子选择电极、信号调理电路、温度传感器、微处理器等组成，信号调理电路的设计是检测装置设计的通过试验对检测装置性能进行了测试与分析：

（1）电极电势测量的准确性进行了测试，通过配制标准浓度溶液，利用检测装置测量硝酸根离子选电极择和参比电极组成的电化学电池的输出电势，并与标准毫伏计测量进行比较，相对误差最大为 5.2%。

（2）在 5~45℃范围内，分析了电极的温度变异性，并利用最小二乘法的逐步拟合方法，拟合了硝酸根离子选择电极输出电势、溶液温度、溶液浓度之间的关系，在此基础上建立了检测装置的温度参数模型，并经试验验证知该模型的最大测量误差为 9.2%，可在工程上满足肥液氮素浓度在线检测的应用要求。

（3）通过试验测试并分析了 Cl^-、SO_4^{2-}、$H_2PO_4^-$、HPO_4^{2-}4 种干扰离子对测量结果的影响，其干扰程度为 $Cl^->HPO_4^{2-}> H_2PO_4^->SO_4^{2-}$，电极对 Cl^- 的敏感性是 NO_3^- 的 1/500；当待测中 Cl^- 浓度和 NO_3^- 浓度的比值分别为 10∶1、1∶1、1∶10、1∶100 时，Cl^- 引起的测量误差分别为 30%~40%、16%、10%、4%，待测液中 $H_2PO_4^-$ 浓度和 NO_3^- 浓度比值分别为 10∶1、1∶1、1∶10 时，$H_2PO_4^-$ 引起的误差分别为 16%、8%、4%。

二、展望

测量混合肥液时，由于离子选择电极测量结果受到干扰离子的影响，本研究中没有对如何减小干扰离子进行研究，因此下一步需要深入研究减小离子选择电极的干扰方法，比如通过模式识别（如神经网络）方法或建立干扰离子存在时测量待测离子的校正方程。由于离子选择电极的响应信号存在漂移等现象，为了在离子选择电极的自动连续测量中更准确地测量电极电势，需要通过软件的方法实现离子选择电极电势测量的自动校准。

参考文献

曾子文，黄祥林，杜兴旗 . 1984. 硝酸根离子涂丝电极的研制及其应用 [J]. 化学传感器，（2）: 65-69

陈莉 . 2011. 土壤速效氮磷钾快速检测技术集成平台研究 [D]. 北京：中国农业大学 .

程月华，毛罕平，左志宇 . 2002. 基于单片机的设施农业营养液供给控制系统 [J]. 计算机测量与控制，10（3）: 172-174.

董 陶，张军军 . 2011. 磷酸盐离子选择电极的制作及其性能特性 [J]. 自动化仪表，32（9）: 60-63.

胡敬芳，孙楫舟，边超，等 . 2012. 基于三维纳米银修饰电极的硝酸根微型传感芯片研究 [J]. 化学学报，70（3）: 291-296.

黄强，李智民 . 1987. 离子缔合型离子敏感半导体传感器的研制 –PVC 膜硝酸根半导体传感器 [J]. 传感器技术，（Z1）: 20-21.

李浩亮，刘廷章 . 2001. 温室灌溉系统中营养液的计算机控制 [J]. 自动化仪表，22（10）: 43-45.

李加念，洪添胜，冯瑞珏，等 . 2013. 基于模糊控制的肥液自动混合装置设计与试验 [J]. 农业工程学报，29（16）: 22-30.

李建平，段德良 . 1994. 硝酸根离子选择电极 – 流动注射法测定 NO_3^- [J]. 桂林工学院学报，14（4）: 424-427.

李新贵，易辉，黄美荣 . 2005. 聚萘二胺修饰电极对痕量物质的检测 [J]. 理化检验 – 化学分册，41（9）: 97–701.
李洋，孙楫舟，边超，等 . 2011. 基于铜纳米簇的硝酸根微传感器的研究 [J]. 分析化学，39（11）: 1621–1628
聂 晶，岑红蕾 . 2011. 精准滴灌施肥自动控制系统的研究与实现 [J]. 节水灌溉，（1）: 57–61.
王雪芳，李玉玺，贾东方 . 1977. 聚氯乙烯 – 硝酸根膜电极的试制及应用 [J]. 兰州大学学报，（2）: 81–90.
王永，司炜，孙德敏，等 . 2003. 温室营养液循环监测系统中离子选择电极的数学建模与测量 [J]. 农业工程学报，19（4）: 230–233.
武奋 . 1977. 硝酸根电极的研制及其应用 [J]. 分析化学，5（2）: 135–139
肖红，钟平 . 2003. 聚苯胺膜修饰电极测定废水中的硝酸根离子 [J]. 赣南师范学院学报，（6）: 35–36
徐雅洁 . 2011. 营养液多组分检测的关键技术研究 [D]. 合肥：中国科学技术大学 .
闫湘 . 2008. 我国化肥利用现状与养分资源高效利用研究 [D]. 北京：中国农业科学院农业资源与农业区划研究所 .
杨丽，何友昭，淦五二，等 . 2000. 电动流动分析系统测定纯净水中的硝酸根 [J]. 分析化学，28（2）: 248–252.
杨青林，桑利民，孙吉茹，等 . 2011. 我国肥料利用现状及提高化肥利用率的方法 [J]. 山西农业科学，39（7）: 690–692.
姚舟华 . 2013. 自动灌溉施肥机营养液 EC/pH 与配比精确控制技术研究 [D]. 南京：江苏大学 .
于洪斌，全燮 . 2007. 氨丙基紫精介导硝酸还原酶电极检测硝酸根离子 [C]. 第四届全国环境化学学术大会论文集（上册）. 南京：南京大学出版社，59–60.
余晓栋，杨慧中 . 2011. 基于掺杂聚吡咯的硝酸根离子选择性电极 [J]. 传感器与微系统，30（2）: 71–73.
张军军，杨慧中 . 2011. 一种磷酸根离子选择电极的测量与补偿 [J]. 传感器与微系统，30（4）: 124–130.
张琼 . 2009. 基于嵌入式的灌溉施肥系统的研究 [D]. 合肥：中国科学技术大学 .
张秀玲，田昀 . 2006. 基于聚吡咯纳米线的硝酸根离子传感器的研究 [J]. 传感器技术学报，19（2）: 309–317
赵林，于洋，闫博，等 . 2007. 基于有机 – 无机杂化材料的硝酸还原酶电极的研究 [J]. 吉林大学学报，37（2）: 355–361
赵淑梅，李保明 . 2001. 日本的营养液栽培现状及其新技术 [J]. 农业工程学报，17（4）: 171–173.
周亮亮 . 2013. 温室 PLC 模糊灌溉施肥模糊控制系统研究 [D]. 昆明：昆明理工大学，2013.
朱志坚，早热木，尼加提・依，等 . 2005. 自控变频调速式灌溉水注肥装置的研究 [J]. 农业工程学报，21（9）: 94–97.

Badea G E. 2009. Electrocatalytic reduction of nitrate on copper electrode in alkaline solution[J]. *Electrochimica Acta*, 54（3）: 996–1 001.

Badea M, Amine A, Palleschi G, et al. 2001. New electrochemical sensors for detection of nitrites and nitrates[J]. *Journal of Electroanalytical Chemistry*, 509（1）: 66–72

Cosnier S, Da Silva S, Shan D, et al. 2008. Electrochemical nitrate biosensor based on poly（pyrrole - viologen）film - nitrate reductase - clay composite[J]. *Bioelectrochemistry*, 74（1）: 47–51

Fajerwerg K, Ynam V, Chaudret B, et al. 2010. An original nitrate sensor based on silver nano-particles electrodeposited on a gold electrode[J]. *Electrochemistry Communications*, 12（10）: 1 439–1 441

Gamboa J C, Peña R C, Paixão T R, et al. 2009. A renewable copper electrode as an amperometric flow detector for nitrate determination in mineral water and soft drink samples[J]. *Talanta*, 80（2）: 581–585

Quan D, Shim J H, Kim J D, et al. 2005. Electrochemical determination of nitrate with nitrate reductase-immobilized electrodes under ambient air[J]. *Analytical Chemistry*, 77（14）: 4 467–4 473

Adamchuk V I, Hummel J W, Morgan M T, et al. 2004. On-the-go soil sensors for precision agriculture[J]. *Comput Electron Computers and Electronics in Agriculture*, 44（1）: 71–91.

Adamchuk V I, Lund E, Sethuramasamyraja B, et al. 2005. Direct measurement of soil chemical properties on-the-go using ion selective electrodes[J]. *Computers and Electronics in Agriculture*, 48（3）: 272–294.

Aravamudhana S, Bhansali S. 2008. Development of micro-fluidic nitrate-selective sensor based on doped-polypyrrole nanowires[J]. *Sensors and Actuators B : Chemical*, 132（2）: 623 - 630

Claudio Zuliani, Dermot Diamond. 2012. Opportunities and challenges of using ion-selective electrodes in environmental monitoring and wearable sensors[J]. *Electrochimica Acta*, 84（1）: 29–34.

Davis J, Wilkins S J, Compton R G, et al. 2000. Electrochemical detection of nitrate at a copper modified electrode under the influence of ultrasound[J]. *Electroanalysis*, 12（17）: 1 363–1 367

Domingo G M, Alvaro L L, Rilberto G H, et al. 2011. Fuzzy irrigation greenhouse control system based on a field programmable gate array[J]. *African Journal of Agricultural Research*, 6（13）: 3 117–3 130.

Gieling T H, Janssen H, Van Straten G, et a1. 2000. Identification and simulated control of greenhouse closed water supply systems[J]. *Computers and Electronics in Agriculture*, 26（3）: 361–374.

Guti´errez M, Alegret S, aceres R C´, et al. 2007. Application of a potentiometric electronic tongue to fertigation strategy in greenhouse cultivation[J]. *Computers and Electronics in Agriculture*, 57

(1): 12–22.

Kim Hak–Jin, Kim Won–Kyung, Roh Mi–Young, et al. 2013. Automated sensing of hydroponic macronutrients using a computer–controlled system with an array of ion–selective electrode[J]. *Computers and Electronics in Agriculture*, 93 : 46–54.

Sethuramasamyraja B, Adamchuk V I, Dobermann A, et al. 2008. Agitated soil measurement method for integrated on–the–go mapping of soil pH, potassium and nitrate contents[J]. *Computers and Electronics in Agriculture*, 60 (2): 212–225.

第七章　小桐子环境参数 Zigbee 无线传感器网络监测系统研究

第一节　国内外研究进展

一、引言

针对温室环境参数监测技术的研究，其首要意义在于便捷和精确地对植物生长产生影响的环境因素进行分析与检测（张京等，2013），由于温室或大棚中生长的植物大多对外界的温度、湿度、土壤含水量等环境因素具有较特殊的要求，因此针对温室的环境参数监测研究也就显得格外重要。随着近年来物联网概念的飞速传播，包括无线射频技术、近端无线通信技术、无线传感器网络技术（WSN）以及超宽带技术等众多基于无线的数据传输与分享的方法已经越来越多的被人们接受并采纳，尤其是针对 Zigbee 无线传感器网络技术的应用与开发，更是实现了方便、快捷且准确的感知功能以及与外界环境信息的共享。因此将无线传感器网络技术作为手段并与温室的环境参数监测相结合无疑具有极大的潜力，同时也值得我们对其进行更加深入的研究和探索（李莉等，2009）。

二、选题背景和研究意义

（一）选题背景

针对温室的监控系统研究应用起步较早，自 20 世纪 60—70 年代开始，首先是采用模拟式结构的仪器，仅对唯一的温室环境参数进行控制，例如对温度进行检测，以此控制温室内的天窗（US 专利 4078721）。后来随着传感器技术和单片机技术的发展，温室环境自动监测技术的研究也取得了重大的进展（李栋等，2009）。到 80—90 年代，计算机以及各种总线技术不断地应用到温室中，并实现了温室环境参数监测的自动化，例如希腊的 Loukfarm 公司当时开发了应用广泛的现代化温室控制单元，该单元由计算机、环境参数站和培养液控制系统组成，通过与装有控制软件的上位机相连，在进行信息采集和处理的同时，还可以完成远程控制任务。在系统软件部分，专家系统的出现促使温室监测技术实现了智能化（Riquelme 等，2009；高峰等，2008；Green 等，2009；蔡义华等，2009）。然而，传统的温室监测系统中，监测点到计算机的接线为点到点模式，这使得温室内的线缆穿插交错且扩展空间减少，与此同时也增加了温室的建造维护难度和生产成本，存在抗干扰能力差，智能化、自动化程度不高，系统测试精度较低，难以满足温室环境参数监测的实际需求等问题。21世纪以来，人们开始发现并逐步深入研究将无线网络技术应用于农业当中，且已经拥有了成功应用的例子。虽然如此，但多数应用停留在简单地采用无线通信代替部分有线连接的模式。然而，作为一项重要的信息获取技术，无线传感器网络充分弥补了传统无线技术成本高、易受干扰等缺陷且极大地扩展了现有网络的功能。2003年，美国《商业周刊》指出无线传感器网络技术为21世纪的四大高新技术之一，且评价其是当时世界上最具影响力和潜质的21项技术之一（刘卉等，2008；Fairless 等，2007；曹元军等，2008；Bogena 等，2007；Ritsema 等，2009）。

本课题的选题首先分析了在温室环境参数监测系统中采用 Zigbee 无线传感器网络技术是否具有实用性和可行性，对包括昆明理工大学在内的部分高校所采用的温室环境参数监测系统应用现状进行了调研。通过调研得知，目前的温室配套设施及监测系统存在的主要问题是系统复杂、成本高、故障率高等。因此，针对成本较低且安装维护方便的温室无线环境参数监测系统的研究将能够大幅提高温室的使用效率和价值，也同时为本课题的深入研究奠定了基础。

（二）研究意义

温室环境参数监测技术方面的研究作为精准农业的一个重要分支，其系统需要具备高效率、高准确度、高稳定性等特点，而无线传感器网络技术恰恰能够满足温室环境参数监测系统的要求且在此基础上还拥有能够降低生产成本、远程监测以及扩展性良好等众多优势。将无线传感器网络技术应用于温室环境监测系统最初起于国外，Mizunuma 等在2003年安置了一个温室的无线传感器网络主要用于监控作物的生长，并完成作物生产系统的远程控制任务，其研究结论指出这种基于远程监控的策略模式能够有效的改善生产能力并大量地减少人力的需求（张荣标等，2008）。无线传感器网络技术已经成为我国数据信息方向上少数处于世界前列的科学技术之一，但就我国的温室环境参数监测技术发展而言，还是有一部分用于农业生产的温室大棚其无法为普通农民所使用并推广或对操作人员科技水平要求过高，这些或国外引进或国内已研发的高成本、低效率的高科技温室监测系统还不能为广大普通农民谋取真正的利益（李震等，2010；翟正怡等，2007；韩安太等，2010）。因此，研发具有自主知识产权的科技含量高、适用性强、成本低廉的温室环境参数监测系统，既是我国现代化设施农业的一个关键，也是我国全面推进精准农业建设的迫切要求。

目前，主要采用现场总线技术和串行总线技术等有线通信技术的传统温室环境监测系统存在着以下明显的问题与矛盾：（1）温室内部环境因素复杂，不利于电气设备的长期存放，极易导致电缆的老化，也因此降低了系统的可靠性和使用寿命。（2）在实际的温室监测应用中需要布置众多的传感器线路，以此完成对需要监测区域的完全覆盖，但这往往致使温室内部的线缆穿插交错，监测系统安装及维护成本急剧增加等问题。（3）如果选取传统无线方式连接，如红外或蓝牙，则会导致节点无法密集部署并覆盖该监测区域且系统可靠性大幅降低（Silva 等，2010）。采用无线传感器网络技术解决传统温室环境参数监测系统的诸多不便已成为近年来国内外在该方面的研究热点之一，对于温室的一般环境因素监测研究如温度、湿度等方面已经较为成熟，但在面向一些特殊环境参数如土壤水势、墒情等因素的测量时，往往产生系统网络与传感器匹配不协调、节点的能耗过快、传输的距离短等问题，导致整个系统的覆盖面积较小且使用寿命受到一定限制（孙利民，2005；柳桂国等，2003；Silva 等，2010；Reginato 等，1985）。根据上述情况，本研究将无线传感器网络技术与温室环境参数监测结合起来，构建了温室环境参数 WSN 监测系统，针对 WSN 节点与传感器的协调配置、各节点的能量损失以及最佳传输距离与节点信号强度的相关性方面展开了大量的试验与研究工作。

三、无线传感器网络概述

（一）无线传感器网络体系结构

无线传感器网络是一种大规模自组织网络，网络中的节点可遵循自组织的方式形成无线网络，并以协调配合的方式感知、处理和分析网络覆盖区域中实用的信息，可以完成对任意地点的信息在任意时间内测量、分析和处理（Ash 等，2005）。一个典型的无线传感器网络体系结构包含汇聚节点（sink node）、分布式传感器节点（sensor node）、管理节点（manager node）以及互联网和用户界面等，如图 7-1 所示。

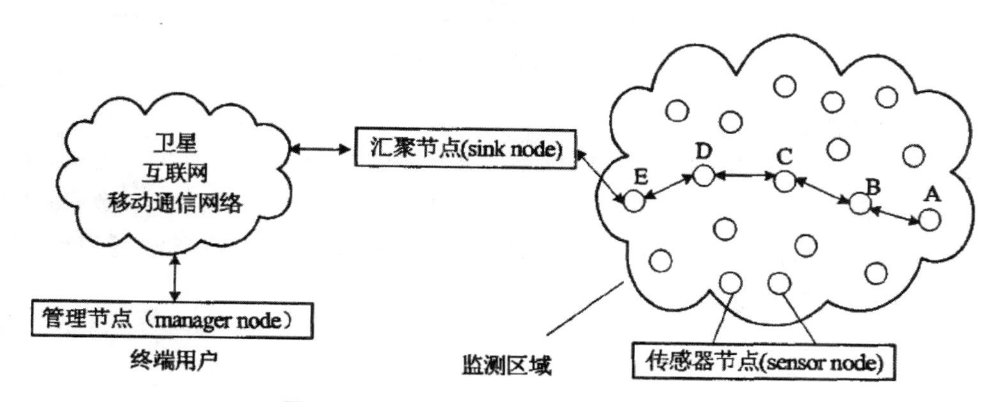

图 7-1　典型的无线传感器网络体系结构

在无线传感器网络中的大部分节点一般具有较小的发射范围，而汇聚节点的信号发射能力通常较强，且拥有较高的电能，以便于把数据发送回远程终端。传感器节点普遍由一个微型的嵌入式系统组成，由于其供电能量有限，因此针对数据的传输、处理和存储功能相对较弱（Savvides 等，2008）。网络中的传感器节点都可以实现信息的共享、数据的分析处理以及路由等功能，在对其他节点转发来的数据进行必要处理的同时，还可以对本地的信息进行分析，也包括与其他节点协作完成一些特定的任务。典型的无线传感器网络配置一般被分为：网络各节点的体系结构、无线传感器网络协议和网络拓扑结构。

1. 传感器节点体系结构

通常由传感器模块（包含传感器和信号调理模块）、信息处理模块（一般包括 CPU、嵌入式操作系统等)、无线通讯模块和供电模块四部分构成传感器节点的整个体系(Priyantha 等，2000；Zhou 等，2008；Cheng 等，2004；Rong 等，2006；Niculescu 等，2003)，如图 7-2 所示。其中，传感器模块完成对被测因素信息的采集和数据转换；处理器模块负责整个传感器节点的宏观整体操作，对自身检测到的数据以及从其他节点接收到的数据进行存储和分析；无线通信模块的任务则是与其他节点进行无线通信，互换控制数据和收发采集信息；供电模块一般通过较小的电池给传感器节点提供工作所需的能量。此外，传感器节点还具有高度的可扩展功能，在具备合适的硬件条件下，可以完成其他多项功能，包括射频定位、运动检测以及电源自供电系统等。

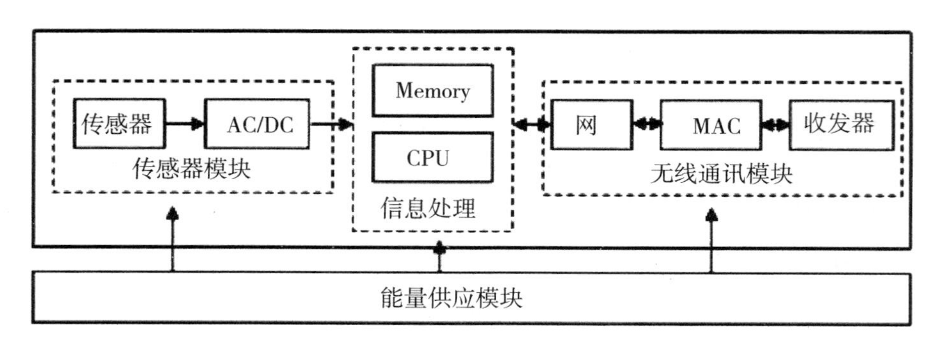

图 7-2　传感器节点结构示意图

2. 无线传感器网络协议

无线传感器网络设计的网络体系从其特性上看一般呈现二维结构，即纵向的传感器网络管理面和横向的通信协议层，如图 7-3 所示。通信协议层可以划分为物理层、数据链路层、网络层、传输层和应用层，而网络管理部分则可以划分为能耗管理、移动性管理和任务管理，其中各层的主要功能如图 7-3 所示。

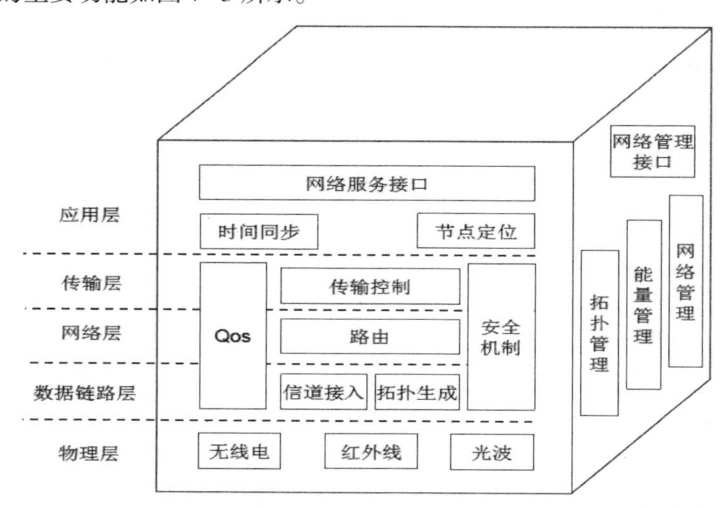

图 7-3　无线传感器网络协议栈结构图

（1）物理层：物理层的功能包括无线信号的监测、信号的发送与接收、信道的选择等（Tang 等，2009）。无线传感器网络的传输介质可以是红外线、无线电或者为光介质，实践中大量采用的是基于无线电射频电路。物理层是无线传感器网络的重要组成部分，对其节点的大小、能耗和性能都起到关键性的作用，是无线传感器网络的研究重点之一，目前，就低功耗的传感器网络物理层设计依然存在许多问题需要更加深入的探讨。

（2）数据链路层：数据链路层的主要任务是增强物理层传输原始比特的能力，尽量减少网络中链路连接产生的错误。该层负责数据帧检测、多路复用、介质访问和差错控制等，保证了无线传感器网络内点到点以及点到多点之间的连接。

（3）网络层：网络层路由协议的主要功能包括网络互联、拥塞控制、分组路由等，可在网络中任何需要建立通信的两点间实现路由并构成数据传输路径。WSN 中节点往往需要多次跳转才能将数据最终发送到汇聚节点，所以路由算法的执行效率是否达到要求，就对传感器节点收发控制性数据和有效采集数据的比率起决定性的影响，且需要特别考虑能耗问题在设计算法的过程中。

（4）传输层：传输层主要负责面向数据流的传输与控制，与网络层联合对数据流进行维护并为应用层提供稳定且效率较高的数据传输服务，能够实现保障通信质量的重要功能。

（5）应用层：无线传感器网络的应用层支持服务主要包含节点定位和时间同步。其中，时间同步功能为协同完成任务的节点同步本地时钟；节点定位功能主要根据有限的位置已知节点（信标）确定其他节点的位置，并在系统中建立起相应的空间关系（Malhotra 等，2005；Nasipuri 等，2002；Geziei 等，2008；Madigan 等，2005）。

图 7-3 右侧的网络管理接口功能可以参与到各层的管理中，如安全、传输方式和能量等，需在各层设计实现中都要考虑；网络管理的意义主要在于完成在传感器网络环境下对各种资源的合理分配任务，使得上层应用服务的运行形成一个集成的网络环境；而拓扑管理主要是为了增加网络的覆盖面积、节约能量并制定节点的休眠策略；在通信协议中的各层都应提供 QoS 支持，主要旨在为用户配置更高质量的服务（王殊等，2007）。

3. 无线传感器网络拓扑结构

（1）星状网：星状网拓扑结构是单跳（single-hop）结构，所有终端节点直接与基站进行双向通信，而彼此之间并不建立连接。基站节点可以是一台 PDA、PC、嵌入式网络服务器或其他与高信息率设施通信的网关，网络中的各终端节点也可以根据其应用而各不相同。除了向各节点收发信息和命令之外，基站还能够与互联网等更高层的系统之间交换数据。在众多无线传感器网络中，星状网的整体能耗最低（崔然等，2010），但基站与节点传输距离有限，本研究也正是采用了这种拓扑方式从而大幅降低了温室环境参数监测系统的能量消耗。

（2）网状网：网状网拓扑结构的原理是采用多跳的系统，使网络中所有无线传感器节点都能够直接相互通信，每个传感器节点都可以通过多条路径到达基站节点，因此它的故障修复能力较强。系统以多跳代替了单跳的传输，该种多跳网络比星状网的传输距离远，但能耗也相对更大（Guo 等，2001），这主要是由于节点必须一直“侦听”网络中某些路径上的信息变化。

（3）混合网：混合网拓扑结构尤其适合网络结构庞大复杂的无线传感器网络，能使整个传感器网络形成分层结构，各传感器节点通过由基站指定或者自组织的方式形成独立的簇（cluster），每个簇挑选一个相应的簇首（cluster head），簇首的任务是控制簇内节点，并对该簇内采集的数据进行整合与处理，随后转发给基站。采用簇的方式扩展了整个网络的覆盖面积，也同时提高了容错能力，适合较为复杂的传感器网络（方旭明等，2005）。

（二）无线传感器网络的特点与应用

1. 无线传感器网络的特点

无线传感器网络是由大量具有感知、信息远程接受和发送、无线通信、数据分析能力以及体积小、成本低的传感器网络节点组成的，与其他不同种类的无线网络相比有一些独有的特点：

无线传感器网络中的节点具有较强的自组织能力。在应用传感器节点的过程中，由于节点经常被随机安置在面积范围较大的地方，因其位置无法事先预定，节点间的相互关系事先也无从得知。例如，通过飞机播撒大量的传感器节点到范围广阔的农田中，或通过特别方式放置到人们难以涉及的危险区域。这就需要无线传感器网络可以实现自主进行配置和管理，可以通过网络协议和拓扑机制自动形成转发监测数据的多跳无线网络系统。

在无线传感器网络中，以数据为中心是它不同于其他网络的一个重要特征。用户关心的重点是采集到的数据，而对于节点本身的关注比较小，数据传输采用的是多对一的方式，这是有别于传统网络的地方，在传统网络中，通常是以 IP 地址为目标的点对点的传送方式。

无线传感器网络与其本身的应用是息息相关的，传感器的作用一般是用来对客观物理世界进行感知并获取物理世界信息数据的工具，因此，不同的工作需求应对应不同的物理信息，且对于其网络结构、硬件系统、软件平台和通信协议的要求也有所差异。一个能够更好地为实际应用服务的无线传感器网络系统才能实现真正的高效且具有使用价值，这同样是无线传感器网络有别与传统网络的显著特征之一。

2. 无线传感器网络在环境监测上的应用

无线传感器网络在环境监测上的应用有诸多方面，例如：可以用来监测大气成分的变化，从而对城市的空气污染进行监控；可以实时监测土壤含水量或其他特性的变化，为高效节能的培养作物提供科学依据；对降雨量和水位变化进行监测，能够实现水灾的预报；通过检测空气中温度和湿度的变化，可以实现森林大火预警；在宇宙探索中，可通过在未知星球表面撒播传感器节点，实现对其表面环境因素的长期监测；尤其在温室管理方面，通过在温室内布置一定密度的空气温度、相对湿度、光照强度、二氧化碳浓度、土壤含水量以及土壤肥料含量等传感器，可以方便、快捷地对温室环境参数进行监测并进行调控，促进农作物的生长（阮加勇等，2005）。无线传感器网络技术的快速发展，无疑为今后环境参数的监测研究提供了巨大的潜力与空间。

四、国内外研究现状

（一）国内外发展趋势

随着计算机技术、传感器技术、无线通信技术等技术的迅速发展，国内外涌现了诸多有关无线传感器网络技术的科研成果，且涉及各个方面。

从 2000 年起，无线传感器网络技术相关的研究性文献开始出现在国际上，且引发了较好的反映，并迅速成为了国际学术界的热点研究对象之一。鉴于 WSN 的巨大应用潜力，2003 年欧盟成立了 EYES（协作、自组织且能量有效的无线传感器网络）计划，开展了对于无线通信技术以及分布式信息处理等相关方面的研究。与此同时，美国也针对 WSN 技术建立了相关的研究方案，美国自然科学基金委员会在 2003 年花费 3 400 万美元以支持传感器网络的研究计划并推动与其相关的理论研究。与此同时，在其大力推动鼓励下，美国的麻省理工学院、康奈尔大学等各大高校也都开始着手无线传感器网络关键技术以及科学理论的研究工作。在军事上，美国国防部也开始高度重视该项技术，并为其另外建立了众多的军事传感器研究项目，其中，主要研究项目包括 SensorIT、WINS、Smart Dust、SeaWeb、Hourlass、SensorWebs、IrisNet 和 NEST 等，几乎涵盖了无线传感器网络从信号处理到网络协议等各个方面的研究（丁伟等，2012；刘逵等，2012；李虎雄等，2012）。

国际上已经将 WSN 技术应用于环境监测的诸多方面且一直处于进一步研发的趋势当中。在工业环境监测当中，需要利用转速、扭矩和震动等传感器，监测机械的工作状态数据，从而控制生产过程中的实际情况；在灾害预防监测应用当中，被监控区域采用大面积部署传感器节点的方式，以便实时监测监控区域内的土壤、水情、火情等问题，如美国的 ALERT 系统，该系统通过多种不同的传感器节点来监测河水水位、降雨量以及土壤水分，并根据得到的数据对山洪、滑坡和泥石流爆发的可能性进行预测。另外，WSN 对于森林环境火灾的发生位置和时间预报也颇有成效，在较易发生火灾的森林中应用能耗较低的传感器节点，可实现森林环境信息的长期实时监测（曲大鹏等，2011；苏锦等，2012；曹啸等，2012）。

我国在无线传感器网络技术上的应用、研究及标准化等方面与国际先进水平基本同步，1999 年中国科学院在“信息与自动化领域研究报告”中，将无线传感器网络技术确立为该研究领域中的重点项目之一（Kemal 等，2005）。上海微系统所在 2001 年由于受到中国科学院的委托从而设立了微系统研究与发展中心，旨在针对无线传感器网络技术进行更加深入的探索，且为我国在无线智能传感器网络通信技术、定位及能耗策略以及微型传感器等方面取得了重要进展（Rachkidy 等，2010）。《国家中长期科学和技术发展规划纲要（2006—2020 年）》中指出，无线传感器网络技术为我国在该领域内优先发展的主题，应特别重视其前沿领域的研究，重大专项“新一代宽带移动无线通信网”更是其发展的重要方向之一（Soyturk 等，2006）。可见无线传感器网络技术即将随着时间的推进渗透到我们生活中的各个层面，并逐渐成为人们不可或缺的重要科学技术之一。

（二）温室环境监测 WSN 研究及应用现状

现代化的温室采用先进的科学技术，遵循连续生产和管理的方式，屏蔽外界气候的影响，并有效改善了农业生态以及不利的生产条件，大幅提高了生产灵活性、产出率和经济效益，在世界范围内得到了广泛的应用。

2006 年 Mancuso M 采用 Sensicast 公司的 RTD2004 模块无线采集得到了温室内番茄的生长环境参数（空气温度和相对湿度、土壤温度）（Fan 等，2008）。2008 年，法国建立了针对温室作物的所有生产环节进行监测的无线传感器网络，在作物生长的各个环节，对作物的多种生命信息以及与作物生长直接相关的环境信息进行获取，并将相关的数据发送到农业综合决策网进行分析，以指导施肥、施药、收获等农业生产过程。

我国在无线传感器网络温室环境监测方面也取得了一定的成绩，并引进或自行开发出了各种配套设施。浙江大学开发了蓝牙数据采集系统；中国科学院搭建了基于无线传感器网络技术的信息监测系统在慈溪市蔬菜大棚（Gagarin 等，2010）；北京市科委规划项目“蔬菜生产智能网络传感器体系研究与应用”采用无线传感器网络技术指导温室中的蔬菜生产。由于温室大棚中环境面积有限，因此采用无线传感器网络对其实现全方位、大范围、高精度的测量监控，通过多种具有不同功能的传感器节点能够同时测量温室内空气温湿度、pH 值、灌水量、气压、光照强度、CO_2 浓度、土壤含水量、土壤水势等众多因素，最终得到适合农作物生长的最佳环境参数，为温室精准调控提供科学的理论依据，使温室内的无线传感器网络逐步进入标准化、实用化和普遍化，从而达到增加作物产量、提高经济效益的目的（Zhang 等，2009）。

我国的无线传感网络技术就整体而言，在温室生产中只是局部得到了应用，要实现温室生产全过程的无线网络化，还需要做许多工作和更加深入的研究。实现温室的智能环境监测，更加高效、节能地完成对温室内作物生长环境的实时检测将成为未来智能温室环境监测系统的重要发展方向。

五、论文的主要研究内容

根据上述研究目的意义和国内外研究现状分析，结合实验室设备情况，研究内容确定为以下几个方面：

（1）无线传感器网络在温室环境监测系统中的适用性研究：虽然温室环境监测技术在软硬件上一直不断地改进，但是依旧存在大量温室采用有线布置方式，导致线缆杂乱、建造成本高、故障解决困难等缺点，影响温室的正常使用。本研究旨在研究温室环境监测系统对无线技术的应用需求以及无线传感器网络技术的稳定性与可行性，寻找适用于温室监测的易组织、低成本的无线传感器网络技术。

（2）温室环境监测无线传感器网络系统的硬件设计：根据系统方案，提出系统的总体结构，技术框架以及功能实现。在此基础上，选用 CC2530 无线芯片负责整体无线传感器网络的内部信息传递、与上位机的通信和采集数据的分析工作。依据高效、精准、节能、低成本等无线传感器网络的重要理念设计并实现了温室空气温度、相对湿度以及土壤含水量的实时监测功能。

（3）温室环境监测无线传感器网络系统的软件开发：采用 TI 公司设计的开源 Zigbee2007 协议栈 Z-Stack-CC2530 并应用 IAR Embedded Workbench 开发工具对系统底层软件程序进行了节能设计、改写和调试，并针对系统所选用的传感器设备进行数据优化处理。基于 VB（Visual Basic）软件平台设计并开发了系统上位机数据采集软件，通过串口或 USB 接口实现了上位机和无线传感器网络底层硬件的通信功能；对不同传感器节点采集的电压信息进行接受、分类以及计算；通过描绘实时动态的数据曲线图对系统所监测的参数数据进行可视化显示；监测数据的存储和历史回看等功能。

（4）温室环境监测无线传感器网络系统性能分析：本研究深入分析了 CC2530 无线芯片的传输特性，通过多次试验与调试在保证系统工作时间的情况下降低了一定的能量消耗，实现了温室环境参数的准确、快捷、稳定监测，且系统具有较高的可靠性与实用性。

六、小结

本章针对面向温室环境监测技术的无线传感器网络，介绍了与其相关的研究背景和意义，阐述了无线传感器网络总体结构和关键技术，分析了国内外无线传感器网络的应用现状，并引出本研究的主要内容，说明了本研究的组织结构。

第二节　系统硬件的设计与实现

温室环境参数无线传感器网络监测系统其主要目的是用于实现温室内作物土壤含水率、空气温度及相对湿度等与作物生长因素相关的环境参数的无线精准测量，并为作物生长过程中的需水状况以及环境因素对作物生长的影响提供科学的研究依据。因此，系统的硬件结构主要包含传感器模块、无线传输模块、通信模块和电源模块，其中所选传感器与系统芯片的匹配程度、系统能源的消耗以及无线传感器网络的电路设计都是系统硬件设计过程中需要特别注意的部分。

一、系统硬件总体结构设计

（一）系统设计考虑因素

温室环境参数无线传感器网络监测系统的硬件设计对于整个系统的工作性能都起到至关重要的作用，影响系统监测的因素有很多，在设计本系统硬件部分时主要考虑了以下几个重要问题：

（1）系统既要考虑能源的有效利用，同时又要兼顾被监测的环境参数信息的实时性和准确性。对于无线传感器网络系统来说，能耗是首要考虑的对象，是系统正常工作的基本保障，因此各个节点需要周期性的采集发送数据以保证较低的能耗。但如果采集周期的间歇时间过长则会导致监测系统的实时性降低和一些重要数据的缺漏，若周期的间歇时间过短则系统能源的负担会随之增大，所以在设计之初就应尽量平衡能耗和传输频率两项指标。

（2）系统的传感器节点在长时间监测过程中，会发生能量消耗殆尽、物理损伤或因外部环境干扰而出现故障和通信中断等众多问题，因此要考虑系统监测任务尽量不要受到这些因素的影响，让无线传感器网络具有较强的自组织能力以及可靠性和容错性。

（3）由于系统需要长时间放置在温室中，因此整体系统所选用的所有硬件应满足耐高温、不怕潮湿和密封性良好等条件，以保障系统的使用寿命和正常工作能力，包括电路板材质的选择以及布线的方式都需要考虑外界的环境因素。

（4）系统硬件的选择需要考虑到传感器节点的成本，因为无线传感器网络是由大量的传感器节点组成的，在保障系统监测精度以及品质寿命的同时，应尽量降低单个节点的制造成本，从而控制整个系统的造价。

（二）系统构成

温室环境参数无线传感器网络监测系统硬件由传感器节点、汇聚节点、通信接口模块、信号调理模块和上位机部分构成，图 7–4 给出了此系统的总体结构示意图。

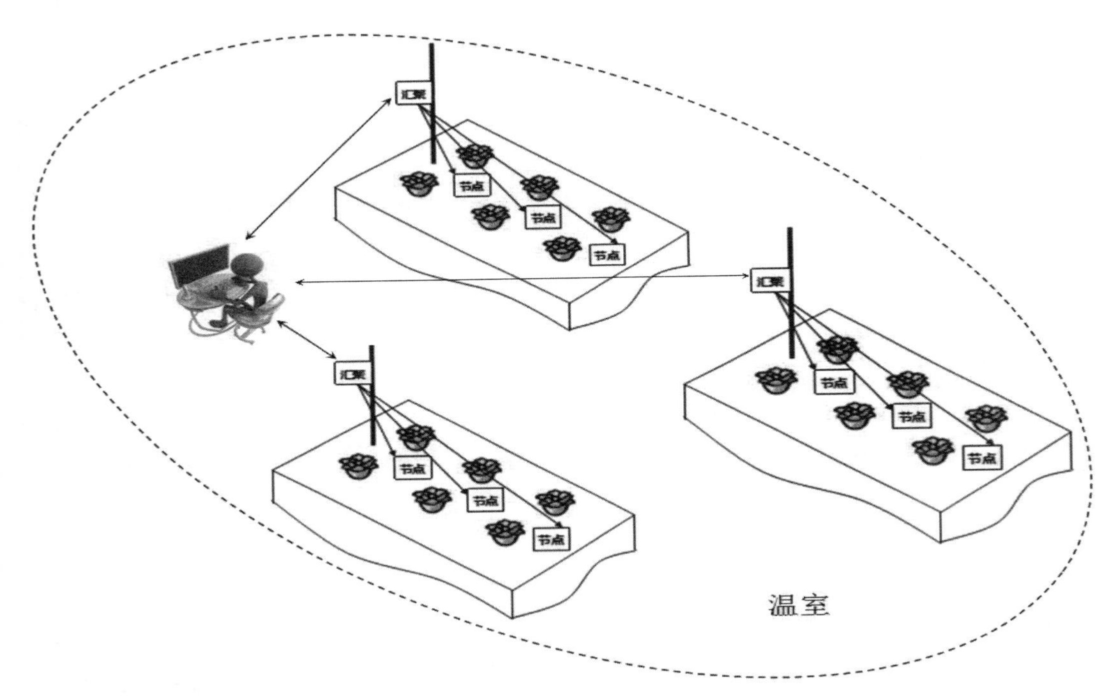

图 7–4　温室环境参数 WSN 总体结构示意图

由图 7–4 可见，温室环境参数无线传感器网络监测系统整体采用星型拓扑结构，传感器节点的布置方式是根据温室内的面积大小、作物种植的密集程度、监测项目的多少和种类以及数据量的大小等因素决定的。每个传感器节点均可以测量土壤含水量、空气温度和相对湿度 3 个物理量，且都由密封外壳包装，只有天线暴露在外，从而避免给作物浇水施肥时对系统电路造成不必要的损坏。为了使系统的监测区域范围和节点间的信号强度都尽量达到最好效果，可将节点间的距离控制在 5~30m 范围内。温室中土壤含水量和温湿度一般不会呈现突变现象，因此土壤含水量传感器节点每隔半小时采集一次数据，温湿度传感器节点每隔1h采集一次数据，每次采集时间持续1min并将数据发送给汇聚节点，汇聚节点收到数据后则反馈确认回复给每个传感器节点，节点即进入休眠状态以减少能量的损失。系统的上位机软件可方便用户实时查看汇聚节点通过通信接口发送回的监测数据，并对作物生长的温室内环境信息实现存储和回看功能。此外，系统一旦长时间未收到某个节点的数据，根据其自组织能力，无线传感器网络将自动判断其损坏并重新组建网络，同时向用户发送节点异常报告。下面将详细介绍温室环境参数无线传感器网络监测系统各个部分的具体硬件配置和电路设计。

二、节点硬件结构设计

（一）传感器节点硬件结构设计

1. 传感器节点总体结构

传感器节点是整个温室环境参数无线传感器网络监测系统的最基本元素，经过综合深入分析整体系统应用环境、扩展需求及成本问题等因素，设计了对应的传感器节点功能，其中主要包含对温室内土壤含水量、空气温度和相对湿度信息的采集，其结构框图如图7–5所示。

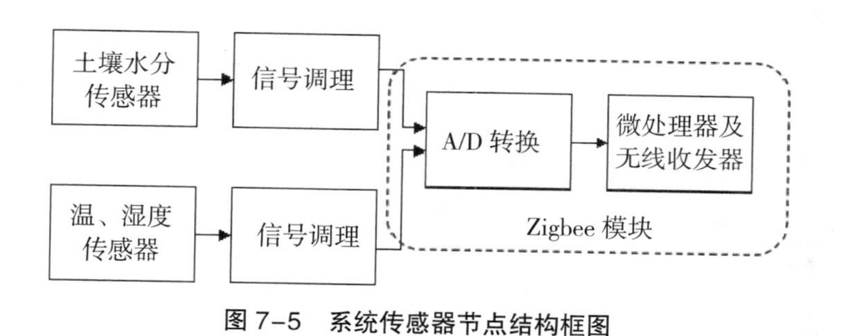

图7–5 系统传感器节点结构框图

由图7–5可以看出，系统的传感器节点主要包括4部分，分别为Zigbee模块部分、传感器部分、信号调理电路和电源部分。其中，Zigbee模块部分选用了CC2530无线Zigbee单片机，该芯片由TI公司开发，工作电压为2~3.6 V，通过一个集成的射频（radio frequency，RF）收发器实现无线通信功能，可以工作在2.4 GHz频段，内部增强型的8051内核能够支持IEEE 802.15.4标准以及Zigbee协议的应用，具有8 kB的RAM以及最大256kB的闪存，与上一代CC2430相比，CC2530无线芯片拥有更低的能量消耗，在休眠模式下工作电流仅需2μA，还具有更高的链路质量和较好的稳定性，一个8路输入的12位ADC可以完成一般的数模转换需求。此外，CC2530无线芯片还在传统芯片的基础上增加了其存储能力，增强了信号数据传输的距离和稳定性，能使传感器节点在普通电池供电的情况下扩展其传输距离，从而在降低系统成本的同时提高了WSN的实用性，以较为强大的抗干扰能力、安全性能、通信能力以及节能效应为无线传感器网络提供了可靠的支持。节点的传感器部分和信号调理电路部分的说明会在以下几个小节中作出详尽的介绍，其中传感器节点的电源，用两节五号充电电池供电。

2. 核心器件 CC2530 芯片说明

系统传感器节点所选用的 CC2530 无线芯片整合了业界领先的 2.4GHz IEEE 802.15.4/ZigBee RF 收发机以及工业标准的增强型 8051 MCU 的卓越性能，且包含了 8kB 的 RAM、大容量闪存和许多其他的强大特性（Kim 等，2009）。CC2530 芯片的系统功能模块结构如图 7-6 所示。

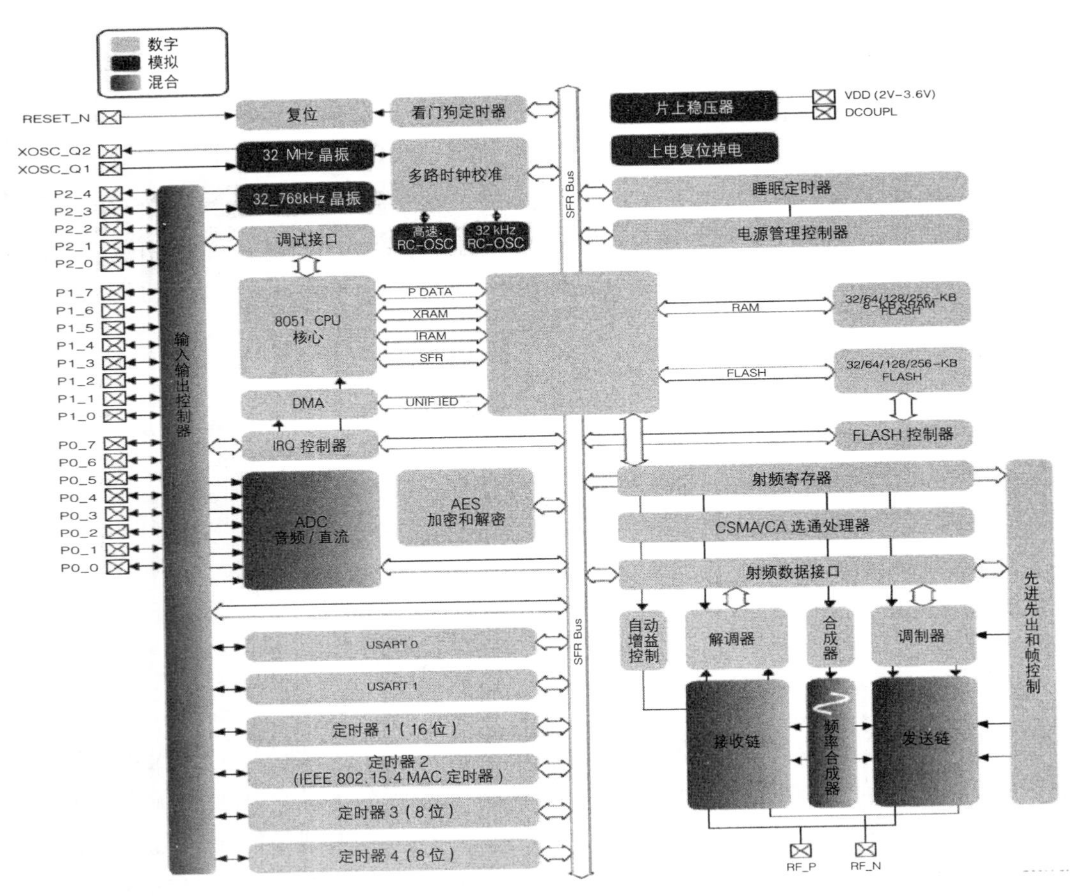

图 7-6　CC2530 片上系统的功能模块结构图

CC2530 芯片上系统（SoC）是高集成度的解决方案，仅需要较少的外部元件，且所用元件均为低成本型，可实现迅速、低价的 ZigBee 网络节点构建。CC2530 芯片上系统保持了 CC2430 所包括的卓越射频特性，包括高灵敏度、超低功耗、出众的抗噪声及干扰能力。所集成的 MCU 为强大的 8 位、单周期 8051 微控制核心（其典型性能可达到标准 8051 性能的 8 倍）。另外，CC2530 芯片上还拥有许多强大的外设资源，如定时 / 计数器、DMA、AES-

128 协处理器、看门狗定时器（watchdog timer）、8 路输入并可配置的 12 位 ADC、高速串口、睡眠模式定时器、上电复位电路（power on reset）、掉电检测电路（brown out detection）以及 21 个可编程 I/O 引脚等。CC2530 在接收机传输模式下的电流损耗分别为 27mA 和 25mA，且其睡眠模式与工作模式之间的转换只需要极短的激活时间，是针对超长电池使用寿命应用的理想解决方案（肖克辉等，2010）。CC2530 在联合了 TI/Chipcon 业界范围内领先的 ZigBee 协议栈后，可满足大多无线传感器网络采集节点、路由器以及汇聚节点的需要。

3. 传感器功能原理介绍

传感器的选型是通过综合考虑温室环境监测系统的应用需求、与硬件系统的匹配程度、温室内环境信息的主要参数、传感器的测量精度以及成本等因素，最终决定选用 FDR（频域反射）型土壤水分传感器测量土壤含水量，AMT2001 型温湿一体传感器测量温室内空气的温湿度，其温度测量采用 LM35 传感器，湿度测量采用湿敏电容型传感器。各传感器的主要性能指标如表 7-1 所示。

表 7-1　传感器主要性能指标

主要性能指标	传感器种类		
	土壤水分	温度	湿度
工作电压	3~5V	2.5~4.5V	2.5~4.5V
输出电压	0~3V	0~0.8V	0~3V
测量范围	0%~100%	0~80℃	0%~100%RH
测量精度	± 3%	± 0.5V（25℃）	± 3%RH（25℃）
测量区域	以中央探针为中心，围绕中央探针的直径 7cm、高 7cm 的圆柱体	—	—
响应时间	<1s	<5s	<5s
电缆长度	2m	30cm	30cm

FDR（Frequency Domain Reflectometry）频域反射仪是一种用于测量土壤含水量的仪器，其外观如图 7-7 中所示。它利用电磁脉冲原理，根据电磁波在介质中的传播频率来测量土壤内的介电常数（ ε ），从而得到土壤含水量（ θ_v ）。FDR 型土壤水分传感器一般采用一对圆环状极板构成，且以 LC 振荡电路为基础，这是因为 LC 振荡电路可以在其电路中电容（C）与电感（L）变化时，显示振荡频率产生的相应变化。若固定传感器振荡电路中的电感值，则其振荡频率的变化就取决于电容值的改变，然而电容值则会根据两极板之间土壤介电常数的不同而产生相应的变化，即土壤中含水量的改变。电感、电容与振荡频率（F）的关系如式 7-1 所示（张伟等，2009）：

$$F=\frac{1}{2\pi\sqrt{LC}} \tag{7-1}$$

图 7-7 中，土壤水分传感器有 3 根引线被引出，这 3 根线分别是电源线、地线和信号线，其中信号线输出的为已经过滤波、去噪、放大等信号处理后的电压值，可直接与

CC2530芯片的模数转换口相连，其工作电压亦与传感器节点的电源电压相匹配，不会影响传感器节点的正常工作。FDR型土壤水分传感器与TDR（Time Domain Reflector）型土壤水分传感器相比具有快速、低成本、简便安全、定点连续、宽量程、自动化和探头形状灵活等众多优点。

图7-7　土壤水分传感器实物图

AMT2001型温湿度传感器的采集信号采用模拟电压输出方式，具有可靠性高、精度高、自带温度补偿、一致性好、长期工作稳定性好、使用方便及价格较低等特点，尤其适合对质量、成本要求比较苛刻的系统使用（姜晟等，2012）。该传感器具有使用方便、功耗较低、超长的信号传输距离、体积小、可单片机校准线性输出、成本低和精确校准等众多优势，由于无线传感器网络系统对于传感器能耗和精度的要求较高，因此采用该传感器负责本研究温室环境监测无线传感器网络系统的温、湿度监测工作。其外形与引脚分配如图7-8所示。

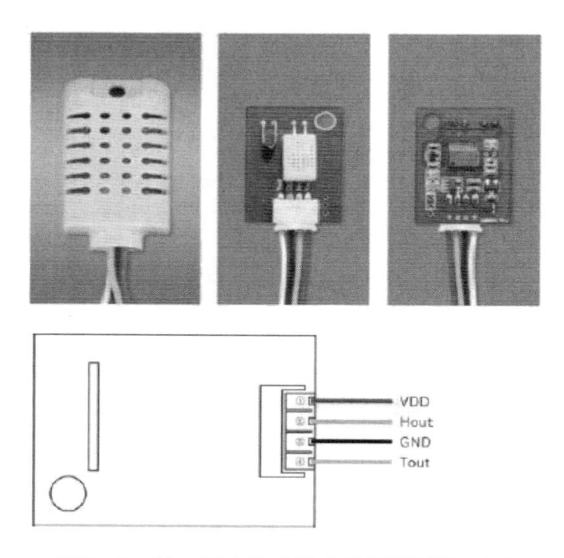

图7-8　温、湿度传感器实物图及引脚配置

此外，为了能够较为准确地测量土壤含水量对温室内作物生长产生的影响情况进行监测，本系统土壤水分传感器被安置在靠近作物根部距地表 40cm 处，这是由于一般农作物主要依靠根来吸收土壤中的水分，系统使用的土壤水分传感器越接近根部，所测量得到的土壤含水量与作物生长发育的相关性就越大，对于进一步了解作物需水性研究的帮助也就越显著。AMT2001 型温湿度传感器被安置在靠近作物叶片的地方，以便测量温室内作物附近的空气温湿度参数，图 7-9 为各传感器的安装示意图。

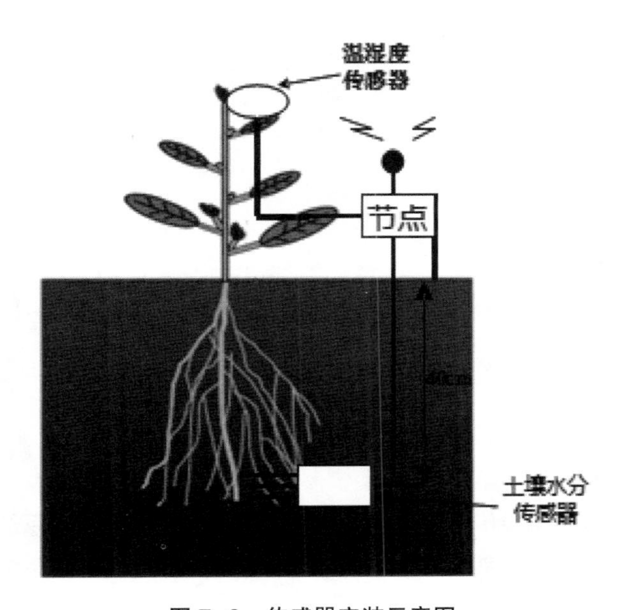

图 7-9　传感器安装示意图

4. 传感器节点电路设计

针对传感器节点设计电路时，应主要参考 CC2530 芯片说明书中各个引脚的定义，根据每个引脚的不同功能以及应用从而进行具体的设计，且设计过程中应适当参考说明书中厂家提供的应用电路，应特别注意电路中元器件的工作电压范围、I/O 接口的不同功能对应不同的接线方式、晶振的大小种类和芯片时序、复位、串口以及 ADC 等功能的调试与校验。本系统电路原理图均由 Protel 2004 软件制作完成，如图 7-10 所示。

图 7-10 为传感器节点的 CC2530 芯片部分电路连接方式，其中 RF_P 与 RF_N 接口为芯片内部 IEEE 802.15.4 兼容的无线收发器引出的天线部分，该收发器由芯片内的 RF 内核控制，它在 MCU 和无线设备之间还有一个接口，这使得 CC2530 芯片能够实现自动发出或读取命令、识别网络工作情况并确定设备之间自组织的顺序。另外，无线芯片中还包含地址识别和数据包过滤模块，且系统采用免许可世界通用的 2.4GHz ISM 频段，该频段利用高阶的调制技术有助于拥有更大的吞吐量、更小的通信延时和更短的工作周期，从而使系统更加节能省电。P02 和 P03 接口为 CC2530 芯片与外界进行串口通信的必要接口，尽量不可用作其他 I/O 功能。CC2530 芯片电路复位采用上电复位模式，即每次芯片通电后自动复位以保

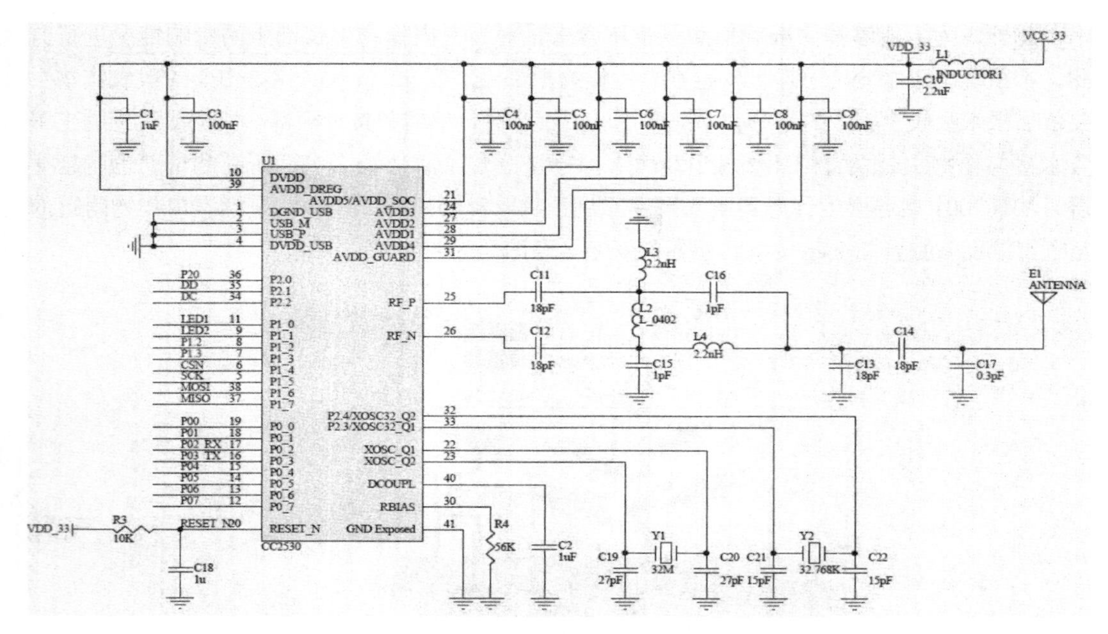

图 7-10　CC2530 芯片电路原理图

证整个系统每次开启时都能初始化。

每个传感器节点除了无线传输模块部分以外，还需要独立的供电系统以及众多的扩展接口，传感器则需要通过这些扩展口才能与 CC2530 芯片正常连接。本系统的供电底板电路原理图如图 7-11 所示。

该底板的主要功能是通过 2 节五号充电电池给节点的无线通信系统以及传感器供电，即图 7-10 示的 BATTERY 和 BATTERY_1 两接口。此外，电池底板的 JTAG 接口用于与 SLANRF-2530DK 多功能仿真器连接，方便与传感器节点上的 CC2530 无线通信芯片内部进行底层程序的开发、调试及下载。图 7-10 示 P2 为一组双排针的插槽，用来安装 CC2530 芯片模块并同时将芯片的 PORT0 组引脚、电源、时钟、ADC 和地线等接口扩展到 J12 和 J13 两个单排针插槽上，从而大幅提高了系统传感器节点的应用能力，使系统在方便、快捷地连接各类传感器的同时也能够迅速地完成底层软件的编译调试，是传感器节点必不可少的一部分。节点电池底板还配备有光敏电阻传感器，可用于监测温室内的光照强度，扩展出的复位按钮 S1 在 CC2530 芯片模块的上电自动复位功能之外又增加了手动系统复位的功能。

（二）汇聚节点硬件结构设计

汇聚节点的主要功能是接受各个传感器节点所发出的数据信息，并将这些信息通过通信接口发送给上位机同时返回信息给传感器节点。根据其应用系统在传感器节点的基础上主要为汇聚节点增加了通信接口功能，即串行接口（UART）或 USB 接口以及液晶显示屏及小键盘电路。其中，串口作为 CPU 和串行设备间的编码转换器，主要负责将 TTL 或 CMOS 逻辑电瓶转换为 RS-232 电瓶，从而顺利地把节点采集到的数字信号发送给上位机软件，系统

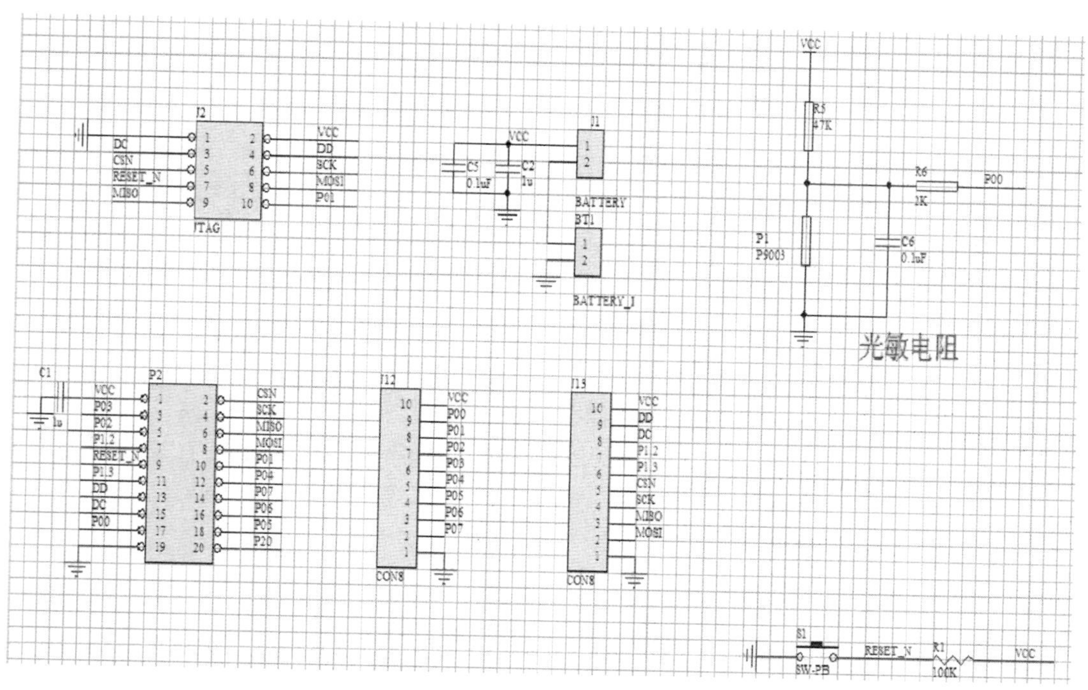

图 7-11　传感器节点电池底板电路原理图

采用的 RS-232 收发器接口芯片 SP3223E 生产于 SIPEX 公司，其工作电压为 3~5.5 V。由于 USB 接口越来越被人们所接受和推广，因此系统选用 FT232R 芯片 USB 转 UART 桥联器实现串口和 USB 接口之间的相互联通，采用 USB 接口模拟串口以方便底层硬件与上位机之间的互联。此外，系统采用 OCM12864-9 图形点阵液晶显示屏实现无线传感器网络节点状态的显示功能。以下将对这两部分的电路连接以及原理进行详细的介绍。

1. 汇聚节点用户接口

温室环境参数无线传感器网络监测系统的汇聚节点拥有 2 种通信接口方式，分别为 UART 串行接口和 USB 接口两种。其中，UART 异步串行接口提供全双工传送，CC2530 芯片的 UART 操作是由控制寄存器 UxUCR 以及 USART 的控制和状态寄存器 UxCSR 来控制的，接收器中的位同步不影响发送功能，且寄存器中的 x 是异步串行接口的编号，其数值为 0 或 1。此外，汇聚节点采用 RS-232 接口与上位机进行串口通信，如图 7-12 所示，RS-232 采用标准的 DB9 female 接口，可与大多数 PC 机或其他设备通信接口直接连接，这种方便快捷的通信方式也正是选用 RS-232 接口的主要原因所在。

现代工控领域使用最广泛的莫过于 RS232、RS485、并口接口等通信方式，一些机械控制系统，门禁系统以及信息监测系统都离不开使用 RS485、RS232 来通信。较为传统的主板都可以采用这个接口，但由于如今主板的发展方向不同，很多新主板并不带有串行接口，比如笔记本电脑就很少再带有这些老式接口。如今，随着 USB 接口的快速、便捷、小巧等优势，其应用已经逐渐替代了其他大部分通信接口，使得一些主板在连接 RS232 串口时遇到

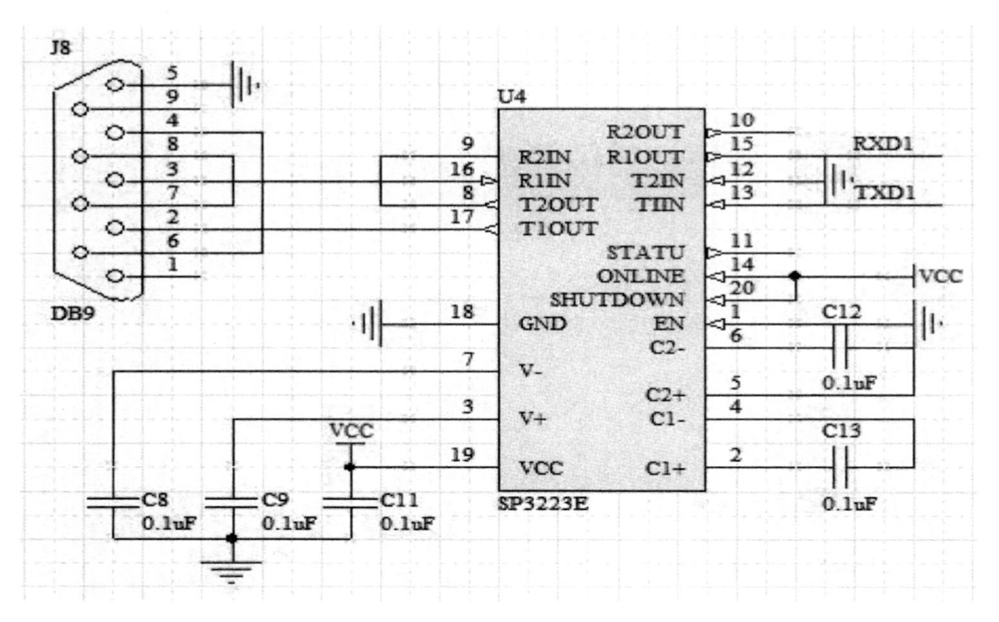

图 7-12　RS-232 接口电路原理图

了难点。针对这种情况，本系统特别设计了 RS-232 转 USB 接口的方式，系统采用了具有较强 I/O 管脚驱动能力，可驱动多个设备或适应较长数据线的 FT232RL 芯片来实现这一转换功能，具体电路连接方式如图 7-13 所示。

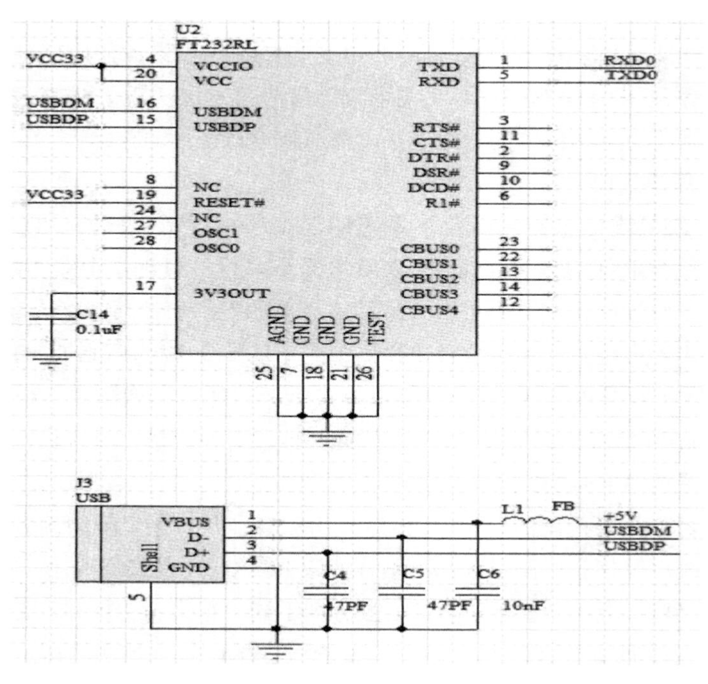

图 7-13　RS-232 转 USB 接口电路原理图

2. 液晶模块功能介绍

无线传感器网络的工作方式主要依靠各个节点间通过无线电相互传递信号，因此，判断网络中各传感器节点是否与汇聚节点相联通、各节点的名称代号以及故障信息等节点状态就成为了考察整个无线传感器网络工作稳定性和可靠性的重要依据。本系统采用 OCM12864-9 图形 128 × 64 点阵液晶显示模块作为汇聚节点显示整个网络工作状态的手段，其接口电路原理如图 7-14 所示。

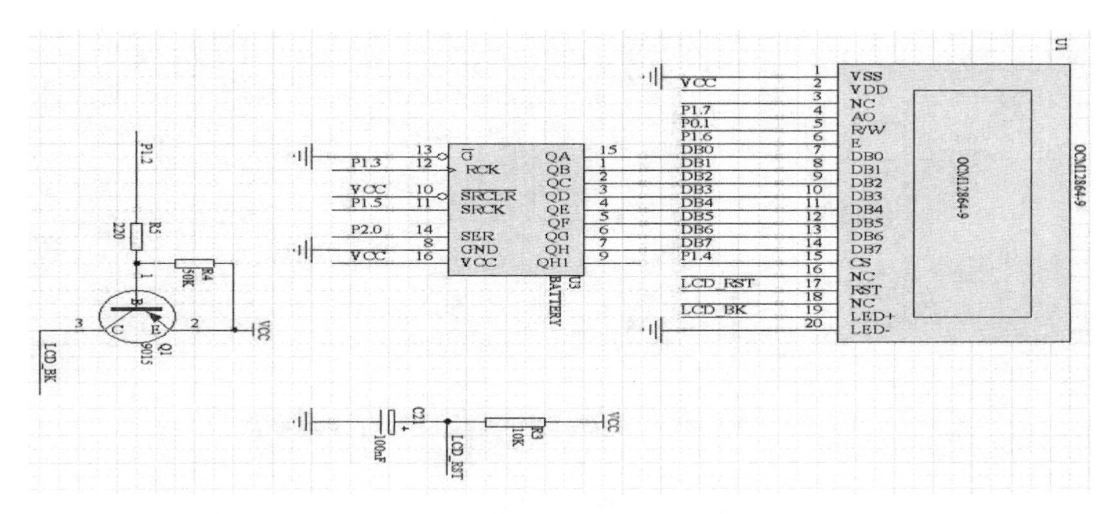

图 7-14　液晶显示器驱动电路原理图

OCM12864-9 图形点阵液晶显示模块采用的驱动控制芯片为低功耗的 ST7920P，该驱动控制芯片为了用户免除编制字库的麻烦内置有中文字库，可采用串行或并行数据操作方式工作。在本系统中该液晶显示模块主要用于显示传感器节点与汇聚节点的连接状态，当汇聚节点处于初始化状态、可接入状态以及故障状态时，显示器都会通过不同的显示方式与用户沟通，若有传感器节点成功加入网络显示器则会显示节点的信标以及链路质量等信息，一旦传感器节点出现故障或退出网络，则液晶显示模块中该节点的信息会被删除。

三、传感器信号调理电路设计

（一）传感器信号调理电路功能介绍

温室环境参数无线传感器网络监测系统中所选用的传感器主要测量的环境参数包括土壤含水量、空气温度和相对湿度，由于各传感器与系统节点之间采用有线的连接方式，且其输出电压信号各不相同，为了更加准确、方便地测量温室环境参数，本系统采用一个信号调理电路在传感器节点接收测量到的数据之前先对不同传感器输出的电压信号进行处理，并增加节点的扩展接口从而方便无线通讯模块与传感器之间的连线以及电源对传感器的供电。具体的传感器信号调理电路与 CC2530 芯片的连接方式如图 7-15 所示。

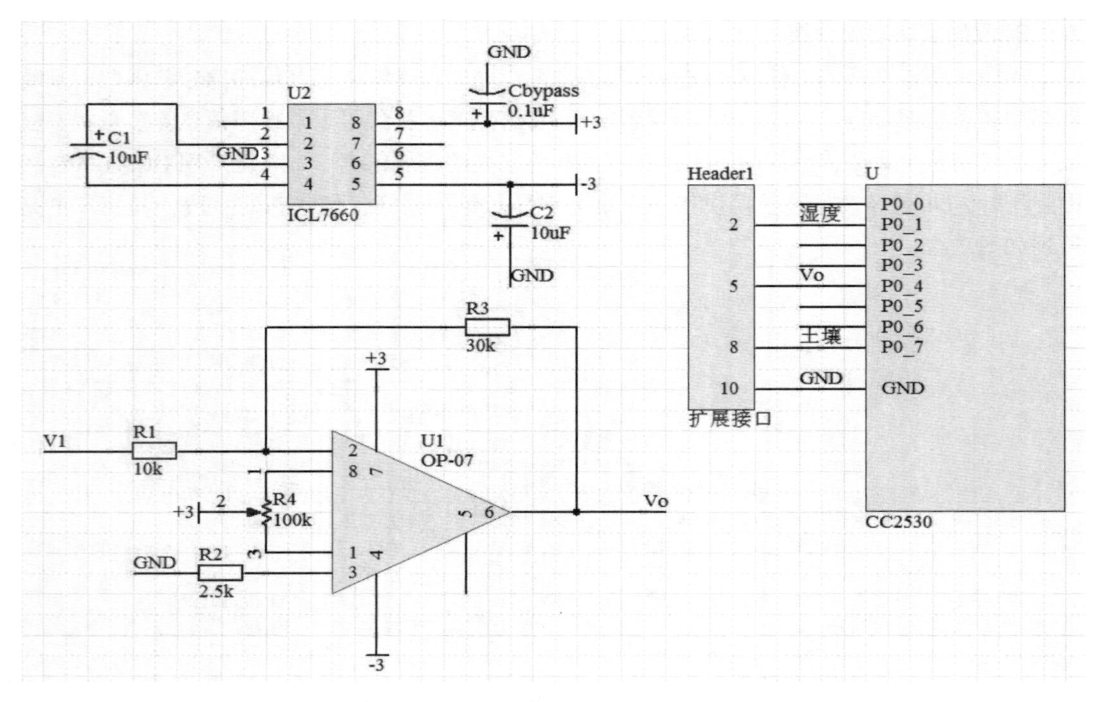

图 7-15　传感器信号调理电路与 CC2530 芯片接口原理图

传感器信号调理电路可为传感器提供工作电压并对其输出电压信号进行放大。系统的温湿度传感器为电压输出，其中温度集成传感器 LM35 的输出电压变化率较小，电压信号较弱，这会导致系统数模转换的精度降低，因此需要对其采用放大处理。在图 7-15 中，温度传感器输出的电压 V1 经过放大器后变为 V0，随后通过扩展接口与 CC2530 芯片的 P0_4 口相连，实现数据的数模转换功能。信号调理电路中放大器选用 OP-07 双极性运算放大器，其放大倍数被配置到约为 3 倍，在增大 LM35 输出电压的同时也与 CC2530 芯片更加契合。ICL7660 小功率极性反转电源转换器主要用于将系统电源提供的正 3V 电压转换为正负 3V，从而提供给 OP-07 运算放大器工作并使其正常运转。设计了较高的输入阻抗用于减少信号调理电路的误差，且预留有另外 10 个扩展口以便后续可增添其他种类的传感器设备。

（二）电路抗干扰设计

众所周知，一般电子设备的可靠性与使用寿命跟其应用的环境有很大关系。温室现场的工作条件对于电子设备是相当恶劣的，尤其是针对无线传感器网络系统，一方面，设备长时间处于高温高湿的环境中，容易引起电子元器件和电气线路的老化，可能造成短路从而使系统瘫痪；另一方面，温室现场具有很多强电设备，例如大型风机或者灌水系统等，当电压、电流发生急剧变化时，特别是开关状态的切换，轻则产生瞬间的噪声干扰影响无线传感器网络系统的稳定性，重则可能直接造成系统中断甚至烧毁电路。因此，在硬件的设计中加入抗干扰的设计是必不可少的。以下是本系统采用的几种抗干扰措施：

（1）CC2530 无线模块 PCB 设计采用高频双面板（罗隆福等，2011），如图 7-16 所示，电路板上下两面皆敷有绝缘图层，通过多个过孔保证顶层和底层充分接地，元器件以CC2530为中心，外围元器件紧靠其周围，布线遵循数字、模拟走线分开，电源和地线尽量加宽等基本规则，使用高频去耦电容进行器件滤波且在电路板的某些区域铺铜接地以减少高频信号的干扰；

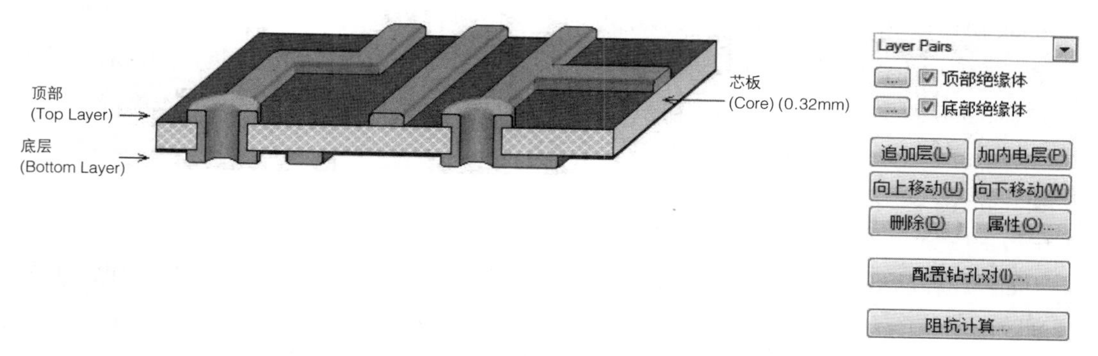

图 7-16　电路板图层堆栈管理

（2）外部电源输入后采用电容滤波技术，进一步去除电源中的交流成分；

（3）无线通信模块和信号调理电路之间采用DC/DC电源隔离模块，避免强电设备产生的强电干扰经由信号调理电路进入到系统核心无线通信模块的内部，对整个无线传感器网络节点产生不良的影响；

（4）完成系统的调整和试运行工作后，为防止潮气对电路板的侵蚀，应在电路板表面喷涂“三防漆”。另外，还需制作有机塑料外壳，避免温室内浇水时有水滴直接洒到电路板上。

四、小结

本章首先说明了温室环境参数无线传感器网络监测系统的硬件设计原则和总体结构；其次分别介绍了系统的传感器节点硬件结构以及汇聚节点硬件结构，给出了无线通信模块的配置、核心芯片CC2530的说明、所选传感器的种类、通信接口的电路连接方式以及汇聚节点的液晶显示功能介绍；最后，详细阐述了系统传感器信号调理电路的功能以及电路板制作过程中的抗干扰设计，并为下文的介绍打下了坚实的基础。

第三节　Zigbee 无线传感器网络执行策略

ZigBee无线技术是一种较为简捷、数据传输速度较慢、传输距离短、稳定性高、低成本且节能的无线网络技术，能够配合IEEE 802.15.4无线标准实现系统网络的构成、通信和应用等功能。ZigBee联盟已于2005年6月27日公布了第一份ZigBee规范“ZigBee Specification V1.0”。IEEE 802.15.4无线标准是ZigBee协议规范的重要组成部分，该无线标准在对物理层（PHY）和媒体介质访问层（MAC）进行定义的同时，也定义了ZigBee协议规范的网络层（NWK）和应用层（APL）架构。ZigBee技术具有稳定、高效、性价比较高等多种优势，是无线传感器网络应用中必不可少的重要组成部分。

本章主要说明本系统采用IEEE 802.15.4/Zigbee协议的2.4GHz频段实现底层传感器网络节点的互联，并采用信标使能的数据传输方式从而尽量减少能耗；系统主要编译并改写了Z-Stack协议栈App层目录下的主要程序以便适应其硬件组成结构，且同时实现了各节点间的稳定通信功能；根据分析无线传感器网络的能耗因素系统采取了相应对策，如选取能耗较小的CC2530芯片、减少节点间传输距离、采用星型拓扑结构以及节点的休眠策略等。以下将针对系统Zigbee无线传感器网络的执行策略作出详尽的介绍。

一、IEEE 802.15.4/Zigbee 技术概述

如今，在网络技术迅猛发展的大前提下，人们希望在自身附近的几米范围之内也能够实现高效的通信能力，因此无线个人区域网络（Wireless Personal Area Network，WPAN）概念也就孕育而生，WPAN网络出现的主要目的就是方便人们在一定范围内无需连线也可实现相互之间信息的共享功能，可以使该范围内的多种不同终端设备实现相互通信或接入Internet网络功能。然而，随着物联网概念的逐步深入开发，人们不仅希望能够与其他人相互共享信息，还想要实时了解自己身边的物体的变化规律，于是基于IEEE 802.15.4无线标准而应用的低速率无线个人区域网络（Low-Wireless Personal Area Network，LR-WPAN）就成为了无线传感器网络的重要解决手段之一。IEEE 802.15.4无线标准旨在提供小范围内（如办公室或家庭内）的低成本、低速率、低能耗、稳定且可靠的无线互联统一标准。由于LR-WPAN网络的特征与无线传感器网络之间有许多相似之处，因此IEEE 802.15.4无线标准亦可以适用于无线传感器网络当中，IEEE 802.15.4也越来越多的被无线传感器网络研究者们所采纳。与WLAN网络相对比，LR-WPAN网络最大的优势就在于应用方便且性价比较高，其强大的扩展能力以及简捷的实用性在低能耗和低传输量的应用环境中使得无线连接成为了可能。

IEEE 802.15.4标准为无线传感器网络制定了物理层和MAC子层协议，且该标准支持两种网络拓扑，即只支持单跳的星形拓扑结构，或者能够实现多跳的对等拓扑结构。除此之外，IEEE 802.15.4标准还具有如下特点：

1. IEEE 802.15.4 可应用在工业科学医疗（ISM）频段且提供不同的数据速率

该标准定义了两个物理层频段，即物理层2.4GHz频段和868/915MHz频段。这两者主要区别在于频率范围、发送和接收信息方式以及传输速度的不同，但这两种物理层也具有一定的共性特征即它们所使用的物理层数据包格式和直接序列都是相同的。IEEE 802.15.4标准中不同的工作频段对应了不同的应用区域，其中915MHz和868MHz的ISM频段分别只适用于北美和欧洲，而2.4GHz的ISM频段则可以在全世界范围内应用且不需要任何许可证。免许可证的2.4GHz ISM频段这一优势使得IEEE 802.15.4标准可以应用于任何硬件之上，这不仅大力推动了无线传感器网络的发展，也为许多公司和科研机构的产品研发打开了通往世界的大门，这将为这些设备的生产商大幅减少投资风险，且可以明显降低产品的成本。本

系统也正是采用了 2.4GHz 频段进行工作，这种方式不仅十分方便于个人用户的开发，更降低了其他频段一些复杂信号所带来的干扰。

IEEE 802.15.4 规范的以上 3 个频段，即 2.4GHz 频段和 868/915MHz 频段，它们之间在信息发送的方式、处理的过程和传输速度等多方面都有所不同，915MHz 和 868MHz 频段的数据传输速率分别为 40kbit/s 和 20kbit/s，而 2400MHz 频段的传输速率则为 250kbit/s。IEEE 802.15.4 规范还为不同的频段定义了相应的物理信道，信道编号从 0 至 26，一共 27 个，其中每个具体信道都分别对应着一个中心频率，此中 868MHz 频段定义了 1 个信道（0 号信道）；而 915MHz 频段则定义了 10 个信道（1~10 号信道）；而 2 400MHz 频段则是定义了剩余的全部信道（11~26 号信道），这些信道的中心频率计算方式如下（段治超等，2008）：

$$F=868.3MHz \quad k=0 \tag{7-2}$$

$$F=906+2(k-1)MHz \quad k=1，2，\cdots，10 \tag{7-3}$$

$$F=2405+5(k-11)MHz \quad k=11，12，\cdots，26 \tag{7-4}$$

式中，F 为信道所对应的中心频率，k 为信道编号。

IEEE 802.15.4 规范具有简单、灵活、可扩展能力强、适用范围广等多种特性，它还能根据自身的网络传输情况、速率以及硬件设备调制选项等信息自主选择相应的物理信道。在不同的应用环境中，选择与其相适应的数据传输速率是非常重要的，并不是速度越快就越好。例如，电子标签、无线传感器、黑匣子还有智能家用电器等设备长期处于工作状态，对于能耗的需求将远大于对传输速度的需求，则 20kbit/s 这样的低速率就足以满足其要求。而一些处于移动中的物体，如汽车定位或信息识别等技术则可能需要采用 250kbit/s 甚至更高的数据速率才能够满足其要求。

2. IEEE 802.15.4 适宜支持简单器件的工作

IEEE 802.15.4 规范中所定义的基本参数仅有 49 个，这个数量是蓝牙技术的 1/3，其中包含 14 个物理层基本参数和 35 个媒体接入控制层基本参数。这种特点完全能够满足一些较为简单的功能器件的需要，且使得这些简单设备的配置变的方便快捷。全功能器件（FFD）和简化功能器件（RFD）是 IEEE 802.15.4 规范中所包含的两种不同器件工作模式，其中，对于 FFD 而言，它能够支持 IEEE 802.15.4 规范中所定义的全部基本参数，而对于 RFD 而言，它最少需要 38 个基本参数的支持就可以正常的完成工作。每个 FFD 都可以被配置为 3 种工作状态，即作为协调器、路由或终端，且能够和网络中的任何节点进行通信，而 RFD 在网络中则略为被动，因为它只能和 FFD 通信，但 RFD 的能耗一般远小于 FFD 的能耗（耿向宇等，2007；Kalidindi 等，2003；Yick 等，2008；Akyildiz 等，2002）。这种方式也被运用在本研究的温室环境参数无线传感器网络监测系统中，星形拓扑结构中的各个传感器节点即为简化功能器件，这也是因为采用这种方式可以减少整个系统的能量消耗，而汇聚节点则作为一个全功能器件，负责网络的协调工作。

3. IEEE 802.15.4 具有三种数据传输方式

IEEE 802.15.4 规范中的数据传送方式主要可被分为 3 种，即从协调起到器件；从器件到协调器；对等的网络中从一方到另一方。对应以上 3 个过程，IEEE 802.15.4 也分别存在着 3 种不同的数据传送算法:(1)直接数据传输，该算法可适用于以上所有 3 种数据传输方式;(2)间接数据传输，这种算法仅能被适用于从协调器到一般器件的信息传送，在该算法下，协调器首先创建一个事务处理列表，并应用该列表对数据帧进行存储，一旦相应的器件发生响应，只需在事务处理列表中寻找对应的信标帧即可确认其中是否有挂起一个属于它自身的数据分组;(3)有保证时隙(GTS)数据传输，GTS 数据传输算法最为灵活，它既可以从协调器到器件，也可以从器件到协调器之间完成数据的转移(Toumpis 等，2006)。

IEEE 802.15.4 的数据转移过程还可分为非信标使能方式(non beacon-enabled network)和信标使能方式(beacon-enabled network)，没有信标的网络协调器会一直处于侦听的状态，若其他终端设备需要回传数据，则会按照协调器接受到通知的先后顺序传送资料。若在有信标的网络中，协调器则会根据信标中的对应信息通知终端节点要有数据发送，则终端节点在不需要监听的时候即可处于休眠状态，从而减少能源的浪费。其具体流程如图 7-17 所示。

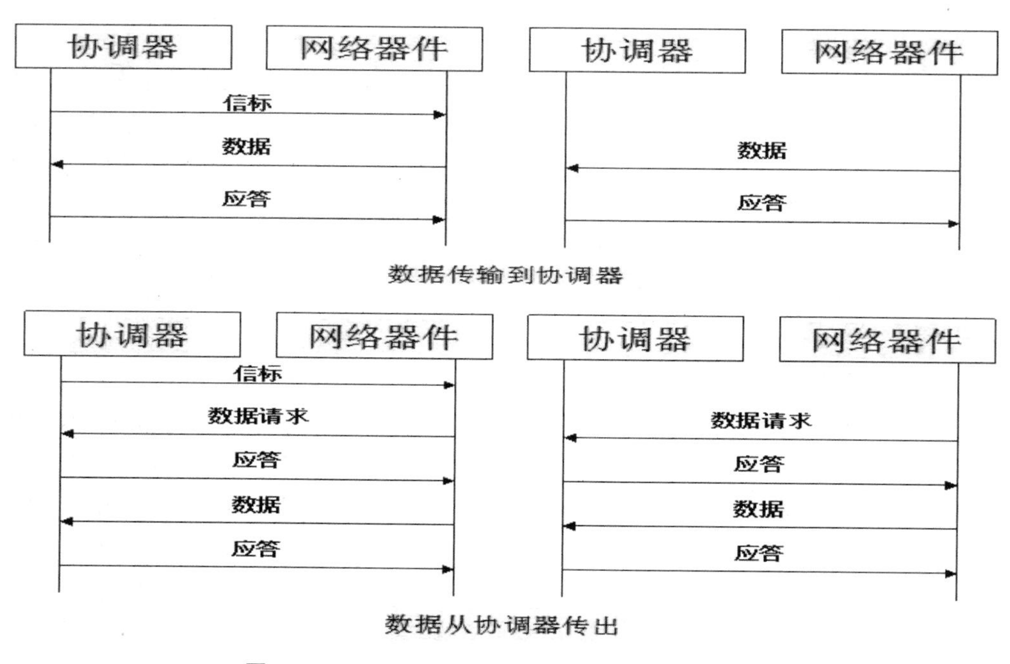

图 7-17　IEEE 802.15.4 标准的数据传输流程图

基于信标使能的 IEEE 802.15.4 节能数据传输方式能够延长器件电池寿命或者节省系统功率，这是由于针对采用电池进行供电的器件而言，若采用更换电池的方式维持其工作状态，则会产生大量不必要的资金投入和污染，此外，对于一些应用在特殊环境中如核电站辐射监测传感器或高密度布置的大规模传感器网络中，更换电池不仅麻烦，而且实际上是不可行的。所以 IEEE 802.15.4 上的节能数据传输方式主要是通过协调器或限制器件收发信号的开通时间，在没有信息传输的时候它们则处于休眠状态。本系统亦是通过这种节能方式充分的延长了传感器节点的使用时间，在减少电池更换所造成的不必要的浪费与污染的同时，也降低的系统的使用成本且提高了整个系统的可靠性。

4. IEEE 802.15.4 拥有较高的安全性能

IEEE 802.15.4 标准为了秉承支持简单器件以及灵活性等特点，给其数据的传输过程提供了 3 个安全级别。第一级别基本上没有安全性手段，较为适用于一些对安全性能要求不高或系统其他部分已经应用了足够的安全手段的时候，则网络中的数据就可以在该安全级别下进行传输。若网络处于第二个安全级别下，则各个节点会通过接入控制清单（ACL）的方式保护自身的数据不会被盗取。第三个安全级别能够采用高级加密标准（AES）的对称密码对数据进行保护，但对于密钥本身的安全性还有待进一步的研究（Yick 等，2006；Pompili 等，2006；Akyildiz 等，2006）。本系统属于个人搭建的数据监测系统，并不涉及任何利益，因此没有采用安全保护措施。

二、Z-Stack 协议栈的开发策略

（一）Z-Stack 协议栈的组成

TI Z-Stack 是基于一个转轮查询式的操作系统，Z-Stack 协议栈的 main 函数存在于 ZMain.c 程序中，总体上来说，它总共完成的两个任务，其一是完成系统的初始化，即由启动代码来初始化硬件系统和软件架构中的各个模块，而另外一个则是开始执行操作系统。

系统的初始化对于每个硬件系统而言都是必不可少的一步，初始化过程能为操作系统的运行做好充分的准备工作，Z-Stack 协议栈的系统启动代码主要分为初始化系统时钟、初始化各工作硬件、芯片工作电压检测、初始化程序堆栈、初始化存储、初始化非易失变量、初始化网络协议和初始化操作系统等 10 余部分，在启动代码完成自身的全部任务且系统其他部分也都做好各项准备后，启动代码就会彻底将控制权移交给操作系统，并由操作系统开始逐一进行程序的运行工作。若从本质上看，则会发现操作系统的程序实体就只有一行代码：

```
osal_start_system ( ); //No Return from here
```

这句代码在执行后函数是不会返回到初始状态的，即是说该函数是一个死循环，永远不会执行结束。即操作系统一旦接受到程序的控制权后，就不会再把这个任务移交给任何其他程序。此外，以上函数采用的算法为转轮查询模式，所以操作系统的工作就是不断地查询每个子任务，如果发现有事件发生则立刻开始执行该事件相应的函数程序，若没有则继续不断地查询工作。

在了解了 Z-Stack 协议栈的总体工作流程后，其组成结构也就随之变得更加清晰，图 7-18 所示的是 TI 的 Z-Stack 给出的许多例子中的一个，在 GenericApp 这个例子中，操作系统一共要处理 4 项任务，分别为 MAC 层、网络层（NWK）、板硬件抽象层（HAL）、监控调试层（MT）和一个可完全由用户处理的应用层（App），其优先级由高到低，即 MAC 层具有最高的优先级、用户层则是最低的优先级。如果存在 MAC 层任务事件不能处理完成，那么用户层的任务就永远无法执行，但发生这种情况很有可能是程序出现了问题（Li 等，2007）。

Z-Stack 协议栈为用户的开发提供了非常方便的操作模式，对于一般的设备开发，用户只需要额外添加一个主文件、一个主文件的头文件和一个操作系统接口文件（以 Osal 开头）即可完成一个项目，其中主文件主要是用于存放具体的任务事件处理函数，而操作系统接口文件则是用于存放任务处理函数的文件（Akyildiz 等，2004）。如图 7-19 中所示，在 App 层目录下的 3 个文件就是创建一个新的项目时需要主要添加的文件，对于 GenericApp 项目来说，其操作系统接口文件为 OSAL_GenericApp.c，主文件是 GenericApp.c，头文件则是 GenericApp.h。通过这种方式，Z-Stack 实现了绝大部分的代码公用，用户只需要适当地针对这几个文件进行自己的设计，编译自己所需要的任务处理函数即可，不需要对 Z-Stack 协议栈的核心代码进行改动，大幅增加了该项目的易移植性和通用性。本系统的底层软件设计对 App 层目录下的 3 个文件都做出了适当的修改和编译，并最终实现了温室环境参数无线传感器网络系统的监测功能，具体细节将在下一章作出详尽的介绍。

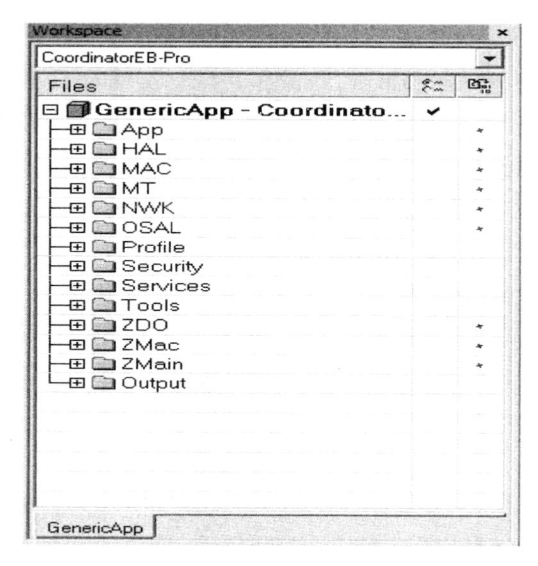

图 7-18　Z-Stack 协议栈的目录结构

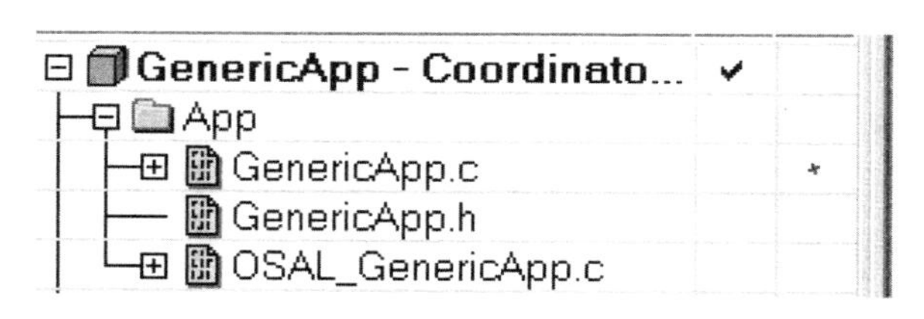

图 7-19　App 目录结构

（二）ZigBee 网络的关键技术

为了能够更好地利用 Z-Stack 协议栈开发温室环境参数无线传感器网络监测系统，使整个系统能够安全、稳定且便捷地完成各项监测任务，那么对于 ZigBee 网络关键技术的研究则是必不可少的。在一般的 ZigBee 网络中存在着 3 种逻辑设备类型：协调器（coordinator），路由器（router）和终端设备（end-device）。其中，协调器是整个网络的核心部分，其最主要的功能是启动网络，启动网络的步骤通常是选择一个相对空闲的信道，形成一个 PANID，它也能协助完成网络中的安全层和处理应用层的绑定操作等，在整个网络启动和配置完毕后，协调器的功能将退化为一个普通的路由。在无线传感器网络中，路由器的主要任务是实现接力的功能，扩展信号的传输范围，因此，通常情况下路由器会一直处于活动状态。另外，作为整个网络中数量最多的终端设备，一般可以采用睡眠模式或者唤醒模式，这是由于终端设备通常使用电池来进行供电。以下则针对 Z-Stack 协议栈中的一些关键技术作出详细介绍。

1. Z-Stack 协议栈中的信道

在 Z-Stack 协议栈中，2.4GHz 的射频频段下一般被划分为 16 个独立的信道。每个设备都有默认的信道集，协调器查询自己的默认信道集同时采用噪声最小的信道作为自己所创建的无线网络信道；路由节点和终端节点也会查询默认信道集并挑选一个已经存在信道的无线网络加入。

2. 网络编号 PANID

网络编号 PANID 的主要作用是区别不同的 ZigBee 网络，一个设备的 PANID 值与函数 ZDAPP_CONFIG_PAN_ID 值的设置有关。协调器的 ZDAPP_CONFIG_PAN_ID 值设置为 0xFFFF，则会产生一个随机的 PANID 值，若网络中的终端节点或路由节点的 ZDAPP_CONFIG_PAN_ID 值也设置为 0xFFFF，那么终端节点和路由节点将会在自己的默认信道上随机挑选一个网络加入，且该网络中协调器的 PANID 值即为它自己默认的 PANID 值。本系统无线传感器网络中的 PANID 值就是由协调器随机生成的，这种方式的好处在于网络中各节点间的连接快速高效，较为适合小型的无线传感器网络，但其缺点就是当网络中终端节点的数量较多时，可能会造成网络连接的混乱（Heidemann 等，2006）。

3. 设备描述符

ZigBee 网络中的全部设施都会存在描述符，其作用为主要用来描述各个节点的应用方式和设备类型。描述符包括能源描述符、节点特征描述符和用户描述符等，改变这些描述符可以使自己的设备种类实现自定义功能，且描述符的数据内容可以被网络中的其他设备获取。描述符的创建配置和定义在文件 ZDOConfig.c 和 ZDOConfig.h 中完成。本系统同样定义了土壤水分传感器节点、温度测量节点和相对湿度测量节点的描述符，这样做使得系统最后收到的监测结果不会因为数据量大而产生混淆等问题。

4. ZigBee 网络中设备的绑定

首先，在 ZigBee 网络中，所有的设备都必须执行绑定机制。绑定实际上是一种控制方法，通常用于控制多个应用设备之间信息流。在温室环境参数无线传感器网络监测系统中，采用了设备之间进行间接绑定的方式，间接绑定采用按键来发送绑定数据，需要绑定的节点在规定时间内发送绑定命令，若协调器收到这样的命令在设定的时间内，它就会创建与之所对应的绑定表，形成了绑定关系的设备之间就能够进行相互通信。本系统中节点的详细绑定过程也将在下一章中进行说明。

三、无线传感器网络的节能休眠策略

（一）能耗因素

无线传感器网络中各节点通常采用电池供电，且一些大型网络甚至采用飞机播撒传感器节点，这就导致整个网络中节点数量庞大，同时各个节点的位置也并不固定。因此，想要维持网络的持久工作能力及寿命，仅仅通过更换电池的方式是无法实现的，只有尽量减少网络中节点的能量消耗，才能使其具有较长时间的续航能力。这也是为什么有关无线传感器网络的节能策略研究非常的重要。

从无线传感器网络的运作方式上分析，能源的消耗主要来自于以下两类因素：通信传输和计算存储。通信传输过程的能量消耗主要包括对协调器、路由和终端节点的使用。而计算存储相关的能量消耗主要涉及信息的保存、检测数据的计算以及协议的调制与解调等因素。无线传感器网络的耗能多少不仅关系到其所应用系统的实用性与可靠性，也会对其应用范围中的环境质量造成影响。

首先，针对 WSN 的通讯传输过程而言，节点的传输功率及网络的跳数决定了整个网络了能量消耗。当 WSN 中的任意两个节点需要进行通信时，会采用两种方式，即大功率直接传送，或着是用小功率多跳传送。对于通信中的每个链路，需要完成一次成功接收的发射功率 Pt 应为：

$$Pt(d) = Ptd^{n}/K \tag{7-5}$$

在式（7-5）中，n 是路径的衰落指数；d 是两节点之间的距离；K 为常数，且由式（7-5）可知，随着节点传输距离的增加，能量的消耗也会随之快速增加，n 则是决定了功率的消耗速度（金纯等，2004）。由此可见，若针对大型的无线传感器网络来说，通过多跳的通讯传输方式，由于每一跳的通信距离缩短，与传统的较少间隔但大功率的传送模式相比，其能耗将显著地减少，也因此将大幅节约节点电池能量的消耗。

除了节点发送通信数据所需消耗的能量值以外，节点自身接受来自网络中的信息时也会消耗一部分能量，式（7-6）将能够更为清晰地展现出节点通信过程中能量的流失方式。

$$\begin{cases} E_i = E_{T_X} + E_{RX} \\ E_{T_X} = E_{elec} \times k + \omega \times k \times r^{\lambda} \\ E_{Rx} = E_{elec} \times k \end{cases} \tag{7-6}$$

在式（7-6）中，E_i 是节点发送和接受信息所消耗的能量的总和，而 E_{Rx}、E_{Tx} 分别为接收和发送 k bits 大小的数据所用掉的能源；E_{elec} 是节点电路工作所需能量；ω 是功率放大器消耗的能量；r 是两个终端之间的距离；λ 是路径损耗（崔莉等，2005）。从式（7-6）中能够发现，节点能源的损耗主要存在于发送和接受数据这两个部分，但也可以看出，E_{elec} 是两个部分中都存在的一项因素，即节点无论出于发送或接受状态，其自身工作的能量消耗都是不能被忽视的，这也是为什么在温室环境参数无线传感器网络监测系统中我们采用节点休眠的策略来节省能源。

（二）节能策略

针对上述无线传感器网络的能量损失因素，我们采用了一些有效的策略即节约了系统的能源消耗，又延长了系统的工作时间。例如，本系统采用本身能源需求较小的 CC2530 无线芯片作为系统节点的核心部分，CC2530 芯片在其上一代 CC2430 的基础上做出的诸多改进，其中就包括减少了自身工作所需的能源，且增大了存储能力等；其次，在保证系统的网络覆盖能力的同时，尽量缩短了节点之间的距离，在上述的分析中我们可以得到，节点的功率会随着距离的增大而呈指数方式的增长，这种增长无疑会给整个系统的能源带来巨大的压力，因此尽量减少各节点之间的距离会给系统能量的节约带来很大的帮助；系统应建立有效的休眠和侦听机制，对于发送出去的数据包要进行及时的侦听，尽量避免无效侦听导致资源的浪费，同时，处于空闲的节点需及时变换到休眠模式，这样也能较为有效地避免一些不必要的侦听。

在一些大规模的无线传感器网络系统中，一般采用多跳方式组织网络结构，但需要注意的是，节点间通信经过的跳数越多，其所需的路由负载也就越大，虽然通过多跳方式可以节省一定的能量，但是如果跳数过多，会导致中间的路由节点负载过重，从而降低了多跳转发得到的能量收益，因此，在考虑节点间距的同时也应兼顾网络中路由的个数，应尽量使节点间距、覆盖面积以及路由个数保持动态的平衡，不可偏重于一方。

四、小结

本章首先对 IEEE 802.15.4 标准和 ZigBee 网络技术做出了总体的概述，分别介绍了 IEEE 802.15.4 标准的 4 项主要特点，即 IEEE 802.15.4 可应用在工业科学医疗（ISM）频段且提供不同的数据速率；较为适宜支持简单器件的工作；涵盖 3 种数据传输方式；拥有较高的安全性能。随后，本章分析了 Z-Stack 协议栈的开发策略，其中包括了对 Z-Stack 协议栈软件架构的描述以及开发过程中需要掌握的一些关键技术。此外，针对无线传感器网络的节能休眠策略做深入分析，阐述了导致无线传感器网络能源消耗的主要因素并给出了本系统的解决策略。本章结合系统的硬件组成，分析了系统底层软件的应用原理，也为系统软件部分的介绍打下了重要的基础。

第四节　基于 WSN 的系统软件开发与应用

温室环境参数无线传感器网络监测系统中软件的开发与应用主要是基于 Z-Stack 协议栈的功能而实现的，系统的软件组成主要包括传感器节点程序、汇聚节点程序和系统上位机软件的设计 3 个部分。其中，传感器节点及汇聚节点的底层程序主要包含网络的组建方式、信号的采集与接收和与上位机的通信功能。这些程序的调试与编译对于整个系统能否实现高效、稳定且准确地采集温室环境信息起到了至关重要的作用。

一、传感器节点程序设计与实现

（一）底层编译软件（IAR）说明

ZigBee 无线网络底层软件开发平台 IAR Embedded Workbench（即 EW）的 C/C++ 调试器和交叉编译器是在世界上目前较容易使用且较为先进的专业嵌入式开发工具。如今，EW 可以实现 35 种以上的 8 位 /16 位 /32 位的 ARM 微处理器编程（李明等，2008；任秀丽等，2007；金纯等，2007）。IAR 主要功能包含汇编器、连接定位器、编辑器、嵌入式 C/C++ 优化编译器、项目管理器和 C-SPY 调试器等。IAR 的编译器非常适合对 Z-Stack 协议栈进行开发与利用，且能够更加节省资源，降低系统的成本，提高品质。

用户打开工程后，选择 Options 选项便可进入 Z-Stack 的编译选项设置界面，如图 7-20 所示。在选项中的 Defined symbols 框内即可为工程添加编译选项，表 7-2 列出了一些开发过程中经常使用的编译选项（Yin 等，2010；Li 等，2009；Achten 等，2010）。

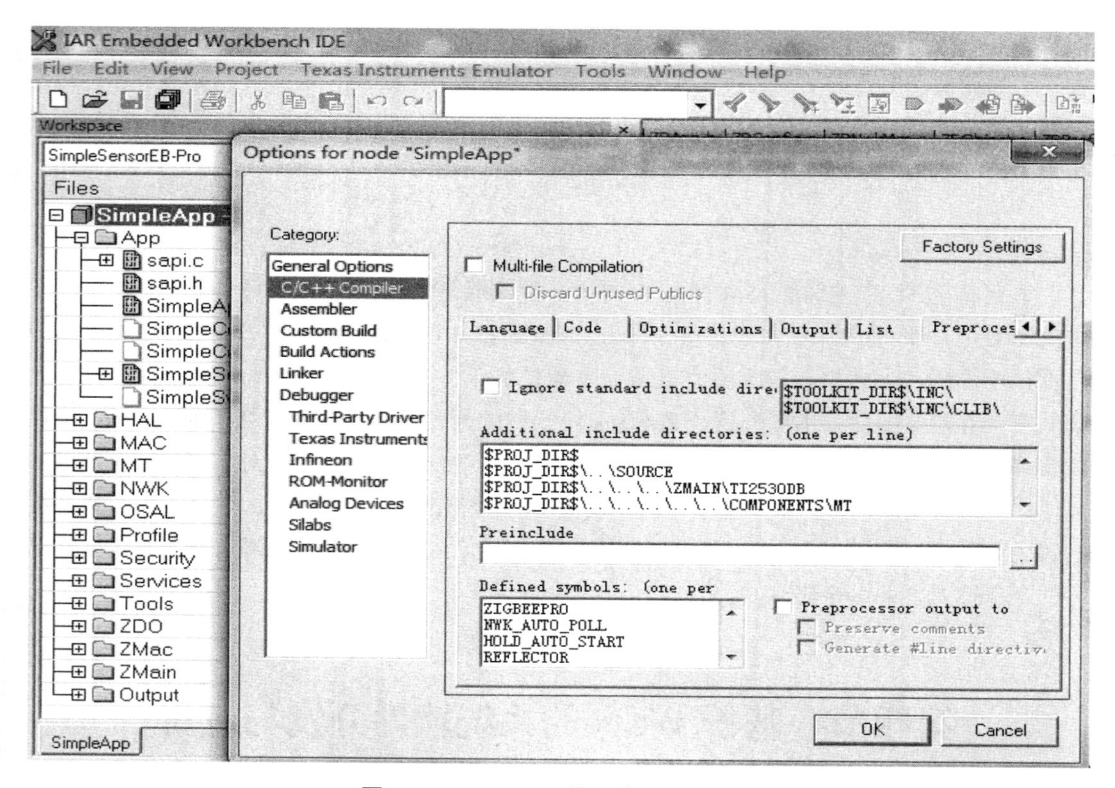

图 7-20　Z-Stack 编译选项设置界面

表 7-2　Z-Stack 常用编译选项

选项名称	描述
COORDINATOR_BINDING	允许协调器进行绑定（仅适用于协调器）
HOLD_AUTO_START	取消 ZDApp 事件处理循环的自动开始功能
NV_INIT	设备重启时，载入基本的 NV 设置
NV_RESTORE	允许设备保存网络状态信息到 NV/ 从 NV 恢复信息
NWK_AUTO_POLL	允许终端设备自动从父节点索取信息
POLL_RATE	向协调器索取信息的间隔（单位：毫秒）
POWER_SAVING	使能电池供电设备的能量节省功能
REFLECTOR	允许绑定
RTR_NWK	允许路由器的网络功能
ZDO_COORDINATOR	允许设备成为协调器

（二）网络建立流程

当打开温室环境参数无线传感器网络监测设备的电源后，传感器节点和汇聚节点上的LED 灯开始闪烁，此时，由于系统的汇聚节点上拥有按键功能，而传感器节点则没有，因此系统汇聚节点将进入等待状态，直到用户按下 KEY1 键这一操作后，应用程序检测到按键状态的变化，触发 OSAL 按键变化的回调函数，该回调函数将使汇聚节点进入到允许绑定的状态且该状态将持续一段时间，随着绑定状态的结束，系统将开始根据自身的设置完成

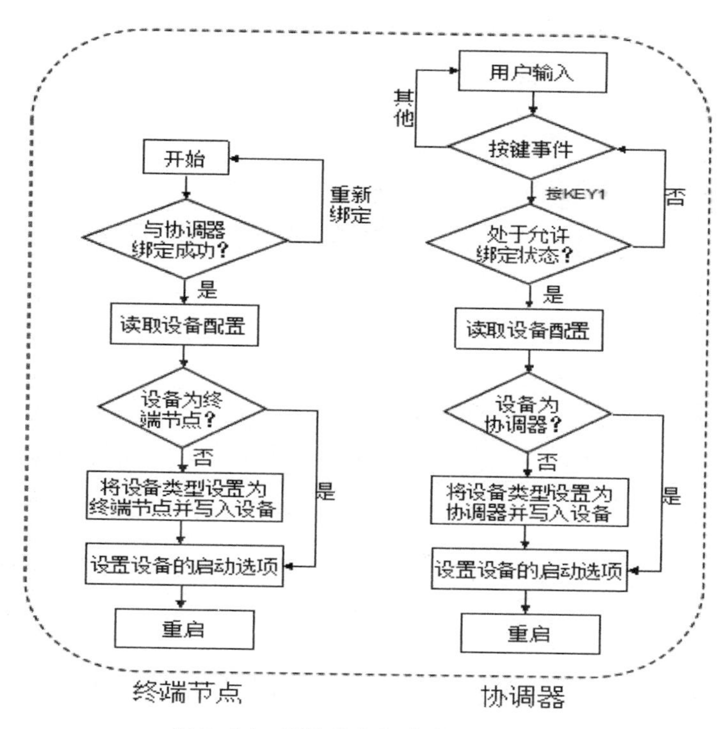

图 7-21　网络节点初次建立流程图

启动任务，并关闭 LED 灯，结束上述过程后，应用程序会将 ZCD_NV_STARTUP_OPTION 的值设置为 ZCD_STARTUP_AUTO_ START，并将其写入非易失性存储器（NV）（郭世富等，2007；胡瑾等，2014；杨玮等，2010），这样，若用户第二次打开无线传感器网络设备或设备重启后，它将自动启动并完成与之前相同的 Z-Stack 相关操作与设置，详细流程如图 7-21 所示。

系统传感器节点的网络建立过程与汇聚节点则略有不同，在图 7-21 中可以发现，传感器节点设备启动后，直接进入发送绑定请求状态并判断是否完成与网络中的协调器进行绑定，此过程所用时间一旦超过 16s 则会重新发送请求，直到成功建立绑定后，传感器节点将继续进行与汇聚节点相同的操作步骤。自此，温室环境参数监测系统的无线传感器网络初步建立完成。

（三）传感器节点数据的传输

只有建立了网络且正确加入到网络当中后，传感器节点才可以向汇聚节点传送数据，在温室环境参数无线传感器网络监测系统中，节点之间的绑定就是相互联系的纽带，也是整个网络正常工作的保障。zb_BindConfirm 函数的主要功能是实现绑定的建立，当系统传感器节点需要与汇聚节点建立绑定关系的时候，zb_BindConfirm 函数就会发挥其作用，且若两节点间绑定完成，则开始进行节点间的数据通信，若绑定失败，那么系统会重新搜索汇聚节点。函数 zb_BindConfirm 的代码如图 7-22 所示。

```
void zb_BindConfirm( uint16 commandId, uint8 status )
{
  if ( ( status == ZB_SUCCESS ) && ( myAppState == APP_START ) )
  {
    myAppState = APP_BOUND;
    myApp_StartReporting();            //开始向汇聚节点发送数据
  }
  else
  {
  //如果无法建立绑定，重新搜索汇聚节点
  osal_start_timerEx(sapi_TaskID, MY_FIND_COLLECTOR_EVT, myBindRetryDelay );
  }
}
```

图 7-22　zb_BindConfirm 函数代码

无线传感器网络中数据的传送是整个系统功能实现的关键，而系统的数模转换结果则是数据传送过程中最为重要的一部分。调用 zb_HandleOsalEvent 函数可以获取芯片数模转换后的传感器输出电压值，且数组 pData[1] 主要用于存储这一结果。函数 zb_HandleOsalEvent 的部分代码如图 7-23 所示。

```
void zb_HandleOsalEvent( uint16 event )
{
  uint8 pData[2];
  if ( event & MY_START_EVT )
  {
    zb_StartRequest();
  }
  if ( event & MY_REPORT_TEMP_EVT )
  {
    //读取并发送信息
    pData[0] = TEMP_REPORT;
    pData[1] = myApp_ReadTemperature();
    zb_SendDataRequest(0xFFFE, SENSOR_REPORT_CMD_ID, 4, pData, 0,
                        AF_ACK_REQUEST, 0 );
    osal_start_timerEx(sapi_TaskID, MY_REPORT_TEMP_EVT,
                        myTempReportPeriod );
  ……
}
```

图 7-23　zb_HandleOsalEvent 函数代码

若传感器节点已经成功加入到系统组建的网络当中，那么它将开始按照程序设定的方式向汇聚节点发送所采集到的数据，如图 7-24 所示流程，它首先将传感器得到的模拟量转换为数字量，此后判断数据是否发送成功，在收到汇聚节点的应答后，根据系统采集的土壤含水量、空气温度和相对湿度数据的延迟特性，传感器节点可以进入休眠阶段从而节约系统能源，直到被再次唤醒则重复以上步骤。

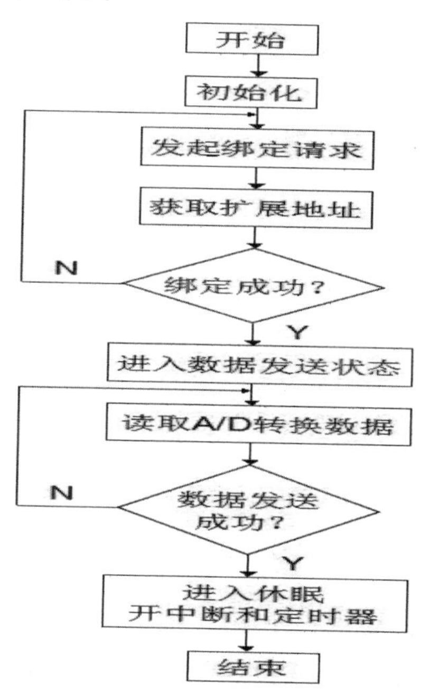

图 7-24　传感器节点数据发送流程图

传感器节点的休眠策略能有效地应对节点能量的消耗问题。本系统所采用的低功耗无线芯片 CC2530 与其他传统芯片相比本身就具有较低的功耗，该芯片还拥有 3 种不同的工作模式，分别为全功能模式、低功耗模式和最低功耗模式，由于在最低功耗模式下芯片需要采用复位方式才能唤醒，因此本系统选用低功耗模式进行工作，即节点可在一定时间内通过睡眠定时器实现自动唤醒功能（Park 等，2010；Raúl 等，2010；Sudha 等，2011；胡静等，2008；张喜海等，2009；陈祥等，2007）。

二、汇聚节点程序设计与实现

（一）汇聚节点工作流程

汇聚节点通常安置在不受信号干扰且方便与上位机进行数据传输的位置，一般采用串口或 USB 口实现其数据的上传功能。汇聚节点的主要功能包括对网络中不同种类的传感器节点数据进行分类整理，并将这些分类好的信息发送给系统的上位机，同时反馈用户命令给传感器节点，从而控制整个无线传感器网络。在本系统汇聚节点上配置有液晶显示屏，主要用于可视化显示网络中各节点的连接状态，从而方便用户对整个无线传感器网络的工作进行实时查看和调整。

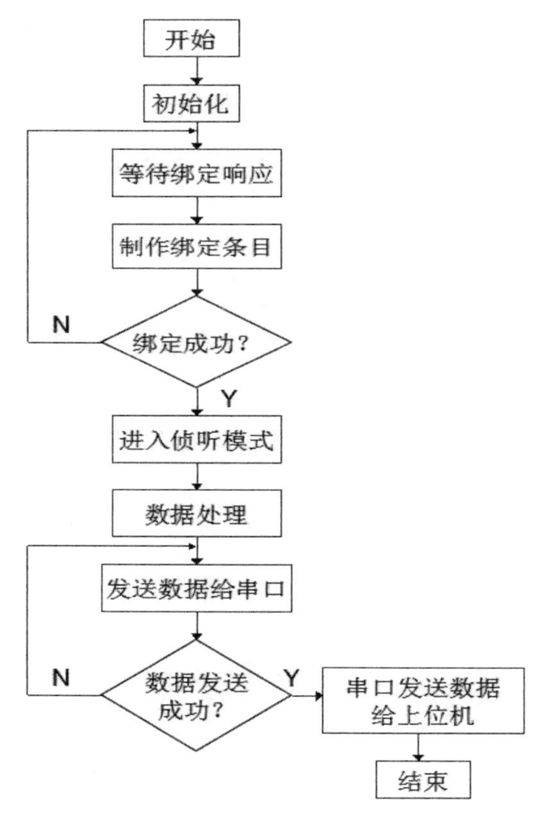

图 7-25　汇聚节点数据接收流程图

如图 7-25 中所示流程，在星形拓扑结构中，当汇聚节点成功绑定了网络分组中的所有传感器节点后，就进入接收数据的侦听模式，随后将收到的不同种类数据进行分组整理，并按照设定好的顺序依次将数据通过串口发送给上位机。汇聚节点并没有采用休眠模式，这是由于本系统中汇聚节点直接由上位机供电，因此几乎一直处于侦听模式中，这种方式也能够适当地减少系统的丢包率。

（二）串口通信功能

虽然系统为了使用方便，而采用 USB 接口代替了普通的 RS-232 串口，但底层软件实际依然需要使用串口功能与上位机进行通信。针对 CC2530 芯片，在硬件部分已经详细介绍了其串口连接方式，芯片的 P0_2 和 P0_3 口被引出作为系统串口的输出引脚（TXD）和输入引脚（RXD）。当芯片串口数据缓冲寄存器开始写入数据时，其字节发送到 TXD，若寄存器 UxCSR 的 ACTIVE 位被置为 1 时，字节开始传送，如果该位被清零，则字节传送结束。若数据缓冲寄存器准备开始接收新的发送信息时，就会先发出一个中断请求，且该中断在传送开始之后立即产生效果，因此，旧的字节正在发送的时候，新的字节就已经能够装载入数据缓冲寄存器中了。这种发送方式能够实现数据发送速度的最大化。zb_ReceiveDataIndication 函数调用了系统的串口发送程序，其部分代码如图 7-26 所示。

```
void zb_ReceiveDataIndication( uint16 source, uint16 command, uint16 len, uint8
                              *pData )
{
 ……
  if (command == SENSOR_REPORT_CMD_ID)
  {
    sensorReading = pData[1];     //从传感器节点接收到的数据
    //如果设备允许，将数据写入串口
    tmpLen = (uint8)osal_strlen( (char*)strDevice );
    pBuf = osal_memcpy( buf, strDevice, tmpLen );
    _ltoa( source, pBuf, 16 );
    pBuf += 4;
    *pBuf++ = ' ';      ……
}
```

图 7-26　zb_ReceiveDataIndication 函数代码

除此之外，串口发送数据的波特率也是我们需要注意的问题之一。这是由于波特率是串口每秒接收或发送的数据位数，且通信双方的波特率需保持一致才能使串口发送或接受的数据不会产生乱码或误传现象。

$$波特率 = \frac{(256 + BAUD\_M) * 2^{BAUD\_E}}{2^{28}} * f \qquad (7-7)$$

式（4.1）中，f 是系统时钟频率，为 32MHz 晶体振荡器（辛颖等，2006），且由于 CC2530 芯片通过寄存器 UxBAUD.BAUD_M 和 UxGCR.BAUD_E 来定义串行通信的波特率，因此当设置 BAUD_M 为 59、BAUD_E 为 10 的时候，本系统的波特率为 38 400，因此上位机程序也应将波特率设置为相同的值，这样才能使系统串口实现正常的通信功能。

三、系统上位机软件开发与应用

温室环境参数无线传感器网络监测系统的上位机管理软件是基于 VB（Visual Basic）平台开发的，VB 是由微软公司开发的一种具有协助编程界面的事件驱动编程语言，它采用了图形用户界面（GUI）系统，用户可以通过 GUI 方便的创建应用程序，但是亦可以开发较为复杂的程序。本系统上位机管理软件主要设计的功能包括：通过 USB 接口模拟串口接收来自无线传感器网络汇聚节点的信息数据；将系统采集的土壤含水量以及空气温湿度数据数字化显示出来；采用实时动态曲线图对系统采集的数据进行描绘，方便观察得到数据的历史变化趋势；实现监测数据的存储和回看功能。

系统上位机管理软件应用一个 API 函数 BitBlt 实现实时动态曲线图的描绘功能，该函数主要负责将实际描绘的图像通过实时平移的方式复制到显示框内，这样不仅实现了图像的平移效果，也避免了绘图过程中产生的闪烁现象。VB 软件中的 MSComm 控件被用于实现系统的串口通信功能，在本系统中，将该控件的 Settings 属性设置为“38 400，N，8，1”。MSComm 控件的属性设置部分程序如下：

```
CmnDlg.ShowOpen                                              '显示对话框
      Set FOut = fs.CreateTextFile（CmnDlg.FileName，2）      '打开文件，写
          If MSComm1.PortOpen = False Then                   '如果串口 1 未打开
                  MSComm1.CommPort = 1
                  MSComm1.Settings = “38 400，N，8，1”         '波特率 38 400
                  MSComm1.PortOpen = True                    '打开串口 1


            End If
      ……
```

软件的人机交互界面如图 7-27 所示，若点击“开始测量”按钮，则系统会自动开始读取汇聚节点串口发来的数据并对数据进行分析和存储，同时描绘出各传感器节点所上传信息的实时动态曲线图，即界面右方的曲线图。点击“回看历史”按钮，则用户可通过对话框选择已保存的数据进行查看。

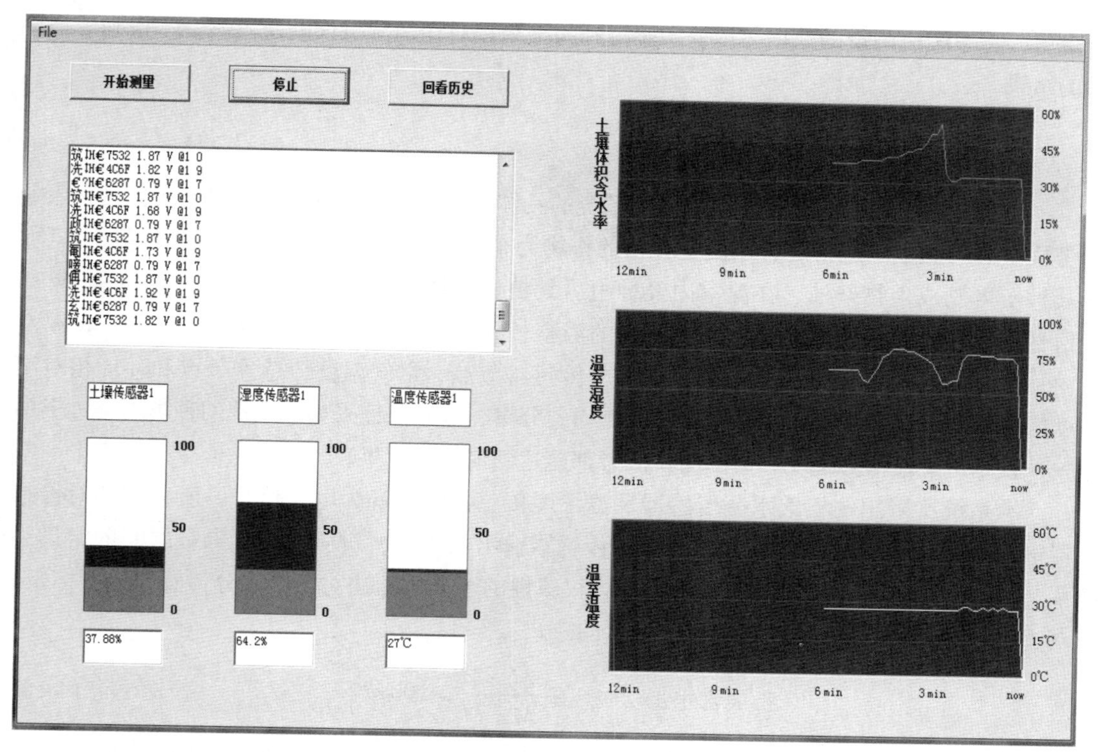

图 7-27 系统上位机软件操作界面

四、小结

本章主要介绍温室环境参数无线传感器网络监测系统的软件设计方法，其中包含系统底层软件编译程序 IAR 的相关设置；各个节点之间初次建立网络时的主要步骤；帮助传感器节点完成数据传输任务的重要函数功能以及具体程序流程；系统汇聚节点的数据接收方式和串口通信的实现过程；最后，还对系统上位机管理软件的重要功能以及实施方法进行了详细的说明，并给出了上位机软件的图形界面和数据采集过程。软件部分的设计是系统能够顺利完成其任务的重要手段，对于整个系统的实用性及可靠性起到了决定性的作用。

第五节 系统性能试验及结果分析

温室环境参数无线传感器网络监测系统的性能试验主要是针对系统的整体工作性能、CC2530 无线芯片信号的传输能力以及不同节点的能量消耗 3 个方面做出分析，系统首先对电压输出的土壤水分传感器和温湿度传感器进行了标定，然后根据 CC2530 芯片的接收信号强度指示分析了在同一温室中不同距离的情况下，节点之间信号的强弱变化，另外，为了测试系统的能耗情况，将整个系统放置于温室内一段时间并对其电池电压进行了密集的监测，最后，将系统所测量的数据与传统实验得到的结果相对比，分析误差及可靠性，得到了最终的结果。

一、传感器的标定及结果

温室环境参数无线传感器网络监测系统的具体试验是在昆明理工大学呈贡校区现代农业工程学院的温室中进行的，该温室种植的作物为小桐子，是一种十分重要的生物能源作物，其种子可制成生物柴油，在温室内经种植后其植株主体部分可高达 2m 左右，对系统 WSN 信号的传输具有一定的影响。系统放置的温室长为 28 m，宽为 10 m，高为 3.5 m，在温室内，系统的终端节点主要被分为土壤水分传感器节点、空气温度传感器节点和环境相对湿度传感器节点 3 种类型，并将这 3 种节点均匀分布，从而保证采集到数据的种类不会过于单一，且尽可能使信号强度和监测面积二者都能达到最好的效果。

本系统所采用的土壤水分传感器及温湿度传感器输出皆为电压信号，所以需要对传感器进行标定试验，从而更加准确地得到传感器输出电压与所对应的被测参数之间的定量关系。试验利用土壤含水量测定方法中最具权威性的土壤烘干法对土壤水分传感器进行标定。式（7–8）为土壤烘干法测量土壤含水量的公式：

$$\text{土壤含水量（\%）} = \frac{M - M_1}{M - M_0} \times 100\% \qquad (7-8)$$

式（7–8）中，M 为烘干前铝盒及土壤的质量，M_1 为烘干后铝盒及土壤的质量，M_0 为烘干后铝盒的质量（刘涛等，2008；Wang 等，2006；曹峰等，2006）。标定采用云南地区燥红土壤，首先，从温室内作物根部附近采集土壤放入已经烘干好的铝盒内，并将其放入烘箱，在 105℃下烘烤 12h 以上，采用 105℃烘烤是由于在此温度下，土壤中的水分会逐渐蒸发，但土壤的结构不会遭到破坏且其中的有机质也不至分解；在此之后，根据式（7–8）推算，将土壤含水量变为已知，从而可以求得 M_1 的重量，并通过此法将土壤和水按求出的质量调配成具有相应土壤含水量的样品，其中，所调配样品的土壤含水量分别为 5%、10%、20%、30%、40%、50% 和 60%；将调制好的样品均匀搅拌一段时间后静置，待 6h 后，将土壤水分传感器插入样品中进行测量，每个样品重复测量 5 次，然后取平均值，采用数值分析中的拉格朗日插值算法计算得到土壤含水量与传感器的输出电压之间的关系式（7–9），式中 y_1 为土壤含水量，x_1 则为所对应的电压值，由于土壤水分传感器本身存在一定温度漂移，且具有一定误差，因此在土壤含水量为零时，该传感器亦会存在 0.09 V 的电压输出情况。

$$y_1 = -5.729 + 73.3082x_1 - 115.6741x_1^2 + 96.6571x_1^3 - 34.7545x_1^4 + 4.6054x_1^5 \qquad (7-9)$$

$$y_2 = 28.3378x_2 + 5.6593x_2^2 - 1.5526x_2^3 \qquad (7-10)$$

$$y_3 = 42.2263x_3 - 13.3337x_3^2 + 3.9809x_3^3 \qquad (7-11)$$

系统的温湿度传感器标定主要根据将温湿度传感器输出的电压值与相同状态下高精度温湿度计的测量值进行对比，从而得到了它们之间的对应关系，即式（7–10）和式（7–11），其中式（7–10）为相对湿度和传感器输出电压之间的关系，式（7–11）则为空气温度与传感器输出电压之间的关系（图 7-28）。

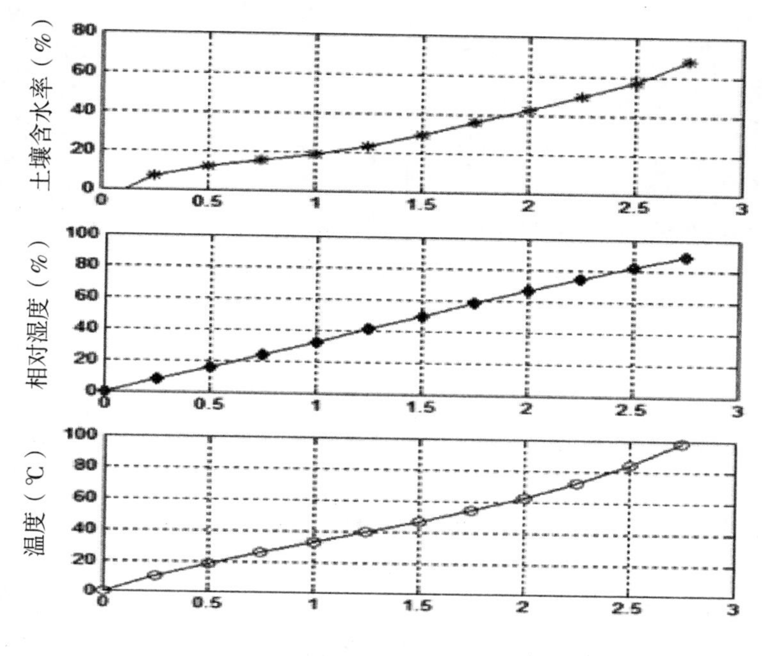

图 7-28　传感器输出电压值（V）

在式（7-10）和式（7-11）中，x_2、x_3 分别为湿度传感器和温度传感器所返回的电压值，y_2、y_3 则为传感器测量得到的湿度值和温度值。由以上 3 个关系式可知，土壤含水量、相对湿度和空气温度的变化与所对应传感器所输出的电压值变化不呈现严格的线性关系，但若各环境因素的变化量增加，则对应的传感器输出电压值也会随之增大。为了能够更加清晰地分析传感器标定的结果，本研究给出了温室环境参数无线传感器网络监测系统中 3 种传感器的标定曲线。

二、CC2530 芯片传输特性分析

温室环境参数无线传感器网络监测系统所采用的核心芯片为 CC2530 无线传输芯片，该芯片的主要功能已在第二章中做出了详细的介绍，CC2530 芯片具有较为成熟的接收信号强度指示（RSSI）动态显示功能，即通过底层软件的编译，可以实现 RSSI 值的动态可视化过程。RSSI 值是反应节点信号强度与距离之间关系的主要指标，且与节点的发射功率相关，能直接体现节点无线电信号的传输效率。RSSI 值的单位是 dBm，且大多为负值，这是由于 RSSI 值可通过节点的发射功率转化而来，无线信号的发射功率多为毫瓦级别，1mW 等于 0dBm，当发射功率小于 1mW 时，节点的 RSSI 值即为负值。

图 7-29　系统数据包传输及 RSSI 值可视化显示

由图 7-29 可知，若无线传感器网络中只存在两个节点相互传送数据，其中液晶屏中显示的 Tx 与 Rx 分别为该节点发出的数据包个数和接收到的数据包个数，则当节电设备 1 发出和接收到的数据包与设备 2 接收并发出的数据包个数完全相同时，说明两个节点间的数据包传输率为 100%。此外，从图 7-29 中还可以看到两个节点之间在传输数据包的过程中，其 RSSI 值的动态变化，这对于分析系统无线传感器网络的传输性能起到了至关重要的作用。

为了更加清晰地分析 CC2530 芯片的传输能力，我们设计了以下试验：首先，保证节点一直处于距地面 1.5m 的高度不变，在这种情况下，选择 3 个节点分别在温室中的不同区域与一固定节点进行通信，随后，将这两个节点之间的距离从 0m 逐渐增大到 100m，且在该过程中，距离每增加 10m 则记录一次当时的 RSSI 值，最后重复该过程 3 次，从而最终得到土壤水分、空气温度和相对湿度 3 个节点的接收信号强度随距离变化的衰减情况。

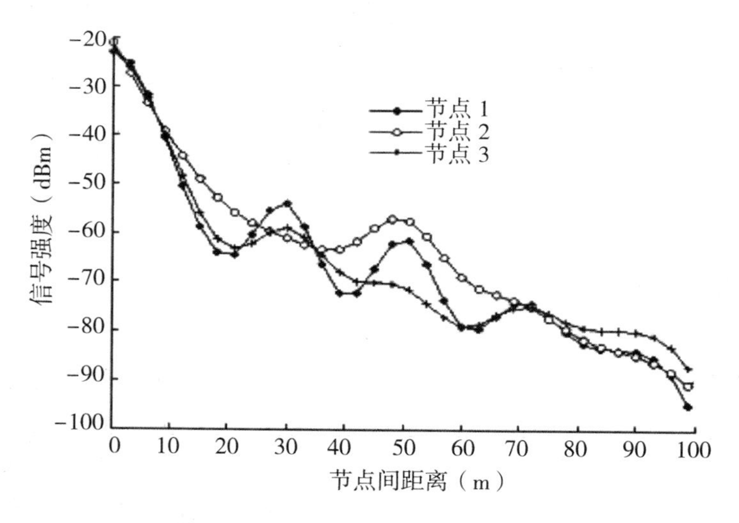

图 7-30　系统接收信号强度衰减情况

如图 7-30 所示，图中横轴为节点间的距离，纵轴为信号接受强度 RSSI 的值，可以看出若节点间的距离增加，则其 RSSI 的值总体呈现逐渐减小趋势，尤其在节点间距离从 0 变化到 20m 的过程中，网络的信号接受强度大幅衰减，然而在节点间距离为 20~60m 时，信号的接受强度产生了波动现象，这主要是因为温室内种植作物的平均株高为 2m 左右，且都具有较大的叶片结构，因此在节点的移动过程中，其对网络的信号产生了一定的干扰，从而导致信号接受强度发生波动。由试验可知，当节点间距离超过 60m 时，即网络的信号接受强度小于 -80 dBm 后，数据传输的丢失率开始增加，且节点的传输功率也随之增大，这会导致节点的稳定性和工作寿命大幅减少。试验用温室的总长为 28m，因此系统节点的测量区域可以完全覆盖整个温室，且节点间距离在 60m 以内时，本系统都可保障采集数据的稳定和高效传输功能。

三、无线传感器网络能耗测试

无线传感器网络节点的能量消耗决定了整个网络的工作寿命及成本，是衡量网络工作性能的重要指标之一，也是如今围绕无线传感器网络技术研究的关键性问题。因此，为了验证系统节点在不更换电池情况下的工作寿命，以便今后对系统的工作方式实行进一步改善，我们通过以下试验对系统无线传感器网络节点的能量消耗做出了详尽的分析与评估。

首先，由于本系统网络中汇聚节点与上位机直接相连并由上位机提供其工作所需要的能源，因此本系统汇聚节点的能量消耗不被记入无线传感器网络的总体能耗当中。其次，本系统传感器节点的主要能耗因素包括传感器采集数据所需能源、数据传送能耗、节点唤醒、CC2530 芯片工作能耗以及电池本身的能量损失等，且针对这些因素，我们已经采取了相应的措施来尽量减少不必要的能源浪费，例如：采用低功耗的土壤水分、空气温度和相对湿度传感器；选用 CC2530 的低功耗数据传输模式；在保证网络覆盖面积和节点间距离的同时采取节点的休眠策略等。最后，本系统的传感器节点均采用 2 节普通五号充电电池供电，节点 1 每隔半小时采集一次数据，节点 2 每隔 1h 采集一次数据，每次采集数据持续 1 分钟，且应用密集型的采集方式，另外，试验每隔 5d 就对系统中两节点的电池电压分别进行测量，

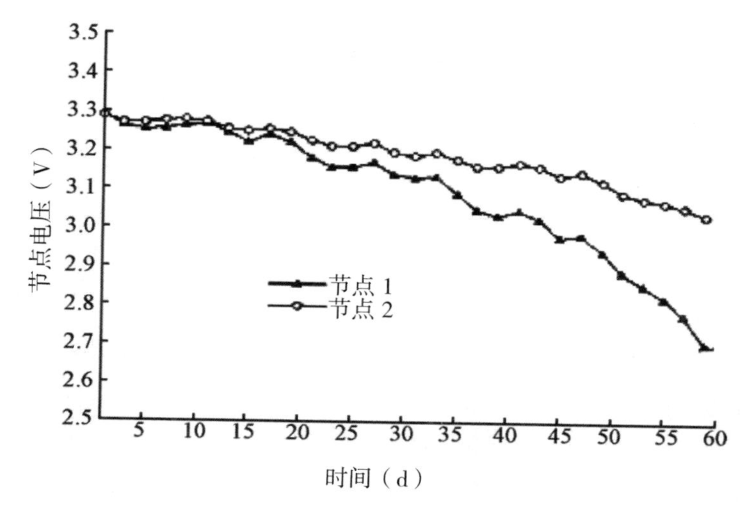

图 7-31　网络节点能量消耗

测量采用高精度的万用表且每个节点重复检测电池电压 5 次，得到系统的最终能耗结果如图 7-31 所示。

由图 7-31 可知，在相同的发射功率、节点位置保持不变且没有其他信号干扰等条件下，经过 20 d 左右后，节点 1 的电池电压衰弱速率开始明显较快于节点 2，由于节点在休眠过程中其电池电压会有小幅回升现象，因此图 7-31 中曲线产生了较小的波动现象，若传感器节点电压低于 3V，虽然也能保证 CC2530 芯片的正常工作，但由于各传感器的工作电压大多为 3V，因此可能会导致传感器所测量物理量的误差增大或数据异常等问题。由此可得，本系统无线传感器网络节点在不更换电池的情况下，单个节点采用 2 节五号充电电池可在温室内持续正常工作 45d 左右。

四、系统性能可靠性分析

温室环境参数无线传感器网络监测系统的可靠性与实用性需要根据网路的稳定性和系统的测量精度等问题的解决情况来进行判别，系统在温室中完成监测工作除了需要具备稳定的信号传输能力以及能够维持较长工作时间的能耗方案之外，还应当具有较高的数据监测精度以及较高的抗干扰和容错能力。因此，针对本系统的测量精度，为此设计了以下试验，进行分析：

首先，由于温室环境参数无线传感器网络监测系统所测量的物理量主要包括温室内作物的土壤含水量、空气温度和相对湿度这 3 种因素，所以需要根据不同的测量参数设计不同的精度验证方法。面向土壤含水量数据的主要传统验证方式为土壤烘干法，因此，当系统对温室内作物的土壤含水量完成一次数据的采集并记录结果后，立即提取系统土壤水分传感器放置区域附近的土壤，并采用土壤烘干法的操作方式在实验室完成对这部分土壤的含水量检测，随后将土壤水分传感器的测量结果和传统土壤烘干法的检测结果相对比，并最终得到系统针对温室内作物的土壤含水量的监测精度和误差，具体数据如表 7-3 所示。

表 7-3　系统传感器测量结果及误差

测量参数	多次实测数据	对应标准数据	对应绝对误差（%）
土壤含水率（%）	16.8 /23.3/ 48.4	17.6 /21.4/ 43.6	−0.8 /1.9/ 4.8
相对湿度（%）	41.4 /64.8/ 76.7	42.1 /66.2/ 78.5	−0.7 /−1.4/ −1.8
空气温度（℃）	18.8 /21.6/ 29.3	19.9 /22.4/ 28.7	−1.1 /−0.8/ 0.6

系统针对温室内空气温度和相对湿度的试验验证方式主要为在系统所设置的空气温度传感器和相对湿度传感器附近分别放置高精度的温湿度计，并分别在每日的早、中、晚同时记录温室内系统采集到的温湿度数据和高精度的温湿度计所读出的数据，将两者对比分析从而得到系统测量温室空气温度和相对湿度的精度与误差，具体结果如表 7-3 所示。

由表 7-3 可得，在上述试验中，经过多次测量并选取平均值的方式得到，温室环境参数无线传感器网络监测系统土壤含水量测量的最大误差为 4.8%，相对湿度测量的最大误差为 -1.8%，而空气温度测量的最大误差为 -1.1%。土壤含水量的检测误差与其他两种物理量的检测误差相比相对偏高，这种现象是由于在温室中，种植作物的土壤在经过灌水后，其自身水分渗透得不够均匀所导致的，但本系统的测量精度完全可以满足一般检测的需求，且能够较为准确和稳定地对温室环境参数进行采集。

系统还采用 Z-Sensor Monitor 软件针对整体网络的拓扑结构和连接情况进行了分析说明。Z-Sensor Monitor 软件（Cardei 等，2005）可以通过串口将无线传感器网络的拓扑结构以及各个传感器节点采集的数据以图形方式形象地显示在上位机终端上，使用户可以非常直观地检查网络的连接方式和是否有节点发生故障等情况，将整个系统的无线传感器网络清晰地展现在用户面前，如图 7-32 所示。

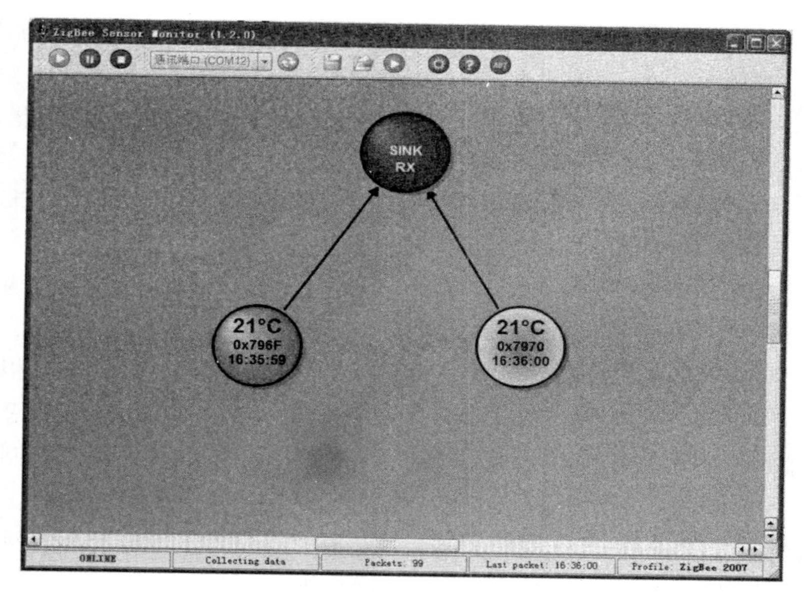

图 7-32　系统网络连接状态

五、小结

本章针对温室环境参数无线传感器网络监测系统的实用性、稳定性以及网络传输能力等因素做出了详细的分析与介绍。首先，完成了系统所用传感器的标定试验，分析了不同种类传感器的标定方法，并得出了传感器标定曲线，使系统能够更加准确地采集温室内的环境参数数据。其次，针对系统所用核心芯片 CC2530 的无线传输能力做出了试验和分析，并通过芯片的接收信号强度指示分析得到了系统节点在距地表 1.5m 高度时的有效传输距离可以达到 60m，且测量范围能够覆盖整个温室。此后，本章还通过试验测试了系统的能量消耗，在经过 60d 的持续测试后，得到系统在不更换电池的情况下，单个节点采用 2 节五号充电电池可在温室内持续正常工作 45 d 左右。最后，本章还采用了 Z-Sensor Monitor 软件对于系统整体网络的拓扑结构和连接情况进行了分析说明，并根据试验得出了系统的具体监测精度，本系统土壤含水量测量的最大误差为 4.8%，相对湿度测量的最大误差为 -1.8%，而空气温度测量的最大误差为 -1.1%，因此，本系统的测量精度完全可以满足一般检测的需求，且能够较为准确和稳定地对温室环境参数进行采集工作。

第六节　小　结

一、结果

温室环境参数监测系统的开发，其主要目的在于便捷、连续并且准确地对影响温室内种植作物生长的环境因素进行实时监测。但传统温室环境参数监测往往存在系统布线复杂、监测效率较低、扩展空间较小以及成本较高等问题，本研究为解决这些问题设计了温室环境参数无线传感器网络监测系统，根据温室环境监测的需求结合了 CC2530 芯片，搭建了系统的硬件结构，并研究了系统软件功能的实现方式以及能耗、传输和休眠等策略，实现了低成本、低功耗、扩展性良好且具有较高稳定性的监测系统，本研究的主要研究成果有以下几个方面：

（1）针对温室环境参数无线传感器网络监测系统的硬件设计规则和总体结构做出了详细的说明，分别介绍了系统传感器节点的硬件组成以及汇聚节点的硬件结构，给出了无线通信模块的配置方法，介绍了核心芯片 CC2530 的主要功能，分析了与系统硬件相关的土壤水分、空气温度和相对湿度传感器原理，说明了通信接口的电路连接方式以及汇聚节点的液晶显示功能。此外，还详细阐述了系统的传感器信号调理电路的功能以及电路板制作过程中的抗干扰设计。

（2）系统采用 IEEE 802.15.4/Zigbee 协议的 2.4GHz 频段实现底层传感器网络节点的互联，并采用信标使能的数据传输方式从而尽量减少能耗；阐述了 Z-Stack 协议栈的开发策略，其中包括了对 Z-Stack 协议栈软件架构的描述以及开发过程中需要掌握的一些关键技术，系统主要编译并改写了 Z-Stack 协议栈 App 层目录下的程序以便适应其硬件组成结构，且同时实现了各节点间的稳定通信功能；针对无线传感器网络的节能休眠策略作出了深入的分析，阐述了导致无线传感器网络能源消耗的主要因素并给出了减少节点间传输距离、采用星型拓扑结构、选取 CC2530 芯片和节点休眠等诸多系统的节能策略方案。

（3）介绍了温室环境参数无线传感器网络监测系统的软件设计方法。其中，重点讲述了系统底层软件编译程序 IAR 的相关设置；各个节点之间初次建立网络时的主要步骤；传感器节点完成数据传输任务的重要函数功能以及具体程序流程；系统汇聚节点的数据接收方式和串口通信的实现过程。还对系统上位机管理软件的重要功能以及程序的编译进行了详细的说明，并给出了上位机软件的图形界面和数据采集过程。

（4）温室环境参数无线传感器网络监测系统根据不同方法标定了其所用的不同种类传感

器，并得出了传感器标定曲线，使系统能够更加准确地采集温室内的环境参数数据。此外，针对系统所用核心芯片 CC2530 的无线传输能力做出了试验和分析，通过芯片的 RSSI 值分析得到了系统节点在距地表 1.5m 高度时的有效传输距离可以达到 60m，且测量范围能够覆盖整个温室。具体分析了系统的能量消耗因素，且在经过 60d 的持续测试后，得到系统在不更换电池的情况下，单个节点采用 2 节五号充电电池可在温室内持续正常工作 45 d 左右。还采用了 Z-Sensor Monitor 传感检测软件对于系统整体网络的拓扑结构和连接情况进行了分析说明，并根据试验得出了系统的具体监测精度，本系统土壤含水量测量的最大误差为 4.8%，相对湿度测量的最大误差为 -1.8%，而空气温度测量的最大误差为 -1.1%，系统的测量精度完全可以满足一般检测的需求，且能够较为准确和稳定地对温室环境参数进行采集工作。

二、展望

由于本研究中温室环境参数无线传感器网络监测系统的开发时间有限，在未来，本系统可以扩展多种其他的温室环境参数监测功能，如二氧化碳浓度、光照、施肥量等。另外，在本系统的研究基础上，可进一步提高系统的监测精度并在汇聚节点采用 3G 通信模块将数据发送至互联网当中，从而使系统具有更便捷的数据交换方式，更有利于实现真正物联网模式下的温室环境参数监测功能。

参考文献

蔡义华，刘刚，李莉，等 . 2009. 基于无线传感器网络的农田信息采集节点设计与试验 [J]. 农业工程学报，25（4）：176–178.

曹峰，刘丽萍，王智，2006. 能量有效的无线移动传感器网络部署 [J]. 信息与控制，4，35（2）：147–154.

曹啸，王汝传，黄海平，等 . 2012. 无线多媒体传感器网络视频流多路径路由算法 [J]. 软件学报，23（1）：108–121.

曹元军，王新忠，杨建全 . 2008. 基于无线传感器网络的农田气象监测系统 [J]. 农机化研究，（12）：163–165.

陈祥，薛美盛，王俊，等 . 2007. 基于 ZigBee 协议的温室环境无线测控系统 [J]. 自动化与仪（3）：39–41，50.

崔莉，鞠海玲，苗勇，等 . 2005. 无线传感器网络研究进展 [J]. 计算机研究与发展，42（1）：163–174.

崔然，马旭东，彭昌海 . 2010. 基于无线传感技术的楼宇环境监测系统设计 [J]. 现代电子技术，（7），53–58.

丁伟，鲍建成 . 2012. 基于改进蚁群算法的无线传感器网络路径优化 [J]. 科学通报，28（6）：

101-105.
段治超，杜克明，孙忠富，等 . 2008. 基于 ARM. Linux 和 GPRS 的农业环境无线远程监控系统 [J]. 农业网络信息，(6)：12-15.
方旭明，马忠建 . 2005. 无线 Mesh 网络的跨层设计理论与关键技术 [J]. 西南交通大学学报，40(6)：711-719.
高峰，俞立，张文安，等 . 2008. 基于作物水分胁迫声发射技术的无线传感器网络精量灌溉系统的初步研究 [J]. 农业工程学报，24(1)：60-63.
耿向宇，李彦明，苗玉彬，等 . 2007. 基于 GPRS 的变量施肥机系统研究 [J]. 农业工程学报，23(11)：164-167.
郭世富，马树元，吴平东，等 . 2007. 基于 ZigBee 无线传感器网络的脉搏信号测试系统 [J]. 计算机应用研究，24(4)：258-260.
韩安太，何勇，李剑锋，等 . 2010. 基于无线传感器网络的粮虫声信号采集系统设计 [J]. 农业工程学报，26(6)：181-187.
胡瑾，樊宏攀，张海辉，等 . 2014. 基于无线传感器网络的温室光环境调控系统设计 [J]. 农业工程学报，30(4)：160-167.
胡静，沈连丰，宋铁成，等 . 2008. 新的无线传感器网络分簇算法 [J]. 通信学报，29(7)：20-26.
姜晟，王卫星，等 . 2012. 能量自给的果园信息采集无线传感器网络节点设计 [J]. 农业工程学报，28(9).
金纯，蒋小宇，罗祖秋 . 2004. ZigBee 与蓝牙的分析与比较 [J]. 标准与技术追踪，(6)：17-20.
金纯，万正兵，陈许 . 2007. ZigBee 无线扫描系统在现代物流中的应用 [J]. 微计算机信息，(21)：170-172.
李栋，张林，徐保国 . 2009. 无线温室信息监测系统设计 [J]. 微计算机信息，25(8)：38-39.
李虎雄，张克旺，等 . 2012. 基于蚁群优化的无线传感器网络路由优化算法川 [J]. 西北工业大学学报，30(3)：356-360.
李莉，李海霞，刘卉 . 2009. 基于无线传感器网络的温室环境监测系统 [J]. 农业机械学报，9(40)：228-231.
李明，王睿，石磊 . 2008. 一种 ZigBee 无线传感器网络节点的设计 [J]. 自动化技术与应用，27(1)：91-94.
李震，Wang Ning，洪添胜，等 . 2010. 农田土壤含水率监测的无线传感器网络系统设计 [J]. 农业工程学报，26(2)：212-217.
刘卉，汪懋华，王跃宣，等 . 2008. 基于无线传感器网络的土壤温湿度监测系统的设计与开发 [J]. 吉林大学学报：工学版，38(3)：604-608.
刘逵，刘三阳，等 . 2012. 一种基于分簇蚁群策略的无线传感器网络路由算法 [J]. 控制与决策，17(6)：929-936.
刘涛，赵计生 . 2008. 基于 ZigBee 技术的农田自动节水灌溉系统 [J]. 测控技术，27(2)：61-62.
柳桂国，应义斌 . 2003. 蓝牙技术在温室环境检测与控制系统中的应用 [J]. 浙江大学学报（农业与生命科学版），29（3）：329–335.
罗隆福，李鑫，李芬芬 . 2011. 光伏系统最大功率点跟踪算法的改进及应用 [J]. 电力电子技术，45（4）.
曲大鹏，王兴伟，黄敏 . 2011. WPANT：应用于移动对等网络的轻量级层次蚁群路由算法 [J]. 东北大学学报：自然科学版，（3）：356–359.
任秀丽，于海斌 . 2007. ZigBee 无线通信协议实现技术的研究 [J]. 计算机工程与应用，43（6）：143–145.
阮加勇 . 2005. 无线 Ad Hoc 网络中的跨层 QoS 保证研究 [D]. 华中科技大学博士学位论文 .
苏锦，张秋红，杨新锋 . 2012. 改进蚁群算法的无线传感器网络路径优化 [J]. 计算机仿真，29（8）：112–115.
孙利民 . 2005. 无线传感器网络 [M]. 北京：清华大学出版社，2005：3–5.
王殊，阎毓杰，胡富平，等 . 2007. 无线传感器网络的理论及应用 [M]，北京：北京航空航天大学出版社：12–13.
肖克辉，肖德琴，罗锡文 . 2010. 基于无线传感器网络的精细农业智能节水灌溉系统 [J]. 农业工程学报，26（11）：170–175.
辛颖，谢光忠，蒋亚东 . 2006. 基于 ZigBee 协议的温度湿度无线传感器网络 [J]. 传感器与微系，25（7）：37–48，88.
杨玮，吕科，张栋，等 . 2010. 基于 ZigBee 技术的温室无线智能控制终端开发 [J]. 农业工程学报，26（3）：198–202.
翟正怡，张轮 . 2007. 无线传感器网络正六边形网格划分方法 [J]. 电脑知识与技术，2007，（19）：89–90.
张京，杨启良，戈振扬，等 .2013. 温室环境参数无线传感器网络监测系统构建与 CC2530 传输特性分析 [J]. 农业工程学报，29（7）：139–147.
张荣标，谷国栋，冯友兵，等 . 2008. 基于 IEEE802.15.4 的温室无线监控系统的通信实现 [J]. 农业机械学报，39（8）：119–122，127.
张伟，何勇，裘正军等 . 2009. 基于无线传感网络与模糊控制的精细灌溉系统设计 [J]. 农业工程学报，25（增刊 2）：7–12.
张喜海，张长利，房俊龙，等 . 2009. 面向精细农业的土壤监测传感器节点设计 [J]. 农业机械学报，2009，40（增刊 1）：237–240.
Achten WMJ，Maes WH，Reubens B. 2010. Biomass production and allocation in Jatropha curcas L. seedlings under different levels of drought stress[J]. *Biomass and Bioenergy*，34（5）：667–676.
Akyildiz I F，Su W，Sankarasubramaniam Y，et al. 2002. A survey on sensor networks[J]. *IEEE Communications Magazine*，40（8），102–114.
Ash J N，Moses R L. 2005. Acoustic time delay estimation and sensor network self-localization：Experimental results[J]. *Journal of the Acoustical Society of America*，118（2）：841–850.

Bogena H R, Huisman J A, Oberdorster C, et al. 2007. Evaluation of a low-cost soil water content sensor for wireless network applications[J]. *Journal of Hydrology*, 34（4）: 32-42.

Cardei M, Wu J, Lu M, et al. 2005. Maximum network lifetime in wireless sensor networks with adjustable sensing ranges[C]// *IEEE International Conference on Wireless and Mobile Computing, NETWORKING and Communications* : 438-445 Vol. 3.

Cheng X, Thaeler A, Xue G, et al. 2004. TPS : a time-based positioning scheme for outdoor wireless sensor networks[J]. *Proceedings -IEEE INFOCOM*, 4 : 2685-2696 vol.4.

D. Pompili, T. Melodia, I. F. Akyildiz. 2006. Deployment analysis in underwater acoustic wireless sensor networks[C]. *WUWNet, Los Angeles*, CA.

Fairless D. 2007. Biofuel : the little shrub that could—maybe.[J]. *Nature*, 449（7163）: 652-5.

Fan Z, Chen Y, Zhou H. 2008. An Aggregator Deployment Protocol for Energy Conservation in Wireless Sensor Networks[C]// *IEEE International Conference on Networking, Sensing and Control. IEEE* : 1019-1024.

Gagarin A, Hussain S, Yang L T. 2010. Distributed hierarchical search for balanced energy consumption routing spanning trees in wireless sensor networks ☆ [J]. *Journal of Parallel & Distributed Computing*, 70（9）: 975-982.

Geziei S, 2008. A survey on wireless position estimation[J]. *Wireless personal Communications*, 44（3）: 263-280.

Green O, Nadimi E S, Blanes-Vidal V, et al. 2009. Monitoring and modeling temperature variations inside silage stacks using novel wireless sensor networks[J]. *Computers & Electronics in Agriculture*, 69（2）: 149-157.

Guo C, Zhong L C, Rabaey J M. 2001. Low power distributed MAC for ad hoc sensor radio networks[C]// *Global Telecommunications Conference*, 2001. GLOBECOM '01. IEEE. : 2 944 -2 948.

Heidemann J, Ye W, Wills J, et al. 2006. Research challenges and applications for underwater sensor networking[C]// *IEEE Wireless Communications & Networking Conference. IEEE* : 228-235.

I. F. Akyildiz, D. Pompili, T. Melodia. 2004. Challenges for efficient communication in underwater acoustic sensor networks[J]. *ACM Sigbed Review* 1（2）pp.3-8.

I. F. Akyildiz, E. P. Stuntebeck. 2006. Wireless underground sensor networks : research challenges[J]. Ad—Hoc Networks 4 pp.669-686.

J. Yick, G. Pastemack, B. Mukherjee, D. 2006. Ghosal, Placement of network services in sensor networks, Self-Organization Routing and Information[C]// *Integration in Wireless Sensor Networks*（*Special Issue*）*in International Journal of Wireless and Mobile Computing*（*IJWMC*）pp.101-112.

Jennifer Yick, Biswanath Mukherjee, Dipak Ghosai. 2008. Wireless sensor network survey[J]. *Computer Networks*.（52）2 292-2 330.

Kemal Akkaya. Mohamed Younis. 2005. A survey on routing protocols for wireless sensor networks[J]. *Ad hoc networks*,（3）：325–349.

Kim J，Lee S. 2009. Spanning tree based topology configuration for multiple–sink wireless sensor *networks*[C]// International Conference on Ubiquitous and Future Networks：122 –125.

Li Q F，Qiu R L，Shi N. 2009. Remediation of strongly acidicmine soils contaminated by multiple metals by plant reclamation with Jatropha curcas L. and addition of limestone[J]. *Acta Scientiae Circumstantiae*，29（8）：1 733–1 739.

M. Li，Y. Liu. 2007. Underground structure monitoring with wireless sensor networks[C]// *Proc. of the IPSN*，*Cambridge*，MA.

Madigan D，Einahrawy E，Martin R P，et al. 2005. Bayesian indoor positioning systems[J]. *Proceedings- IEEE INFOCOM*，2：1 217–1 227 vol. 2.

Malhotra N. Krasniewski M. Yang C. et al.，2005. Location estimation in Ad–hoc networks with directional anterinas[J]. *in Proceedings of 25th IEEE International Conference on Distributed Computing Systems*（*ICDC*），Columbus，OH，USA，Jun. 6–10.

Nasipuri A. and Li K，2002. A directionality based location discovery seheme for wireless sensor–netorks[J]. in Proceedings of First ACM International Workshop on Wireless Sensor Network and Applications（WSNA），Atlanta，GA，USA，Sep. 28.

Niculescu D，Nath B. 2003. Ad Hoc Positioning System（APS）Using AoA[J]. Proceedings –IEEE INFOCOM，3（2）：1 734–1 743.

Park Dae–Heon，Kang Beom–Jin，Cho Kyung–Ryong，et al. 2010. A study on greenhouse automatic control system based on wireless sensor network[J]. *Wireless Personal Communications*，56（1）：117–130.

Priyantha N. B. Chakraborty A，2000. The cricket location–support system[J]. *in Proceedings of ACM MobiCom*，*Boston*，*MA*，USA，Aug. 6–11.

R. Kalidindi，L. Ray，and S. Iyengar. 2003. Distributed Energy Aware MAC Layer Protocol for Wireless Sensor Networks[C]// *Proc. of International Conf. on Wireless Networks*（ICWN03），Las Vegas，NV，June.

Rachkidy N E，Guitton A，Misson M. 2010. Routing Protocol for Anycast Communications in a Wireless Sensor Network.[C]// *Ifip Tc 6 International Conference on NETWORKING*. Springer–Verlag：291–302.

Raúl Aquino–Santos，Apolinar González–Potes. 2011. Arthur Edwards–Block，et al. Developing a new wireless sensor network platform and its application in precision agriculture[J]. *Sensors*，11（1）：1 192–1 211.

Reginato R J ，Jackson R D，Pinter J R. 1985. Evapotranspiration calculated from remote multi–spectral and ground station meteorological data[J]. *RemSens Environ*，18：75–891.

Riquelme J A L，Soto F，Suardíaz J，et al. 2009. Wireless Sensor Networks for precision horticul–

ture in Southern Spain[J]. *Computers & Electronics in Agriculture*, 68（1）: 25–35.

Ritsema C J, Kuipers H, Kleiboer L, et al. 2009. A new wireless underground network system for continuous monitoring of soil water contents[J]. *Water Resources Research*, 45（4）: 195–211.

Rong P, Sichitiu M L.2006. Angle of Arrival Localization for Wireless Sensor Networks[C]// *IEEE*, 374–382.

S. Toumpis, T. Tassiulas, 2006. Optimal deployment of large wireless sensor networks[J]. *IEEE Transactions on Information Theory* 52, 2 935–2 953.

Savvides A. Park H. Srivastava M. B, 2008. The bits and flops of the N—hop multilateration Primitive for node localization Problems[J].*in Proceedings of First ACM International Workshops on wireless sensor network and Applications*（*WSNA*）, *Atlanta*, GA, USA, Sep. 28.

Silva A R, Vuran M C. 2010. Development of a Testbed for Wireless Underground Sensor Networks[J]. *EURASIP Journal on Wireless Communications and Networking*,（4）: 1–14.

Silva A R, Vuran M C. 2010. Development of a Testbed for Wireless Underground Sensor Networks[J]. *EURASIP Journal on Wireless Communications and Networking*,（4）: 1–14.

Soyturk M, Altilar T. 2006. A Novel Stateless Energy–Efficient Routing Algorithm for Large-Scale Wireless Sensor Networks with Multiple Sinks[C]// *Wireless and Microwave Technology Conference*, 2006. Wamicon '06. IEEE : 1–5.

Sudha M N, Valarmathi M L, Babu A S. 2011. Energy efficient data transmission in automatic irrigation system using wireless sensor networks[J]. *Computers & Electronics in Agriculture*, 78（2）: 215–221.

Tang B, Zhu X, Subramanian A, et al. 2009. DAL : A Distributed Localization in Sensor Networks Using Local Angle Measurement[C]// *International Conference on Computer Communications & Networks*. IEEE, 1–6.

Wang X, Yang Y, Zhang Z. 2006. A Virtual Rhomb Grid–Based Movement–Assisted Sensor Deployment Algorithm in Wireless Sensor Networks[C]// *Interdisciplinary and Multidisciplinary Research in Computer Science*, *IEEE Cs Proceeding of the First International Multi-Symposium of Computer and Computational Sciences* : 491–495.

Yin Li, Hu Tingxing, Liu Yongan. 2010. Effect of drought stress on photosynthetic characteristics and growth of Jatropha curcas seedlings under different nitrogen levels[J]. *Chinese Journal of Applied Ecology*, 21（3）: 569–576.

Zhang W, Cao G, Porta T L. 2004. Dynamic proxy tree–based data dissemination schemes for wireless sensor networks[C]// *IEEE International Conference on Mobile Ad-Hoc and Sensor Systems* : 583–595.

Zhou Y. and Lamont L, 2008. Constrained linear least squares approach for TDOA localization : a global optimum solution, in Proceedings of IEEE International Conference on Acoustics[J]. *Speech and Signal Proceedings*, *Las Vegas*, NV, USA, Ma. 30–Apr. 4.

第八章　小桐子优质高产栽培的水管理分析决策支持系统构建与实现

第一节　国内外研究背景

一、引言

小桐子，又名麻风树、膏桐、小油桐、老胖果等，为大戟科麻风树属落叶灌木或小乔木，树高一般 2~5m。小桐子属于大戟科麻疯树属，为多年生、落叶、茎秆多汁的灌木树种，广泛分布于亚洲、非洲和美洲的热带、亚热带及干热河谷地区（Takeda Y，1982）。在中国集中分布于云贵高原、四川省西南部的攀西地区以及东南地区的台湾、福建、广东、广西和海南等地（Heller J，1996）。

小桐子有着较快的生长速度，其生命力也堪称是顽强，只要环境适宜其很快就能生产成为一个森林群落。除了生长迅速的特点，其还有着较强的再生能力，非常适合种植在那些较为贫瘠、干旱的土壤。多分布在热带、亚热带，即使是在那些降水量较少的干热河谷地区也多有种植。其还有一定的经济价值，是目前生物能源主要的发展作物之一。其种仁还是制作润滑油和肥皂的原料之一，同时还一定的药用价值，油枯则又可作为肥料与农药。在各界人士的共同努力之下，目前由其所提炼出的燃油已经有了较高的实用性；尤其是改性之后的麻疯树油能够适用于各种型号的柴油发动机，并且在凝固点、硫含量等技术上要好于国内的零号柴油，整体达到了欧洲二号的相关标准。

在中医学中认为其可治跌打肿痛、骨折、创伤，皮肤瘙痒，湿疹，急性胃肠炎。《广西中草药》：味涩，微寒，有毒。可散瘀消肿，止血，止痛，杀虫止痒。《常用中草药彩色图谱》：清热，解痉，止吐，止血，排脓生肌。内服治急性胃肠炎腹痛，霍乱吐泻；外用止血，治伤口溃疡，瘙痒。

现代医学研究表明小桐子种子油有峻泻作用；功能与巴豆类似，但效果较差。3~5 枚种子（去掉外壳，碾成细粉）便能够引起腹泻，还能够产生呕吐、恶心，上腹会有烧灼感。榨去油后，其浆含有毒性蛋白，对血液有一定伤害的伤害，能够引起中毒。其中含有的一些成分能够抑制呼吸、抑制蛙心、降低犬血压。还可以激发大鼠小肠的运动，并且阿托品不能够阻断它的兴奋作用。小桐子的种子包含的成分中还包括止血成分，能够明显的缩短凝血酶元时间，使得出血时间和血凝时间也显著减少，但是这些中所包含的蛋白组成成分反而具有相反的作用，导致凝血酶元时间被延长了。

二、研究背景及意义

从我国目前的环境状况来看，我国的水资源相对短缺，人均占有量不足世界人均占有量的 1/4 ；同时，我国是世界上化肥施用量最多的国家，然而化肥的有效利用率却非常低。因此，有效地提高水资源和化肥的利用率，采用精确灌溉与精确施肥相结合的方法来发展农业，是促使我国经济可持续发展的一项重要任务。

在现代社会中管理的作用越来越显得重要和突出。通常来讲，管理最终实现组织的目标是从计划开始，灵活运用组织中的各种要素，以指导与领导、控制等多种手段为方法，从而得到最终的结果。传统的管理活动中，把人、才、物作为管理的主要资源。然而伴随着社会生产需求的不断扩大以及多样化的社会需求，人们将越来越注重在生产经营及管理中信息能够发挥的作用，还将它纳入管理体系中，成为其中最为关键的资源之一，也就是现在人们所说的信息资源，并且对其一系列处理活动已经成为现如今世界上主要的社会活动之一。

进入 21 世纪以来，因为社会生产力以及科学技术都进入了跨越式的发展，使得人与人之间进行信息交换的深度和范围都快速发展不断增加，使信息化管理需求的数量大幅攀升，另一方面，对于信息要妥善、准确地处理，信息处理要及时，之前一些较为经典的处理方式不能够满足当今管理的需求。而互联网与计算机等技术的发展与应用彻底改变了之前信息管理的方式，使之更加现代化、科技化。

从一定意义上来说，信息管理系统的诞生和发展是建立于电子计算机诞生和发展的基础之上。从硬件方面来说，自从第一台电子计算机 1946 年诞生以来，计算机的技术发展到目前可以说是瞬息万变，从原本体积庞大只适合放置在实验室里以供研究运用的计算机，到如今可以适应各种环境满足各种需求的各色各样的计算机；运算速度从每秒几千次到每秒几百亿次；处理器从焊有数百万个电子管体积大的令人惊奇的电子板，到现在纳米级的集成电路；现在在硬件方面计算机的发展速度早已达到令人吃惊的最多 3 个月就可以更新换代一次。软件方面，也早已自初始的机器语言、其后的汇编语言和高级语言过渡发展到第四代语言，即可视化、面向对象、非结构化的语言。

从信息管理系统的产生初时的单项数据处理阶段，发展到了现如今的数据综合处理阶段和现代信息管理系统阶段等阶段。然而因为各种现实条件所迫，我国的信息管理系统发展还处于起步之初。尽管现实发展如此，充分应用我们现有的技术和资源力量，开发适用于本行业的信息管理系统，这是非常有必要的。

近几年来，伴随着迅猛发展的科学技术和不断提高的管理水平，日常生活管理之中已经广泛开始运用计算机，那么对于农业中繁杂的灌溉试验数据来说，设计开发一套关于灌溉信息的管理系统也已是势在必行了。

近些年来，小桐子以及其提取物被联合国广泛运用在贫困地区生态的建设，并被其当作重大的扶贫项目进而对其加以扶持。就目前发展状况来看，国外对小桐子的研究最主要集中在其提取物的化学成分、药理活性和制备工艺等方面，一是系统综合性地配合生态的建设，使用基因转染等先进技术并结合市场的实际需求，研发一些具有抗肿瘤与病毒活性的新品种

（杨顺林，2005）。二是系统地开发一系列能够抗肿瘤与微生物等外用农药或是药用原料，以及由其提取物制作了各类外用制剂（杨顺林，2005）。三是系统开发新型麻疯酮类药用原料以及相应的中药制剂（杨顺林，2005）。

目前，小桐子产业被云南省列为生物质能源行业中重点发展产业之一，预计小桐子在云南省的种植面积到2015年左右将达到1 000万亩，这个时候中国最大的生物柴油基地将改变为云南省。2012年8月，云南省委通过《关于加快高原特色农业发展的决定》，集中发展木本油料等一批特色优势产业。由此可见，小桐子作为生物柴油必将具有广阔的市场前景和可观的经济效益。

小桐子是能源作物中最具发展潜力的原料树种，而土壤水分是影响小桐子苗木质量和水分利用效率的关键（杨顺林，2005）。针对小桐子生长过程中水管理分析决策就显得尤为重要。

农田水资源合理的开发、利用，还有灌溉经济分析中不可或缺的基础工作就是农田灌溉试验。但是，目前实验资料整理和管理却相对落后，由于客观条件限制，目前灌溉数据资料从观测整理、计算分析及资料归档都是由试验人员手工完成，资料存储和保管仍停留在传统的方式上，不能适应现代科技的发展需要（杨启良等，2014）。因此，针对小桐子水管理分析决策系统的开发是十分必要的。

三、国内外研究现状

系统来说，决策支持系统就是立足于多种学科，综合利用各种信息、计算机以及仿真技术，诸如控制论以及管理科学等；结合所获取到的各类信息、数据等，帮助各级管理妥善解决那些非结构或是半结构的各类问题。也就是说，其是具有一定智能作用的交互系统（Lukasheh等，2001；George等，2002；尚虎君等，2002）。

自20世纪90年代，这种系统便被应用于灌溉管理领域。而我国在灌溉领域对这一系统的引入与应用工作还尚处在初始阶段（Sheng Fengkuo等，2000）。当前发展状况，计算机辅助管理已在我国的社会各阶层及生活工作中得到了广泛应用，但从具体方面来讲，计算机应用在我国灌溉管理中还处于起步学习阶段，虽然近年来的发展比较迅猛，但仍需要往深层次方向进行不断地探索和研究。特别是决策支持系统仅仅是近几年我国才在灌溉管理方面得到普及和发展，反而在许多发达国家早已十分普及，因此针对这方面而开展的多方面研究是十分必要的，这将是我国推动发展灌溉管理事业以及处理信息现代化的重要方法。

现在我国决策支持系统在灌溉管理上已积累了一定的理论和经验，目前有汪志农等研发的节水决策与预报的专家系统、夏继红等研发的灌溉决策系统；其中均是采用相应的人工智能技术，依据作物与土壤及周边环境的实际情况，分析计算前者的实际需水量，进而制定出相应的灌溉方案（汪志农等，2002；夏继红等，2001）。杨宝祝等研发的农场级节水灌溉专家决策系统；结合知识工程的具体技术与理论，收集了包括农场地形与作物、灌溉的类型与制度等在内的各类信息与数据，构建起了相应的数据、知识以及模型库，并以此为结构成功组建出灌溉决策系统（杨宝祝等，2002）。顾世祥等研发的二库结构霍泉灌区灌溉用水决策支持系统；能够实时获取到作物与土壤的各类数据与信息，并通过相应的模型对其土壤水资源含量进行模拟，进而得出具体的灌溉时间与水量，即实现了适量实时的科学灌溉（顾世祥等，1998）等。

但大多数系统都是针对水稻、玉米、棉花等农作物进行的研究，一般应用在小桐子研究的决策系统应用程度就相对较低。许多灌溉实验还处于手工、半手工录入阶段，特别是大型灌溉实验管理中。

从实验计划开始到实验结束，其中实验过程中信息采集、数据记录等大量的工作都需要管理者通过手工或是在一些简单设备的辅助之下完成，不仅需要为此投入大量的资源、效率不高；而且还不具备检索与查询功能、出错率较高，时常出现信息不一致的情况。因此，针对小桐子进行水管理分析决策系统的开发是十分必要的。

四、主要研究内容及实验设计方案

本研究以生长在云南省元谋县黄瓜园镇苴林麻疯树种植基地的小桐子灌概为例，主要研究设计利用数据库、人机交互进行的多模型有机结合，辅助决策的小桐子水管理分析决策系统。该系统通过人机交互作用实现信息收集、加工、分析、辅助决策的功能（赵晓波等，2004）。

云南省元谋县黄瓜园镇苴林麻疯树种植基地是属于云南省农业科学院热带亚热带经济作物研究所下的建立的3个基地之一的苴林基地，其主要是进行研究种植小桐子的地方。这里属于潞江坝，位于云南省保山市隆阳区西南部，地处富饶美丽的高黎贡山东麓，是怒江大峡谷中的一段，这个被誉为“太阳与大地相吻的地方”，造就了干热河谷得天独厚的气候、土壤环境，水源充足，是热带作物的天然温室。这里汇集了丰富的热区资源。除了早已“扬名立万”的小粒咖啡和香料烟，香蕉、荔枝、杧果、龙眼、胡椒、台湾青枣、蛋黄果等热带亚热带水果应有尽有。

云南省农业科学院热带亚热带经济作物研究所（以下简称热经所）就座落在这片神奇的土地上，占地面积1 820亩，它不仅是云南省从事热区资源开发、热带作物良种选育及配套技术研究开发的主要科研机构，也是中国最早从事小粒咖啡良种选育及配套技术研究开发的研究机构。它以小粒咖啡为重点，开展热带作物良种选育及配套技术研究，同时开展热带水果、热带花卉、热带香料、热带牧草、热带药用植物、热带生物质能源植物等研究工作。

自1951年创建以来，热经所在小粒咖啡、热带水果、胡椒等热带作物科学研究及热带农业技术科技推广方面做了大量的工作，是中国热带作物学会理事单位、云南省热带作物学会常务理事单位、云南省咖啡行业协会副会长单位、云南省农学会理事单位之一，积极参与热带作物科技交流工作。先后被国家科技部命名为小粒咖啡科技成果转化中心、被云南省人民政府命名为科普教育基地、被云南省旅游局确定为旅游护照定点接待单位、国家旅游局命名为“全国农业观光示范点”。

近60年来，已完成各类科研课题300余项，获国家科学大会奖等科技成果奖40项，发表论文500余篇，编撰专著2部、培训教材1部，培训各类人才达5 500余人次，推广热带作物200多万亩，产生经济效益100多亿元，为云南省热带作物科技进步及产业化发展做出了积极贡献，加快了热区农民脱贫致富的步伐。

（一）主要研究内容

本系统主要是为了克服传统灌溉实验数据的记录存储缺陷，从而提出了一种利用数据库、人机交互进行的多模型有机结合，辅助决策的小桐子水管理分析决策系统，能够实现信息收集、加工、使用、决策的功能。

主要章节包括：

第一节：通过研究的背景及意义，分析国内外小桐子水管理分析决策系统的发展状况，提出本系统的研究内容以及研究思路和实验设计方法方案。

第二节：详细介绍了本次研究要运用到的各类研究工作与技术。

第三节：对系统的可行性分析进行了阐述，并设计了系统的总体结构。

第四节：系统开发环境和数据库设计。

第五节：设计介绍系统功能模块。

第六节：实际试验的数据与最终结果的比对分析。

第七节：首先对本此研究进行了总结，对本次研究所取得的进展、得出的结论进行归纳，并分析了其中所存在的问题与不足，然后对该领域的研究进行了展望。

（二）实验设计方案

在大量阅读相关研究成果的基础上，笔者主要从数据库与功能模块的设计两方面对系统展开研究，并采用相应的方法对小桐子进行灌溉试验，完成测试。而后结合相应结果对系统进行整体的比对分析，探讨其中存在的问题，并就此提出改进措施。整体的技术路线与结构

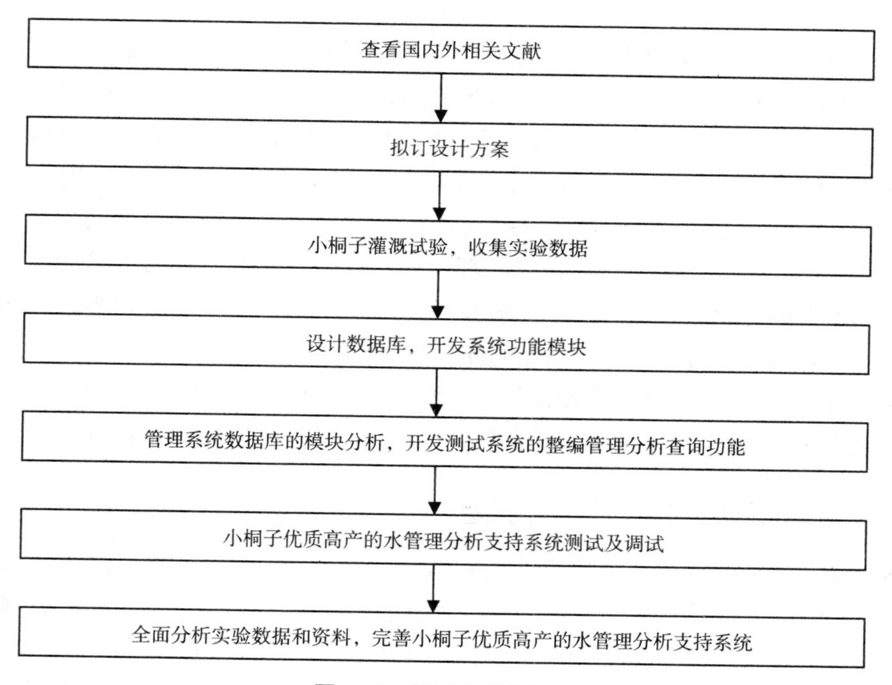

图 8-1　技术路线框图

如图 8-1 所示。

五、小结

首先对本次研究的意义与现实背景进行了阐述，通过分析国内外小桐子水管理分析决策技术的发展情况，为了克服传统灌溉实验数据的记录存储缺陷，提出了一种利用数据库、人机交互进行的多模型有机结合，辅助决策的小桐子水管理分析决策系统，能够实现信息收集、加工、使用、决策的功能。于此同时还罗列出了本次研究所涉及的研究方法与内容以及具体技术路线等。

第二节　技术简介和数据库理论基础

一、开发工具及关键技术简介

本系统通过 Access 实现后台数据的管理工作，并在前端以 ADO 对象及相应的数据环境实现数据的访问。该系统选取作为开发环境而使用的可视化编程语言 Visual Basic 是目前最流行、使用最广。在实际的系统编程中，这种系统开发方式也是很普遍的。

Access 数据库简介：

Access 是属于微软公司的数据库成功产品的其中之一，Microsoft Jet 数据库引擎是其核心。Access 的早期产品 2.0 版广泛的应用于办公自动化中了，这之后的版本功能都不断提高，靠着与 Microsoft Office 套件互相嵌合，使其应用得到广泛推广。Access 软件也是个可视化的数据库管理系统，自身就提供了许多非常实用方便快捷的向导，即使是初学者要学会如何使用软件建立数据库的各种对象，例如创建表、报表和查询等。Access 作为开发工具是完全面向对象，使用内嵌的 Visual Basic 语言编程，是个创建数据库可视化的应用程序。

Access 数据库管理系统也是属于一种关系型的，作为一个数据库管理系统，跟其他的数据库系统作对比，Access 会显得更加简单易学，即使是一个普通的计算机用户也可以很快的掌握它，它不但拥有能够存储和管理数据的功能，还拥有可以编写数据库管理软件的功能，用户可以简单便易地通过 Access 所提供的开发环境及工具快捷地构建数据库应用程序，其中的大部分都是直观的可视化的操作，并不需要编写繁杂的程序代码，是一种功能较强、使用方便的数据库。因此，本系统作为后台数据管理系统的就是使用 Access 软件。

二、Visual Basic 简介及实现原理

本系统通过 Access 实现后台数据的管理工作，并在前端以 ADO 对象及相应的数据环境实现数据的访问。该系统选取作为开发环境而使用的可视化编程语言 Visual Basic 是目前最流行、使用最广。在实际的系统编程中，这种系统开发方式也是很普遍的。

Visual Basic 简称 VB，是 Microsoft 公司推出的一款 Windows 应用程序开发工具（钟小

莉等，2011）。目前其也是世界上使用最为广泛的编程语言之一，公认为它是目前世界上效率最高的编程方法。无论是编写那些有着较高功能要求的商务软件，还是那些用于解决某项专一问题的小型软件，VB 均是效率最高的方法。它从初始的 Basic 语言发展演变而来的，Basic 语言是用来面向过程的，随后出现的 VB1.0 到 3.0 以及目前的 9.0 和 VB.Net，都是一种面向对象可视化的编程语言，特点是编程效率高，在极短的时间内就可以编写出功能强大又稳定的软件。

可视性是 VB 的重要特点之一。系统内被嵌入了窗体与控件的作用机制，用于应用程序界面的设计。用户可以直接通过在屏幕上生成窗体，所需的空间和按钮、菜单设计和对话框，都可以直接在窗体上绘制，相应的代码 VB 会自动生成。

事件驱动是 VB 所具有的另一个特点。在控件或是窗体上发生了相应事件之后，具体的控制权便会被转交至程序员。程序要并不需要去考虑事件是否会发生，或是是否以及发生，其只需要编写相应的程序段命令计算机在事件出现之后从事相应操作即可。综上所述，就是对程序的开发工程尽可能的简化，以鼠标拖动或是添加代码的形式来代替之前的程序编写过程，从而降低了程序开发工作的难度，大大提高了开发工作的效率。

就窗体界面而言，借助 VB 的可视性将极大程度地简化其设计工作，还可以将所需的每种控件绘制在任意窗体中合适位置。同时在需要修改某型属性时，设计者只需调开相应窗口修改对应参数便可完成修改。

为了令计算机明确在事件发生后应该采取什么样的措施、从事什么措施，考虑 VB 事件驱动的特点。故只需在相应的代码窗口中添加对应的代码，便可实现上述目的。比如在对应的代码窗口中写下了对应的功能代码之后，单击窗体上的添加与删除等按钮，即在 Click 事件发生之后，其才能够实现按钮各自所代表的相应功能。

三、数据库组件介绍

设计者在采用 Visual Basic 研发数据库的应用程序时，通常均需要各类数据访问控件。这些控件具体有 Data 控件、ADO Date 控件、DataList 控件 /DataCombo 控件、DataGrid 控件、MSChart 控件。

下面就这些控件的常用功能与具体使用方法进行详细阐述。

（一）Data 控件

在 Visual Basic 中最基本也最常用的便是 Data 控件。其对数据中的数据进行访问操作是通过使用 Recordset 对象实现的。来自被连接控件记录的数据，Data 控件可以显示和操纵，并且能够从一个记录移到另一个记录。其他控件在实现相应的功能或是完成某项操作时均会运用到 Data 控件或是与之相类似的数据源控件。

目前 Data 控件能够胜任大多数的数据库访问操作，但不能因此认为其能够对数据中的各类数据进行显示。为了实现相应的功能，其通常要与其他控件配合使用。这些与之能够相互配合的空间，又叫作数据觉察控件。这样叫的原因是，程序员无需再额外增添任何代码便可对记录的数据进行显示。在当其所记录的内容发生变化时，对应的数据觉察控件也将随之改变。

当 DataComBo、DataList、DataGrid 和 MSHFlexGrid 控件与之相连时，均能对记录的集合进行相应的管理操作，这些控件均能够一同完成几个记录的操作或一次显示。内部的 Label、Picture、CheckBox、TextBox、OLE、Image、ComboBox 和 ListBox 也都是数据察觉控件，并且这些控件均可同 Recordest 对象通过 Data 控件中的相应字段实现连接。

（二）ADO Data 控件

这种控件与内部的 Remote 控件（RDC）以及 Data 控件有着较高程度的相似性。用户能够通过其同数据库之间实现连接。

（三）DataList 控件 /DataCombo 控件

DataList 控件本质是数据绑定列表框。其能够自发地由一个附加数据源中的相应字段进行充填；还可有目的地更新为其他数据源中对应表中的一个具体字段。DataCombo 控件与 DataList 控件两者在功能方面完全一致，不同之处是前者是组合框。

（四）DataGrid 控件

大多数用户均是使用 DataGrid 控件，将所需的数据数据以表格的形式进行显示。并且用户也无需将数据一个个通过手动将数据填充的控件表中；只需将 DataGrid 控件中的 DataSource 属性设置为相应的 ADO Data 控件，其便可自动地对数据进行填充。该类控件本质上就是一个行数不确定的列集合。

（五）MSChart 控件

通过该类控件，能够将数据以图形的方式进行显示。这能够令数据变得更加直观、形象，进而在一定程度上提高了程序的实用性。

MSChart 有着下述几条特性：

（1）三维表示。

（2）能够显示现有的图表类型。

（3）数据网络成员支持随机数据，数据数组。

四、SQL 语言在 VB 中的应用

（一）SQL 提供的实用函数

为了能够对 Access 数据库中的多个记录进行访问，基于 SQL 的各类函数，我们能够通过 VB 程序实现对 SQL 语言的调用。

- Davg Function（求平均值）
- Dcount Function（统计满足条件的记录数）
- Dfirst Function（返回记录集的第一个记录的某个域值）
- Dlast Function（返回记录集的最后一个记录的某个域值）
- Dlookup Function（返回记录集中满足待定条件的记录的域值）
- Dsum Function（求和）
- Dmax Function（求最大值）

● Dmin Function（求最小值）

运用上述的 SQL 函数能够大大简化数据库文件的统计、查询工作。以 Dsum 为例，相应语法如下：

Dsum（expr，clomain[，criterial]）

（二）利用 SQL 访问多个记录地方法

在对信息进行查询或统计时，势必要依据现有条件，从记录集中查找所需的各类信息。

1. 构建一个新的查询

set mydb=Open Database（"c：\DIR1\manage.mdb"）

（打开数据库文件 c:\DID1\manage.mdb）

set myquery=mydb.creat QueryDef（"monthquery"）

（创建查询，查询名为 monthquery）

Myquery.SQL="select*from OPNRPT where mid

$(year,7,2)='"&yeartext.text&"'...."

（根据查询的属性，构建起相应的条件。在这里用到了 Select Statement）

在以后的信息管理工作中，倘若还需开展此类查询，只需引用"monthquery"便可完成相应的操作。对此需要用户明确的是：① 采用之前已经定义过了的 Dimmydb AS Database 及 myquery ASquerydef ② 倘若在引用"monthquery"的过程中没有用到 Data 控件，那么也就不会显示出相应信息。

2. 如何完成 Data 控件 Recordsource 属性的设置

对 Datasource 属性进行设置的命令为：

Data.Recordsource="Setect Vss_code，voyage，Sum（weight）AS Weight20 from monthquery where ctn_size='20'group by Vss_code，Voyage

其中，Vss_code 是船名代码；Voyage 为航次；ctn_size 为集装箱号；Weight 则指集装箱重量。

计算机在增添了 monthquery 的条件查询之后，并会形成相应的记录集。AS 指关键字表示，并完成了别名定义。

能够采用 move 及 Find 方法借助上述定义法的记录集，依次完成各条记录的操作。

五、Access 2000 简述

Access 2000 是在 1992 年被推出的一款关系数据库开发工具。Microsoft Access 是首个针对 Windows 平台而研发的桌面数据库管理系统。在 Access 中，用户想要建立一个完整的数据库应用系统不需编写复杂的程序就可以，是典型的一个开放式数据库系统，它可以共享数据库资源同 Windows 旗下的其他应用程序。它不但提供可视化的编程手段，而且还选用了 Windows 的界面风格，在体现自身面向对象理念的同时又充分发挥了 Windows 平台的优势，进而使得整体界面非常友好。

综合了各类信息的数据库能够为用户提供诸如查询、检索以及储存功能。其优越性体现在下述几点：

（1）其能够通过数据表示图以及窗体等完成信息的获取；并且前者能够提供一种类似于Excel的表格，进而令数据库变得合理有序。

（2）其能够通过创建报表完成数据库信息的输出。

（3）其能够与其他用户实现数据库的共享；即能够通过桌面数据库文件将相应文件转至网络服务器。

（4）其是一种已开发的最通用的数据库之一的关系数据库工具。

由以上几点看出，作为一种强大的开发工具，其完全能够在一个数据包中同时具有较高功能性的关系及桌面数据库。

六、数据库系统设计

数据库是一个成功的信息管理系统中非常关键的技术与不可或缺的前提。就其所涉及的数据库的设计而言，可被划分为5个具体的步骤：首先是需求分析，然后是逻辑、概念和物理设计，最后是加载测试环节。

（1）需求分析实质上就是完成业务方面单证流到数据流的转化，完成相应的数据字典与DFD图的绘制，并确立主体的界限。

（2）完成概念的设计首先要结合以后的信息与条件编制实体—关系图，并就两者的对应关系罗列出具体的纲要表。

（3）而逻辑设计则要从上述各图表中，确立出各实体与关系所对应的表名属性。

（4）通过物理设计能够明确各属性的类型、取值范围以及宽度；能确立表的主键，完成物理建库以及物理设计字典的编制。

（5）加载测试将贯穿于整个测试过程；无论是其中的修改还是查询工作等，均可以认为是在开展加载测试。

开展数据的设计工作需要综合考虑运用的所有储存数据与相应需求，探究各数据间的相互关系；进而按照DBMS所具备的各类功能与工具，构建其效率高、规模适中功能性强、冗余少的数据模型。数据库设计主要是面向用户的，是进行数据库的逻辑设计，是将数据按逻辑层次和一定的分组、分类系统组织起来。

开展数据库设计的主要步骤为：

（1）完成整体结构的定义。就目前的各类数据系统而言，有些是面向对象型的，有些是关系型的，有的可支持数据仓库，有联机分析处理，为支持决策的制定对数据的一种加工操作功能的大型DBMS。还有些能够处理相应的联机事物，承担着相应数据的获取、处理以及储存等功能，属操作型的DBMS。根据实际需要，完成对其整体结构的定义工作。

（2）完成数据表的定义。简单来说，就是对其间的逻辑结构进行具体的定义。后者又包括表示的形式与类型、缺省值以及属性名称等。数据表的设计除去要考虑储存数据的相关要求之外，还要同时兼顾到中间数据字段、操作责任以及临时数据表等。关系型数据库进行数据库设计时要尽量按关系规范化要求，但为提高效率，应根据应用环境和条件来决定规范化程度。

（3）存储设备以及相应的空间组织。首先要确立数据存储的路径、地点以及设备；然后要制订备用方案，考虑到不同版本对数据的影响，进而确保后者的一致性。

（4）设定数据的使用权限。根据用户的实际需求，确立其对数据的使用权限，进而确保后者的安全。

（5）设计数据字典。借助数据字典能够更好的对数据进行维护及后续的修改工作。

七、SQL 语言介绍

（一）SQL 基础

SQL（Structured Query Language）是一种有着较强功能性的数据库语言。在数据库的通信工作中一般会用到 SQL。其被 ANSI 定义为关系数据管理系统方面的“官方语言”。在各种数据库的操作任务中，通常会看到有这种语言编制的命令语句。比如，在对数据库的数据进行检索或是更新时。在关系数据库管理系统中经常会用到的这类语句有 Sybase、Oracle、Ingress、Access、Microsoft SQL Sever 等。大部分的数据系统除去采用这种语句定义各类操作任务时，还会有一些特殊自立的扩展功能用于自身。但就标准的 SQL 命令而言，比如常常用于绝大多数数据库的操作“Insert”“Select”“Delete”“Update”“Drop”和“Create”。

SQL 最大特点就是高度统一性，基于该项性质其可以作为各类关系数据的标准语言。作为一种统一的语言，其适用于任何类型的 DB 活动模型。包括管理员、系统人员以及程序员等多种类型的终端用户。

基于 SQL 语言每次只能对一个记录进行处理的特点，其可为数据充当自动导航的功能。其允许出现用户工作于高层数据结构，而却并不逐个处理记录现象。还可对记录集进行操作，此时分别以接受和返回集合作为输入与输出，系统输入各类 SQL 语句。基于其集合的性质，故可将某条 SQL 语句的结果作为其他 SQL 语句的输入。同时，它使用户更易集中精力于要得到的结果源于不要求用户指定对数据的存放方法的这种特性；全部的 SQL 语句通过使用 RDBMS 的查询优化器，来决定采用哪种手段作为最快速度的手段来存取指定的数据，其中用户则从不需要知道表是否有索引、索引类型的，只要查询优化器知道索引的存在，在合适的地方使用合适索引就可以了。

（二）SQL 语句

对 SQL 语句进行归纳整理，可将其划分为数据的控制、定义以及操作语言几大组，是一种完备数据处理语言，数据库数据的查询，修改和更新会使用到它们。其中经常在各类任务中使用的操作类语言主要有 SELECT 数据检索、INSERT 向数据库中增添数据、UPDATE 修改数据库中的已有数据、DELETE 删除数据库中的数据。

八、小结

本节主要详细介绍了系统开发所用系统开发工具，并针对这些工具做了简单分析，阐明选择这些开发工具的优点，并且介绍了数据库的基础理论以及要使用到的 SQL 语句。

第三节　小桐子水管理决策系统的系统分析及总体设计

一、系统分析

其是指在开发信息系统的系统分析环节要开展的所有活动与任务。在系统的开发过程中其要解决的便是系统要实现什么目的的问题，即确立系统做什么，要明确系统要为用户提供哪些信息方面的功能，要从那些方面来进行调查、着手设计。最终要从逻辑或是功能方面设计出相应的方案，换而言之是确立相应的额逻辑模型。简要来说，其就是在所规划的具体范围内明确系统所要实现的目标，对用户的相应需求进行整理归纳，进而为系统的开发提供具体的逻辑方案。其主要包括 4 个方面，分别是系统的实际调查、可行性研究、深入调查以及逻辑方案的确定。

（一）系统的可行性研究

可行性分析的目的，是依据开发管理信息系统的需求，通过初步的调查分析，从技术上、经济上、资源上和管理上针对要开发的管理信息系统进行是否可行的研究分析。可行性研究是系统分析不可或缺的重要组成部分。通过其能够花费最少的开发成本，令新系统取得尽可能大的经济效益，这是一项可以保证资源合理使用、避免失误和浪费的重要工作。

对本系统从以下几个方面进行可行性分析：

1. 在经济方面的可行性

首先对组织的具体情况进行分析评估。如经济与具体的投资情况，而后估算相应的开发以及后续维护所必须的各项花费，最终评估系统实现之后能够取得的社会以及经济效益。主要分析成本与收益、投资效果等。本系统是主要运用 Visual Foxpro9.0 软件进行的小桐子水管理分析系统开发，系统的设计、运行、维护等过程并不需要太大的投入，并且在之后的小桐子实验过程中可以简单、快捷地进行数据的收集统计以及存储分析等功能，并不需要过多的成本。

2. 技术方面的可行性

首先对现有的技术进行合理评估，判断能否借助这些技术完成新系统的开发以及后续的实施工作。主要围着技术、计算机以及网络通信等方面来开展具体分析。本系统采用的 Visual FoxPro 9.0 软件是一款专用于数据库设计与管理的软件。通过其能够将管理工作涉及的各类数据进行有序管理，并可进行具体的检索功能。同时其具备面向对象的设计方法，即能够据此来完成各类数据库应用系统的开发。而且 Visual Foxpro9.0 软件所要求的系统开发环境简单，一般电脑都可以进行。

3. 资源上的可行性

主要指设备、经费等能否得到保证。

硬件配置要求：处理器：奔腾级别。

内存：64MB，推荐 128M 或更高。

磁盘要求：组件 20M，最小安装 115M，最大安装 155M

视频：800 × 600 的分辨率，256 色 推荐 16bit 色以上的色彩

操作系统要求：WIN2000 sp3 或更高版本的操作系统上运行。

4. 管理上的可行性

如计量管理水平、各种数据收集的可能性和领导对开发系统的态度。小桐子实验的数据收集环境便捷，领导对开发系统大力支持。

从以上分析可以得出，本系统可以着手进行开发。具体来讲从将经济、技术、资源以及管理上各方面的实际调研分析可得出，本系统的研制和开发已经充分考虑用户工作流程，工作环境条件以及计算机操作水平等，可以提供直观且人性化的界面，能够满足用户的需求。

（二）系统的详细调查

结合具体的可行性分析报告，对之前的系统进行系统又有所侧重的探讨、分析，切实把握其具体的运行机制，进而明确其所存在的问题与不足，掌握此次新系统设计所要实现的功能与要解决的问题，确保后者比之前的系统更加的优越、可靠，这就是系统的详细调查的目标。其主要内容有灌溉实验以及数据流程等方面的调查分析。

具体的调查方面有访问参观以及座谈等形式，依照具体的方案与措施自上而下地将之不断细分、分解。

调查发现，小桐子灌溉实验数据记录任务很重，包括气象资料信息、土壤资料信息、作物生长信息以及灌排信息，每次测量得到的数据繁杂琐碎，而且需要对数据进行整理、统计及分析，以便得出较容易使用的数据处理结果。上述工作本质上而言还完全是由手工或半手工完成的，其中大部分都是重复性劳动，反而将计算机闲置一旁，仅用来打印或打字。

针对上述问题，计划开发一套小桐子水管理分析决策系统，将所有测量数据实行计算机统一管理，实现信息管理的计算机化，以提高工作效率和管理水平。

依据研究人员对信息的获取、处理以及具体的安全与完整性需求；再次对用户的相应需求进行分析：

对信息的要求是可以随时查看收集数据的情况。

在处理方面设置相应的恢复、删除以及新增的功能。

而安全以及完整性方面的要求是要设置用户密码口令，确保信息不会随意被更改或者丢失；并设置用户口令维护功能，方便用户及时更换密码。

二、总体设计

该系统的信息采集是人机交互完成，其工作原理是立足于作物的实际需水量，综合考虑诸如土壤、气象以及小桐子等各方面影响因素，进而完成小桐子优质高产栽培的水管理分析决策支持系统软件的开发。

系统根据收集到的气象、小桐子、土壤水分、水资源等信息，选择彭曼修正（Modified

Penman-Monteith）公式，来推导求出参考温室大棚蒸散量 ET0 值，根据小桐子的类别、具体的成长周期来确定相应的系数 KC 值，倘若受客观条件限制无法进行具体测量与计算，可通过 FAO 查询相应的系数值，而后结合具体情况进行修正便能够得到 KC 值。而后，根据作物系数法能够求得温室大棚蒸散量 ETC 的值。最终，根据土壤墒情的决策模型以及水量平衡原理，计算出灌溉的精确时间和最佳水量，从而达到高效、快捷的目的。该系统可向用户提供具体的灌溉方案、指导小桐子的水管理分析决策等功能。系统框架如图 8-2 所示。

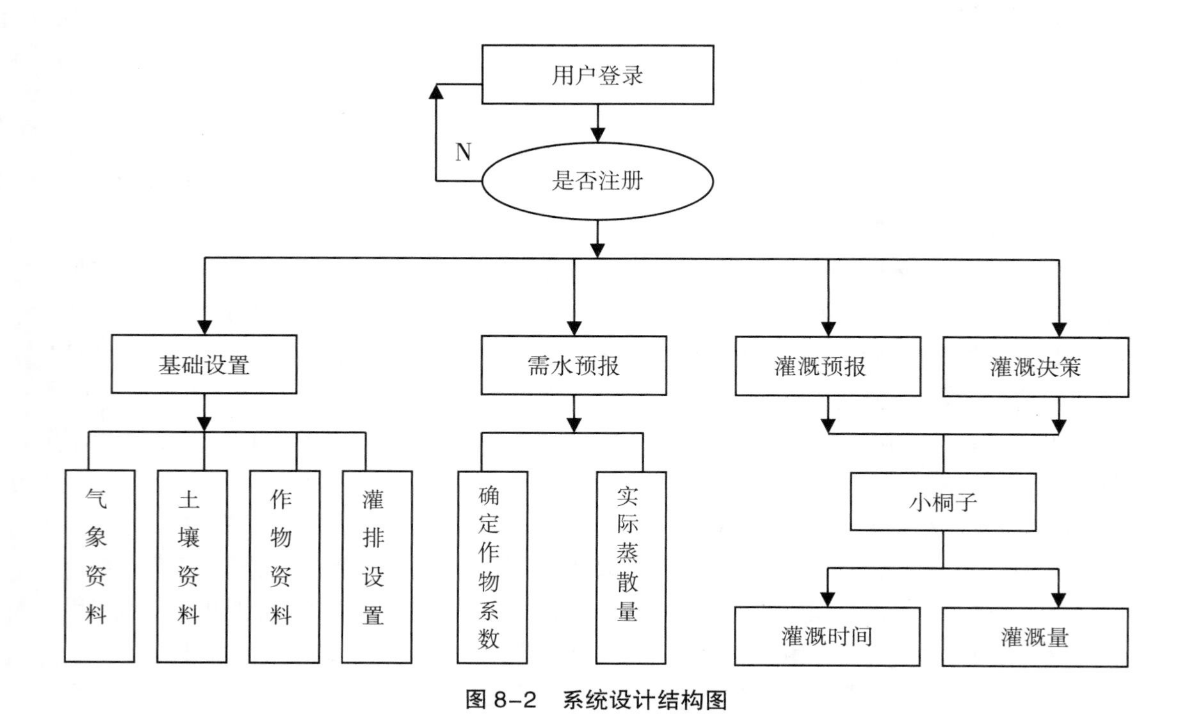

图 8-2　系统设计结构图

三、小结

本节对系统可行性进行了分析以及介绍了本系统的总体设计，根据土壤墒情的决策模型以及水量平衡原理，计算出灌溉的精确时间与水量。

第四节　系统开发环境和数据库设计

一、系统开发环境

本系统在 WIN7 操作系统下，主要在 Visual Foxpro9.0 软件环境下进行开发设计，采用面向对象的程序设计语言 C# 进行编程（马俊等，2009）。VF 因为采用的是以窗口、对话框以及表单等形式的面向用户的操作流程与界面结构。所以在世界范围内有着广泛的应用基础，被认为是最受欢迎的数据库管理系统。Visual Foxpro9.0 立足于之前数据库管理系统的各类功能之上，结合用户的实际需求改进了资源利用以及设计环境方面的部门技术，又为之创建了更加具体、强大的发展环境。同时还在其间引入了更多的开发工具与可视化技术，目前已经成为了功能最为全面、可靠性最高的小型管理系统，同时也是最受用户欢迎的数据款开发工具。Visual Foxpro9.0 有着导向与交互式的会话方式、友好的用户界面为开发模式，让用户得以简单、轻松、快捷、简便地完成各类操作，进而令应用程序的开发与创建等工作变得更加简便、轻松。其中，“项目”管理器使得系统开发成为了一种集中、快捷、方便的过程。使用项目是用户开发管理应用程序的最佳选择。

二、数据库设计

本系统严格遵守着数据库的设计规范要求，从数据分析着手，将之逐渐细化，并在全程采用面向数据信息的设计方法。也就是在考虑数据间的联系有具体的结构时，要在注重用户使用需求的同时，确保整体结构的规范化，进而提高数据库整体的查询与通信效率（康会光等，2009；张登辉等，2009）。

（一）数据库的需求分析

系统的需求分析要涵盖下述几个数据库：

（1）气象资料数据库：平均风速、降水量、相对湿度、最高与最低气温、平均气温、蒸发量和日照时数等资料。

（2）土壤资料数据库：田间持水率、密度等资料。其中土壤质地按照国际制进行分类，共分为 12 种，即沙土及壤质沙土、沙质壤土、沙土及壤质沙土、壤土、粉沙质壤土、沙质黏壤土、黏壤土、粉沙质黏壤土、沙质黏土、壤质黏土、粉沙质黏土、黏土、重黏土。

（3）作物资料数据库。小桐子的作物系数、根系活动层深度、作物生育期等资料。

（4）灌排数据库：灌溉时间与方式、流量、田间及灌溉的水利用系数、灌水定额等资料。

（二）数据库表结构设计

结合具体的气象资料，构建起了本系统的数据结构。如表 8-1 所示。

表 8-1　气象资料表数据结构

字段名称	数据类型	宽度
日期	日期型	8
平均风速	数值型	10
降水量	数值型	10
相对湿度	数值型	10
最高气温	数值型	10

续表

字段名称	数据类型	宽度
最低气温	数值型	10
平均气温	数值型	10
蒸发量	数值型	10
日照时数	数值型	10

三、小结

本节主要针对小桐子水管理分析决策系统的系统开发环境以及数据库的设计进行了详细的介绍。本系统的开发环境简单，利于使用；数据库的设计是依据用户的需求进行了分析设计，主要分为气象、土壤资料、作物、灌溉 4 个方面的数据库。

第五节　设计介绍系统功能模块

系统的主要功能模块包括注册登录、基础资料的设置、作物需水与灌溉预报、决策。

一、窗口模块

在制作系统前，我们必须制作一个完整的窗口模块来进行数据库 VFP 的程序连接这样方便以后的系统开发。

代码如下：

```
Set safety off,
Set talk off,
Set deleted on,
Clear memo,
Close all。

Public yonghu，denglu，hlp
yonghu=sys（5）+curdir（ ）+ “用户 .DBF”
denglu=sys（5）+curdir（ ）+ “登录 .DBF”
hlp=sys（5）+curdir（ ）+ “帮助 .chm”

If file（allt（hlp））
    Set help to 帮助
Endif
```

```
If !file（allt（yonghu））or !file（allt（denglu））
    Messagebox（“系统信息丢失，无法启动！”，48+0，“小桐子水管理系统”）
Else
    Use 登录 share
If RECCOUNT（）<7
        Use in 登录
        Do form welcome
        Read events
        _Screen.visible=.F.
Else
    Go 7
    If allt（leftc（显示登录，4））=“BAAB”
        Public _user
        _user=“null”
        Use in 登录
        Do form mainform
        Do form toolbar
        Read events
        _Screen.visible=.F.
    Else
        Use in 登录
        Do form welcome
        Read events
        _Screen.visible=.F.
    Endif
Endif
Endif
```

二、用户注册登录

数据流图（Data Flow Diagram，DFD）。能够准确地在逻辑上表述出系统的输入与输出等功能，是系统逻辑模型重要的表述方式。通过系统详细调查分析以及用户需求分析，得到了下述数据流图。

如图 8-3 用户登录数据流图：当用户进行输入用户名和密码后，系统自动判断用户的身份，3 次错误后，系统自动退出。

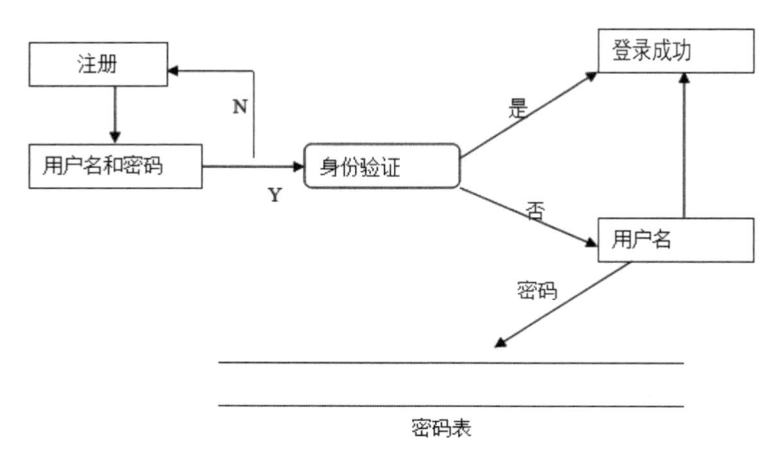

图 8-3　登录数据流图

用户界面设计：通常软件系统与用户间交互接口就是用户界面，一般包括输出、输入、人机对话的界面与方式等。因为调研分析所得，本系统的使用对象是对计算机技术并不算是非常精通的实验研究人员，所以本系统采用了可视化、面向对象的人机交互的友好的用户界面。

安全性验证方面的界面设计

登录窗口是用户接触系统最先面对的界面，因此其决定着用户对后者的第一印象。同时也是登录系统前的第一道“关口”。因此，设计时考虑到的风格是实用、简单、明朗、友好。

主画面屏幕区域设计

在完成系统该部分的设计时，可将整个屏幕划分为如下 3 个区域：

主 菜 单 区
工 作 区
状 态 信 息 区

主菜单区位于屏幕的最上方，主要向用户显示该系统所具有的主菜单功能。用户不仅可以直接拖动光标完成相应的主菜单操作，还可通过设置快捷键的方式来实现相应功能。用户可以采用同样的方式去打开某菜单的二级菜单，当然前提是这一菜单存在有二级菜单。用户还可通过点击二级菜单相应的功能项，打开隐藏的三级菜单。

根据用户需求在菜单项打开了相应的功能项之后，系统便转入相应的功能处理工程中，此时在中间区域就会显示正在处理的业务功能。即使在处理相应业务的过程中，主菜单仍然会存在相应区域，在当用户所需业务处理完毕，系统便自动切换到主菜单。

三、基础资料设置

该模块主要完成的是气象、土壤与作物、灌排设置、施肥及耕作等资料。这些资料便是系统完成后续灌溉决策的信息基础。在录入这些数据时用户要能够实现相应的查询、更新修改等功能，查询可以通过关键字索引查询，也可以直接查看全部资料。

用户可以通过点击菜单栏录入气象资料、基本资料、添加气象资料。如现图 5–2 所示。用户在将相应的气象资料填写完毕之后，只需点击“提交”按钮，这些数据与资料便会被保存到相应的数据库之中。倘若是在输入的过程中由于疏忽而出错，此时用户可以选择重新输入或是修改错误数据。同时在完成数据资料的输入之后，用户还可通过相应的关键字查询具体的记录。具体的界面如图 8–4 所示。

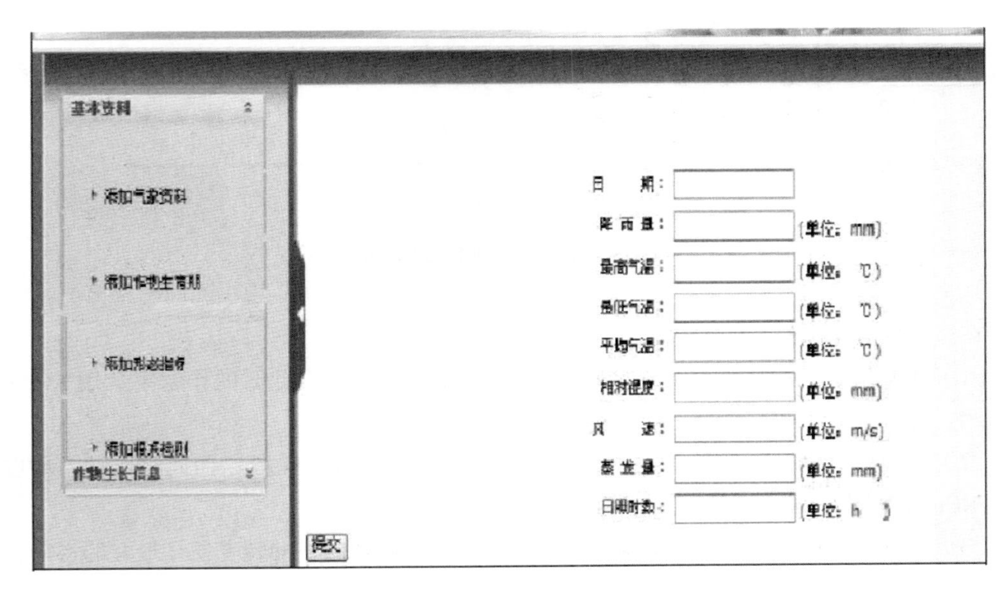

图 8–4　基础设置与气象资料录入主界面

四、作物需水预报

（一）作物系值 KC 的确定

KC 是指不同发育期中需水量与可能蒸散量之比值，它与作物的生育期与群体叶面积有着密切的关系。

本系统所采用的作物系数，用户能够通过两种方式获得。其一是由用户直接输入不同时期的作物系数。其二是通过 FAO（分段单值平均法）获得相应的系数值，而后结合具体情况进行修正便能够得到 KC 值。

FAO 推荐的分段单值平均法

指利用 FAO（联合国粮食及农业组织）推荐的 84 种作物的标准作物系数和修正公式（FAO–56，1998）。结合当地的客观条件，诸如气候及土壤等对其相应的修正（刘钰等，2000）。

FAO 推荐的确定作物系数的方法，首先要依据作物的生育期将之划分为 4 个阶段；而分别以 KCini、KCmid 和 KCen 采这 3 个作物系数值进行表示（刘钰等，2000）。如图 8-5 所示。

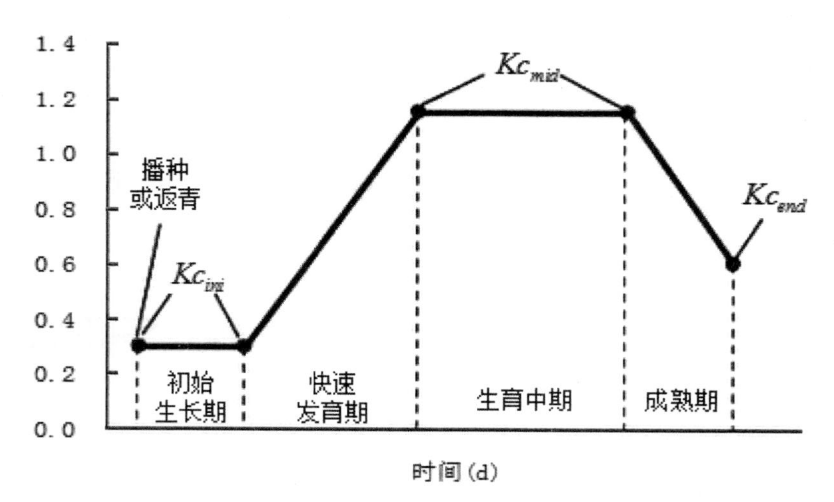

图 8-5　时段平均作物系数变化过程

在整个生育期间作物的系数会有如下几个变化阶段：

（1）初始生期：指播种后到作物覆盖率增至 10% 的阶段；此时的作物系数用 KCini 进行表示。

（2）快速发育期：指其覆盖率由 10%增长到 70% ~80%的阶段；而此时作物系数也上升至 KCmid 其同 KCini 之间存在线性关系。

（3）生育中期：指其有完全覆盖到成熟期的开始，叶片颜色的转变便是最好的特征；此时作物系数仍为 KCmid。

（4）成熟期：指由叶片变黄到最终收获；此时的作物系数为 KCend 其同 KCmid 之间也存在线性关系。

倘若是用户已经对作物系数进行了录入，则可直接运用；若没有录入，则通过第二方式进行计算（刘钰等，2000）。流程图如图 8-6 所示。

（二）计算作物蒸发蒸腾量 ET_0

参考作物蒸发蒸腾量（ET_0）经常被用来计算作物的需水量以及水资源的评价。同时其也是水法制定、完成水资源配比的是主要依据（尚虎君等，2011）。在指导节水灌溉、发展农业节水过程中能够准确地确定 ET0 值有着十分巨大的现实影响意义。

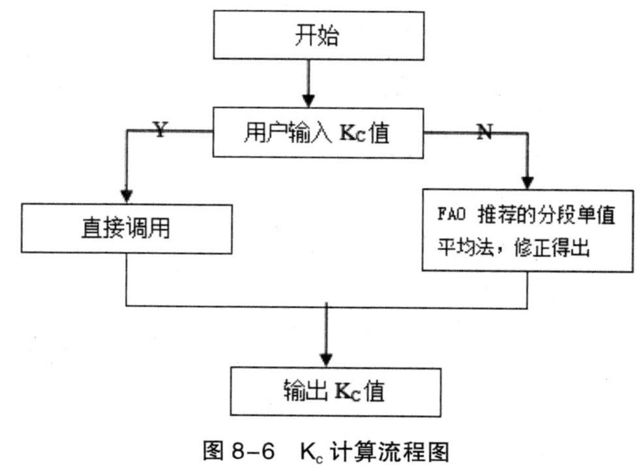

图 8-6　K_c 计算流程图

参考作物蒸发蒸腾量（ET_0）采用彭曼—蒙蒂斯（Penman—Monteith）方法。彭曼—蒙蒂斯（Penman—Montetih）公式是 FAO（FAO，1998）提出的最新修正彭曼公式。目前通过大量的实践与应用证明了其有着较高的精度，完全能够满足实际需要（宋妮等，2013）。

彭曼—蒙蒂斯（Penman–Montetih）公式

$$ET_O = \frac{0.408\Delta(R_n - G) + \gamma\frac{900}{T+273}U_2(e_a\ e_d)}{\Delta + \gamma(1 + 0.34U_2)} \quad (8-1)$$

其中，ET_0：参考作物蒸发蒸散量，mm/d；

Δ：饱和水汽压—温度曲线上的斜率，kpa℃ −1；

$$\Delta = \frac{4098 \cdot e_a}{(T + 237.3)^2} \quad (8-2)$$

T 为平均气温，℃，

e_a 为饱和水汽压，kPa;

$$e_a = 0.611\exp\left(\frac{17.27T}{T + 237.3}\right) \quad (8-3)$$

R_n 为净辐射，MJ/m^2 · d;

$$R_n = R_{ns} - R_{nl} \quad (8-4)$$

R_{ns} 为净短波辐射，MJ/m^2 · d；R_{nl} 为净长波辐射，MJ/m^2 · d;

$$R_{ns} = 0.77(0.19 + 0.38n/N)R_a \quad (8-5)$$

n 为实际日照时数，h；N 为 最大可能日照时数，h；

$$N = 7.64W \quad (8-6)$$

Ws 为日照时数角，rad;

$$Ws = \arccos(-\tan\psi\tan\delta) \quad (8-7)$$

ψ 为地理纬度，rad；δ 为日倾角，rad;

$$\delta = 0.409\sin(0.0172J - 1.39) \quad (8-8)$$

J 为日序数（元月日为 1，逐日累加）；R_a 为大气边缘太阳辐射，MJ/m2d；

$$R_a = 37.6d_r(W_s\sin\psi\sin\delta + \cos\psi\cos\delta\sin W_s) \quad (8-9)$$

d_r 为日地相对距离；

$$d_r = 1 + 0.33\cos\left(\frac{2\pi}{265}J\right) \quad (8-10)$$

$$R_{nl} = 2.45\times10^{-9}(0.9n/N + 0.1)(0.34 - 0.14\sqrt{e_d})(T_{kx}^4 + T_{kn}^4) \quad (8-11)$$

e_d 为实际水汽压，kPa；

$$e_d = \frac{e_d(T_{\min}) + e_d(T_{\max})}{2} = \frac{1}{2}e_a(T_{\min})\frac{RH_{\max}}{100} + \frac{1}{2}e_a(T_{\max})\frac{RH_{\min}}{100} \quad (8-12)$$

$RH_{\max}$ 为日最大相对湿度，%；$T_{\min}$ 为日最低气温，℃；

e_a（$T_{\min}$）为 $T_{\min}$ 时饱和的水汽压，kPa，可将 $T_{\min}$ 代入式子（8-3）可求出；e_d（$T_{\min}$）

为 T_{min} 时实际的水汽压，kPa;

RH_{min} 为日最小相对湿度，%；T_{max} 为日最高气温，℃；

e_a（T_{max}）为 T_{max} 时饱和的水汽压，kPa，可将 T_{max} 代入式子（8-3）中可求出；ed（T_{max}）为 T_{max} 时实际的水汽压，kPa;

本系统根据当地的气象资料，选择彭曼修正（Modified Penman-Monteith）公式，通过 C# 语言编制相应程序计算得出 ET_0（蔡甲冰等，2005）。计算框图如图 8-7 所示。

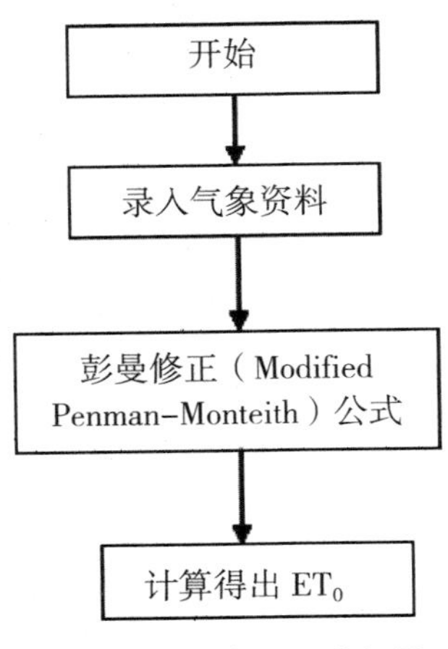

图 8-7　计算 ET_0 流程图

五、灌溉预报与决策

在水资源仍然短缺的今天，即使节水灌溉技术已经逐渐发展起来，但还是有一些问题没有得到解决。灌溉决策是秉着以供定耗的节水理念开展的具体分析，综合考虑气象、当地水资源与降水量、土壤墒情以及灌溉水量等远程实时监测的技术，将 ET 管理的理念以及供耗分析，参考 FAO 推荐推荐的 84 种作物的标准作物系数以及彭曼—蒙特斯方法和水动力学、水量平衡方程，依据土壤结构、气象数据、作物生育期、地表条件，结合灌溉供水量、作物节水灌溉制度，结合动态管理理论及计算机技术，根据不同的外部情况，诸如不同的土壤类型、供水条件或是土壤墒情下的作物生长状况、农田水分状况，给出优化控制措施。

开展水分管理的主要目的就是为了灌溉预报，其是指针对具体的外部条件，对灌溉日期与水量进行预测。在着手该模块的设计时一定要秉着节水的理念，结合水量平衡方程，对各类参数进行具体分析。而后通过开展相应的人机对话模式，根据用户所输入的作物、气象等各类参数进，系统便可推算出是否需要进行灌溉，或是在合适时进行灌溉，具体的水量又是多少，进而为用户提供最优的、最为节水的灌溉方案。即为农田灌溉的科学与现代化提供相应的技术支持（汪志农等，2001）。

该系统对问题有着非常强的定向与定量分析能力。能够借助模型以及相应的计算方法为用户提供各类信息支持，以帮助后者完成决策的制定。系统通过对各类规定进行深入分析，而后得出相应的优化方案或分配信息等，进而为决策者提供具体的信息支持。本系统便是将小桐子作为抗旱作物进行分析的（段爱旺等，2004；郭元裕等，1989）。

作物灌溉制度：在作物的播种前以及整个生育期进行灌溉的日期、水量以及刺水就是具体的灌溉制度。灌区规划及管理的重要依据是灌水定额和灌溉定额，常用 m^3 / 亩或 mm 来表示。灌水定额是指单位灌溉面积上一次灌水的灌水量，灌溉定额是指各次灌水定额之和。灌溉供水可以充分满足作物各个生育阶段的需水量要求的灌溉制度是指在充分灌溉条件下的灌溉制度。

根据旱作物的生理和生态特性，灌溉的作用在于补充土壤水分的不足，要求作物生长阶段土壤计划湿润层内土壤含水量维持在易被作物利用的范围内。田间持水量为其可以允许的最大含水量，因此可以允许的最小含水量应该保持在 50%~60% 的田间持水量。

在制定作物灌溉制度的过程中，要根据水量平衡方程推算出计算土壤计划湿润层内储水量的方法。这一点相对系统而言非常重要，如下便是推算出的计算公示：

$$W_{t+1}=W_0+W_T+P_e=K+M+ET_C \quad (8-13)$$

式中：

W_0 时段初时的土壤计划湿润层内的储水量，mm；

W_{t+1} 任一（t+1）时的土壤计划湿润层内的储水量，mm；

W_T 计划湿润层增加而增加的水量，mm；

P_e 在土壤计划湿润层内保存的有效降雨量，mm；

K 地下水在时段 t 内的补给量，mm；

$K=k\times t$，其中 k 为地下水在 t 时段内平均的日补给量，mm/d；

M 时段 t 内的灌溉水总量，mm；

ET_C 作物在时段 t 内的需水量，mm；

$$ET_C=K_C\times ET_0=e\times t \quad (8-13)$$

e 指作物在 t 时段内平均日需水量，mm/d。

计算灌水时间 t 和灌水定额 m 。

为了确保农作物能够正常的进行生长，W_{t+1} 一定要维持在一个作物能够适宜的具体范围内。换言之，其不仅要小于作物要求的最大储水量 W_{max}，而且还要大于作物要求的最少储水量 W_{min}。即要满足 $W_{min}<W_{t+1}<W_{max}$。首先通过计算公式（1）得出 Wt+1，然后将其与最少储水量 W_{min} 进行对比。倘若是其小于等于后者，则此时便需要向农田进行灌水。

相应的时间间距为

$$t=(W_O-W_{min})/(e-k) \quad (8-14)$$

式中：$k=K/t$；$e=ET_C/t=K\times ET_C/t$；

灌水定额

$$m=0.0667\times n\times H_2\times(Q_{max}-Q_{min}) \quad (8-15)$$

式中：

m 灌水定额，mm；

Q_{max}、Q_{min} 该时段 t 时允许的土壤最大与最小含水率；

n 土壤容重，g/cm^3；

H_2 该时段 t 时土壤计划湿润层的深度，m。

其具体的推理过程为：根据土壤最初的含水率以及作物所允许的最少含量为指标判定出有效的储水量（W_0）。根据当地气象条件以及土壤的入渗性来确定有效的降水量（Pe）。根据作物与土壤的类型再加之地下水位确定出后者的有效补给量（K）。根据水源以及现有的配水体系，推算具体水量（M）。最后根据当地气象资料等推断出 ET_0、K_C、以及 ET_C 的值。根据上述的推断构成，秉着节水理念的决策支持系统能够确立出之后灌溉的定额与具体时间。

六、小结

本节详细的对本系统所具有的各个功能模块进行具体分析，详细阐述了注册登录以及灌溉与作物需水预报等功能模块运行的机制、工作原理以及使用的公式。

具体实验与系统数据分析

1. 实验地点

干热河谷气候类型的典型代表区之一就是云南省元谋县，特点是水热矛盾突出、干旱缺水。试验田就位于其中的黄瓜园镇苴林麻疯树种植基地。地处东经 101° 35′ ~ 102° 06′、北纬 25° 23′ ~ 26° 06′；属南亚热带干热季风气候，海拔 1 100 m；极端最低温度 -2℃，最高温度 42℃，年平均气温 21. 9 ℃；≥ 10℃积温 7 786℃，≥ 12℃ 的持续天数 349 d；年日照时数 2670. 4 h，年平均日照时数 7. 3 h /d，全年太阳总辐射量 641. 8 kJ/cm^2，日照率为 62%；山区无霜期在 305 ~ 314 d，半山区在 302 ~ 331 d，坝区平均霜日仅有 2 d；年降水量 680mm，雨量集中在 5—9 月，其他月少雨或无雨，年蒸发量达 3 911. 2mm，为降水量的 6.4 倍；干燥度 4. 4，年平均相对湿度为 53%；土壤属于热燥红土，少量干热变性土，土壤贫瘠，中性偏酸。

2. 实验地点

在实验基地的实验田里将 $12m^2$ 划为一个小区，每小区种植 2 棵小桐子树，施肥方式为环施法，半径为 1m。每棵树施磷酸二氢钾 200g，每小区 400g；实验设定每次灌水周期为 20d，并将小区以 4 个灌溉水量的处理分为 4 个对照组，分别为 T1：不进行灌溉；T2：每次每小区灌溉浇水量为 $0.4m^3$；T3：每次每小区灌溉浇水量为 $0.8m^3$；T4：

每次每小区灌溉浇水量为 $1.2m^3$。灌水处理情况如表 8-2 所示。

表 8-2　2011—2012 年小桐子灌水处理情况（灌水周期 20d）

2011	2-12	3-4	3-24	4-13	5-3	5-23	$12m^2$ 小区 2 棵树灌溉量（m^3）	每棵树灌溉量（m^3）
T1	0	0	0	0	0	0	0	0
T2	0.4	0.4	0.4	0.4	0.4	0.4	2.4	1.2
T3	0.8	0.8	0.8	0.8	0.8	0.8	4.8	2.4
T4	1.2	1.2	1.2	1.2	1.2	1.2	7.2	3.6
2012	2 月 9 日	3 月 1 日	3 月 21 日	4 月 10 日			$12m^2$ 小区 2 棵树灌溉量（m^3）	每棵树灌溉量（m^3）
T1	0	0	0	0			0	0
T2	0.4	0.4	0.4	0.4			1.6	0.8
T3	0.8	0.8	0.8	0.8			3.2	1.6
T4	1.2	1.2	1.2	1.2			4.8	2.4

3. 实验结果分析

从 2011 年 2 月 12 日开始种植的小桐子，在同等氮肥的条件下，进行不同灌溉水量的处理，得出以下结果：从表 8-3 中可以看出 2011 年测得的平均产量，经过 4 个灌溉水量的处理后 T4 处理获得的产量最高；从表中可以看出，2011 年品质中进行 T4 处理获得的品质最高。

从 2012 年 2 月 9 日开始种植的小桐子，在同等氮肥的条件下，尽行不同灌溉水量的处理，得出以下结果：从表 8-3 中可以看出 2012 年测得的平均产量，经过 4 个灌溉水量的处理后也是 T4 处理获得的产量最高。

上述结果可以证明，当小桐子在氮肥相同的条件下，在适量、充足的水量灌溉下的小桐子的平均产量以及小桐子的品质都远高于受到水量压制状态下的小桐子平均产量及品质。

适量、充足的水资源对于小桐子的生长有着重要的影响以及干预。

表 8-3　2011—2012 年小桐子大田试验基本概况及数据

灌水量	平均产量（kg/hm^2）	
	2011	2012
T1（不浇水）	223.8	0.0
T2（小区浇水 $0.4m^3$）	407.5	246.9
T3（小区浇水 $0.8m^3$）	485.4	677.7
T4（小区浇水 $1.2m^3$）	613.4	835.4

2011 年品质	棕榈酸	棕榈油酸	硬脂酸	油酸	亚油酸	百粒重
T2	13.06	0.55	7.30	41.84	35.96	47.14
T3	13.37	0.60	7.58	43.03	34.99	49.15
T4	13.71	0.68	7.69	43.20	34.50	50.59

第六节　小　结

一、结果

根据实地实验检验的结果来看，目前系统已经基本实现了预期的各项功能，并且运行良好。归纳可知本系统现下可实现下述几个方面的功能：

（1）能够完成数据的输入、查询、统计以及修改等功能，也能够对数据进行初步的管理。

（2）系统就作物系数方面有两种选择，不仅可以直接输入 KC 值，还可通过 FAO（分段单值平均法）获得相应的系数值；而后结合具体情况进行修正便能够得到 KC 值。

（3）系统是以实际需要为基础，而采取选择彭曼修正（Modified Penman-Monteith）公式，进而能够求得 ET_0 值，将其乘上 Kc 值，并能够得到农田蒸散量 ETc。

（4）系统依据土壤墒情决策模型，对灌溉做出的预测；如相应的时间与定额等还不太准确，存在一定的误差。

二、展望

系统在实验过程中发现存有不足之处，主要原因是因为节水灌溉系统的复杂性以及数据收集整理、信息统计上存在的误差，导致了有些关键数据测量统计时的不准确，也不及时，从而致使系统所做出的预测结果存在一定程度的误差。因此，要大力引进更为先进的、实时的 3S 动态管理技术，采用可实时监测作物生长的 RS 遥感技术，最大可能地减少系统决策和实际之间的距离。

节水灌溉就是以尽可能少的水来获得尽可能多的产量。换而言之，就是通过采取相应措施致力于提高单位水量获得的作物产量与产值。其是一项非常复杂的工程，不仅会受到内部作物生长周期的影响，还会受到外界各类因素的影响，如降水、温度以及蒸腾情况等因素的影响。

决策系统是发展精确农业的重要内容，是信息化的尝试。节水灌溉与之的发展，是提高我国农田灌溉的信息与现代化的重要方面。尤其是随着前者技术的发展以及生产方式的改进，本系统的内容势必会被不断扩充与发展。在科技不断进步的当下，在推广应用中节水灌溉管理与决策支持系统还会不断地被改进、被完善，进而为我国干旱地区对水资源的配比与使用方案的优化提供信息支持。

参考文献

蔡甲冰，刘钰，雷廷武，等 . 2005. 根据天气预报估算参照腾发量 [J]. 农业工程学报，21（11）：11-14.

段爱旺，孙景生，刘钰，等 . 2004. 北方地区主要农作物灌溉用水定额 [M]. 北京：中国农业科学技术出版社：92-93.

郭元裕 . 1989. 农田水利学 [M]. 北京：水利电力出版社：28-35.

康会光，马海军，李颖，等 . 2009. SQL Server 2008 中文版标准教程 [M]. 北京：清华大学出版社：196-202.

刘钰，L.S.Pereira. 对 FAO 推荐的作物系数计算方法的验证 [J]. 农业工程学报，2000，05：26-30.

刘钰，Pereira L S. 2000. 对 FAO 推荐的作物系数计算方法的验证 [J]. 农业工程学报，16（5）：26-30.

马俊，郑逢斌，沈夏炯 . 2009. C# 网络应用高级编程 [M]. 北京：人民邮电出版社：106-111.

明日科技编著 . 2007. Visual C# 开发技术大全 [M]. 北京：人民邮电出版社：339-344.

荣烨 . 2014. 不同保水剂与水氮处理对小桐子生长和水分利用的影响 [D]. 昆明：昆明理工大学 .

尚虎君，马孝义，高建恩，等 . 2011. 作物需水量计算模型组件研究与应用 [J]. 节水灌溉，08：66-72.

尚虎君，汪志农 . 2002. 计算机模拟优化决策在我国农业中的应用 [J]. 计算机与农业，（6）：3-5.

宋妮，孙景生，王景雷，等 . 2013. 基于 Penman 修正式和 Penman-Monteith 公式的作物系数差异分析 [J]. 农业工程学报，19：88-97.

宋松柏，李世卿，刘建国，等 . 2001. 内蒙古河套灌区灌排信息管理决策支持系统 [J]. 灌溉排水，20（10）：69-73.

苏春宏，陈亚新，张富仓，等 . 2007. ET_0 计算公式的设定条件和重要影响因子的实验率定研究 [J]. 中国农村水利水电，01：16-21.

孙英杰 . 2013. 限量灌溉对小桐子生长及耗水特性的作用 [D]. 昆明：昆明理工大学 .

汪志农，康绍忠，熊运章，等 . 2001. 灌溉预报与节水灌溉决策专家系统研究 [J]. 节水灌溉，（1）：4-8.

汪志农，尚虎军，柴萍 . 2002. 节水灌溉预报、管理与决策专家系统研究 [J]. 水土保持研究，9（2）：102-108.

王明克 . 2013. 水氮耦合对小桐子生长和水分利用效率的作用 [D]. 昆明：昆明理工大学 .

夏继红，严忠民，周明耀，等 . 2001. 农田灌溉决策支持系统的设计与实现 [J]. 中国农村水利水电，（8）：10–13.

徐建新，王萍 . 2003. 灌溉模式选择智能决策支持系统软件研制 [J]. 灌溉排水学报，22（1）：59–61.

杨宝祝，赵春江，孙想，等 . 2002. 节水灌溉专家决策系统的研究与应用 [J]. 节水灌溉，（2）：17–19.

杨启良，孙英杰，齐亚峰，等 . 2012. 不同水量交替灌溉对小桐子生长调控与水分利用的影响 [J]. 农业工程学报，18：121–126.

杨启良，张京，刘小刚，等 . 2014. 灌水量对小桐子形态特征和水分利用的影响 [J]. 应用生态学报，05：1 335–1 339.

杨顺林 . 2005. 麻疯树资源的分布及综合开发利用前景 [J]，西南农业李报，19：447–449.

张登辉，沙嘉祥 . 2009. ASP.NET 网络应用案例教程 [M]. 北京：北京大学出版社：240–243.

赵晓波，崔远来，董斌，等 . 2004. 灌溉试验数据整编和管理系统设计与实现 [J]. 中国农村水利水电，02：33–34.

钟小莉，黄鹤鸣 . 2011. 一种基于 VBA 的藏文音节排序方法的设计与实现 [J]. 青海师范大学学报：自然科学版，03：46–49.

Cai Jiabing，Liu Yu，Lei Tingwu，et al. 2005. Daily reference evapotranspiration estimation from weather forecast messages[J]. *Transactions of the Chinese Society of Agricultural Engineering*，21（11）：11–14.（in Chinese with English abstract）

George，Biju A，Reddy B R S，Raghuwanshi N S. et al. 2002. Decision support system for estimating reference evapotranspiration[J]. *Joumal of Irrigation and Drainage Engineering*，128（1）：1–10.

Heller J. 1996. Promoting the Conservation and Use of Under–utilized and Neglected Crops. Ⅰ. Physic Nut. Jatropha curcas L[M]. *Rome：International Plant Genetic Resources Institute.*

Lukasheh，A F Droste，R L Warith M A. 2001. Review of Expert System[ES]，Geographic Information System（GIS），Decision Support System（DSS），and their application in landfill design and management[J]. *Waste Management Research*，19（2）：177–185.

Shang Hujun，Wang Zhinong. 2002. Application and development of computer simulation optimization decision–making of agriculture in china[J]. *Computer and Agriculture*，（6）：3–5.（in Chinese with English abstract）

Sheng Fengkuo，Gary Merkey. 2000. Decision support forirrigation project planning using a genetic algorithm[J]. *Agricultural Water Management*，45（3）：243–266.

Takeda Y. 1982. Development study on Jatropha curcas（sabu dum）oil as a substitute for diesel engine oil in Thai–land[J]. *Journal of the Agricultural Association of China*，（120）：1–8.